测控技术与仪器专业规划教材

智能仪器设计基础

（第 3 版）

史健芳　廖述剑　杨　静　等编著

电子工业出版社·

Publishing House of Electronics Industry

北京·BEIJING

内 容 简 介

本书以培养"厚基础、宽口径、会设计、可操作、能发展"，具有创新精神和实践能力的人才为目的，以提高学生分析、解决实际问题的能力为出发点，较全面、系统地介绍智能仪器的基本组成、结构和设计方法。全书共 9 章，包括绪论，智能仪器的输入通道及接口技术，输出通道及接口技术，人机接口技术，典型数据处理技术，抗干扰技术与可靠性设计，总线和数据通信技术，智能仪器的设计及案例，智能仪器新发展。

本书可作为高等学校测控技术及仪器、自动化、电子信息工程、机电一体化等专业高年级本科生及低年级研究生的教材，也可供有关专业工程技术人员参考。

未经许可，不得以任何方式复制或抄袭本书之部分或全部内容。
版权所有，侵权必究。

图书在版编目（CIP）数据

智能仪器设计基础 / 史健芳等编著. — 3 版. — 北京：电子工业出版社，2020.5
ISBN 978-7-121-38989-4

Ⅰ. ①智… Ⅱ. ①史… Ⅲ. ①智能仪器－设计－高等学校－教材 Ⅳ. ①TP216

中国版本图书馆 CIP 数据核字（2020）第 075880 号

责任编辑：凌　毅
印　　刷：固安县铭成印刷有限公司
装　　订：固安县铭成印刷有限公司
出版发行：电子工业出版社
　　　　　北京市海淀区万寿路 173 信箱　邮编 100036
开　　本：787×1092　1/16　印张：18.25　字数：490 千字　插页：1
版　　次：2007 年 9 月第 1 版
　　　　　2020 年 5 月第 3 版
印　　次：2025 年 2 月第 9 次印刷
定　　价：49.90 元

凡所购买电子工业出版社图书有缺损问题，请向购买书店调换。若书店售缺，请与本社发行部联系，联系及邮购电话：(010)88254888，88258888。
质量投诉请发邮件至 zlts@phei.com.cn，盗版侵权举报请发邮件至 dbqq@phei.com.cn。
本书咨询联系方式：(010)88254528，lingyi@phei.com.cn。

前　　言

本书以培养"厚基础、宽口径、会设计、可操作、能发展",具有创新精神和实践能力的人才为目的,以提高学生解决实际问题的能力为出发点,较全面、系统地介绍了以单片机为核心的智能仪器的基本组成、结构和设计方法。

本书在叙述中力求文字简洁,通俗易懂。在内容编排上注重智能仪器基本原理和基本设计方法,同时注意理论联系实际,引入设计案例,提高学生解决实际问题的能力,为以后的学习、工作和科学研究打下扎实的理论和实践基础;注重反映智能仪器的发展方向,引入新器件、新技术,便于学生了解智能仪器的发展趋势,拓宽知识面;为便于学生参阅同类国外原版教材及相关资料,了解国内外智能仪器设计新技术,增强学习的主动性与求知欲望,书中对第一次出现的术语都标有英文。

本书共9章。第1章介绍智能仪器的基本组成、功能特点、发展及微处理器的选型;第2、3章分别介绍模拟量和开关量输入、输出通道的组成、结构、常用器件及接口技术;第4章介绍键盘、显示器、触摸屏、打印记录技术、条码、IC卡等人机交互接口技术;第5章介绍数字滤波、系统误差、粗大误差、测量数据的标度变换、量程自动转换、触发电平自动调节等智能仪器的典型数据处理技术;第6章介绍智能仪器中干扰的来源及为提高智能仪器的可靠性而采取的软件、硬件措施;第7章介绍智能仪器较常用的总线和数据通信技术,主要包括内部总线、GPIB 总线、RS-232C、RS-422/485 串行总线、通用串行总线(USB)、CAN 总线等;第8章介绍智能仪器设计原则,并以实例加以说明设计过程;第9章介绍智能仪器的发展及新技术,主要包括 VXI 总线仪器、虚拟仪器、网络化仪器、智能仪器中的多传感器数据融合技术、物联网技术等。为配合教学,每章都有适量的习题。

本书可作为高等院校测控技术与仪器、电子信息、电子科学与技术、自动化、通信工程、机电一体化等专业高年级本科生及低年级研究生的教材,也可供相关专业工程技术人员参考。

本书由史健芳组织策划、安排内容和最终统稿。具体编写分工如下:第1~3章由史健芳编写,第4~5章由史健芳、钟秉翔编写,第6章由廖述剑编写,第7章由史健芳、廖述剑编写,第8章由王亚姣、史健芳、廖述剑、钟秉翔编写,第9章由杨静编写。我们在此谨向书后所列参考文献的各位作者及给与我们支持和帮助的领导、同事表示诚挚的谢意。

本书提供配套的电子课件及相关配套资源,读者可登录华信教育资源网:www. hxedu. com. cn,注册后免费下载。

由于本书涉及的知识领域广泛且变化日新月异,再加上时间紧,水平有限,书中缺陷和疏漏之处,恳请读者批评指正!

作者

2020 年 5 月

目　　录

第1章 绪 论

随着仪器仪表和信息管理的高度自动化,以计算机为核心的信息处理与过程控制相结合的智能仪器应运而生。智能仪器是计算机技术与测试技术相结合的产物,是含有微型计算机或微处理器的测量仪器。由于它拥有对数据的存储、运算、逻辑判断和自动化操作等功能,具有一定的智能作用,因而被称为智能仪器。

近年来,智能仪器已开始从数据处理向知识处理发展,并具有模糊判断、故障判断、容错技术、传感器融合、机件寿命预测等功能,使智能仪器向更高的层次发展。本章叙述智能仪器的发展概况,智能仪器的发展趋势,智能仪器的分类、组成和特点,以及智能仪器中常用的微处理器。

1.1 智能仪器的发展概况

20 世纪 50 年代以前,仪器的功能用硬件实现,几乎没有软件的介入,完全由生产厂商在产品出厂前定义好,测量结果用指针显示,称为模拟式(指针式)仪器。这类仪器具有体积庞大、功能单一、价格昂贵、开放性差、响应速度慢、精度低等特点,主要包括万用表、示波器、信号发生器等磁电式和电子式模拟仪器。

20 世纪 60 年代,随着集成电路的出现,产生了以集成电路芯片为基础的数字式仪器,其基本工作原理是在测量过程中将模拟信号转换为数字信号,测量结果以数字形式显示和输出。数字式仪器读数清晰、响应速度快、精度高,如数字电压表、数字功率计、数字频率计等。

20 世纪 70 年代以后,随着微处理器的出现及其广泛应用,以微处理器为核心,产生了将计算机技术与测量仪器相结合的仪器。这类仪器不仅具有对数据采集、存储、运算、逻辑判断等能力,还可以根据被测参数的变化自动选择合适的量程、自动校准、自动补偿、自动判断故障、优化控制等,将这种具有一定人类智能作用的仪器称为独立式智能仪器(以下简称智能仪器)。智能仪器的测量范围宽、精度高、稳定性好。例如多功能万用表,可测量传统的直流电压/电流,还可测量交流电压/电流的有效值、频率、温度等。智能仪器一般均配有 GPIB(或 RS-232C、RS-485)等通信接口,可与其他智能仪器组成智能仪器系统。其中,配有 GPIB 接口的仪器可借助无源电缆总线按积木式连接,灵活地组成自动测试系统,从而完成复杂的测试任务。

20 世纪 80 年代初期,随着个人计算机(PC)的应用,将仪器中的测量部分配以相应的接口电路组成各种仪器卡,插入 PC 的插槽或扩展槽内。这种以 PC 为基础组成的智能仪器称为个人仪器(PC 仪器)。它将传统的独立式智能仪器与 PC 的软、硬件资源结合起来,利用仪器卡完成数据采集,利用 PC 的硬件和软件资源完成数据分析及显示,具有较高的性价比。不同功能的个人仪器有机结合可构成个人仪器系统。个人仪器系统的总线由各生产厂家自行定义,无统一标准,用户在组建系统时难以选择。因此,1987 年由惠普(HP)等 5 家仪器公司联合推出 VXI 总线标准。VXI 总线标准采用开放式结构,允许不同生产厂家的仪器卡在同一机箱中工作。采用 VXI 总线标准的个人仪器称为 VXI 总线仪器,一般由计算机、VXI 仪器模块和 VXI 总线机箱构成,可充分发挥计算机的效能,灵活方便、标准化程度高、扩展性好。

随着微处理器的速度越来越快,价格越来越低,它已被广泛用于智能仪器仪表中,使得一些实时性要求很高,原本由硬件完成的功能,可以通过软件来完成,甚至许多原来用硬件电路难以解决或根本无法解决的问题,也可以采用软件技术很好地解决。一些新的测试理论、测试方法、测试领域和仪器结构不断涌现并发展成熟,逐渐突破了仪器系统的功能主要依赖于改变硬件电路的观念,硬件的作用逐渐被软件所代替。例如,个人仪器通过给 PC 配上不同的模拟通道,使之符合测量仪器的要求,利用 PC 已有的磁盘、打印机、绘图仪及软件平台,将仪器面板及操作按钮的图形生成在显示器上,得到软面板,从而仪器的操作通过单击鼠标就可以完成。

到了 20 世纪 80 年代后期,随着 PC 的广泛应用及软件在仪器中重要性的提高,美国国家仪器(NI)公司提出了"虚拟仪器"(Virtual Instrument)的概念。虚拟仪器是以计算机为基础,加上特定的硬件接口设备和为实现特定功能而编制的软件形成的一种新型仪器,通常由计算机、仪器模块和软件模块 3 部分组成。仪器模块的功能主要靠软件实现,用户可自己设计、自己定义仪器功能。通过编程在显示屏上构成波形发生器、示波器或数字万用表等传统仪器的软面板,而波形发生器发出的波形、频率、占空比、幅值、偏置等,或者示波器的测量通道、标尺比例、时基、极性、触发信号(边沿、电平、类型……)等都可用鼠标或按键进行设置,如同使用传统仪器一样,从而代替示波器、逻辑分析仪、波形发生器、频谱分析仪等,并且具有更强的分析处理能力,使同一台虚拟仪器可应用于更多场合,改变了用户只能使用制造商提供的仪器功能的传统观念,使仪器从传统硬件为主的测量系统转变到以软件为中心的测量系统。

虚拟仪器中的计算机通常是个人计算机,也可以是任何通用计算机。仪器模块是各种传感器、信号调理器、模数转换器(ADC)、数模转换器(DAC)、数据采集器(DAQ)等。二者组成了虚拟仪器的硬件测试平台,主要完成被测输入信号的采集、放大、模数转换及输出信号的数模转换等功能。

软件技术是虚拟仪器的核心技术。目前,较流行的虚拟仪器软件环境大致可分为两种:一种是文本式的编程语言,如 C、LabWindows/CVI、Visual Basic、Visual C++等;另一种是图形化编程语言,如 LabView、HPVEE 等。

当硬件确定后,用户可以通过不同测试功能的软件模块(如用于数据分析、过程通信及图形用户界面的软件)的组合来实现不同的功能。即使用同一个硬件系统,只要应用不同的软件编程,也可得到功能完全不同的测量仪器。可见,软件模块是虚拟仪器的核心,因此从某种意义上可以说:"软件就是仪器"。

虚拟仪器具有测量精度高、测量速度快、可重复性好、开关少、电缆少、系统组建时间短、测量功能易于扩展等优点。虚拟仪器有最终取代大量的传统仪器成为仪器领域主流产品的趋势,将成为测量、分析、控制、自动化仪表的核心。

随着 Internet 的出现及网络互联设备成本的降低与技术的进步,使得 Internet 在各领域得以综合利用。同时,信息的载体越来越电子化,测量结果可以通过电缆、光纤、Internet、移动通信、电视等介质传输和显示(输出),通信突破了传统通信方式在时空与地域方面的障碍。在测量测试领域,人们可以把信息系统与测量系统通过 Internet 连接起来,将仪器、昂贵的外围设备、测试对象及数据库等资源纳入网络,使一台仪器为更多的用户所使用,降低了测量系统的成本,实现了对测量的远程化、网络化及测量结果信息资源共享化的要求。这种借助于网络通信技术与虚拟仪器技术共享软、硬件的结合体,称为网络化仪器,如远程医疗、远程数据采集与控制、远程实时调用、远程设备故障诊断、远程设备控制、远程设备的故障恢复等。网络化仪器涉及多门学科、涵盖范围更宽、应用领域更广,可以使测试人员不受时间和空间的限制,随时随地获取所需的信息;同时还可以实现测试设备的远距离测试与诊断,提高测试效率,减少测试人员的工作量,方便修改、扩展。

国内外一些大型电子仪器公司已经在积极研制和开发新型的网络化仪器,例如安捷伦

(Agilent)公司研制出具有网络功能的 16700B 型网络化逻辑分析仪,可实现任意时间、任何地点对系统的远程访问,实时获得仪器的工作状态;通过友好的用户界面,对远程仪器的功能和状态进行控制及检测;将远程仪器测得的数据经网络迅速传送给本地计算机。

总之,智能仪器是计算机科学、电子学、数字信号处理、人工智能、VLSI 等新兴技术与传统仪器技术相结合的产物。随着专用集成电路、个人仪器、网络技术等相关技术的发展,各种功能的智能仪器将会广泛地应用在各个领域。

1.2　智能仪器的发展趋势

随着微电子技术、网络技术的发展,智能仪器将向着微型化、多功能化、人工智能化、网络化等方向发展。

1. 微型化

随着微电子技术、微机械技术等的不断发展,将其应用于智能仪器,发展成为体积小、具有传统智能仪器功能的微型智能仪器。微电子技术等的不断发展和成熟,微型智能仪器的价格不断降低,应用领域不断扩大,不但应用于传统智能仪器领域,而且在工业、航空、航天、军事、生物、医疗等领域起到独特的作用。例如,在医疗领域,要同时测量一个病人的几个不同参数,并进行某些参数的控制,传统测量时,通常病人的体内要插进几个管子,增加了病人感染的机会,利用可植入人体的微型智能仪器,可同时测量多个参数,大大减轻了病人的痛苦。

2. 多功能化

多功能是智能仪器的一个重要特点。例如,为了设计速度较快和结构较复杂的数字系统,仪器生产厂家制造了具有脉冲发生、频率合成和任意波形发生等功能的函数发生器。这种多功能的综合型产品不但在性能上比专用脉冲发生器和频率合成器高,而且在各种测试功能上也提供了较好的解决方案。

3. 人工智能化

人工智能化是利用计算机模拟人的智能,使智能仪器在视觉(图形及色彩)、听觉(语音识别及语言领悟)、思维(推理、判断、学习与联想)等方面代替一部分人的脑力劳动,无须人的干预就可自主地完成检测或控制任务,解决用传统方法很难解决或根本无法解决的问题。

4. 网络化

计算机网络技术的日益成熟提供了将测控、计算机和通信技术相结合的可能。利用网络技术,将各个分散的测量仪器连在一起,使测量不再是单个仪器相互独立操作的简单组合,而是一个统一的、高效的整体,各仪器之间通过网络交换数据和信息,实现各种数据和信息跨地域、跨时间的传输与交换,实现各仪器资源的共享和测量功能的优化。

1.3　智能仪器的分类、组成和特点

1.3.1　智能仪器的分类

从发展应用的角度看,智能仪器分为微机内嵌(内藏)式和微机扩展式两大类。微机内嵌式是将微处理器作为核心部件嵌入智能仪器中,仪器包含一个或多个微处理器,属于嵌入式系统(Embedded System)。利用微处理器强大的功能,完成信号调理、A/D 转换、数据存储、显示、打印、通信等各项任务。微机扩展式是将检测功能扩展到微机中,给使用者的感觉首先是一个微机

系统,由特定的硬件模块完成被测输入信号的采集、放大,以及输出信号的数模转换等功能,并利用微机的硬件和软件资源完成数据分析及显示。前面介绍的个人仪器、VXI 总线仪器、虚拟仪器等均属于微机扩展式智能仪器。微机内嵌式智能仪器是智能仪器设计的基础,本书将着重介绍。

1.3.2　智能仪器的组成

智能仪器由硬件和软件两大部分组成。硬件包括微处理器、存储器、输入通道、输出通道、人机接口电路、通信接口电路等部分。微机内嵌式智能仪器的基本结构如图1.1所示。微处理器是仪器的核心;存储器包括程序存储器(ROM)和数据存储器(RAM),用来存储程序和数据;输入通道主要包括传感器、信号调理电路和 A/D 转换器等,完成信号的滤波、放大、模数转换;输出通道主要包括 D/A 转换器、放大驱动电路和模拟执行器等,将微处理器处理后的数字信号转换为模拟信号;人机接口电路主要包括键盘和显示器,是操作者和仪器的通信桥梁,操作者可通过键盘向仪器发出控制命令,仪器可通过显示器将处理结果显示出来;通信接口电路可实现仪器与计算机或其他仪器的通信。

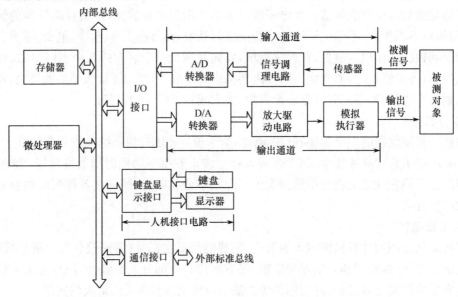

图 1.1　微机内嵌式智能仪器的基本结构

1.3.3　智能仪器的特点

智能仪器内部带有处理能力很强的智能软件,具有以下特点。

① 操作自动化。整个测量过程,如键盘扫描、量程选择、开关闭合、数据采集、传输与处理、显示打印等功能用微处理器控制,实现了测量过程的自动化。

② 具有自测功能。自测功能包括自动调零、自动故障与状态检验、自动校准、自诊断及量程自动转换、触发电平自动调整、自补偿、自适应等,能适应外界的变化。例如,能自动补偿环境温度、压力等对被测量的影响;能补偿输入的非线性,并根据外部负载的变化自动输出与其匹配的信号等。自动校准通过自校准(校准零点、增益等)来保证自身的准确度。自诊断能检测出故障的部位,甚至故障的原因。

③ 具有数据分析和处理功能。智能仪器采用了微处理器,这使得许多原来用硬件难以解决或根本无法解决的问题,可以用软件非常灵活地解决。例如,传统的数字万用表只能测量电阻、交/直流电压、电流等,而智能型的数字万用表不仅能进行上述测量,而且还具有对测量结果进行

诸如零点平移、取平均值、求极值、统计分析等复杂的数据处理功能,有效地提高了仪器的测量精度,使使用户从繁重的数据处理中解放出来。

④ 具有友好的人机对话功能。智能仪器使用键盘代替传统仪器中的切换开关,操作人员通过键盘输入命令,用对话方式选择测量功能并设置参数。同时,智能仪器能输出多种形式的数据,如通过显示屏将仪器的运行情况、工作状态和处理结果以数字或图形的形式输出。

⑤ 具有可程控操作能力。一般智能仪器都配有 GPIB、RS-232C、RS-485、USB 等标准通信接口,可以接收计算机的命令,具有可程控操作的功能。这些特性方便与计算机和其他仪器一起组成用户所需要的具有多种功能的自动测量系统,从而完成更复杂的测试任务。

除此之外,智能仪器还能通过自学学会处理更多、更复杂的程序。但不是所有的智能仪器都必须具备上述所有功能,在设计具体的智能仪器时应根据实际需要确定其功能。

1.4　智能仪器中微处理器的选择

微处理器是智能仪器的核心部件,是推动智能仪器向微型化、多功能化等方向发展的动力。智能仪器硬件和软件的设计与微处理器有着密切的关系,微处理器的结构和特性对智能仪器的性能有很大影响。

智能仪器中的微处理器多采用单片机。本节介绍智能仪器中常用的包括基于 8051 内核的单片机、基于 ARM 内核的单片机及 DSP 等。

1.4.1　单片机概述

单片机是在一块芯片上集成了 CPU、RAM、ROM、时钟、定时/计数器、串行/并行 I/O 口等的微型计算机,有些型号的单片机还包括 A/D 转换器、D/A 转换器、模拟比较器、脉宽调制器、USB 口等,功能强、体积小、价格低、支持软件多、便于开发,智能仪器多选单片机作为智能控制部件。不同单片机的区别主要是在 CPU 的字长、结构,存储器的容量和种类,以及 I/O 功能等方面。在选择具体型号时,应考虑字长、指令功能、寻址范围、寻址方式、内部存储器容量、位处理、中断处理能力、配套硬件、芯片价格及开发平台等。

在字长方面,单片机主要有 8 位、16 位、32 位等,位数越多的单片机在数据处理能力和指令系统方面就越强。8 位单片机由于内部构造简单、体积小、成本低廉,在一些较简单的控制系统中应用广泛。本书的智能控制部件以 8 位单片机为主。

在指令系统方面,一般而言,指令越丰富,寻址方式越多,操作功能越强,编程更加灵活,但并不是越多越好,应面向具体问题。复杂指令集计算机(Complex Instruction Set Computer,CISC)的数据线和指令线分时复用(即采用冯·诺伊曼结构),指令丰富,功能强大,但取指令和取数据不能同时进行,速度受限。例如,Intel 的 MCS-51/52 系列、Motorola 的 MC68 系列、Atmel 的 AT89 系列、华邦 Winbond 的 W78 系列等。

当 CISC 发展到一定程度后,一些过于复杂的指令加入指令集反而使 CPU 的设计变得复杂。从微处理器的执行效率和开发成本两方面考虑,为了进一步提高单片机的性价比,产生了精简指令集计算机(Reduce Instruction Set Computer,RISC),其数据线和指令线分离(即采用哈佛结构),取指令和取数据可以同时进行。由于取指令和取数据分别经由不同的存储空间和不同的总线,使得各条指令可以重叠执行,克服了数据流传输的瓶颈,提高了运算速度,执行效率更快。同时,这种单片机指令多为单字节指令,ROM 的空间利用率大大提高,便于超小型化设计。例如,Microchip 的 PIC 系列、Atmel 的 AT90S 系列等。

早期的单片机(如8031)系统基本采用传统的三总线结构,由单片机及简单外围电路构成,具有独立的数据线、地址线、控制线,在此基础上可以扩展成需要的应用系统。这种单片机指令功能强、可扩展性强,可以应用于各种领域,尤其适用于控制对象比较复杂的某些场合,如智能仪器仪表、通信产品、工业控制系统等。由于采用传统并行总线结构的单片机的内部结构复杂,系统外部硬件设计优化困难,系统资源利用率较低,鉴于单片机应用的广泛性及多样性,带有各种总线接口的单片机不断推出,如带 I²C 总线的单片机、带 CAN 总线的单片机、带 USB 总线的单片机及带以太网接口的单片机等。

目前常用的单片机有 Intel 公司的 MCS-51/52 系列、Motorola 公司的 MC68 系列以及与之兼容的多种改进升级型系列,如 Philips 公司的 80C51 系列等。另外,美国 Silicon Labs 公司的 C8051F 系列单片机如 C8051F02X,在需要 A/D 转换器、D/A 转换器、比较器、多端口、多中断时是比较合适的。

1.4.2　基于8051内核的单片机

MCS-51 系列单片机是 20 世纪 80 年代由 Intel 公司推出的 8 位单片机,主要有 8031、8051。其片内集成并行 I/O 口、串行 I/O 口、16 位定时/计数器、RAM、ROM 等。最高时钟频率为 12MHz,采用 CISC 体系的三总线结构。

MCS-51 系列单片机不断推陈出新,许多厂家生产了与 MCS-51 指令系统兼容的单片机,即 8051 内核的单片机。比如,Atmel 公司的 AT89C 系列、AT89S 系列;Silicon Labs 公司的 C8051F 系列;Philips 公司的 8XC552 系列;Motorola 公司的 MC68 系列等。这些单片机采用兼容 MCS-51 的结构和指令系统,只是对其功能和内部资源等方面进行了不同程度的扩展。例如,AT89 系列的最大特点是片内含有 Flash 存储器,用"89CXXXX"或"89LVXXXX"或"89SXXXX"等表示。其中,"9"表示芯片内部含 Flash 存储器,"C"表示是 CMOS 产品,"LV"表示低电压产品,"S"表示含可下载的 Flash 存储器,"XXXX"为表示型号的数字,如 51、2051、8252等。而 C8051F 系列的主要特点是速度快(高达 25MIPS 的速度,比标准 8051 快 20 倍以上)、强大的模拟信号处理能力(有多达 32 路 12 位 ADC 或高达 500kHz 的 8 位 ADC,两路 12 位精度的 DAC,两路模拟比较器,高精度基准电源,程控放大器和温度传感器)、先进的 JTAG 调试功能(支持系统全速非插入调试和编程,不占用任何片内资源)、强大的控制功能(有多达 64 位 I/O 口线)、多达 22 个中断源和 64KB 的 Flash 存储器等。

MCS-51 系列单片机的技术性能及开发手段都较成熟,使其不仅在智能仪器设计中得到了广泛应用,而且在机电一体化设备、家电产品(如电视、冰箱、洗衣机、家用防盗报警器)及玩具等方面也得到广泛应用。

1.4.3　基于ARM内核的单片机

ARM(Advanced RISC Machines)公司是英国的著名半导体设计公司,其设计的 ARM 结构基于精简指令集计算机(RISC)的原理。ARM 公司的 32 位处理器,以耗电少、成本低、功能强、特有 16/32 位双指令集等特点,广泛应用于嵌入式控制、消费类产品、教育类多媒体、移动式系统等方面。

在选择 ARM 芯片时,主要考虑以下几个方面。

① ARM 内核:ARM720T 以上及 ARM9,带有内存管理单元,支持嵌入式操作系统,如 Windows CE、Linux 等。

② 系统时钟:系统时钟决定芯片的处理速度,ARM9 的时钟频率一般为 100~233MHz。

③ 内部存储器容量：当系统存储容量不大时，可以采用内置存储器 ARM 芯片。

④ I/O 接口功能：包括是否带有 USB 接口、数模或模数转换接口等。

⑤ 总线扩展及总线接口：不同的 ARM 芯片，其扩展能力不同，外部数据总线宽度也不相同，部分 ARM 芯片没有外部总线扩展能力。

⑥ DSP 处理能力：为了增加科学计算功能及多媒体功能，ARM 芯片又增加了 DSP 内核，以满足不同要求。

基于 ARM 内核的单片机有 ARM7、ARM9、ARM9E、ARM10E、SecurCore 及 ARM11 系列等。

1. AT91 系列 ARM 芯片

Atmel 公司的 AT91 系列 ARM 芯片是采用 ARM7 内核的高端 32 位单片机，是目前国内市场应用最广泛的 ARM 芯片之一。AT91 系列 ARM 芯片定位在低功耗和实时控制应用领域，应用在工业自动化控制、MP3/WMA 播放器、数据采集产品、医疗设备、GPS 和网络系统产品中（GPRS 模块）。AT91 系列 ARM 芯片具有下列特点：

- ARM7TDMI 及以上 32 位 CPU；
- 内置 SRAM、ROM 和 Flash 存储器；
- 丰富的片内外围设备；
- 10 位 ADC/DAC；
- 功耗低于其他公司同类产品；
- 先进的电源管理，提供空闲模式及外围禁止；
- 快速、先进的向量中断控制器；
- 段寄存器提供分离的栈和中断模式调用返回。

2. LPC2100 系列 ARM 芯片

Philips 公司的 LPC2100 系列 ARM 芯片基于一个支持实时仿真和跟踪的 16/32 位 ARM7TDMI-S CPU，并带有 128/256KB 的高速 Flash 存储器，128 位宽度的存储器接口和独特的加速结构使 32 位代码能够在最大时钟速率下运行。极低的功耗、多个 32 位定时器、4 路 10 位 ADC、PWM 输出及多达 9 个外部中断，特别适用于工业控制、医疗系统、电子收款机（POS）等应用领域。由于内置了宽范围的串行通信接口，因此也非常适合于通信网关、协议转换器、嵌入式软件调制解调器及其他各种类型的应用。

3. EP 系列 ARM 芯片

Cirrus Logic 公司带 ARM 内核的 EP 系列芯片主要应用于手持计算、个人数字音频播放器和 Internet 电器设备等领域。其主要产品有 EP7211/7212、EP7312、EP7309、EP9312 和 CLPS7500FE 等。EP7211 为高性能、超低功耗应用设计，围绕 ARM720T 设置，有 8KB 的 4 路相连的统一 Cache 和写缓冲，含增强型存储器控制单元（MMU）等。

1.4.4 数字信号处理器（DSP）

数字信号处理器（Digital Signal Processor，DSP）是一种特别适合于进行数字信号运算、处理的微处理器。数字信号处理是指以数字形式对信号进行采集、变换、滤波、估值、增强、压缩和识别等处理，以得到符合人们需要的信号形式。DSP 的内部采用程序和数据分开的哈佛结构，具有专门的硬件乘法器，广泛采用流水线操作，提供特殊的 DSP 指令，可以用来快速地实现各种数字信号处理算法。DSP 的指令执行时间比 16 位单片机快 8～10 倍，完成一次乘运算的时间比单片机快 16～30 倍，DSP 还提供高度专业化的指令集，提高了快速傅里叶变换（FFT）和滤波器的运算速度。但 DSP 目前价格较高,在满足速度要求的情况下可首选单片机。

选择 DSP,可以根据以下几方面的因素共同决定。

① 速度:DSP 速度一般用 MIPS 或 FLOPS 表示,即百万次/秒。根据对处理速度的要求选择适合的 DSP。一般选择处理速度不要过高,速度高的 DSP,系统实现也较困难。

② 精度:DSP 分为定点、浮点处理器,对于运算精度要求很高的处理,可选择浮点处理器。定点处理器也可完成浮点运算,但精度和速度会有影响。

③ 寻址空间:不同的 DSP,其 ROM、RAM、I/O 空间大小不一。与普通 MCU 不同,DSP 在一个指令周期内能完成多个操作,所以 DSP 的指令效率很高,ROM 空间一般不会有问题,关键是 RAM 空间是否满足。

④ 成本:一般定点 DSP 的成本会比浮点 DSP 的要低,速度也较快。

⑤ 实现方便:浮点 DSP 的结构实现 DSP 系统较容易,不用考虑寻址空间的问题,指令对 C 语言支持的效率也较高。

⑥ 特殊部件:根据应用要求,选择具有特殊部件的 DSP。例如,C2000 适合于电机控制、OMAP 适合于多媒体等。

DSP 可用于语音处理(如语音编码、语音合成、语音识别、语音增强、说话人辨认与确认、语音邮件和语音存储等)、图形/图像处理(如二维和三维图形处理、图像压缩与传输、图像增强、动画和机器人视觉等)、自动控制(如引擎控制、声控、无人自动驾驶、机器人控制和磁盘控制等)、通信技术(如调制解调器、自适应均衡、数据加密、数据压缩、回波抵消、多路复用、传真、扩频通信、纠错编码和可视电话等)、信号处理(如数字滤波、自适应滤波、快速傅里叶变换、相关运算、频谱分析、卷积、模式匹配、加窗和波形产生等)、医疗(如助听器、超声设备、诊断工具和病人监护等)、家用电器(如高保真音响、音乐合成、音调控制、玩具与游戏和数字电话/电视等)多领域。

习 题 1

1.1　什么是智能仪器? 其主要特点是什么?
1.2　智能仪器经历了怎样的发展过程?
1.3　画出内嵌式智能仪器的基本结构。
1.4　简述智能仪器的发展趋势。

第 2 章　智能仪器输入通道及接口技术

智能仪器的主要功能是对信号进行检测与处理。为了利用微处理器对输入信号进行测量和处理,必须将其转换成微处理器能接收的逻辑信号,这种对输入信号进行采集、放大、滤波、转换等处理的电路称为输入通道。输入通道是计算机和客观对象之间信息传送及变换的连接通道。本章着重介绍输入通道的结构、组成、工作原理及应用。

2.1　模拟量输入通道概述

智能仪器的最前端是传感器,用于获取被测信息,完成信号的检测和转换。传感器输出的信号不可避免地包含杂波信号,幅度也不一定适合直接进行模数(A/D)转换,需要将传感器输出的信号进行处理。完成滤波、幅度变换等功能的电路称为信号调理电路,一般由放大器、滤波器等组成。处理后的信号经采样/保持电路和模数转换电路转换为数字信号后,可送入微处理器进行处理。将实际存在的电压、电流、声音、图像、温度、压力等连续变化的模拟信号进行隔离、放大、滤波、模数转换等处理,转换成计算机能接收的逻辑信号的电路称为模拟量输入通道。

从被转换模拟信号的数量及要求看,模拟量输入通道有单通道结构和多通道结构两种。

1. 单通道结构

当被测信号只有一路时采用单通道结构。图 2.1 所示为带采样/保持器(S/H)的单通道结构,常用于频率较高的模拟信号的 A/D 转换。传感器输出的信号进入信号调理电路进行滤波、放大等处理后,通过采样/保持器送入 A/D 转换器,转换为数字信号后进入 CPU。当被转换信号为直流或低频模拟信号时,可将图 2.1 中的 S/H 部分去掉。

图 2.1　单通道结构

2. 多通道结构

当被测信号有多路时采用多通道结构。多通道结构分为并行结构和共享结构。

（1）多通道并行结构

如图 2.2 所示,每个通道都带有 S/H 和 A/D 转换器。信号调理电路输出的模拟信号 $A_1 \sim A_n$ 分别进入彼此独立的通道,各通道的 S/H 和 A/D 转换器可同步进行,即各通道可同时进行转换,常用于模拟信号频率很高且各通道必须同步采样的高转换速率系统。该结构的优点是速度快,缺点是成本高,体积、功耗大。

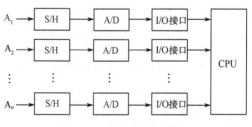

图 2.2　多通道并行结构

（2）多通道共享结构

为充分利用元器件的性能,提高性价比,当被测信号有多路时,可利用多路转换开关使多个被测信号公用一部分电路。

当各通道模拟输入信号不需要同时获取时,可选用如图 2.3(a)所示的共享 S/H 和 A/D 转换器的多通道结构。模拟信号 $A_1 \sim A_n$ 通过多选一模拟多路开关(MUX)后,被分时采样,占用 CPU 资源较少,尤其适合同一信号不同量程的 A/D 转换。这种形式的通道速度慢,但硬件开销少,适合对转换速度要求不高的系统。

当各通道模拟输入信号需要同时采样时,可采用如图 2.3(b)所示的共享 A/D 转换器的多通道结构。此时所有 S/H 可用同一控制信号控制,各通道公用 A/D 转换器。

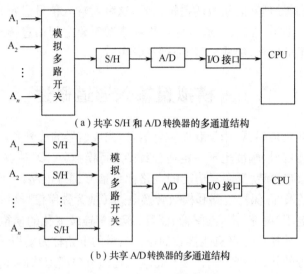

（a）共享 S/H 和 A/D 转换器的多通道结构

（b）共享 A/D 转换器的多通道结构

图 2.3　多通道共享结构

2.2　模拟多路开关

模拟多路开关(Analog Switches)也称为多路转换器(Multiplexer),主要用于信号的切换,是输入通道的重要元件之一。当系统中有多个变化较为缓慢的模拟量输入时,常常利用模拟多路开关将各个模拟量分时与放大器、A/D 转换器等接通。这样,利用一片 A/D 转换器可完成多个模拟输入信号的依次转换,提高了硬件电路的利用率,节省了成本。有些资料中将完成多到一的转换器称为多路开关,将完成一到多的转换器称为多路分配器(Demultiplexer)。本节介绍的模拟多路开关包括多到一和一到多的转换功能。

模拟多路开关分为机械触点式开关和集成模拟电子开关。机械触点式开关的导通电阻小,主要用于大电流、高电压、低速场合,如继电器。相对机械触点式开关而言,集成模拟电子开关的切换速率快、无抖动、耗电省、体积小、工作可靠且容易控制,但导通电阻较大,输入电流容量有限,动态范围较小,主要用于高速切换、系统体积较小的场合,在智能仪器中应用广泛。

2.2.1　模拟多路开关的性能指标

选择模拟多路开关时,需要注意以下性能指标。

① 通道数量。集成模拟多路开关通常包括多个通道,通道数量对传输信号的精度和开关切换速率有直接的影响。通道数量越多,寄生电容和泄漏电流越大。

② 泄漏电流,指开关断开时流过模拟多路开关的电流。一个理想的模拟多路开关要求导通时电阻为零,断开时电阻趋于无限大,泄漏电流为零。但由于实际模拟多路开关断开时电阻不为无限大,导致泄漏电流不为零。因此,一般希望泄漏电流越小越好。

③ 导通电阻,指模拟多路开关闭合时的电阻。导通电阻会损失信号,使精度降低,尤其是当模拟多路开关串联的负载为低阻抗时损失会更大。因此,导通电阻的一致性越好,系统在采集各路信号时由模拟多路开关引起的误差就越小。

④ 开关速度,指模拟多路开关接通或断开的速度。对于频率较高的信号,要求模拟多路开关的切换速度快,同时还应考虑与后级采样/保持器、A/D 转换器的速度相适应,从而以最优的性价比选择器件。

除上述指标外,芯片的电源电压范围也是一个重要参数,它与模拟多路开关的导通电阻和切换速度等有直接关系。电源电压越高,切换速度越快,导通电阻就越小;反之,导通电阻越大。

2.2.2 集成模拟多路开关

目前已有多种型号的集成模拟多路开关,如 CD4051(双向、8 路)、CD4052(单向、差动 4 路)、AD7501(单向、8 路)、AD7506(单向、16 路)等。它们的功能相似,仅在某些参数和性能指标上有所差异。

1. 八通道单向模拟多路开关 AD7501

AD7501 是一款 8 路输入、1 路输出的 CMOS 集成芯片,导通电阻为 $170\sim300\Omega$,泄漏电流为 $0.2\sim2nA$,导通截止时间典型值为 $0.8\mu s$,其内部结构和引脚如图 2.4 所示。图中,EN 为使能端,EN＝1 时,允许通道接通;EN＝0 时,禁止通道接通。A_2、A_1、A_0 为通道选择输入端,其状态的组合决定输出端 OUT 与 8 路模拟输入信号 $S_1\sim S_8$ 中的哪一路接通,真值表见表 2.1。

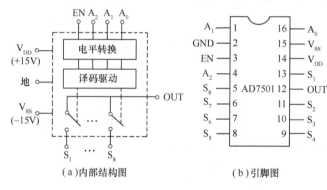

图 2.4 AD7501 内部结构和引脚图

(a)内部结构图　(b)引脚图

表 2.1 AD7501 真值表

A_2	A_1	A_0	EN	OUT 接通通道
0	0	0	1	S_1
0	0	1	1	S_2
0	1	0	1	S_3
0	1	1	1	S_4
1	0	0	1	S_5
1	0	1	1	S_6
1	1	0	1	S_7
1	1	1	1	S_8
$\times$	$\times$	$\times$	0	无

2. 八通道双向模拟多路开关 CD4051

CD4051 为 8 通道单刀结构形式,允许双向使用,可用于多到一的切换输出,也可用于一到多的切换输出,其内部结构及引脚如图 2.5 所示。

INH:禁止端,INH＝1 时,各通道均不接通;INH＝0 时,允许通道接通。

C、B、A:通道选择输入端,决定公共端 OUT/IN 与哪一通道的开关接通,真值表见表 2.2。

V_{DD}:正电源端,电源电压范围为 $3\sim15V$。

V_{EE}:负电源端,用于电平移位。当 $V_{SS}=0V$ 时,在单组电源供电条件下工作的 CMOS 电路提供的数字信号能直接控制开关,切换幅度在 $V_{EE}\sim V_{DD}$ 之间的模拟信号,最大峰-峰值达 15V。典型电平移位连接方法如图 2.6 所示。例如,供电电源 $V_{DD}=+5V$,$V_{SS}=0V$,当 $V_{EE}=-5V$ 时,只要对此模拟多路开关施加 $0\sim5V$ 的数字控制信号,就可控制模拟信号幅度范围为 $-5\sim5V$ 的切换,如图 2.6(d)所示。

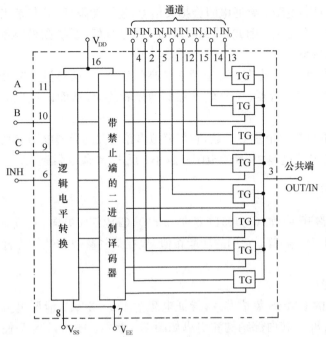

图 2.5　CD4051 内部结构及引脚图

表 2.2　CD4051 真值表

输入状态				OUT/IN 接通通道
INH	C	B	A	
0	0	0	0	IN_0
0	0	0	1	IN_1
0	0	1	0	IN_2
0	0	1	1	IN_3
0	1	0	0	IN_4
0	1	0	1	IN_5
0	1	1	0	IN_6
0	1	1	1	IN_7
1	×	×	×	均不接通

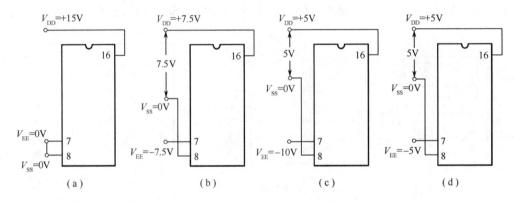

图 2.6　典型电平移位连接方法

3. 双四路模拟多路开关 CD4052

CD4052 相当于一个双刀四掷开关,内部结构和引脚如图 2.7 所示。INH、B、A 的功能同 CD4051,其真值表见表 2.3。

表 2.3　CD4052 真值表

输入状态			接通通道	
INH	B	A	公共端 X	公共端 Y
0	0	0	0	0
0	0	1	1	1
0	1	0	2	2
0	1	1	3	3
1	×	×	均不接通	

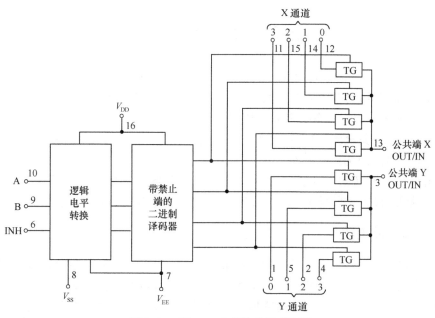

图 2.7 CD4052 内部结构及引脚图

2.2.3 模拟多路开关的通道扩展

在实际使用中,有时输入模拟信号数量较多,一片模拟多路开关不够用,需要使用多片集成模拟多路开关进行通道扩展。图 2.8 所示为利用两片 CD4051 将 8 路开关扩展成 16 路开关的原理图。图中,地址线 A_3 与禁止端 INH 相连。当 $A_3=0$ 时,$1^\#$ CD4051 工作,$2^\#$ CD4051 不工作;当 $A_3=1$ 时,$2^\#$ CD4051 工作,$1^\#$ CD4051 不工作。即两片 CD4051 分时工作。地址线 $A_2\sim A_0$ 分别为片内通道选择信号,通道 $IN_0\sim IN_7$ 的地址分别为 0000~0111,而通道 $IN_8\sim IN_{15}$ 的地址分别为 1000~1111。如果需要扩展更多通道,则需要多片(如 64 路需要 8 片)CD4051 分时工作,此时可借助译码器(如 3-8 译码器)完成通道扩展。

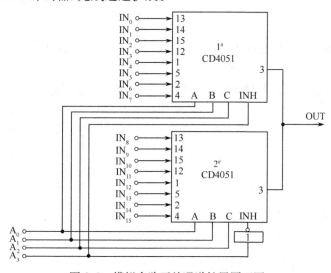

图 2.8 模拟多路开关通道扩展原理图

需要注意的是,引入模拟多路开关也引入了误差和延时。在选择模拟多路开关时,应根据具体要求,选择满足各种性能指标的芯片。

2.3 放 大 器

放大器(Amplifier)是信号调理电路中的重要元件,合理选择放大器是系统设计的关键。各种应用系统的功能不同,对放大器的性能要求也不一样。在没有特殊要求的场合,选用通用型集成放大器可降低成本。当一个系统中需要使用多个放大器时,可选用多放大器集成芯片。还可根据信号源(电压源还是电流源)、集成放大器的输出(电压还是电流)、环境条件(工作电压范围、功耗与体积)等因素合理选择放大器。

智能仪器常常工作于恶劣环境中,要求放大电器兼有高输入阻抗、高共模抑制比、低功耗等特性。程控放大器、仪用放大器、隔离放大器等是智能仪器中常用的放大器。

2.3.1 程控放大器

在通用测量仪器中,为了适应不同的工作条件,在整个测量范围内获得合适的分辨率,提高测量精度,常采用可变增益放大器。智能仪器内置的程序控制增益的放大器称为程控增益放大器(Programmable Gain Amplifier),简称程控放大器(PGA)。程控放大器又分为程控反相放大器、程控同相放大器等。

1. 程控反相放大器

一般反相放大器如图 2.9 所示,由"虚断""虚短"条件有

$$i_1 = i_f, \quad v_- = v_+ = 0$$

又

$$i_1 = \frac{v_i - v_-}{R_1} = \frac{v_i}{R_1}$$

$$i_f = \frac{v_- - v_o}{R_f} = -\frac{v_o}{R_f}$$

所以可得

$$v_o = -\frac{R_f}{R_1} v_i$$

增益为

$$G = \frac{v_o}{v_i} = -\frac{R_f}{R_1}$$

可见,改变 R_f 或 R_1,可改变放大器的增益。如图 2.10 所示,虚线框为模拟多路开关 S,S 的闭合位置受控制信号 C_1 和 C_2 的控制。S 的闭合位置不同,使反馈电阻不同,从而实现放大器的增益由程序控制。当增益小于 1 时,程控反相放大器构成程控衰减器。

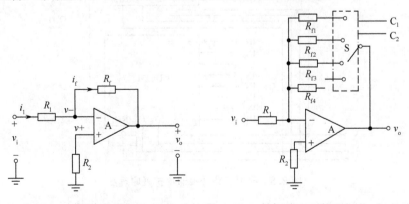

图 2.9 反相放大器   图 2.10 反相程控放大器

2. 程控同相放大器

图 2.11 所示为一般同相放大器的基本原理。类似地,可导出同相放大器的增益 $G=1+R_f/R_1$。可见,改变 R_f 或 R_1,同样可改变放大器的增益,但同相放大器只能构成增益放大器,不能构成衰减器。

图 2.12 所示为利用 8 选 1 集成模拟开关 CD4051 构成的程控同相放大器。图中,C、B、A 为通道选择输入端,其状态由程序(D_2、D_1、D_0 的状态)控制。C、B、A 不同的编码组合选择 OUT/IN 端与 $IN_0 \sim IN_7$ 中哪一通道接通,从而选择 $R_0 \sim R_7$ 中的某个电阻接入电路,实现程控增益的功能。

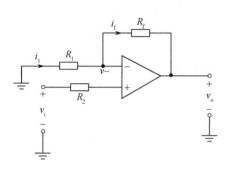

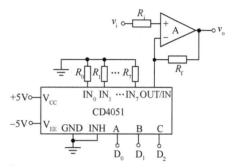

图 2.11　同相放大器　　　　　图 2.12　程控同相放大器

3. 集成程控放大器

集成程控放大器的种类繁多,如单端输入的 PGA100、PGA103;差分输入的 PGA204、PGA205 等。本节介绍美国 Burr-Brown 公司(以下简称 BB 公司)的 PGA202/203 程控放大器,其应用灵活方便,不需要外围芯片,而且 PGA202 与 PGA203 级联使用可组成 1～8000 倍的 16 种程控增益。

(1) 性能特点
- 数字可编程控制增益:PGA202 的增益为 1、10、100、1000;PGA203 的增益为 1、2、4、8。
- 增益误差:$G<1000$ 时,0.05％～0.15％;$G=1000$ 时,0.08％～0.1％。
- 非线性失真:$G=1000$ 时,0.02％～0.06％。
- 快速建立时间:$2\mu s$。
- 快速压摆率:$20V/\mu s$。
- 共模抑制比:80～94dB。
- 频率响应:$G<1000$ 时,1MHz;$G=1000$ 时,250kHz。
- 电源供电范围:$\pm 6 \sim \pm 18V$。

(2) 内部结构及引脚功能

PGA202/203 采用双列直插式封装,根据使用温度范围的不同,分为陶瓷封装(-25～85℃)和塑料封装(0～70℃)两种。引脚排列和内部结构如图 2.13 所示。$+V_{CC}$、$-V_{CC}$ 为正、负供电电源端;$+V_{IN}$、$-V_{IN}$ 分别为同相、反相输入端;V_{REF} 为参考电压输入端;V_{OUT} 为输出端;Digital Common 为数字公共地端;V_{OUT} Sense 为输出检测端,与输出端 V_{OUT} 连接,将反馈电阻放于反馈环内,减小负载的漏电流,提高精度;Filter A、Filter B 为输出滤波端;V_{OS} Adjust 为偏置调整端。

A_0 和 A_1 为增益选择输入端,与 TTL、CMOS 电平兼容,可以和任何单片机的 I/O 口直接相连,其增益选择及误差见表 2.4。除表中提供的几种增益外,PGA202/203 外接如图 2.14 所示的缓冲器及衰减电阻,改变电阻 R_1 与 R_2 的比值,可获得更多不同的增益。增益与电阻的关系为

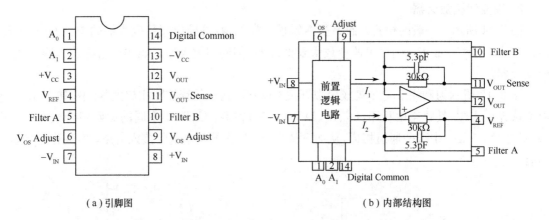

（a）引脚图 （b）内部结构图

图 2.13 PGA202/203 引脚和内部结构图

$$G=1+\frac{R_2}{R_1}$$

表 2.4 增益选择及误差

增益选择输入端		PGA202		PGA203	
A_1	A_0	增益	误差	增益	误差
0	0	1	0.05%	1	0.05%
0	1	10	0.05%	2	0.05%
1	0	100	0.05%	4	0.05%
1	1	1000	0.1%	8	0.05%

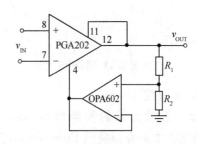

图 2.14 改变外接电阻获得可变增益原理图

增益与 R_1、R_2 取典型值的对应关系见表 2.5。

PGA202 允许输出滤波，Filter A、Filter B 这两个引脚外部各连接一个电容，如图 2.15 所示，这样可减少放大器的输出噪声，但放大器的输出频率响应有所降低。电容值不同，截止频率不同，典型电容值和截止频率的对应关系见表 2.6。

表 2.5 增益与 R_1、R_2 取典型值的对应关系

增益	R_1	R_2
2	5kΩ	5kΩ
5	2kΩ	8kΩ
10	1kΩ	9kΩ

表 2.6 典型电容值和截止频率的关系

截止频率	C_{EXT}
1MHz	不需要
100kHz	47pF
10kHz	525pF

由于 PGA202 有 4 种增益，在不同的增益时输入失调电压稍有不同，在量程转换时需要自动调零。图 2.16 所示为 PGA202 的失调电压校正电路，对输入失调电压和输出失调电压可分别进行校正。50kΩ 电位器用于校正输入失调电压。为了获得 PGA202 在所有增益的准确性能，输出失调电压校正时，采用低输出阻抗、宽带运放 OPA602 组成电压跟随器及 10kΩ 电位器校正。调零时，在输出端 12 脚接一个电压表，短接 PGA202 的 7、8 脚使 $v_{IN}=0$，分别反复调节 50kΩ 和 10kΩ 电位器，使输出端电压表指示为零即可。

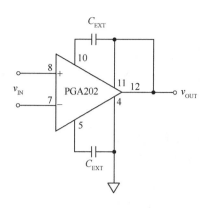

图 2.15 输出滤波连接图

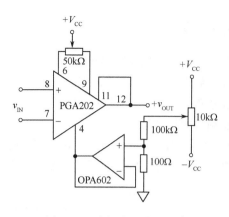

图 2.16 失调电压校正电路

（3）PGA202 的基本用法

PGA202 不需任何外部调整元件就能可靠工作。但为了保证效果更好，在正、负电源端分别连接一个 $1\mu F$ 的钽电容旁路到模拟地，且尽可能靠近放大器的电源引脚，如图 2.17 所示。由于 11 脚、4 脚上的连线电阻都会引起增益误差，所以 11 脚、4 脚连线应尽可能短。

PGA202/203 与比较器、二进制加减计数器连接可构成自动增益控制电路，如图 2.18 所示。图中，PGA202 的输出信号反馈给双比较器，进行上、下限电压比较。当输出信号 v_{OUT} 大于上限电压$(V_{REF}=10V)$或小于下限电压$\left(V_{REF}\times\dfrac{R_2}{R_1+R_2}=10\times(1/11)V\right)$时，通过双比较器的输出端，调整二进制加减计数器的计数状态，从而控制 PGA202 的增益选择端 A_1 和 A_0，进行增益的自动调整，实现增益自动控制。在一个采样系统中，使用单片机控制采样电路，通过比较采样值的大小可方便进行自动增益控制。

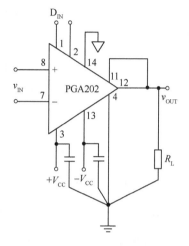

图 2.17 PGA202 的基本用法

将 PGA202 和 PGA203 两片级联，如图 2.19 所示，A_3、A_2、A_1、A_0 组合有 16 种状态，可在 1～8000 范围内选择 16 种增益。

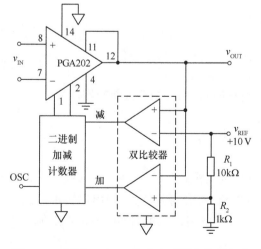

图 2.18 利用 PGA202 构成自动增益控制电路

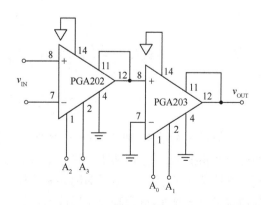

图 2.19 PGA202/203 级联电路

2.3.2 仪用放大器

在智能仪器中,常常需要精确放大带有一定共模干扰的微弱的差模信号,要求放大电路的输入阻抗和共模抑制比高、误差小、稳定性好。这种用来放大传感器输出的微弱电压或电流信号的放大器称为仪用放大器(测量放大器)。

1. 仪用放大器原理

仪用放大器(Instrumentation Amplifier)由 3 个放大器组成,如图 2.20 所示。同相放大器 A_1、A_2 构成输入级,信号从 A_3 输出。图中按理想放大器分析,有

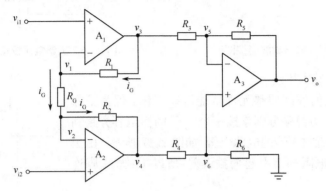

图 2.20　仪用放大器

$$v_{i1}=v_1,\quad v_{i2}=v_2,\quad v_5=v_6$$

又　　　　　　　　　　　　　　　$$v_3-v_1=i_GR_1$$

所以有　　　　　　　　　　　　　$$v_{i1}=v_3-i_GR_1 \tag{2-1}$$

同理得　　　　　　　　　　　　　$$v_{i2}=v_4+i_GR_2 \tag{2-2}$$

又　　　　　　　　　　　　　　　$$i_G=(v_{i1}-v_{i2})/R_G \tag{2-3}$$

联立式(2-1)、式(2-2)和式(2-3),得

$$\frac{v_3-v_4}{v_{i1}-v_{i2}}=\frac{R_1+R_2+R_G}{R_G} \tag{2-4}$$

又

$$\frac{v_3-v_5}{R_3}=\frac{v_5-v_0}{R_5} \tag{2-5}$$

$$\frac{v_4-v_6}{R_4}=\frac{v_6}{R_6} \tag{2-6}$$

联立式(2-4)~式(2-6),并取 $R_1=R_2$,$R_3=R_4$,$R_5=R_6$,得到仪用放大器的增益为

$$G=\frac{v_0}{v_{i1}-v_{i2}}=-\left(1+\frac{2R_1}{R_G}\right)\frac{R_5}{R_3}$$

在前级放大器 A_1 和 A_2 的电气特性及外部电路参数相同的情况下,两个输入端的失调导致的输出互相抵消,共模干扰信号在电阻 R_G 上不产生电流,不会得到放大,输出电压不会出现共模干扰信号,即仪用放大器可抑制共模干扰。若图 2.20 中电阻 R_G 的阻值用程序控制,则放大器的增益可随之改变,成为程控仪用放大器。

将前述的可编程增益放大器 PGA202/203 的输入端与运算放大器(如 BB 公司超低噪声精

密放大器 OPA27)及电阻网络连接,可组成低噪声的差分仪用放大器,如图 2.21 所示。图中使用 PGA203,由于电阻网络的存在,所得到的增益分别为 100、200、400、800,即在原 PGA203 增益的基础上增加了 100倍。适当改变 200Ω 的电阻,还可得到其他增益。

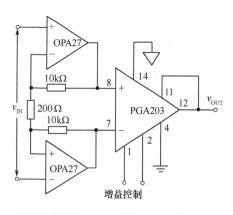

图 2.21 由 OPA27 和 PGA203 构成的差分仪用放大器

2. 集成仪用放大器

集成仪用放大器有美国 Analog Devices 公司(以下简称 AD 公司)的 AD512/522、AD620、AD623、AD8221;BB 公司的 INA114/118;Maxim 公司的 MAX4195/4196/4197 等。其中,INA114 是一种通用仪用放大器,尺寸小、精度高、价格低,主要性能如下:

- 失调电压低(≤50μV);
- 漂移小(≤0.25μV/℃);
- 输入偏置电流低(≤2nA);
- 共模抑制比高($G=1000$ 时,≥115dB);
- 内部输入保护能够长期耐受 ±40V 电压;
- 静态电流小(≤3mA);
- 工作电压范围宽(±2.25~±18V),可使用电池(组)或 5V 单电源供电,只需要一个外部电阻就可以设置 1~10000 之间的任意增益;
- 工作温度范围宽(−40~125℃)。

INA114 的内部结构如图 2.22 所示,其基本连接方法如图 2.23 所示。

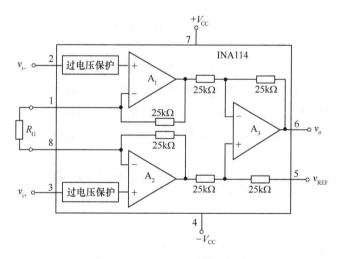

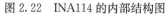

图 2.22 INA114 的内部结构图

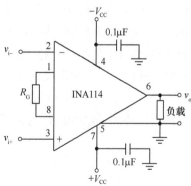

图 2.23 INA114 的基本连接方法

在靠近电源引脚处连接的去耦合电容主要用于噪声或高阻电源场合。INA114 的输出 $v_o = G(v_{i+} - v_{i-})$。其中,G 为

$$G = 1 + \frac{50\text{k}\Omega}{R_G} \tag{2-7}$$

式中,"50kΩ"是内部放大器 A_1、A_2 反馈电阻之和,这两个电阻为金属膜电阻,已用激光调整到精确的值;R_G 为外部电阻,其稳定性和温漂对增益也有影响。从式(2-7)可见,增益越高,需要的

阻值越低,连线电阻的作用也越明显,所以线路上增加的插座会使增益误差额外增加,并且很可能是不稳定的误差。

2.3.3 隔离放大器

隔离放大器(Isolation Amplifier)的输出端和输入端各自具有不同的电位参考点,其输入端和输出端没有直接的电耦合,而是通过光电、变压器或电容等进行耦合。输入端和输出端的绝缘

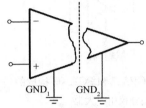

图 2.24 隔离放大器的符号

电压一般达 1000V 以上,绝缘电阻达数十兆欧,因此,输入端的干扰不会直接到达输出端。多路通道使用隔离放大器时,相互之间不会影响。当仪器工作环境噪声较大而信号较小时,采用隔离放大器可保护仪器设备和人身安全,提高共模抑制比,获得较精确的测量结果。

隔离放大器的符号如图 2.24 所示。按耦合器件的不同,可分为光电耦合、变压器耦合和电容耦合 3 种。

1. 光电耦合隔离放大器

光电耦合隔离放大器以光为耦合介质,输入与输出在电气上完全隔离,通过光信号的传递实现电信号的传递。如图 2.25 所示为光电耦合隔离放大器的基本原理,输入级为激励发光管,由光电耦合器将光信号耦合到输出级,实现信号的传输,保证了输入和输出间的电气隔离。其输入、输出级之间不能有电的连接,即前、后级不能公用电源和地线。

采用光电耦合原理的隔离放大器有 BB 公司的 ISO100/130、3650、3652,惠普公司（HP）的 HCPL7800/7800A/7800B 等。为简化电路、节省空间、降低成本、提高性能,有一些隔离放大器提供了内置 DC/DC(直流/直流)变换器,给使用者提供更大的

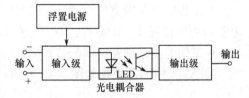

图 2.25 光电耦合隔离放大器的基本原理

灵活性,如 BB 公司的 ISO212/213 等。下面介绍 BB 公司的光电耦合隔离放大器 3650,其电路原理如图 2.26 所示。理想放大器 A_1 和光电二极管 VD_1、发光二极管 VD_2 构成负反馈回路,用于减小非线性和时间、温度的不稳定性。由理想放大器特性知, $i_1=i_i=v_{IN}/R_g$;VD_1、VD_3 分别为输入端和输出端的两个性能匹配的光电二极管,它们从发光二极管 VD_2 接收到的光量相等,即 $\lambda_1=\lambda_2$,有 $i_2=i_1$,则 $i_2=i_1=v_{IN}/R_g$。

在输出回路中,放大器 A_2 与内置电阻 R_k(1MΩ)构成 I/V(电流/电压)转换电路,有

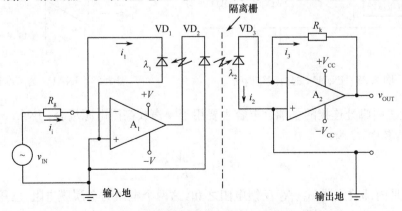

图 2.26 光电耦合隔离放大器 3650 的电路原理图

$$v_{\text{OUT}} = -i_3 R_{\text{k}} = i_2 R_{\text{k}}$$
$$= \frac{v_{\text{IN}}}{R_{\text{g}}} R_{\text{k}} = \frac{R_{\text{k}}}{R_{\text{g}}} v_{\text{IN}}$$

可见,输出与输入成线性关系。只要 VD_1 和 VD_3 一致性得到保证,信号的耦合就不会受光电器件的影响。

2. 变压器耦合隔离放大器

变压器耦合隔离放大器的输入级和输出级之间采用变压器耦合,信息传送通过磁路实现。典型的变压器耦合隔离放大器原理如图 2.27 所示,输入级将传感器送来的信号滤波、放大,并调制成交流信号,通过变压器耦合到输出级;输出级把交流信号解调成直流信号,再经滤波、放大,输出直流电压。

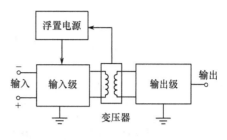

图 2.27 变压器耦合隔离放大器原理图

变压器耦合隔离放大器有 BB 公司的 ISO212 和 3656,AD 公司的 AD202/204/210/215 等。其中,AD202 和 AD204 是微型封装的精密隔离放大器,具有精度高、功耗低、共模抑制比高、体积小和价格低等特点。

AD202 和 AD204 的内部结构基本相同,仅是某些电气参数和供电方式略有不同。AD202 由 +15V 直流电源直接供电,AD204 由外部时钟源供电。AD202 的内部结构如图 2.28 所示,由放大器、调制器、解调器、整流和滤波、电源变换器等电路组成。工作时,+15V 电源连到电源输入引脚(31 引脚),使片内振荡器工作,从而产生频率为 25kHz 的载波信号,通过变压器耦合,经整流和滤波,在隔离输出部分形成电流为 2mA 的 $\pm 7.5\text{V}$ 隔离电压。该电压除提供片内电源外,还可作为外围电路(如传感器、浮地信号调节、前置放大器)的电源。在输入电路中,片内独立放大器能够作为输入信号的缓冲或放大,放大后的信号经调制器调制为交流信号,经变压器耦合后进入解调器,解调后在输出端重现输入信号。解调信号经三阶滤波器滤波,使输出信号中的噪声和纹波达到最小,为后级应用电路提供良好的激励源。AD202 的部分引脚功能见表 2.7。

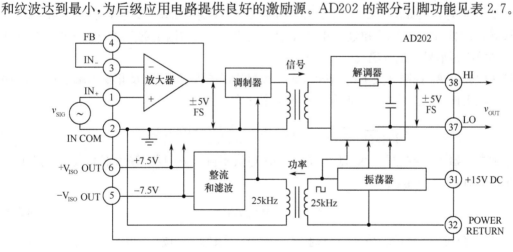

图 2.28 AD202 的内部结构图

3. 电容耦合隔离放大器

采用电容耦合的隔离放大器,有 BB 公司的 ISO102/103/106/107/113/120/121/122 等。其中,ISO122 采用常规的双列直插式封装,价格便宜、使用方便,主要技术指标如下:

表 2.7　AD202 的部分引脚功能

引　脚	符　号	功　能
1,3	IN+ ,IN–	输入信号正、负引脚。IN– 和 FB 相连,为单位增益电路;当 IN– 用分压电阻分别与 IN COM 相连时,为增益可调(大于 1)电路
2	IN COM	输入参考地线引脚
6	+V_{ISO} OUT	隔离正电源输出引脚,+7.5V/2mA
5	−V_{ISO} OUT	隔离负电源输出引脚,−7.5V/2mA。5、6 引脚输出端的电源除供给芯片内部电源外,还可作为外围电路(如传感器、前置放大器等)的电源
38,37	HI,LO	隔离放大器输出高端和低端引脚,输出电压为±5V。输出电压跟随输入电压变化,即具有 rail-to-rail 功能
31,33	+15V DC	芯片电源输入引脚。由直流电源提供+15V 电源
32	POWER RETURN	电源参考端输入引脚
4	FB	输入反馈引脚
18	OUT RTN	负输出引脚
19	OUT HI	正输出引脚
20	PWR(AD202)	正电源输入(+15V)引脚
21	CLOCK IN(AD204)	时钟输入引脚
22	PWR COM	时钟/电源公共引脚

- 额定隔离电压≥1500V(交流 60Hz 连续);
- 隔离阻抗 $10^{14}\Omega//2pF$(//表示并联);
- 输入电压范围±12.5V;
- 输入电阻 200kΩ;
- 输出电压范围±12.5V;
- 工作温度范围−25～+85℃。

ISO122 的原理框图如图 2.29 所示。输入和输出电路对称,由基本积分电路(分别由 A_1、A_2 组成)、检测放大器、滞回比较器和电流开关 K_1、K_2 组成。输入和输出部分通过两个匹配的 1pF 电容耦合形成模拟信号的电气隔离。

当检测放大器 A_3 控制开关 K_1 接通时,200μA 恒流源电流流入 A_1 反相输入端节点,100μA 恒流源电流流出该节点。通过 150pF 积分电容的电流为

$$\frac{v_{IN}}{200k\Omega}+200\mu A-100\mu A=\frac{v_{IN}}{200k\Omega}+100\mu A \tag{2-8}$$

当检测放大器 A_3 控制开关 K_1 断开时,200μA 电流不流入 A_1 反相输入端节点,只有100μA 电流流出该节点,则积分电流为

$$\frac{v_{IN}}{200k\Omega}-100\mu A \tag{2-9}$$

由式(2-8)和式(2-9)可知,当 $v_{IN}=0$ 时,积分器 A_1 对 100μA(或−100μA)的电流积分,输出 100μA(或−100μA)恒流对 150pF 电容充电形成的线性斜坡电压信号。当信号达到滞回比较器的阈值电压时,滞回比较器输出翻转,通过两个匹配的 1pF 电容耦合至检测放大器 A_3 输入端,A_3 输出控制电流开关 K_1 关断(或导通),从而将送入 A_1 的电流由−100μA 变为100μA(或由100μA 变为−100μA)。重复上述过程,A_1 将输出对称的三角波,滞回比较器(振荡频率由内部振荡器控制为 500kHz)和检测放大器输出占空比为 0.5 的对称方波,使电流开关的导通、关断时间完全相等。

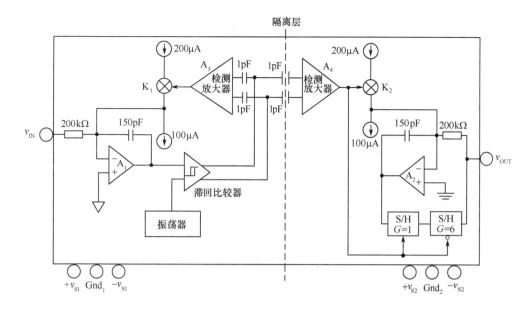

图 2.29　ISO122 的原理框图

当 $v_{\text{IN}} \neq 0$ 时,除去 $100\mu\text{A}$ 恒流外,还有与 v_{IN} 成比例的电流注入积分电容,A_1 输出波形的上升和下降速率不同,使滞回比较器输出波形的占空比不再为 0.5,电流开关的导通、关断时间相应变化。这时,滞回比较器输出的是占空比与输入信号的大小和极性成比例的脉冲调宽信号,即将输入模拟量调制成脉冲调宽的数字信号。

滞回比较器输出的信号同时通过隔离电容将 500kHz 的调宽方波信号送至输出部分的检测放大器 A_4,控制与输入电路完全相同的电流开关 K_2 的导通、关断,并将综合后的电流送入与输入回路中的积分器 A_1 相对应的积分器 A_2。同理,当 $v_{\text{IN}} = 0$ 时,由于滞回比较器输出方波的占空比为 0.5,$\pm 100\mu\text{A}$ 的电流在积分器 A_2 的 150pF 积分电容上得到的平均电压为零,因此没有电流流过与 150pF 并联的 200kΩ 电阻,这时输出电压 $v_{\text{OUT}} = 0$。当 $v_{\text{IN}} \neq 0$ 时,调宽方波占空比随输入电压的大小和极性而变化,这时有一定的反馈电流流过 200kΩ 电阻,实现了将数字调宽信号解调为模拟量,即还原为模拟信号输出。

因为输入部分和输出部分电路完全对称,制造时又采用激光调整工艺使两部分完全匹配,所以在输出端能得到高精度复现的输入信号 v_{IN},从而使得 v_{OUT} 平均值正比于 v_{IN}。输出端的采样/保持器(S/H)用于滤除解调过程中产生的固有纹波。ISO122 采用数字化调制手段,隔离层的性能不会影响到模拟信号的完整性,所以有较高的可靠性和良好的频率特性。

ISO122 只需要在输入端和输出端各接入 ± 15V 电源(不需要外接其他元件)就可以正常工作。其线性度优于 0.02%,带宽为 50kHz。这时,隔离放大器将 1:1 地传输信号,其增益误差小于 $\pm 0.5\%$。使用中,为抑制来自电源的噪声,应在尽可能靠近各电源端对各自的地接入 $1\mu\text{F}$ 的钽电容去耦,如图 2.30 所示。

隔离放大器可避免各种干扰对系统的影响,用于测量处于高共模电压下的低电平信号,消除

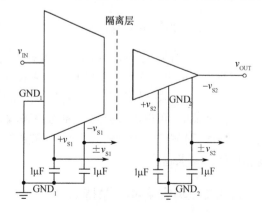

图 2.30　ISO122 的基本使用方法

信号源的网络干扰(如大电流的跳变)引起的测量误差,避免与地构成回路,保护系统电路不被输入端或输出端的高共模电压损坏。

2.4　采样/保持器

2.4.1　采样/保持器的原理

采样是对模拟信号周期性地抽取样值,使模拟信号变成时间上离散的脉冲串。采样值的大小取决于采样时间内输入模拟信号的大小。图 2.31 所示为一种常见的采样/保持电路,图中,A 为理想运算放大器,C_H 为保持电容,VT 为场效应管。

当控制信号 S 为高电平(S=1)时,VT 导通,输入模拟信号 v_i 对保持电容 C_H 充电。当 S=1 的持续时间 t_w 远远大于电容 C_H 的充电时间常数时,在 t_w 时间内,C_H 上的电压 v_C 跟随输入电压 v_i 的变化,使输出电压 $v_o = v_C = v_i$,这段时间为采样时间。当 S 为低电平(S=0)时,VT 截止,由于电压跟随器的输入阻抗很高,存储在 C_H 上的电荷不会泄漏,C_H 上的电压 v_C 保持不变,使输出电压 v_o 能保持采样结束瞬时的电压值,这段时间为保持时间。每经过一个采样周期 T_S,对输入信号 v_i 采样一次,在输出端得到输入信号的一个采样值。采样/保持电路的输出随输入变化的波形如图 2.32 所示。

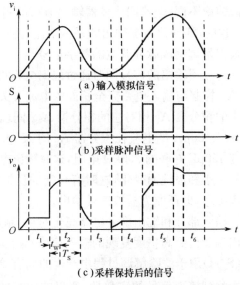

（a）输入模拟信号

（b）采样脉冲信号

（c）采样保持后的信号

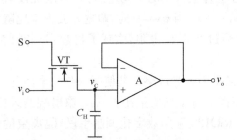

图 2.31　采样/保持电路　　　图 2.32　采样/保持电路的输出随输入变化的波形图

由图 2.32 可见,采样脉冲的频率即采样频率 $f_S(1/T_S)$ 越高,采样越密,采样值越多,采样信号的包络线越接近输入信号的波形。由采样定理可知,一个频率有限的模拟信号所包含的最高频率若为 f_{max},则当采样频率 $f_S \geqslant 2f_{max}$ 时,采样信号可以正确地反映输入信号。当采样信号通过低通滤波器时,可以不失真地还原为原来输入的模拟信号。理论上,f_S 越大越好,但也不能无限制地提高采样频率,因为将每个采样值转换为数字量需要一定的时间,采样频率越高,转换速度相应地也要求越快。

2.4.2　集成采样/保持器

将采样/保持电路的元器件集成在一片芯片上,就可构成集成采样/保持器(Sample and

Holder）。集成采样保持器种类繁多，常用的芯片有 LF198/298/398、AD582 等。LF198/298/398 这 3 种芯片工作原理相同，仅参数有所差异。其中，LF398 价格低廉，应用广泛，其内部结构如图 2.33 所示。A_1 是输入缓冲放大器，A_2 是高输入阻抗电压跟随器，S 是模拟开关，A_3 是比较器。当控制逻辑端 IN_+ 为 1 时，S 闭合，输出跟随输入变化，处于采样状态；当 IN_+ 为 0 时，S 断开，输出不随输入变化，呈保持状态。

LF398 的典型连接方法如图 2.34 所示。2 脚接 1kΩ 电位器，用于调节漂移电压；7 脚接地，8 脚接控制信号。当控制信号大于 1.4V 时，LF398 处于采样状态；当控制信号为低电平时，处于保持状态。6 脚外接保持电容，保持电容可选用漏电流小的聚苯乙烯电容、云母电容或聚四氟乙烯电容，其数值直接影响采样时间及保持精度。增加保持电容 C_H 的容量可提高精度，但会使采样时间加长。因此，当精度要求不高（±1%）而速度要求较高时，C_H 可小至 100pF；当精度要求高（±0.01%），如与 12 位 A/D 转换器相配合时，为减小下降误差和干扰，应取 $C_H = 1000$pF。

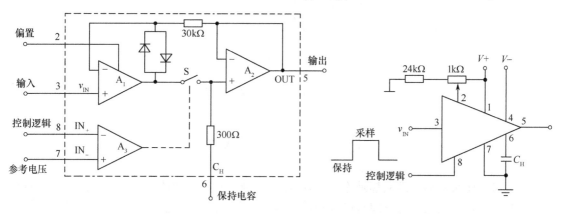

图 2.33　LF398 的内部结构　　　　图 2.34　LF398 的典型连接方法

2.4.3　采样/保持器的主要性能指标

① 捕捉时间 t_{AC}（Acquisition Time）：当采样/保持器从保持状态转到采样状态时，采样/保持器的输出从保持状态的值变到当前的输入值所需的时间，如图 2.35 所示。

② 孔径时间 t_{AP}（Aperture Time）：保持指令发出瞬间到模拟开关有效切断所经历的时间。模拟开关从闭合到完全断开需要一定的时间，当接到保持指令时，采样/保持器的输出并不保持在指令发出瞬时的输入值上，而会跟着输入变化一段时间。

③ 孔径不定时间 Δt_{AP}（Aperture Jitter）：孔径时间的变化范围，即孔径时间不是恒定的，而是在一定范围内随机变化的。模拟开关断开时，C_H 上的值不稳定，在 t_{AP} 后，输出还有一段波动，经过一段稳定时间（t_{ST}）后才保持稳定。为了准确量化，应在发出保持指令后延迟一段时间（延迟时间大于等于稳定时间），再启动 A/D 转换。

④ 孔径误差：采样/保持器实际保持的输出值与理想输出值之差。

⑤ 保持电压的下降速度：在保持状态下，由于保持电容存在电荷的泄漏而使保持电压下降，在集成芯片中，通常用泄漏电流 I_S 来表示；也可用电压下降率来表示，保持电压的下降率的计算公式为

$$\frac{\Delta v}{\Delta t} = \frac{I_S}{C_H} \quad (\text{V/s})$$

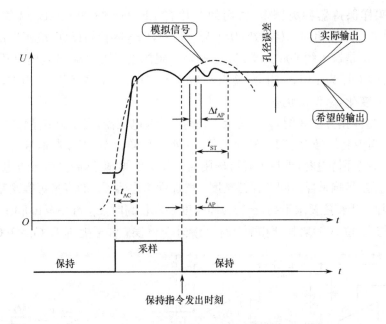

图 2.35　采样/保持器性能指标

2.5　A/D 转换器

模拟信号在时间和数值上都是连续的,而数字信号在时间和数值上都是离散的,所以进行模数转换时只能在一些选定的瞬间对输入的模拟信号进行采样,使它变成时间上离散的采样信号,然后将采样信号保持一定的时间,以便在此时间内对其进行量化,使采样值变成数值上离散的量化值,再按一定的编码形式转换成数字量。完成一次 A/D 转换通常需要经历采样、量化和编码 3 个步骤。不同的量化和编码过程对应不同原理的 A/D 转换器。

A/D 转换器(Analog to Digital Converter,ADC)的种类繁多,智能仪器中应用较多的主要有并联比较型、双积分型、逐次逼近型、Σ-Δ 调制型等。

2.5.1　并联比较型 A/D 转换器

并联比较型 A/D 转换器由分压电阻链、电压比较器、寄存器和优先编码器 4 部分组成。图 2.36 所示为 3 位并联比较型 A/D 转换器的原理图,可将输入为 $0 \sim V_{REF}$ 的模拟电压转换为 3 位二进制代码 $d_2 d_1 d_0$。

由图 2.36 可见,分压电阻链由 8 个电阻(1 个 $R/2$ 和 7 个 R)组成,它们依次对参考电压 V_{REF} 分压。$R/2$ 电阻分得的电压为 $V_{REF} \cdot \left(\dfrac{R/2}{R/2+7R} \right) = \dfrac{1}{15} V_{REF}$,同理可得到其他各 R 电阻上分得的电压分别为 $\dfrac{3}{15} V_{REF}, \cdots, \dfrac{13}{15} V_{REF}$。将这 7 个电压分别接到 7 个电压比较器的反相输入端,同时将模拟输入电压 v_i 接到各电压比较器的同相输入端,使输入电压通过比较器分别与这 7 个电压同时进行比较。当输入电压比相应的参考电压高时,相应的比较器输出高电平,否则输出低电平。

若 $v_i < \dfrac{1}{15} V_{REF}$,则所有电压比较器的输出都为低电平,寄存器中所有 D 触发器输出 0;若 $\dfrac{1}{15} V_{REF} < v_i \leqslant \dfrac{3}{15} V_{REF}$,则比较器 C_1 输出高电平,其余电压比较器的输出都为低电平,寄存器中各

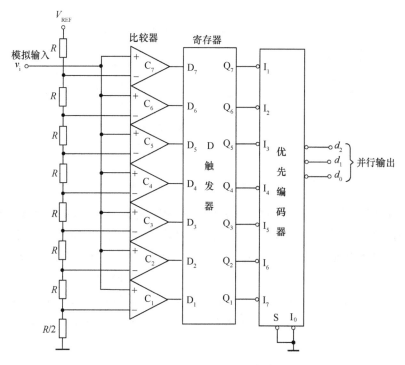

图 2.36　3 位并联比较型 A/D 转换器的原理图

D 触发器输出 0000001；以此类推，可得到 v_i 为不同电压时的各 D 触发器的状态。各 D 触发器的输出直接送入优先编码器的输入端，根据优先编码器的功能，只有最高级别的比较器输出的高电平被编码。所以可得到优先编码器的对应输出编码 $d_2d_1d_0$，即模拟量对应的数字量。

可见，并联比较型 A/D 转换器各级同时进行比较，各级输出码同时并行产生，转换速度与输出码的位数无关，所以最大优点是转换速度快。但缺点是随着输出位数的增加，所需元器件的个数增加更快。如果需要 n 位 A/D 转换器，则需要 2^n 个电阻和 2^n-1 个比较器。所以这种 ADC 适合速度快、分辨率低的场合。常见的芯片有 CA3308（转换频率为 15MHz）、TLC5510（转换频率为 20MHz）、TLC5540（转换频率为 40MHz）等。

2.5.2　逐次逼近型 A/D 转换器

逐次逼近型 A/D 转换器是将模拟输入电压与不同的基准电压多次比较，比较时从 DAC（见第 3 章介绍）输入数字量的高位到低位逐次进行，依次确定各位数码的"0""1"状态，使转换所得的数字量在数值上逐次逼近输入模拟量的对应值。4 位逐次逼近型 A/D 转换器的原理如图 2.37 所示，主要由比较器、控制电路、逐次逼近寄存器和 DAC 等部分组成。

转换开始前，逐次逼近寄存器输出清零，4 位 DAC 输出 $v_o=0$。转换控制信号 $v_L=1$ 时开始转换。在 CLK 第一个时钟脉冲作用下，逐次逼近寄存器最高位输出 1，其余位输出为 0，即逐次逼近寄存器输出 1000，进入 4 位 DAC，转换为与之对应的模拟电压 v_o，送入比较器与模拟输入电压 v_i 进行比较。若 $v_o>v_i$，则说明数字量 1000 太大，高位的 1 应去掉；若 $v_o<v_i$，则说明数字量 1000 不够大，高位的 1 应保留。在第二个时钟脉冲作用下，按同样的方法将次高位置 1，使逐次逼近寄存器输出 1100（最高位的 1 保留时）或 0100（最高位的 1 丢掉时），并送入比较器与 v_i 进行比较，从而确定次高位的 1 是否应该保留。按此方法逐次比较，直至最低位比较完后，转换结束。

逐次逼近型 A/D 转换器的转换时间取决于输出数字的位数 n 和时钟频率，位数越多、时钟

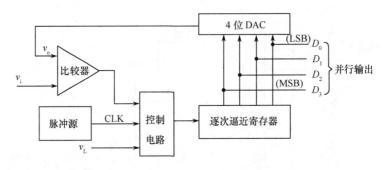

图 2.37 4 位逐次逼近型 A/D 转换器的原理图

频率越低,转换所需要的时间越长。在输出相同位数的情况下,该转换方式的转换速度是除并联
比较型 A/D 转换器外最快的一种,而且当输出位数较多时,电路规模较小,所以它是目前集成
A/D 转换器产品中使用较为普遍的一种。常用芯片 ADC0801～ADC0805 型(8 位)、ADC0808/
0809 系列(8 位)、AD574A(12 位)、AD575(10 位)等均采用此原理。

逐次逼近型 A/D 转换器在转换期间,输入信号 v_i 的值不能发生变化,否则将出现转换错
误,因而逐次逼近型 A/D 转换器抗干扰能力较差,所以在 A/D 转换器前一般要加采样/保持器
锁定电压。

2.5.3 双积分型 A/D 转换器

双积分型 A/D 转换器的基本原理如图 2.38 所示,v_i 为被转换电压,$+V_{REF}$、$-V_{REF}$ 为正、负
参考电压,START 为启动信号。初始时,START=0,控制逻辑输出的控制信号使计数器清零
(计数器的溢出位同时被清零),同时控制逻辑控制模拟开关 S_0 闭合,使电容 C 充分放电。积分
阶段,令 START=1,控制逻辑输出控制信号(S_1、S_2 的状态组合)控制模拟开关 S 与 v_i 接通,使
积分器对 v_i 反向积分(第一次积分)。若 $v_i>0$,则有 $v_o<0$,$v_C>0$,S 与 v_i 接通的同时控制逻辑控
制计数器开始计数(计数脉冲周期为 T_0)。当计数器计满时,其溢出位变为 1,控制逻辑根据 v_C
和溢出位的状态控制模拟开关 S 与 $-V_{REF}$ 接通,同时计数器又从 0 开始计数。此时,积分器开始
正向积分(第二次积分),当 v_o 上升到略大于 0 时,v_C 变为低电平,该低电平使控制逻辑输出控制

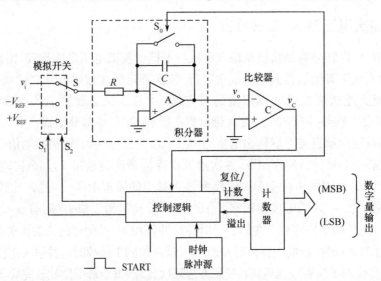

图 2.38 双积分型 A/D 转换器的基本原理

信号控制计数器停止计数。此刻计数器的计数值即为 A/D 转换值。因为发生了两次积分过程，所以称为双积分型 A/D 转换。积分器和比较器的输出 v_{o} 和 v_{C} 的波形如图 2.39 所示。

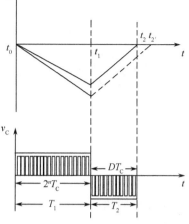

设 v_{i} 在 T_1 时间内是常数，则第一次积分为

$$v_{\mathrm{o}}(t_1) = -\frac{1}{RC}\int_0^{t_1} v_{\mathrm{i}}\mathrm{d}t = -\frac{v_{\mathrm{i}}}{RC}T_1, \quad T_1 = 2^n T_{\mathrm{C}}$$

(2-10)

式中，T_{C} 为计数脉冲周期。

第二次积分为

$$v_{\mathrm{o}}(t_2) = v_{\mathrm{o}}(t_1) + \left[-\frac{1}{RC}\int_{t_1}^{t_2}(-V_{\mathrm{REF}})\mathrm{d}t\right]$$

$$= v_{\mathrm{o}}(t_1) + \frac{V_{\mathrm{REF}}}{RC}T_2$$

(2-11)

图 2.39　双积分型 A/D 转换器的输出 v_{o} 和 v_{C} 的波形

式中，$T_2 = DT_{\mathrm{C}}$，D 为计数器中的计数值。

由于 $v_{\mathrm{o}}(t_2) = 0$，将式(2-10)代入式(2-11)有

$$v_{\mathrm{i}} = V_{\mathrm{REF}}\frac{T_2}{T_1}$$

则

$$D = \frac{v_{\mathrm{i}}}{V_{\mathrm{REF}}}2^n$$

可见，D 只与 V_{REF} 和 v_{i} 有关系，与 RC 无关。如果输入电压 v_{i} 增大，第二次积分时间变长，如图 2.39 中虚线所示。当 $v_{\mathrm{i}} = V_{\mathrm{REF}}$ 时，D 输出最大值，当 v_{i} 超过 V_{REF} 时溢出。

若输入电压 $v_{\mathrm{i}} < 0$，有 $v_{\mathrm{o}} > 0$，$v_{\mathrm{C}} < 0$，计数器计满溢出时，控制逻辑控制模拟开关 S 与 $+V_{\mathrm{REF}}$ 接通，其余过程与上述类似。

双积分型 A/D 转换器在积分期间如果有干扰叠加到输入电压 v_{i} 中，由于干扰一般是对称的，积分器的输出取其平均值，起到滤波的作用，提高了抗干扰能力，实际应用较广。但是由于转换精度依赖于积分时间，因此转换速度较慢。

2.5.4　Σ-Δ 调制型 A/D 转换器

在数字音频、图像编码、过程控制及频率合成等许多领域，需要使用 16 位以上高分辨率、高集成度和低价格的 ADC。为完成高精度的测量任务，前面介绍的 A/D 转换器实现起来难度大、成本高，而 Σ-Δ 调制型 A/D 转换器可满足要求。

Σ-Δ 调制型 A/D 转换器与前述 A/D 转换器最大的不同在于内部采用了 Σ-Δ 调制技术，Σ 表示求和，Δ 表示增量。Σ-Δ 调制技术采用较简单的结构及较低成本来获得高的频率分辨率，其基本思想是利用反馈环来提高量化器的有效分辨率并整形其量化噪声。它最早于 20 世纪中期被提出，由于 VLSI 技术的发展逐渐得到广泛应用。

Σ-Δ 调制型 A/D 转换器的内部结构框图如图 2.40 所示，主要由抗混叠滤波器、模拟 Σ-Δ 调制器、数字低通滤波器等组成。模拟信号经模拟低通滤波器变换成带限的模拟信号，然后，模拟 Σ-Δ 调制器以远高于奈奎斯特频率的采样频率，将带限模拟信号量化成信号频谱和量化噪声频谱相分离的低分辨率数字信号，随后经数字低通滤波器滤除信号频带以外的量化噪声，并将采样频率降低至奈奎斯特频率，获取高分辨率的数字信号。所以 Σ-Δ 调制型 A/D 转换器是利用过采样(Oversampling)技术、噪声整形技术和数字滤波技术以很低的采样分辨率

和很高的采样速率将模拟信号数字化,将高分辨率的转换问题化简为低分辨率的转换问题,提高有效分辨率。

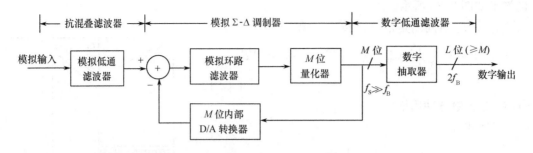

图 2.40　Σ-Δ 调制型 A/D 转换器的内部结构框图

1. 过采样技术

由前述可知,ADC 输入的模拟量是连续的,而输出的数字量是离散的,用离散的数字量表示连续的模拟量,需要经过量化和编码。由于数字量只能取有限位,故量化过程会引入误差,量化误差也称为量化噪声。当数字量用 N 位二进制数表示时,最多可有 2^N 个不同编码。在输入模拟信号归一化为 0～1 之间数值的情况下,对应于输出码的一个最低有效位(LSB)发生变化时对应的最小输入模拟量的变化量为

$$q = \frac{1}{2^N} \tag{2-12}$$

在假定量化噪声是白噪声的情况下,量化噪声在以 $\pm q/2$ 量化单位所划分的各量化电平内的分布是一样的。设量化噪声为 $e(n)$,量化噪声功率用方差表示为

$$\sigma_e^2 = E[e^2] = \frac{1}{q} \int_{-q/2}^{q/2} e^2 \mathrm{d}e = \frac{q^2}{12} \tag{2-13}$$

由于量化噪声均等地散布于整个采样频率(f_S)范围内,所以量化噪声的功率谱密度可表示为

$$D(f) = \frac{q^2}{12 f_S} \tag{2-14}$$

由式(2-12)和式(2-13)可见,N 增大,q 减小,量化噪声功率减小;采样频率越高,分布在直流至基带 $f_B(f_S/2)$ 范围内的量化噪声功率越小。如果用 $K f_S$ 的采样频率对输入信号进行采样(K 称为过采样倍率),则整个量化噪声将位于直流至 $K f_S/2$ 之间,使量化噪声的有效值降为原来的 $1/K$。这种采样频率远高于输入信号频率的采样技术称为过采样技术,Σ-Δ 调制型 A/D 转换器正是利用了这一原理。

但是如果直接使用过采样技术使分辨率提高 N 位,必须进行 $K = 2^{2N}$ 倍过采样。对于一个 N 位 ADC,信号的幅度和所有频率噪声的幅度之和的比值称为信号噪声比(SNR)。如果一个 1 位 ADC 的 SNR 为 7.76dB(对于一个 N 位 ADC,SNR $= 6.02N + 1.76$dB),每 4 倍过采样将使 SNR 增加 6dB,SNR 每增加 6dB 等效于分辨率增加 1 位。这样,采用 1 位 ADC 进行 64 倍过采样就能获得 4 位分辨率;而要获得 16 位分辨率,就必须进行 415 倍过采样,这是不切实际的。Σ-Δ 调制型 A/D 转换器采用噪声整形技术消除了这种局限,每 4 倍过采样可增加高于 6dB 的信噪比。

2. 量化噪声整形

为使采样速率不超过一个合理的界限,在 Σ-Δ 调制型 A/D 转换器中采用 Σ-Δ 调制器,利用

反馈来改变量化噪声在 $0\sim f_s/2$ 之间的平坦分布,使之成为增函数形式。

在图 2.40 中,设模拟 Σ-Δ 调制器中的量化器产生的量化噪声为加性白噪声,则 Σ-Δ 调制器的等效频域线性化模型如图 2.41 所示。Q 为量化噪声,$H(s)$ 为模拟滤波器的传递函数,输入信号为 X,输出信号为 Y,则有

$$Y=\frac{X-Y}{s}+Q$$

整理得

$$Y=\frac{X}{s+1}+\frac{Qs}{s+1}$$

可见,当频率接近 0 时($s\to 0$),输出 Y 趋于 X,且无噪声分量。当频率增高时,$X/(s+1)$ 项的值减小,而噪声分量 $Qs/(s+1)$ 增加,即 Σ-Δ 调制器对输入信号具有低通作用,对内部量化器产生的量化噪声具有高通作用。换言之,Σ-Δ 调制器具有改变噪声分布状态的功能。这种对量化噪声的频谱进行整形的特性称为噪声整形特性。若用 Kf_s 的采样频率对输入信号进行过采样,采用 Σ-Δ 调制器,将使得大部分噪声位于 $f_s/2$ 至 $Kf_s/2$ 之间,只有很少一部分留在直流至 $f_s/2$ 内。

图 2.41　Σ-Δ 调制器的等效频域线性化模型图

3. 数字滤波和采样抽取

信号经 Σ-Δ 调制器后,其输出携带有模拟输入信号的幅度信息,它的频谱特点是信号频谱在基带($f_s/2$)内,将量化噪声移到基带(所关心的频带)以外,对量化噪声进行了整形。所以,在 Σ-Δ 调制器后加一个数字低通滤波器,对整形后的量化噪声进行数字滤波,可滤除 $f_s/2$ 至 $Kf_s/2$ 之间的无用信号,去除大部分量化噪声能量(包括 Σ-Δ 调制器在噪声整形过程中产生的高频噪声),如图 2.42 所示。这样,提高了信噪比并改善了动态范围,实现用低分辨率 ADC 达到高分辨率的效果。

为便于随后的发射、存储或数字信号处理,在保证无混叠噪声的情况下不失真地恢复原始信号,一般都将过采样频率降低到奈奎斯特频率。数字低通滤波器采用能够完成抽取和滤波功能、具有良好滤波性能和高速运算能力的数字抽取器。数字抽取器通过对每输出 M(M 代表整数)个数据抽取 1 个的数字重采样方法,实现输出数据速率低于原来的过采样速率。这种方法称为输出速率降为 $1/M$ 的采样抽取。图 2.43 所示为 $M=4$ 的采样抽取,其中输入信号 $X(n)$ 的重采样率已被降到原来采样速率的 1/4。这种采样抽取方法不会使信号产生任何损失,它实际上是去除过采样过程中产生的多余信号的一种方法。

可见,Σ-Δ 调制型 A/D 转换器基于过采样 Σ-Δ 调制和数字滤波,利用比奈奎斯特采样频率高得多的采样频率的一系列粗糙量化数据,由后续的数字抽取器计算出模拟信号所对应的低采样频率的高分辨率数字信号。其突出优点是元器件匹配精度要求低,电路组成主要以数字电路为主,能有效地用速度换取分辨率,无须微调工艺就可获得 16 位以上的分辨率,制作成本低,已成为音频范围高分辨(>16 位)A/D 转换器的主流产品。

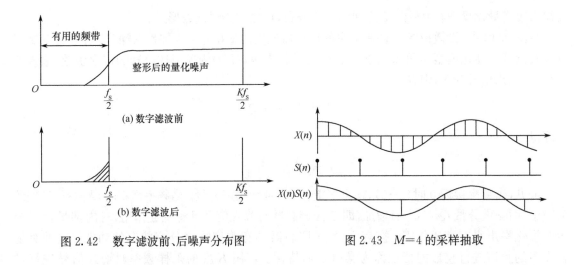

图 2.42　数字滤波前、后噪声分布图　　　　图 2.43　$M=4$ 的采样抽取

2.5.5　A/D 转换器的主要技术指标

选择 A/D 转换器时,主要考虑的技术指标有转换精度和转换速度。此外,还应考虑输入电压的范围、输出数字的编码形式等。

1. A/D 转换器的转换精度

转换精度指实际 A/D 转换器与理想 A/D 转换器的差值,常采用分辨率(Resolution)和转换误差来描述。

（1）分辨率和量化误差

ADC 的分辨率是衡量 ADC 能够分辨的输入模拟量的最小变化量的技术指标,是数字量变化一个最小量时对应的模拟信号的变化量。凡不足以引起一个最小数字量变化的模拟量形成的误差称为量化误差(Quantizing Error),它是由分辨率有限引起的,量化误差小于 1LSB。分辨率和量化误差是统一的,当输入电压一定时,位数越多,则能够区分输入模拟量的最小值越小,分辨能力越高,量化误差越小。所以,分辨率常以 ADC 输出的二进制数或十进制数的位数表示。例如,ADC 输出 12 位二进制数,则分辨率为 12 位。

（2）转换误差

转换误差通常以输出误差的最大值形式给出,表示实际输出的数字量与理论上应输出的数字量之间的差别,一般以相对误差的形式给出,并用最低有效位的倍数表示。例如,转换误差小于 ±1/2LSB,表示实际输出的数字量与理论应得到的输出数字量之间的误差小于最低有效位的半个字。转换误差综合反映了在一定使用条件下总的偏差(不包含量化误差,因为量化误差是必然存在且不可消除的),通常手册中会给出。但也有些厂家以分项误差形式给出,分项误差常包含以下几项。

● 偏移误差(Offset Error):输出为零时输入不为零的值,有时也称零点误差,通常由放大器的偏移电压和偏移电流引起,如图 2.44(a)所示。可外接电位器调至最小。

● 满刻度误差(Full Scale Error):当输出满刻度时,输出的代码所对应的实际输入值与理想的输入值之差,也称增益误差,通常由参考电压误差、放大器放大倍数误差、电阻网络误差引起,如图 2.44(b)所示。也可通过外部电路修正,但应在偏移误差调整之后进行。

● 非线性误差:实际特性曲线和理想特性曲线输出值的最大误差点对应的输入值之差,如图 2.44(c)所示。

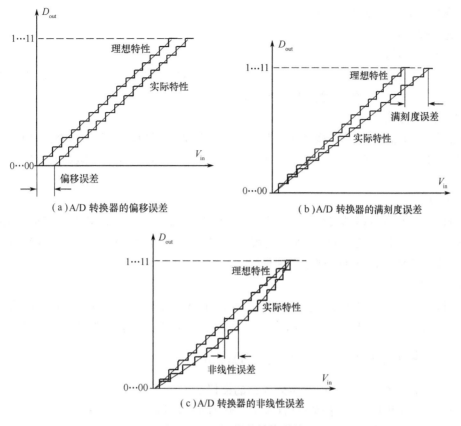

图 2.44　A/D 器的转换误差

2. A/D 转换器的转换速度

A/D 转换器的转换速度常用转换时间或转换速率(Conversion Rate)描述。转换时间指完成一次 A/D 转换所需要的时间。转换速率是转换时间的倒数,一般指在 1s 内可以完成的转换次数。转换速度越高越好。

转换速度主要取决于转换器的类型,不同转换器的转换速度相差很多。积分型 ADC 的转换速度最慢,转换时间一般是毫秒级;并联比较型 A/D 转换器的转换速度最快,例如,8 位并联比较型 A/D 转换器的转换速度一般在 50ns 以内;逐次逼近型 A/D 转换器的转换速度次之,多数产品在 $10\sim100\mu$s 之间,有些 8 位转换器转换时间小于 1μs。

3. 满量程输入范围

满量程输入范围是指 A/D 转换器输出从零变到最大值时对应的模拟输入信号的变化范围。例如,某 12 位 A/D 转换器输出 000H 时对应输入电压为 0V,输出 FFFH 时对应输入电压为 5V,则其满量程输入范围是 0～5V。

2.6　A/D 转换器与微处理器的接口

不同厂商生产的集成 A/D 转换器种类繁多,性能各不相同,将 A/D 转换器与微处理器相连时,应主要考虑以下几方面的问题:

- 数据输出线的连接,按数据线的输出方式主要分为并行和串行两种;
- A/D 转换器启动信号的连接;

● 转换结束信号的处理方式；

● 时钟的提供；

● 参考电压的接法。

另外，A/D 转换器的控制方式根据 A/D 转换器与微处理器的连接方式及智能仪器要求的不同，常有程序查询方式、延时等待方式和中断方式。

1. 程序查询方式

首先由微处理器向 A/D 转换器发出启动信号，然后读入转换结束信号，查询转换是否结束，若结束，则读取数据；否则，继续查询，直到转换结束。该方法简单、可靠，但查询占用 CPU 时间，效率较低。

2. 延时等待方式

微处理器向 A/D 转换器发出启动信号之后，根据 A/D 转换器的转换时间延时，一般延时时间稍大于 A/D 转换器的转换时间，延时结束，读入数据。该方法简单、不占用查询接口，但占用 CPU 时间，效率较低，适合微处理器处理任务少的情况。

3. 中断方式

微处理器启动 A/D 转换器后可去处理其他事情，A/D 转换结束后主动向 CPU 发出中断请求信号，CPU 响应中断后再读取转换结果。微处理器可以和 A/D 转换器并行工作，提高了效率。

2.6.1 并行输出 ADC 与微处理器的接口

1. 8 位并行 ADC(ADC0809)与微处理器的接口

ADC0809 是美国国家半导体公司（National Semiconductor）生产的 8 路 8 位逐次逼近型 ADC，28 脚封装，输出带三态锁存器，主要性能指标如下：

● 分辨率为 8 位；

● 转换误差为 ±1LSB；

● 转换时间为 $100\mu s$(时钟频率为 640kHz)；

● 具有锁存控制功能的 8 路模拟开关，能对 8 路模拟电压信号进行转换；

● 输出电平与 TTL 电平兼容；

● 单电源 +5V 供电，基准电压由外部提供，典型值为 +5V，此时允许模拟量输入范围为 0~5V，功耗为 10mW。

ADC0809 内部结构如图 2.45 所示。ALE 为通道地址锁存信号，其上升沿将地址信息送入地址锁存器；$IN_0 \sim IN_7$ 为 8 路模拟量输入通道，由地址选择信号 C、B、A 选择其一进入图中虚线框内的 A/D 转换部分进行转换，地址选择信号和通道号的关系见表 2.8。START 为启动信号，正脉冲有效，上升沿将所有内部寄存器清零，下降沿启动 A/D 转换。EOC 为转换结束信号，EOC=0 时表示正在转换，EOC=1时表示一次转换结束。OE 为输出允许信号，当 OE 输入高电平时，选通三态输出数据锁存器，A/D 转换结果可从 8 位输出数字量 $D_7 \sim D_0$ 读出。CLOCK 为外部时钟输入信号，时钟频率决定了转换速率，当时钟频率取 640kHz 时，转换一次约需 $100\mu s$。ADC0809 的转换时序如图 2.46所示，ADC0809 启动后，约在 $100\mu s$ 后 EOC 变为低电平，完成 A/D 转换。

图 2.47 所示为 ADC0809 与微处理器的一种典型接口电路。设读/写地址由微处理器（8031）的 P_2 口产生，输入通道选择 IN_0，译码地址为 2000H，转换结果存放在 8031 内部 RAM 的 20H 地址单元中。A/D 的转换结果可采用查询方式、延时等待方式或中断方式读取。

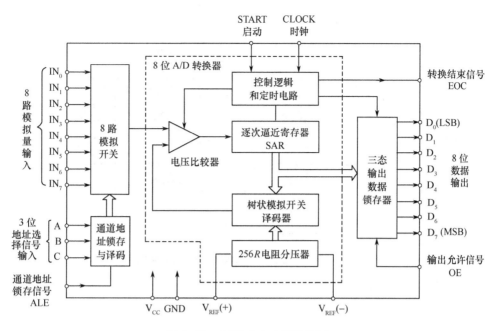

图 2.45　ADC0809 内部结构图

表 2.8　地址选择信号和通道号的关系

ALE	C	B	A	通道号
1	0	0	0	IN_0
1	0	0	1	IN_1
1	0	1	0	IN_2
1	0	1	1	IN_3
1	1	0	0	IN_4
1	1	0	1	IN_5
1	1	1	0	IN_6
1	1	1	1	IN_7
0	×	×	×	均不通

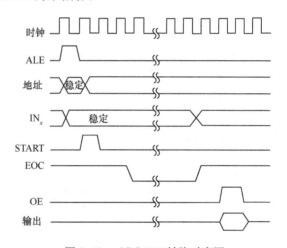

图 2.46　ADC0809 转换时序图

（1）查询方式程序

```
            MOV     DPTR,#02000H    ;地址译码
            MOV     A,#00H          ;选通通道 0
            MOVX    @DPTR,A         ;启动 IN0 转换
            CALL    DELAY           ;延时
    WAIT:   JB      P3.3,WAIT       ;等待 EOC 变高,判断是否转换完毕
            MOVX    A,@DPTR         ;读入数据
            MOV     20H,A           ;结果存 20H
```

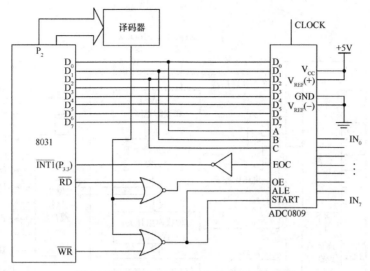

图 2.47　ADC0809 与微处理器接口电路图

（2）延时等待方式程序

```
        MOV     DPTR,#02000H
        MOV     A,#00H          ;赋通道 0 地址
        MOVX    @DPTR,A         ;启动 IN0 转换
        MOV     R2,#40H
WAIT:   DJNZ    R2,DELAY        ;延时约 120μs
        MOVX    A,@DPTR
        MOV     20H,A           ;结果存 20H
```

（3）中断方式程序
主程序：

```
MAIN:   SETB    IT1             ;设置中断选INT1为边沿触发
        SETB    EX1             ;允许INT1中断
        SETB    EA              ;打开中断
        MOV     DPTR,#02000H    ;地址译码
        MOV     A,#00H
        MOVX    @DPTR,A         ;启动 ADC0809
        ……                    ;执行其他任务
```

中断服务程序：

```
INTR1:  PUSH    DPL             ;保护现场
        PUSH    DPH
        PUSH    A
        MOV     DPTR,#2000H     ;读入数据
        MOVX    A,@DPTR         ;读转换结果
        MOV     20H,A           ;结果存 20H
        MOV     A,#00H          ;启动下次 A/D 转换
        MOVX    @DPTR,A
        POP     A               ;返回现场
        POP     DPH
        POP     DPL
        RETI                    ;中断返回
```

中断服务程序读取了 A/D 转换值，同时还启动了下一次转换。

2. 12 位并行 ADC(AD574A)与微处理器的接口

AD574A 是 12 位逐次逼近型 A/D 转换器,28 脚封装,典型转换时间为 $25\mu s$,转换误差为 ±1LSB。输出带三态缓冲器,可直接与微处理器连接;模拟量输入有单极性和双极性两种方式。接成单极性方式时,输入电压范围为 0～10V 或 0～20V;接成双极性方式时,输入电压范围为 −5～5V 或 −10～10V。

AD574A 内部结构如图 2.48 所示,其中,$\overline{CS}$、CE、$R/\overline{C}$、$12/\overline{8}$ 和 A_0 为控制信号,控制信号逻辑功能见表 2.9。

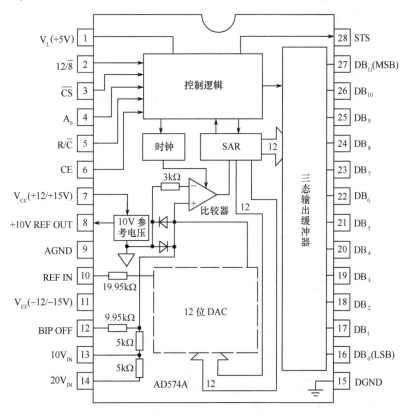

图 2.48 AD574A 内部结构图

表 2.9 AD574A 控制信号逻辑功能

CE	$\overline{CS}$	$R/\overline{C}$	$12/\overline{8}$	A_0	功　能
0	×	×	×	×	禁止
×	1	×	×	×	禁止
1	0	0	×	0	启动 12 位转换
1	0	0	×	1	启动 8 位转换
1	0	1	接+5V	×	12 位数据并行输出有效
1	0	1	接数字地	0	高 8 位数据并行输出有效
1	0	1	接数字地	1	低 4 位数据并行输出有效

$\overline{CS}$:片选信号,低电平有效。

CE:使能信号,高电平有效。

$R/\overline{C}$:读/转换数据控制信号,$R/\overline{C}=1$ 时读取转换数据,$R/\overline{C}=0$ 时启动转换。

$12/\overline{8}$:输出数据长度控制信号,$12/\overline{8}=1$ 时 12 位数据并行输出有效,$12/\overline{8}=0$ 时 8 位数据并行输出有效。

A_0:字节地址/短周期。当 $R/\overline{C}=0$ 时,若 $A_0=1$ 则启动 8 位 A/D 转换,若 $A_0=0$ 则启动 12 位 A/D 转换;当 $R/\overline{C}=1$ 时,如果 $12/\overline{8}=1$,并行输出 12 位数据,如果 $12/\overline{8}=0$,此时 $A_0=1$ 时输出低 4 位数据,$A_0=0$ 时输出高 8 位数据。

除此之外,其他常用引脚功能如下。

STS:工作状态信号,STS=1 表示正在转换,STS=0 表示转换结束;

REF IN:基准电压输入端;

REF OUT:基准电压输出端;

BIP OFF:单极性补偿电压输入端;

$DB_{11}\sim DB_0$:12 位数据输出;

$10V_{IN}$:10V 输入端;

$20V_{IN}$:20V 输入端。

AD574A 可以单电源使用,也可以双电源使用,双电源较为常用。图 2.49 所示为 AD574A 与微处理器 8031 的接口电路,模拟输入为单极性,工作于双电源状态。工作状态信号 STS 接法不同,对应读取 A/D 转换结果的方式不同。如果 STS 空着,则 8031 只能采取延时等待方式,在启动转换后,延时 25μs 以上时间,再读取 A/D 转换结果;如果 STS 接 8031 某 I/O 口线,则 8031 可用查询方式等待 STS 为低后再读取 A/D 转换结果;如果 STS 接 8031 外部中断引脚,则可以在引起 8031 中断后,再读取 A/D 转换结果。

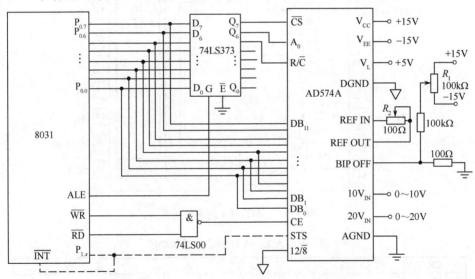

图 2.49　AD574A 与微处理器 8031 接口电路

设 AD574A 进行 12 位转换,启动转换时,使 $P_{0.6}=0$,$P_{0.5}=0$,即使 AD574A 的 $A_0=0$,$R/\overline{C}=0$,未使用的数据/地址复用线为 1,此时端口地址为 1FH。由于 8031 为 8 位数据线,将 $12/\overline{8}$ 端接地,使 A/D 转换结果分两次输出:$A_0=0$,$R/\overline{C}=1$ 时输出高 8 位;$A_0=1$,$R/\overline{C}=1$ 时输出低 4 位,对应端口地址分别为 3FH 和 7FH。

采用延时等待方式的程序如下:

```
MOV     R0,#1FH          ;启动
MOVX    @R0,A
MOV     R7,#10H          ;延时
DJNZ    R7,$
```

```
MOV         R1,#7FH              ;读低 4 位
MOVX        A,@R1
MOV         R2,A                 ;存低 4 位
MOV         R1,#3FH              ;读高 8 位
MOVX        A,@R1
MOV         R3,A                 ;存高 8 位
SJMP        $
```

2.6.2 串行输出 ADC 与微处理器的接口

为了少占用微处理器的 I/O 口线,降低体积和功耗,便携式智能仪器常采用串行 A/D 转换器。该类转换器功耗低,适合对体积、功耗和精度有较高要求的便携式智能仪器。

1. 12 位串行 ADC(MAX187/189)与微处理器的接口

MAX18 系列是美国 Maxim 公司生产的 12 位串行 A/D 转换器,包括 MAX186/187/188/189,内部均集成了高速采样/保持电路和串行接口。其中,MAX186/188 内部集成了 8 通道多路开关,MAX187/189 具有 SPI(Serial Peripheral Interface)总线接口,引脚数少、转换速率高、集成度高、价格低、易于数字隔离。MAX187 与 MAX189 的区别在于 MAX187 具有内部基准电压,不需要外部提供基准电压,而 MAX189 则需要外接基准电压。下面重点介绍 MAX187/189,其主要性能特点如下:

- 12 位逐次逼近型串行 A/D 转换芯片;
- 转换时间不超过 8.5μs;
- 输入模拟电压为 0～5V;
- 单一电源+5V 供电;
- DIP8 引脚封装,外接元件简单,使用方便。

MAX187/189 内部结构与引脚如图 2.50 所示,引脚功能如下。

V_{DD}:工作电源,+5V。

GND:接地端。

V_{REF}:参考电压输入端。

$\overline{CS}$:片选输入端,低电平有效,在转换和读出数据期间必须始终保持低电平。

AIN:模拟电压输入端,输入范围为 0～V_{REF}。

$\overline{SHDN}$(Shut Down):关闭控制信号输入端,提供待命低功耗状态(电流仅 10μA)、允许使用内部基准电压和禁止使用内部基准电压三级关闭方式。

D_{OUT}:串行数据输出端,在串行脉冲 SCLK 的下降沿数据发生变化。

SCLK:串行时钟输入端,最大允许频率为 5MHz。

使用 MAX187/189 进行 A/D 转换的步骤如下。

(1)启动 A/D 转换,等待转换结束

当$\overline{CS}$输入低电平时,启动 A/D 转换,此时 D_{OUT} 引脚输出低电平。当 D_{OUT} 输出变为高电平时,表明转换结束(在转换期间,SCLK 不允许送入脉冲)。

(2)串行读出转换结果

SCLK 引脚输入脉冲信号,SCLK 每输入一个脉冲,D_{OUT} 引脚上输出一位数据。数据输出的顺序为先高位后低位,在 SCLK 信号的下降沿数据改变,在 SCLK 信号的上升沿数据稳定。在 SCLK 信号为高电平期间,从 D_{OUT} 引脚读数据。

MAX187/189 与 MCS-51 的连接电路如图 2.51 所示。其中,$P_{1.7}$控制片选信号,$P_{1.6}$输入串

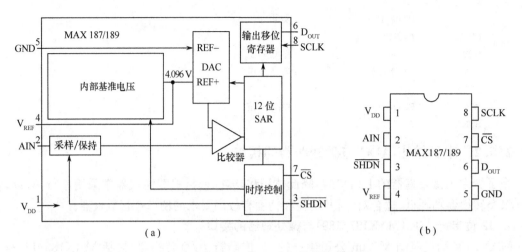

图 2.50 MAX187/189 内部结构与引脚图

行移位脉冲,$P_{1.5}$ 接收串行数据。V_{DD} 接+5V,V_{REF} 外接 $4.7\mu F$ 去耦电容,激活内部基准电压。将 MAX187 转换结果存入片内 31H 和 30H 单元,右对齐,31H 存高位(高 4 位补 0),程序如下:

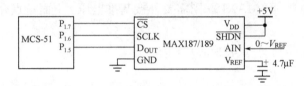

图 2.51 MAX187/189 与 MCS-51 的连接电路图

```
            HIGH    EQU    31H
            LOW     EQU    30H
            ORG     1000H
START:      MOV     HIGH,#00
            MOV     LOW,#00         ; 将转换结果单元清除
            CLR     P1.6
            CLR     P1.7            ; 启动 A/D 转换
            JNB     P1.5,$          ; 等待转换结束
            SETB    P1.6            ; SCLK 上升沿
            MOV     R7,#12          ; 置循环初值 12
LP:         CPL     P1.6            ; 发 SCLK 脉冲
            JNB     P1.6,LP         ; 等待 SCLK 变高
            MOV     C,P1.5          ; 将数据取到 C
            MOV     A,LOW
            RLC     A
            MOV     LOW,A
            MOV     A,HIGH
            RLC     A
            MOV     HIGH,A          ; 将取到的数据位逐位移入结果保存单元
            DJNZ    R7,LP
            SETB    P1.7            ; 结束
            RET
            END
```

在程序中,首先 $P_{1.7}$ 输出低电平,使 MAX187 的 $\overline{CS}$ 有效,启动 MAX187 开始 A/D 转换;然

后通过读 $P_{1.5}$,判断 D_{OUT} 状态,等待转换结束;当 $P_{1.5}$ 变高后,转换结束;从 $P_{1.6}$ 引脚发出串行脉冲,从 $P_{1.5}$ 引脚逐位读取数据。由于 MCS-51 单片机外接晶振的频率最高不超过 12MHz,即使执行一条单周期指令,也需要 $1\mu s$,所以发送 SCLK 时无须延时。

2. 16 位串行 Σ-Δ 调制型 ADC(AD7705)与微处理器的接口

AD7705 是 AD 公司推出的 16 位 Σ-Δ 调制型 A/D 转换器,可用于测量低频模拟信号。当电源电压为 5V、基准电压为 2.5V 时,AD7705 可直接接收从 $0\sim+20mV$ 到 $0\sim+2.5V$ 范围的单极性信号和从 $0\sim\pm20mV$ 到 $0\sim\pm2.5V$ 范围内的双极性信号。AD7705 带有增益可编程放大器,可选择 1、2、4、8、16、32、64、128 等 8 种增益之一,通过软件编程直接测量传感器输出的各种微小信号,并将不同幅度范围的各类输入信号放大到接近 A/D 转换器的满标度电压后再进行 A/D 转换。其主要特点如下:

- 完整的 16 位 A/D 转换器;
- 非线性度为 0.003%;
- 增益可编程;
- 输出数据更新率可编程;
- 可进行自校准和系统校准;
- 带有三线串行接口;
- 采用 3V 或 5V 工作电压;
- 低功耗,3V 电压工作时,最大功耗为 1mW,等待模式下电源电流仅为 $8\mu A$。

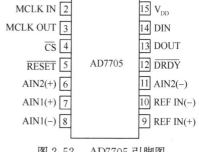

图 2.52　AD7705 引脚图

（1）引脚功能

AD7705 的引脚如图 2.52 所示。

SCLK:串行接口时钟输入端。

MCLK IN:工作时钟输入端。可以是晶振或外部时钟,其频率范围为 $0.5\sim5MHz$。

MCLK OUT:时钟信号输出端。当用晶振作为工作时钟时,晶振必须接在 MCLK IN 和 MCLK OUT 之间。如果采用外部时钟,MCLK OUT 可用于输出反相时钟信号,以作为其他芯片的时钟源。该时钟输出可以通过编程来关闭。

$\overline{CS}$:片选端,低电平有效。

$\overline{RESET}$:复位端。当该端输入低电平时,AD7705 内的接口逻辑、自校准、数据滤波器等均为上电状态。

AIN1(+)、AIN1(-):分别为第 1 个差分输入通道的正端与负端。

AIN2(+)、AIN2(-):分别为第 2 个差分输入通道的正端与负端。

REF IN(+)、REF IN(-):分别为参考电压的正端与负端,其值在 V_{DD} 和 GND 之间,REF IN(+)必须大于 REF IN(-)。

DIN:串行数据输入端。

DOUT:转换结果输出端。

$\overline{DRDY}$:A/D 转换结束标志。转换结束时,$\overline{DRDY}$ 输出低电平,表明数据寄存器中有新的数据,数据可用。$\overline{DRDY}$ 输出高电平,表示数据寄存器中的数据在更新,这时不能读数据,避免在数据寄存器更新的过程中读出不可靠的数据。

V_{DD}:供电电源,$+2.7\sim5.25V$。

GND:参考地。

（2）内部结构

AD7705 是一个完整的 16 位 A/D 转换器，应用时只需接晶振、精密基准源和少量去耦电容即可连续进行 A/D 转换。其内部结构如图 2.53 所示。

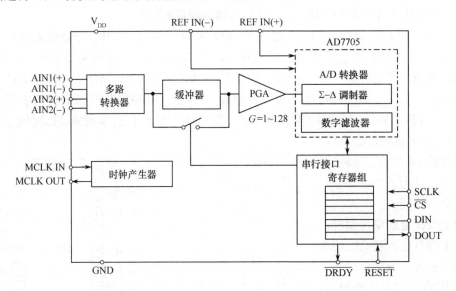

图 2.53　AD7705 内部结构图

（3）AD7705 与微处理器的连接

AD7705 可以直接与 AT89C51 连接，如图 2.54 所示。

设传感器输出 0～10V 的电压信号，AD7705 在增益为 1 时的满量程为 2.5V，因此应对输入电压进行分压。为了能用软件有效地控制 AD7705 的复位，将$\overline{\text{RESET}}$与 AT89C51 的 P$_{1.2}$相连，保证 AD7705 可靠复位。$\overline{\text{DRDY}}$接 AT89C51 的$\overline{\text{INT1}}$，使 AD7705 在转换结束后向 AT89C51 申请中断，利用中断服务程序读取最新转换结果。

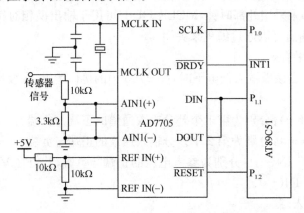

图 2.54　AD7705 与 AT89C51 的连接图

2.7　开关量输入通道

开关量信号是指只有开和关、通和断、高和低两种状态的信号，可以用二进制数 0 和 1 表示。对以单片机为核心的智能仪器而言，其内部已具有并行 I/O 口。当外界开关量信号的电平幅度与单片机 I/O 口电平幅度相符时,可直接检测和接收开关量输入信号。但若电平不符,则必须经过电平转换才能输入到单片机的 I/O 口。而且,外部输入的开关量信号经常会产生瞬时高压、过电流或接触抖动等现象,因此,为使信号安全可靠,开关量信号在输入单片机之前需接入输入接口电路,对外部信号进行滤波、电平转换和隔离保护等。这种对开关量信号进行放大、滤波、隔离等处理,使之成为计算机能接收的逻辑信号的电路称为开关量输入通道,其结构如图 2.55 所示,CPU 可对输入开关量选通和控制。

如图 2.56 所示为一个简单的四路开关量输入通道,开关量信号直接接入微处理器,适合开关连线上没有较大干扰的情况。当开关断开时,相应的微处理器输入口的状态为 0;当开关闭合时,相应的微处理器输入口的状态为 1,由此可以识别开关的状态。

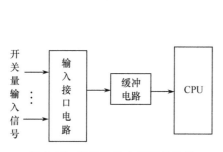

图 2.55　开关量输入通道的结构

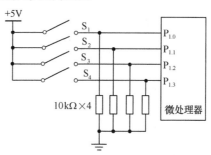

图 2.56　四路开关量输入通道

在工业现场等开关连线上可能有较大干扰的场合,开关量信号不适合直接接入微处理器。为了提高系统的抗干扰能力,开关量信号可先经输入接口电路,对信号进行转换、放大、滤波、隔离等处理,使之成为计算机能接收的逻辑信号。图 2.57 所示为一种带光电隔离的四路开关量输入电路,通过光电隔离器将现场开关信息和微处理器在电路上隔离,提高了系统的抗干扰能力,保证了系统的安全。但应注意电源 V_1 和 V_2 不可公用同一个参考地,否则起不到隔离作用。

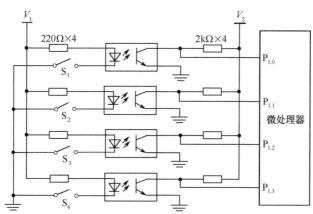

图 2.57　带光电隔离的四路开关量输入电路

习　题　2

2.1　常见的 A/D 转换器有哪几种类型?其特点是什么?

2.2　A/D 转换器的主要性能指标有哪些?在设计一个智能仪器时,如何选择 A/D 转换器?

2.3　单片机控制 A/D 转换器的常用方法有哪些?

2.4 模拟量输入通道有哪几种基本结构？试说明其特点和使用场合。

2.5 试说明模拟多路开关(MUX)在智能仪器中的作用及其使用方法。

2.6 测量信号输入 A/D 转换器前是否一定要加采样/保持电路？为什么？

2.7 在设计智能仪器时,选择模拟多路开关要考虑的主要因素是什么？

2.8 在设计智能仪器选择采样/保持器时,主要考虑哪些因素？

2.9 一个带有采样/保持器的系统是否其采样频率可以不受限制？为什么？

2.10 当 A/D 转换器的满标度模拟输入电压为＋5V 时,8 位、12 位 ADC 的绝对量化误差和相对量化误差分别为多少？

2.11 什么是开关量信号？简述开关量信号的特点。

第 3 章　智能仪器输出通道及接口技术

智能仪器的主要功能是对信号进行检测与处理,处理后的逻辑信号常需要转换成能对客观对象控制的量,完成这部分功能的电路称为输出通道。输入/输出通道是计算机和客观对象之间信息传送与转换的连接通道。本章着重介绍输出通道的结构、组成、工作原理。

3.1　模拟量输出通道

模拟量输出通道是计算机对采样数据实现某种运算处理后,将处理结果回送给被测对象的数据通路。输出数字信号的形式主要有开关量、数字量和频率量。对于模拟量控制系统,应通过数模(D/A)转换将数字信号转换成模拟信号输出。模拟量输出通道是将微处理器输出的数字量转换成适合于执行机构所要求的模拟量的环节。模拟量输出通道一般有单路模拟量输出通道和多路模拟量输出通道。

单路模拟量输出通道的一般结构如图 3.1 所示。寄存器用于保存微处理器输出的数字量,D/A 转换器用于将微处理器输出的数字量转换为模拟量。由于 D/A 转换器输出的模拟信号往往无法直接驱动执行机构,故需要放大/变换电路适当地进行放大或变换。

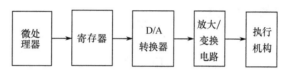

图 3.1　单路模拟量输出通道的一般结构

多路模拟量输出通道的一般结构有各通道自备 D/A 转换器和各通道公用 D/A 转换器两种形式。各通道公用 D/A 转换器的结构如图 3.2 所示。

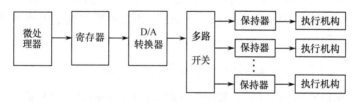

图 3.2　各通道公用 D/A 转换器的多路模拟量输出通道结构

3.1.1　D/A 转换原理

D/A 转换器(Digital to Analog Converter,DAC)是模拟量输出通道中的关键部件。按其工作原理,可分为权电阻网络 D/A 转换器、倒 T 形电阻网络 D/A 转换器、权电流型 D/A 转换器等。权电阻网络 D/A 转换器结构简单,所用电阻元件少,但各电阻的阻值相差较大,在集成芯片中很少应用。倒 T 形电阻网络 D/A 转换器和权电流型 D/A 转换器应用较多,下面分别介绍。

1. 倒 T 形电阻网络 D/A 转换器

倒 T 形电阻网络 D/A 转换器由求和运算放大器、模拟开关和电阻网络等组成,电阻网络中的电阻接成倒 T 形,电路原理如图 3.3 所示。

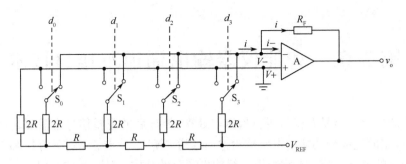

图 3.3　倒 T 形电阻网络 D/A 转换器原理图

由于 $V_- = V_+ = 0$，所以，无论开关 S_3、S_2、S_1、S_0 与哪一侧接通，各 $2R$ 电阻的上端都相当于接通"地电位"端，电阻网络的等效电路如图 3.4 所示。

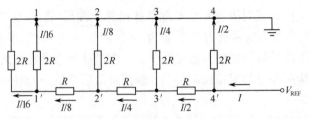

图 3.4　电阻网络的等效电路

设总电流为 I，可以看出，从 $11'$、$22'$、$33'$、$44'$ 每个端口向左看的等效电阻都是 R，所以从基准电压 V_{REF} 流入电阻网络的总电流为

$$I = \frac{V_{REF}}{R} \tag{3-1}$$

由电阻网络的分流公式可知，流过 $44'$ 电阻支路的电流为 $I/2$，流过 $33'$、$22'$、$11'$ 各电阻支路的电流分别为 $I/4$、$I/8$、$I/16$。

在图 3.3 中，设需要转换的二进制数字量为 $d_3 d_2 d_1 d_0$，开关 $S_3 \sim S_0$ 受数字量 $d_3 \sim d_0$ 的控制。当某位数字量为"1"时（如 $d_0 = 1$），控制相应的开关（如 S_0）与放大器的反相输入端接通，相应电阻支路的电流（$I/16$）流过放大器的反馈电阻 R_F（因 $i_- = 0$）；当某位数字量为"0"时，控制相应的开关与同相输入端接通，从而与"地电位"端接通，相应电阻支路的电流不流过放大器的反馈电阻。故流过放大器反馈电阻的总电流为

$$i = \frac{I}{2} d_3 + \frac{I}{4} d_2 + \frac{I}{8} d_1 + \frac{I}{16} d_0 \tag{3-2}$$

又因为 $i_- = 0$，所以有 $v_o = -R_F i$。取反馈电阻 $R_F = R$，并将式(3-1)、式(3-2)代入，则输出电压为

$$v_o = -R_F \frac{I}{2^4}(d_3 2^3 + d_2 2^2 + d_1 2^1 + d_0 2^0)$$

$$= -\frac{V_{REF}}{2^4}(d_3 2^3 + d_2 2^2 + d_1 2^1 + d_0 2^0) \tag{3-3}$$

式(3-3)表明，输出模拟电压正比于输入的数字量，实现了数字量转换为模拟量的功能。对于 n 位倒 T 形电阻网络 D/A 转换器，输入为 n 位二进制数字量 $d_{n-1} d_{n-2} \cdots d_1 d_0$，则输出电压为

$$v_o = -\frac{V_{REF}}{2^n}(d_{n-1} 2^{n-1} + d_{n-2} 2^{n-2} + \cdots + d_1 2^1 + d_0 2^0)$$

可见，倒 T 形电阻网络的电阻取值只有 R 和 $2R$ 两种，精度容易保证，而且流过各 $2R$ 电阻的电流直接流入运算放大器的输入端，提高了转换速度。利用倒 T 形电阻网络制作的集成芯片

种类很多,如 DAC0832(8 位)、5G7520(10 位)、AD7524(8 位)、AD7546(16 位)等。

2. 权电流型 D/A 转换器

倒 T 形电阻网络 D/A 转换器在转换过程中利用模拟开关将基准电压接入电阻网络中,分析时,把模拟开关当作理想开关对待,但实际中,模拟开关都存在一定的导通电阻和导通压降,而且每个开关的导通电阻和导通压降各不相同,不可避免地会使流过各支路的电流有所变化,从而引起转换误差。为此,用一组恒流源取代倒 T 形电阻网络 D/A 转换器中的电阻网络,可构成权电流型 D/A 转换器。

权电流型 D/A 转换器包含运算放大器、模拟开关和恒流源,原理电路如图 3.5 所示。恒流源从高位到低位的电流大小依次取为 $I/2$、$I/4$、$I/8$、$I/16$。

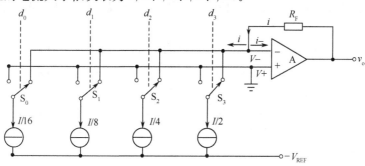

图 3.5 权电流型 D/A 转换器原理图

设要转换的二进制数字量仍为 $d_3d_2d_1d_0$,与倒 T 形电阻网络 D/A 转换器类似,当某位为"1"时,控制开关与运算放大器的反向输入端接通,恒流源提供的电流流过放大器的反馈电阻;当某位数字量为"0"时,控制开关与"地电位"端接通,恒流源提供的电流不流过放大器的反馈电阻。放大器的输出电压为

$$v_{\text{o}} = iR_{\text{F}} = R_{\text{F}}\left(\frac{I}{2}d_3 + \frac{1}{2^2}d_2 + \frac{I}{2^3}d_1 + \frac{I}{2^4}d_0 \right)$$

$$= \frac{R_{\text{F}}I}{2^4}(d_3 2^3 + d_2 2^2 + d_1 2^1 + d_0 2^0)$$

可见,输出电压正比于输入的数字量。采用恒流源后,由于恒流源内阻极大,相当于开路,所以各支路权电流的大小不受开关导通电阻和导通压降的影响,降低了对开关电路的要求,提高了转换精度。在单片集成 DAC 中,DAC0806、DAC0807、DAC0808 等采用权电流型 D/A 转换电路。

3.1.2 D/A 转换器的主要技术指标

1. 转换精度

D/A 转换器的转换精度是指在整个工作区间实际的输出电压与理想输出电压之间的偏差。通常用分辨率和转换误差描述。

(1) 分辨率

分辨率是指当输入数字量发生单位数码变化时所对应的输出模拟量的变化量。D/A 转换器的位数(输入二进制数码的位数)越多,输出电压的取值个数越多,越能反映出输出电压的细微变化,分辨率就越高。一般可用 D/A 转换器的位数衡量分辨率的高低。

另外,D/A 转换器的分辨率也可用 D/A 转换器能够分辨出的最小电压(对应输入二进制数码中只有最低有效位为 1,其余为 0)与最大输出电压(对应输入二进制数码中各位全为 1)的比

值表征。例如,8 位 D/A 转换器的分辨率为

$$\frac{1}{2^8-1}=\frac{1}{255}\approx0.0039=0.39\%$$

对于 n 位 D/A 转换器,分辨率为 $1/(2^n-1)$。分辨率是 D/A 转换器在理论上能达到的精度。在不考虑转换误差时,转换精度即为分辨率的大小。

（2）转换误差

实际应用中,由于各元件参数值存在误差、基准电压不够稳定,以及运算放大器的漂移等,D/A 转换器的实际转换精度受转换误差的影响,低于理论转换精度。转换误差指实际输出的模拟电压与理想值之间的最大偏差,常用这个最大偏差与输出电压满刻度(Full Scale Range,FSR)的百分比或最低有效位(LSB)的倍数表示。一般是增益误差、漂移误差和非线性误差的综合指标。

① 增益误差（比例系数误差）

D/A 转换器的输出与输入特性曲线的斜率称为 D/A 转换增益或标度系数。实际转换的增益与理想增益之间的偏差为增益误差,主要由基准电压和运算放大器增益的不稳定引起。

② 漂移误差（平移误差）

当输入二进制数码为全 0 时,实际输出值与理想输出值的差值为漂移误差,即输入为全 0 时输出不为 0 的值。它由运算放大器的零点漂移引起,与输入的数字量无关,将理想曲线向上或向下平移,不改变其线性度,也称为平移误差。

③ 非线性误差（非线性度）

实际转换特性曲线与理想特性曲线之间的最大偏差为非线性误差,一般用该偏差相对于满刻度之比的百分数表示。它主要由模拟开关的导通电阻、导通压降和电阻网络的阻值偏差引起,是一种没有一定变化规律的误差。

例如,某 8 位 D/A 转换器的非线性误差为 $\pm0.05\%$,最大正、负误差为

$$\pm0.05\%\times\mathrm{FSR}=\pm0.05\%\times(2^8-1)\mathrm{LSB}=\pm0.1275\mathrm{LSB}\approx\pm\frac{1}{8}\mathrm{LSB}$$

因此,非线性误差也常用若干个 LSB 表示,一般要求 D/A 转换器的非线性误差小于 $\pm1/2\mathrm{LSB}$。

2. 转换速度

一般由建立时间描述。建立时间是指当输入的数字量变化时,输出电压进入与稳态值相差 $\pm1/2\mathrm{LSB}$ 范围内所需的时间。输入的数字量变化越大,转换时间越长,所以当输入从全 0 跳变为全 1(或从全 1 跳变为全 0)时,转换时间最长,该时间称为满量程转换时间。一般手册上给出的转换时间指满量程转换时间。

3.2 D/A 转换器与微处理器的接口

DAC 芯片种类繁多,在目前常用的 DAC 中,从位数上看,有 8 位、10 位、12 位、16 位等;在输出形式上,有电压输出型和电流输出型;按输入是否含有锁存器,有内部无锁存器和内部有锁存器形式;按数字量的输入形式,有并行 DAC 和串行 DAC;按转换时间,有超高速 DAC(转换时间 $T_\mathrm{S}<100\mathrm{ns}$)、高速 DAC($T_\mathrm{S}$ 为 100ns～10μs)、中速 DAC(T_S 为 10～100μs)、低速 DAC($T_\mathrm{S}>$ 100μs)等。不同形式的 DAC,与微处理器的接口有所不同。下面分别以并行和串行 DAC 为例进行介绍。

1. 带锁存器的并行 D/A 转换器与微处理器的接口

常用带锁存器的并行 DAC 芯片有 8 位分辨率的 DAC0800 系列、DAC0830 系列,10 位分辨

率的 DAC1020 系列、AD7520 系列,12 位分辨率的 DAC1208 系列、AD1230 系列、DAC1220 系列、AD7521 系列等。其中,DAC0832 是美国国家半导体公司生产的 8 位分辨率的 DAC 芯片,主要性能如下:

- 分辨率为 8 位;
- 转换时间为 $1\mu s$;
- 参考电压为 $\pm 10V$;
- 采用单一电源 $5\sim 15V$;
- 功耗为 20mW。

DAC0832 的内部结构如图 3.6 所示,内部有两个数据缓冲器(8 位输入寄存器和 8 位 DAC 寄存器)和一个 D/A 转换器,以及门控电路。内部无参考电压,需要外接;输出为电流型,要获得电压输出需外加转换电路。DAC0832 共 20 个引脚,各引脚含义如下。

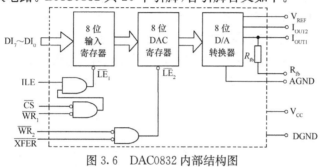

图 3.6 DAC0832 内部结构图

$DI_7 \sim DI_0$:8 位数字量输入信号,其中 DI_0 为最低位,DI_7 为最高位。

ILE:输入寄存器的允许信号,高电平有效。

$\overline{CS}$:片选信号,低电平有效。

$\overline{WR}_1$:数据写入输入寄存器的控制信号,低电平有效。

$\overline{WR}_2$:数据写入 DAC 寄存器的控制信号,低电平有效。

$\overline{XFER}$:传送控制信号,低电平有效。

I_{OUT1}:模拟电流输出端,$I_{OUT1} = \dfrac{V_{REF}}{R_{fb}} \times \dfrac{D}{256}$,其中 D 为 $DI_7 \sim DI_0$ 输入的数字量。当 D 全为 1 时,输出电流最大($255V_{REF}/256R_{fb}$);当 D 全为 0 时,输出电流为 0。

I_{OUT2}:模拟电流输出端,模拟量为差动电流输出,与 I_{OUT1} 的关系是 $I_{OUT1} + I_{OUT2} =$ 常数。

R_{fb}:内部反馈电阻引脚,可外接输出增益调整电位器。

V_{REF}:参考电压输入端,可接正、负电压,范围为 $-10 \sim +10V$。

V_{CC}:电源,$+5 \sim +15V$,典型值为 $+15V$。

AGND:模拟地,模拟信号接地点。

DGND:数字地,数字信号接地点。

由图 3.6 可见,两个数据缓冲器的工作状态分别受 $\overline{LE}_1$ 和 $\overline{LE}_2$ 的控制。当 $\overline{LE}_1$(或 $\overline{LE}_2$)=1 时,寄存器的输出随输入的变化而变化;当 $\overline{LE}_1$(或 $\overline{LE}_2$)=0 时,输入数据被锁存,寄存器的输出不随输入的变化而变化。

$\overline{LE}_1$ 信号由 ILE 信号和 $\overline{CS}$、$\overline{WR}_1$ 共同控制,当 $\overline{CS}$、$\overline{WR}_1$ 均为低电平而 ILE 为高电平时,$\overline{LE}_1 = 1$,输入寄存器的输出随输入而变化,当 $\overline{WR}_1$ 由低电平变高时,$\overline{LE}_1 = 0$,输入寄存器的输出不再随输入的变化而变化,此时数据被锁存到输入寄存器中,同时数据锁存到 DAC 寄存器中。

$\overline{\text{LE}_2}$ 受 $\overline{\text{WR}_2}$ 和 XFER 的控制,当 $\overline{\text{WR}_2}$ 和 $\overline{\text{XFER}}$ 同时有效时,$\overline{\text{LE}_2}=1$,DAC 寄存器的输出随输入而变化,当 $\overline{\text{WR}_2}$ 由低电平变高时,控制信号 $\overline{\text{LE}_2}=0$,DAC 寄存器的数据被锁存,同时数据进入 D/A 转换器,启动一次 D/A 转换。

DAC0832 有以下 3 种工作方式。

(1)直通方式

当 $\overline{\text{CS}}$、$\overline{\text{WR}_1}$、$\overline{\text{WR}_2}$ 和 $\overline{\text{XFER}}$ 都接数字地,ILE 接高电平时,DAC0832 工作于直通方式。此时,只要数字量从 $DI_7 \sim DI_0$ 输入,就立即进行 D/A 转换,并输出转换结果。此种工作方式下,DAC0832 不能直接与 CPU 的数据线相连,很少使用。

(2)单缓冲工作方式

在此种工作方式下,两个寄存器中任一个处于直通状态,另一个则工作于锁存器受控状态或两个寄存器同步受控。应用于只有一路模拟输出或有多路输出但不要求多路同时输出的场合。如图 3.7 所示为单缓冲工作方式下 DAC0832 与 8031 单片机的一种连接方法。将 ILE 接 +5V 电源,$\overline{\text{WR}_1}$ 和 $\overline{\text{WR}_2}$ 同时由 CPU 的 $\overline{\text{WR}}$ 控制,$\overline{\text{CS}}$ 和 $\overline{\text{XFER}}$ 接地址线 $P_{2.7}$,使两个寄存器的控制信号同时选通,CPU 对 DAC0832 进行一次写操作,输入数据便在控制信号的控制下,直接进入 DAC 寄存器中,并进入 D/A 转换器进行 D/A 转换。相应程序片段如下:

```
                 ......
      MOV        DPTR,#7FFFH          ;给出 DAC0832 的地址
      MOV        A,#DATA              ;待转换的数据送入 A
      MOVX       @DPTR,A              ;数据送入 DAC0832 并启动 D/A 转换
```

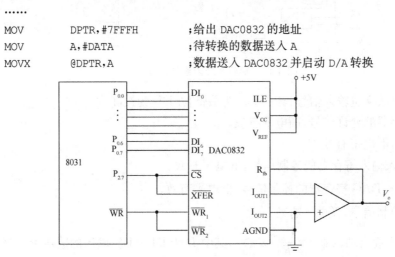

图 3.7 单缓冲工作方式

(3)双缓冲工作方式

在此种工作方式下,CPU 对 DAC0832 进行两次写操作,CPU 经数据总线分时向各路 DAC 输入要转换的数字量,并锁存在各路的输入寄存器中。然后,CPU 对所有的输入寄存器发出控制信号,使各个输入寄存器中的数据输入 DAC 寄存器,实现多路同步转换输出。

此时,将 ILE 接 +5V,$\overline{\text{WR}_1}$ 和 $\overline{\text{WR}_2}$ 均接 CPU 的 $\overline{\text{WR}}$,$\overline{\text{CS}}$ 和 $\overline{\text{XFER}}$ 分别接地址译码信号。其中,$\overline{\text{CS}}$ 作为输入寄存器的选通信号,$\overline{\text{XFER}}$ 作为 DAC 寄存器的选通信号。图 3.8 所示为双缓冲工作方式下 DAC0832 与 8031 单片机的连接方法。两片 DAC0832 输入寄存器的地址分别为 BFFFH 和 7FFFH,DAC 寄存器的地址均为 DFFFH。设要输出的数据存于 R1 和 R2 寄存器中,则相应的转换程序片段如下:

```
      MOV        DPTR,#0BFFFH
      MOV        A,R1
      MOVX       @DPTR,A              ;待转换的数据送入 1#DAC0832 寄存器
      MOV        DPTR,#7FFFH
```

```
MOV        A,R2
MOVX       @DPTR,A              ;待转换的数据送入 2#DAC0832 寄存器
MOV        DPTR,#0DFFFH
MOVX       @DPTR,A              ; 1#、2#DAC0832 同时转换,结果同时输出
```

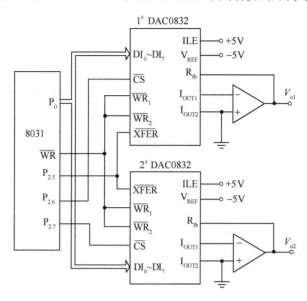

图 3.8 双缓冲工作方式

在该工作方式下,数据接收和启动转换可以异步进行,即在对某数据转换的同时,能进行下一数据的接收,以提高转换速率。

由于 DAC0832 的转换结果以差动电流形式输出,所以在上述两种工作方式中,在电流输出端外接了运算放大器,转换成电压输出。在图 3.8 中,参考电压 V_{REF} 接 $-5V$,输出 $0\sim+5V$ 的单极性电压(若参考电压 V_{REF} 接 $+5V$,输出 $0\sim-5V$ 的单极性电压),输出电压与 D 的关系为

$$V_o = -\frac{V_{REF}}{2^n} \times D \tag{3-4}$$

式中,D 为待转换的数字量。

有时希望输出双极性的电压信号,这时,可按图 3.9(a)所示连接。此时,可将单极性的输出电压 V_o 转换为双极性的输出电压 V_1

$$V_1 = -(2V_o + V_{REF}) \tag{3-5}$$

将式(3-4)代入式(3-5)得到 V_1 与待转换的数字量 D 的关系为

$$V_1 = -V_{REF}\frac{128-D}{128} \tag{3-6}$$

由式(3-6)得到输出模拟量和待转换的数字量的关系,如图 3.9(b)所示。

为保证输出的线性度,两个电流输出端(I_{OUT1} 和 I_{OUT2})的电位应尽可能接近零电位,否则,运算放大器输入端的微小电位差会导致很大的输出线性误差。

DAC 输出电压形式的模拟量时,其内阻很小,外接负载电阻应较大;输出电流形式的模拟量时,其内阻很大,外接负载电阻应较小。

2. 串行 D/A 转换器与微处理器的接口

串行 D/A 转换器占用 CPU 引脚数少、功耗低,在便携式智能仪器中应用广泛,有多家公司生产。其中,TLC5615 是美国 TI(Texas Instruments)公司生产的具有串行接口的 10 位 DAC 芯片,性价比高,通过 3 根串行总线可完成 10 位数据的串行输入,主要性能特点如下:

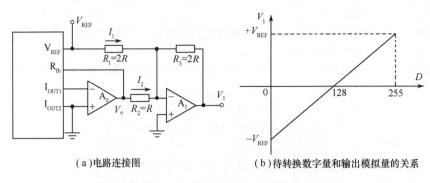

(a)电路连接图　　　　　　　　　(b)待转换数字量和输出模拟量的关系

图3.9　双极性转换电路图

- 10 位分辨率；
- 5V 单一电源供电；
- 与 CPU 三线串行接口；
- 最大输出电压可达基准电压的 2 倍；
- 输出电压和参考电压极性相同；
- 转换时间 12.5μs；
- 内部上电复位；
- 低功耗，最大仅为 1.75mW。

（1）引脚功能及内部结构

8 脚双列直插式 TLC5615 的引脚如图 3.10 所示，引脚功能如下。

D_{IN}：串行二进制数输入端。

SCLK：串行时钟输入端。

$\overline{CS}$：片选端，低电平有效。

D_{OUT}：用于级联时的串行数据输出端。

AGND：模拟地。

V_{REFIN}：参考电压输入端，$2V\sim(V_{DD}-2)V$，通常取 2.048V。

V_{OUT}：模拟电压输出端。

V_{DD}：正电源端，$4.5\sim5.5V$，通常取 5V。

TLC5615 的内部结构图如图 3.11 所示，主要由电压跟随器、16 位移位寄存器、并行输入/输出的 10 位 DAC 寄存器、10 位 D/C 转换器、放大器，以及上电复位电路和逻辑控制电路等组成。电压跟随器为参考电压输入端 V_{REFIN} 提供高输入阻抗（约 10MΩ）；16 位移位寄存器分为高 4 位虚拟位、10 位数据位及低 2 位填充位，用于接收串行移入的二进制数，并将其送入并行输入/输出的 10 位 DAC 寄存器；寄存器的输出送入 10 位 D/C 转换器，由 D/C 转换器将 10 位数字量转换为模拟量，并送入放大器；放大器将模拟量放大 2 倍后，从模拟电压输出端 V_{OUT} 输出。

（2）TLC5615 的工作方式

TLC5615 有级联和非级联两种工作方式。非级联方式（单片工作）时，只需从 D_{IN} 端向 16 位移位寄存器输入 12 位数据。其中，前 10 位为待转换的有效数据位，且输入时高位在前、低位在后；后 2 位为填充位，可填充 0 或 1（一般填充 0）。在级联（多片同时）工作方式下，可将本片的 D_{OUT} 端接到下一片的 D_{IN} 端。此时，需要向 16 位移位寄存器先输入高 4 位虚拟位，再输入 10 位有效数据位，最后输入低 2 位填充位。由于增加了高 4 位虚拟位，所以需要 16 个时钟脉冲。无论工作于哪一种方式，输出电压为

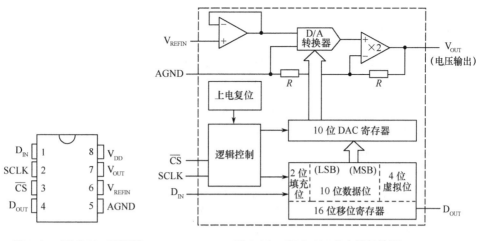

图 3.10　TLC5615 引脚图　　　　　图 3.11　TLC5615 的内部结构图

$$V_{OUT} = 2V_{REFIN} \times \frac{D}{1024}$$

式中,D 为待转换的数字量。

(3) TLC5615 的工作时序

TLC5615 的工作时序如图 3.12 所示。由时序图可看出,串行数据的输入和输出必须满足片选信号 $\overline{CS}$ 为低电平和时钟信号 SCLK 有效跳变两个条件。当 $\overline{CS}$ 为低电平时,输入数据 D_{IN} 由 SCLK 同步输入或输出,最高有效位在前,低有效位在后。输入时,SCLK 的上升沿把串行输入数据 D_{IN} 移入 16 位移位寄存器,SCLK 的下降沿使 D_{OUT} 输出串行数据,$\overline{CS}$ 的上升沿把数据传送至 DAC 寄存器。

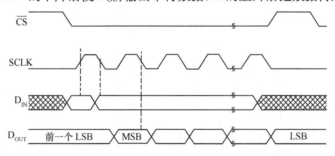

图 3.12　TLC5615 的工作时序图

当 $\overline{CS}$ 为高电平时,串行输入数据 D_{IN} 不能由时钟同步送入 16 位移位寄存器;D_{OUT} 保持最近的数值不变而不进入高阻状态。也就是说,SCLK 的上升沿和下降沿都必须发生在 $\overline{CS}$ 为低电平期间。当 $\overline{CS}$ 为高电平时,SCLK 为低电平。

(4) TLC5615 与微处理器接口电路

TLC5615 和 AT89C51 单片机的接口电路如图 3.13 所示。TLC5615 工作于非级联方式,AT89C51 单片机的 $P_{3.0} \sim P_{3.2}$ 分别控制 TLC5615 的 $\overline{CS}$、SCLK 和 D_{IN}。设 TLC5615 的参考电压为 2.048V,最大模拟输出电压为 4.096V,要输入的 12 位数据存于 R0 和 R1 寄存器中,D/A 转换程序段如下:

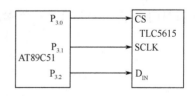

图 3.13　TLC5615 和 AT89C51
单片机的接口电路

```
CLR      P3.0          ;片选信号有效
MOV      R2,#4         ;将要送入的前 4 位数据位数
MOV      A,R0          ;前 4 位数据送累加器低 4 位
```

```
        SWAP      A                 ;A 中高 4 位与低 4 位互换
        LCALL     sub-write         ;DIN 输入前 4 位数据
        MOV       R2,#8             ;将要送入的后 8 位数据位数
        MOV       A,R1              ;8 位数据送入累加器 A
        LCALL     sub-write         ;DIN 输入后 8 位数据
        CLR       P3.1              ;时钟低电平
        SETB      P3.0              ;片选高电平,输入的 12 位数据有效
        END                         ;结束
```

送数子程序如下:

```
sub-write: NOP                      ;空操作
LOOP:     CLR     P3.1              ;时钟低电平
          RLC     A                 ;数据送入标志位 CY
          MOV     P3.2,C            ;数据输入有效
          SETB    P3.1              ;时钟高电平
          DJNZ    R2,LOOP           ;循环送数
          RET                       ;返回
```

3.3 D/A 转换器的应用

D/A 转换器输出的模拟电压或电流取决于输入的数字量,在硬件电路相同的情况下,利用计算机程序给 D/A 转换器输入不同的数字量,可在 D/A 转换器的输出端得到不同的波形,从而构成波形发生器。DAC0832 与 8031 连接构成的波形发生器电路如图 3.14 所示,当输入不同的程序时,可在输出端得到不同的波形。

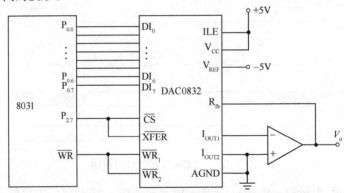

图 3.14 DAC0832 与 8031 连接构成的波形发生器电路

1. 阶梯波发生器

如果送入 DAC0832 的数字由 0 不断增大,则 V_o 将输出阶梯波。如下面的程序,DELAY 为延时时间,每隔一个 DELAY,就输出一个阶梯电平,如图 3.15 所示。

```
          MOV     DPTR,#7FFFH
          MOV     A,#00H            ;从 0 开始
LOOP:     MOVX    @DPTR,A
          ADD     A,#N
          ACALL   DELAY
          SJMP    LOOP              ;停止
```

调节延时时间 DELAY,可产生不同斜率的阶梯波。将参考电压 V_{REF} 变为正值可产生负阶梯波,改变 N 的值可得到不同阶梯高度的阶梯波。

2. 锯齿波发生器

当阶梯波发生器的阶梯长度和高度很小时,即延时时间 DELAY 很小且 DAC 位数较多时,可将阶梯波近似看为一条直线,直线循环发生,可输出锯齿波。如图 3.16 所示,产生正锯齿波的程序如下:

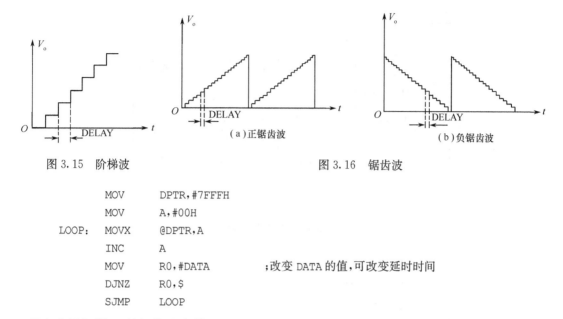

图 3.15　阶梯波　　　　　　　　　　图 3.16　锯齿波

```
        MOV     DPTR,#7FFFH
        MOV     A,#00H
LOOP:   MOVX    @DPTR,A
        INC     A
        MOV     R0,#DATA            ;改变 DATA 的值,可改变延时时间
        DJNZ    R0,$
        SJMP    LOOP
```

程序中累加器 A 的初值取大数,"INC　A"改为"DEC　A",就可产生负锯齿波。

3. 三角波发生器

将上述正锯齿波和负锯齿波组合起来可输出三角波。

4. 正弦波发生器

正弦波是最基本的波形之一。基于微处理器和 DAC 利用软件控制的方法产生正弦波,具有灵活、方便、准确率高、稳定性好等优点,而且可产生多个具有准确相移的正弦波。

如利用 DAC0832 输出幅值为 $-5\sim+5V$ 的正弦波,由于输出的正弦波为双极性,所以将 DAC0832 接成双极性输出形式,如图 3.17 所示。将一个周期(360°)的正弦波的幅值($-5\sim+5V$)分为 256 个点,每两点间隔约为 $1.4°(360°/(256-1))$。查表得到每个点对应的电压幅值,计算该幅值所对应的数字量,将数字量存入表格中。计算时,可取波形的 1/4 计算各个点对应的值,如图 3.18 所示。根据对称关系,复制其他区域各值。然后循环送数,在 V_o 输出端可获得连续的正弦波。

程序如下:

```
        MOV     R1,#00H             ;计数器赋初值
SIN:    MOV     A,R1
        MOV     DPTR,#TAB
        MOVC    A,@A+DPTR           ;查表得输出值
        MOV     DPTR,#7FFFH         ;指向 DAC0832
        MOVX    @DPTR,A             ;转换
        INC     R1                  ;计数器加 1
        AJMP    SIN
TAB:    DB 80H,83H,86H,89H,8DH,90H,93H,96H
        DB 99H,9CH,9FH,A2H,A5H,A8H,ABH,AEH
```

DB B1H,B4H,B7H,BAH,BCH,BFH,C2H,C5H
DB C7H,CAH,CCH,CFH,D1H,D4H,D6H,D8H
DB DAH,DDH,DFH,E1H,E3H,E5H,E7H,E9H
······

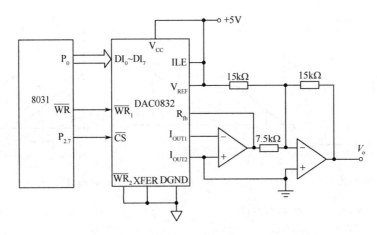

图 3.17　输出双极性正弦波接口电路

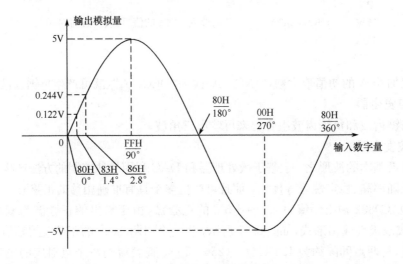

图 3.18　计算正弦波幅值对应的数字量示意图

此方法也适合输出任意波形的信号。若要产生两个具有准确相移的双极性正弦波,硬件可采用两路 DAC,软件可给两路输入不同的初始值,使两路出现相移。如采用 N 位 DAC,相移值 φ 对应的数字量 D 为

$$D=\frac{2^N \times \varphi}{360}$$

若选用 DAC0832,当输出相移 90°的正弦波时,硬件电路在图 3.17 的基础上再增加一路,如图 3.19 所示。可将一路 DAC0832 的初始值送 00H,另一路 DAC0832 的初始值送 $D=2^8 \times \varphi/360=64=40$H 即可。程序如下:

```
        MOV     R1,#00H          ;计数器赋初值
        MOV     R2,#40H          ;赋相移的偏移量初始值
SIN2:   MOV     A,R1
        MOV     DPTR,#TAB
```

```
        MOVC        A,@A+DPTR           ;查表得输出值
        MOV         DPTR,#7FFFH         ;指向 DAC0832
        MOVX        @DPTR,A             ;转换
        INC         R1                  ;计数器加 1
        MOV         A,R2
        MOV         DPTR,#TAB
        MOVC        A,@A+DPTR
        MOV         DPTR,#BFFFH
        MOVX        @DPTR,A
        INC         R2
        AJMP        SIN2
TAB:    DB 80H,83H,86H,89H,8DH,90H,93H,96H
        DB 99H,9CH,9FH,A2H,A5H,A8H,ABH,AEH
        DB B1H,B4H,B7H,BAH,BCH,BFH,C2H,C5H
        DB C7H,CAH,CCH,CFH,D1H,D4H,D6H,D8H
        DB DAH,DDH,DFH,E1H,E3H,E5H,E7H,E9H
        ……
```

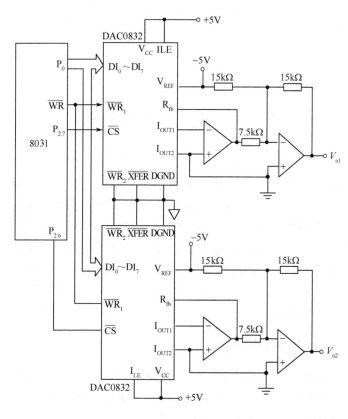

图 3.19　两路正弦波发生电路

相移的分辨率与步距有关,如采用 8 位 DAC,一个正弦周期内最多可分 256 个点,则步距约为 $1.4°(360°/(256-1))$,即相移的分辨率约为 $1.4°$。

由于受单片机程序控制方法的限制,上述方法不能输出较高频率的信号。若要采用数字方法输出高频信号的波形,可采用数字频率合成(Direct Digital Synthesizer,DDS)技术,将一个周期的正弦波信号(或其他波形)离散取样后,把样点的幅值对应的数字量存入 ROM 中,再按一定

的地址间隔读出,经 D/A 转换后可输出对应的模拟信号波形,如图 3.20 所示。只要驱动 ROM 地址的时钟频率足够高,就可获得很高频率的信号。

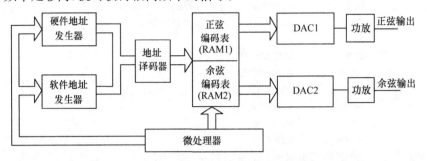

图 3.20　采用数字频率合成技术输出较高频率的正弦波

驱动 ROM 地址的时钟频率实际上是从 RAM 中取数的间隔,根据要求输出的频率决定。例如,输出波形的频率为 1000Hz,若每个周期取点数为 1000 个,则取数间隔为 $1/(1000\times1000)=10^{-6}$s。

目前已有专用的 DDS 集成芯片,可输出数百兆赫兹到吉赫兹的正弦波。其中,AD 公司生产的 DDS 产品,如 AD9914 集成了片内高速 12 位 DAC,每秒采样速率达 3.5GSPS,AD9915 达 2.5GSPS,可在频率高达 1.4GHz 下模拟用于各种通信应用(如无线基站、军用和商用雷达)的输出正弦波。

3.4　开关量输出通道

智能仪器输出的开关量可用来控制只有两种工作状态的执行机构。例如,控制改变液体压力的电磁阀门的开和闭、控制电动机的启动和停止、控制指示灯的亮和灭等。这些执行机构相当于人的手脚,直接驱动被控对象。由于被控对象千差万别,所要求的控制电压或电流不同,而且有的需要直流驱动,有的需要交流驱动,因此应根据具体对象选择合适的执行机构。

执行机构通常需较大电压(电流)来控制,而 CPU 输出的开关量大都为 TTL(或 CMOS)电平,一般不能直接驱动执行机构,需要经过锁存器,并经过隔离和驱动电路才能与执行机构相连。开关量输出通道中常用的隔离器件有光电耦合器和继电器,常用的驱动电路有功率开关驱动电路、集成驱动芯片和固态继电器等。

3.4.1　小功率驱动接口电路

小功率驱动接口电路常用于小功率负载,如发光二极管、LED 显示器、小功率继电器等元件或装置,一般要求系统具有 10~40mA 的驱动能力,通常采用小功率三极管(如 9012、9013、8050、8550 等)和集成电路(如 75451、74LS245 等)作为驱动电路。图 3.21 所示为采用 75451 作为驱动器驱动指示灯的电路,当 8031 的 $P_{1.6}$、$P_{1.7}$ 输出低电平时,指示灯 L_1、L_2 发光。图 3.22 所示为采用 75451 驱动直流线圈的电路,二极管 VD(1N4001)为钳位二极管,可防止线圈两端的反电势损坏驱动器。图 3.23 所示为驱动交流线圈的电路,交流接触器 C 由双向晶闸管 KS 驱动,MOC3041 是光电耦合器,起到触发 KS 和隔离的作用。控制信号由 8031 的 $P_{1.0}$ 输出。双向晶闸管 KS 要满足额定工作电流为交流接触器线圈工作电流的 2~3 倍,额定工作电压为交流接触器线圈工作电压的 2~3 倍。

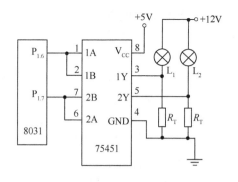

图 3.21 采用 75451 驱动指示灯的电路

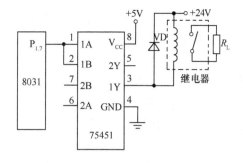

图 3.22 采用 75451 驱动直流线圈的电路

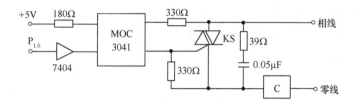

图 3.23 驱动交流线圈的电路

3.4.2 中功率驱动接口电路

中功率驱动接口电路常用于驱动功率较大的继电器和电磁开关等控制对象,一般要求具有 50～500mA 的驱动能力。可采用达林顿管(如 MC1412/1413/1416 等)或中功率三极管来驱动。图 3.24 所示为功率晶体管驱动电路,图 3.25 所示为达林顿管驱动电路。

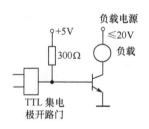

图 3.24 功率晶体管驱动电路

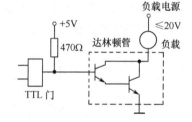

图 3.25 达林顿管驱动电路

3.4.3 固态继电器输出接口电路

固态继电器(Solid State Relays,SSR)是一种全部由固态电子元件组成的新型无触点功率型电子开关。SSR 采用开关三极管、晶闸管等半导体器件的开关特性制作,利用光电隔离技术实现控制端(输入端)与负载回路(输出端)之间的电气隔离,同时又能控制电子开关的动作。它可达到无触点、无火花地接通和断开电路的目的,因此又被称为"无触点开关"。SSR 具有开关速度快、体积小、重量轻、寿命长、工作可靠等优点,特别适合于控制大功率设备的场合。在许多自动化装置中,代替了常规的电磁式继电器,在动作频繁的防爆、防潮、防腐蚀等场合应用广泛。

固态继电器按负载电源的类型分为直流型固态继电器(DC-SSR)和交流型固态继电器(AC-SSR)。DC-SSR 主要用于直流大功率控制场合;AC-SSR 主要用于交流大功率控制场合,又分为过零型和非过零型。过零型 AC-SSR 对交流负载的通、断控制与负载电源电压的相位有关,在输入信号有效后,必须在负载电源电压过零时才能接通输出端的负载电源,当输入端的控制信号撤销后,必须等到交流负载电源电压的过零时刻才能断开输出端的负载电源。非过零型 AC-SSR 对交流负载的通、断控制与负载电源电压的相位无关,在输入信号有效时,负载电源立即接通。

1. SSR 的原理及结构

AC-SSR 的工作原理如图 3.26 所示。它是一种四端器件,A 和 B 是输入端,C 和 D 是输出端。工作时,只要在 A、B 端加上一定的控制信号,就可以控制 C、D 两端之间的"通"和"断",实现"开关"的功能。图中,部件①~④构成 AC-SSR 的主体,光电耦合电路的功能是为 A、B 端输入的控制信号提供一个输入/输出端之间的通道,而在电气上断开 AC-SSR 中输入端和输出端之间的联系,以防止输出端对输入端的影响;触发电路的功能是产生符合要求的触发信号,驱动开关电路④工作;开关电路一般用双向晶闸管来实现;为了防止开关管产生射频干扰、高次谐波或尖峰电压等污染电网,并且使开关电路导通的瞬间电流不至于太大而损坏开关管,特设置过零控制电路。当输入控制信号(交流电压)过零(实际中是过一个很低的电平)时,AC-SSR 为导通状态;当断开控制信号时,要等待达到交流电的正半周与负半周的交界点(零电位)时,AC-SSR 才为断开状态。吸收电路可防止从电源中传来的尖峰、浪涌电压对开关器件的冲击和干扰。

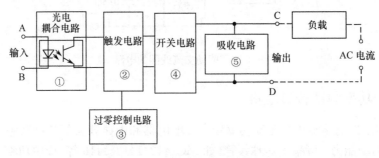

图 3.26　AC-SSR 的工作原理图

DC-SSR 的工作原理如图 3.27 所示,无过零控制电路,开关器件一般采用大功率开关三极管,工作原理与 AC-SSR 大致相同,此处不再赘述。

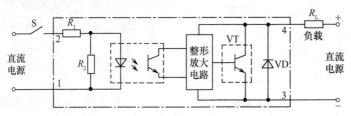

图 3.27　DC-SSR 的工作原理图

2. SSR 应用中需要注意的问题

① DC-SSR 和 AC-SSR 用途不同,不能互换。

② AC-SSR 有过零型和非过零型两种,要求射频干扰小的场合应使用过零型。

③ SSR 的输入端均为发光二极管,可直接由 TTL 驱动,也可以用 CMOS 电路再加一级跟随器驱动。驱动电流为 5~10mA 时,输出端导通;1mA 以下时,输出端断开。

④ 切忌负载短路。

3. SSR 组成的开关量输出电路

图 3.28 所示为由基本的 SSR 组成的开关量输出电路。为了防止 SSR 的 A 端输入电压超过额定值,需设置一限流电阻 R。当负载为非稳定性负载或感性负载时,在输出回路中还应附加一个瞬态抑制电路。常用的方法是在 SSR 输出端加装 RC 吸收回路,或在 SSR 输出端接入具有特

定钳位电压的电压控制器件,如双向稳压二极管或压敏电阻等。当 $P_{1.0}$ 输出低电平时,SSR 输入端有电压,输出端接通;当 $P_{1.0}$ 输出高电平时,SSR 输入端无电压,输出端断开。

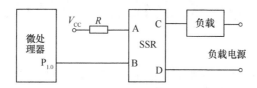

图 3.28　由基本的 SSR 组成的开关量输出电路

SSR 实现了弱信号对强电(输出负载电压)的控制。光电耦合器的应用,使控制信号所需的功率极低。SSR 所需的工作电平与 TTL、HTL、CMOS 等常用集成电路兼容。SSR 抗震、耐机械冲击,容易用绝缘防水材料灌封做成全密封形式,所以具有良好的防潮、防霉、防腐性能,在智能仪器中应用广泛。

习　题　3

3.1　D/A 转换器有哪几类? 其特点是什么?

3.2　D/A 转换器主要技术指标有哪些?

3.3　D/A 转换器与微处理器连接时,一般有哪几种接口形式? 试举例说明当 DAC 数据总线宽度与微处理器总线宽度相同或高于微处理器总线宽度时,微处理器对 DAC 的控制方式。

3.4　某 8 位 DAC,其输出电压为 0~+5V,当 CPU 送出 80H、40H、10H 时,对应的模拟电压为多少?

3.5　微处理器处理开关量信号时应考虑哪些问题?

3.6　微处理器的输出信号驱动执行机构时应考虑哪些问题?

3.7　固态继电器有哪几类? 各有什么特点? 使用时应注意哪些问题?

第4章 智能仪器人机接口技术

智能仪器通过人机接口技术实现智能仪器与用户进行信息的交换,用户通过接口电路对智能仪器进行数据输入和状态干预,智能仪器通过接口电路向用户报告处理结果与运行状态。实现智能仪器人机交互功能的常用部件有键盘、显示器、打印机、触摸屏等,本章将分别予以介绍。另外,本章还将介绍条码和 IC 卡技术。

4.1 键盘与接口

4.1.1 键盘概述

键盘是一组代表数字和有关命令的按键的集合,是智能仪器最常见的输入设备。按键具有"断开"和"闭合"两种状态,通过接口电路对应于 0 和 1 两个逻辑值。按键的闭合是暂态的,当操作者停止按压时,按键即恢复到断开状态。

键盘接口包括硬件与软件两部分。硬件是指键盘的组织,即键盘结构及其与主机的连接线路;软件是指对按键操作的识别与分析等键盘处理程序。键盘接口必须解决以下问题:

- 识键——确定是否有键按下;
- 译键——在有键按下时,识别哪一个键被按下并确定相应的键值;
- 键值分析——根据键值找出相应处理程序的入口并执行。

在键盘输入中,还需要解决抖动、连击与串键等问题。

（1）按键的去抖动

按键从最初按下到可靠接触要经过数毫秒的抖动过程,按键松开时也存在同样问题,如图 4.1 所示。抖动时间按材料的不同,一般为 5～10ms。抖动可能导致计算机将一次按键操作误判为多次操作。因此,按键操作必须进行去抖动处理。去抖动通常有硬件和软件两种方法。

硬件去抖动可以采用图 4.2 所示的 RS 触发器。利用 RS 触发器的互锁功能去抖动,可以得到理想的按键输出波形,一般只用于按键数目较少的场合。

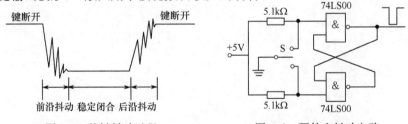

图 4.1 按键抖动过程   图 4.2 硬件去抖动电路

软件延时去抖动是指,当 CPU 首次检测到按键按下或松开信息时,延时一段时间(延时长短取决于按键的性能,一般为 10～20ms)后,躲过抖动期,等待按键稳定后,再次判断按键的信息,确认按键的状态。软件去抖动不用额外的硬件支持,软件也不复杂,因此在智能仪器中被广泛使用。

（2）连击处理

某键被按下时,执行该键对应的程序,在该键被释放之前,该键的功能被多次执行,如同该键被多次按下,这种现象称为键的"连击"。由于微处理器运行的速度很快,所以当操作者完成单次键入动作时,计算机可能响应多次,引起误动作。通常采用软件的方法来保证按键的单次键入,防止连击问题的发生。也就是说,当计算机检测到按键确实按下的信息时,并不立即转入处理程序而是反复检测按键的状态,直到按键被确认释放后,才认为是进行了一次按键操作,然后执行处理程序,程序流程图如图4.3(a)所示。

在某些场合,如果把键的连击加以合理利用,有时会给智能仪器的设计和操作者带来便利。例如,在某些智能仪器中,因设计的按键很少,没有0~9数码键,通常设置INC(加1)和DEC(减1)两个按键来调整参数。但当调整量比较大时,就需要多次按这两个键,操作起来十分不便。这时可以利用连击方式,操作者只要按住某个键较长时间不放,参数就会不停地加1(或减1),这就给操作者带来很大方便。具体实现流程如图4.3(b)所示,图中,延时环节的时间不同,可控制连击的速度。

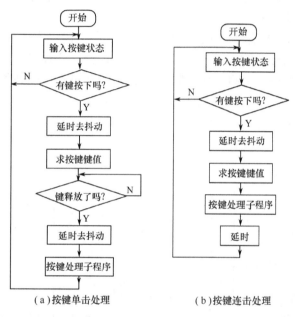

（a）按键单击处理　　　　　（b）按键连击处理

图4.3　按键单击与连击处理流程图

（3）串键处理

由于键的抖动或当键盘的按键密度较高时,本来希望只有一个按键被按下,但因操作不慎可能使双键或多键同时按下,这种同一时间有多个键被按下称为串键。对串键的情况常用以下几种技术进行处理。

①"两键同时按下"技术:在两个键同时按下时产生保护作用。一种方法是当只有一个键按下时才读取键盘的状态,最后仍被按下的键认为是有效按键。当用软件扫描键盘时,常采用这种方法。另一种方法是当第一个按键未松开时,按第二个按键不产生键值,即前一个未松开的键认为是有效按键,这种方法常借助硬件来实现。

②"n键同时按下"技术:不理会所有被按下的键,直至只剩下一个键按下时为止;或者将按键的信息存入内部缓冲器中,再进一步处理。

③"n键锁定"技术:只处理一个键,任何其他按下又松开的键不产生键值,通常第一个被按下或最后一个松开的键产生键码,这种方法最简单也最常用。

4.1.2　键盘工作原理与接口电路

按照与微处理器连接方式的不同,键盘可分为独立式键盘、非编码矩阵式键盘和编码矩阵式键盘3类。独立式键盘、非编码矩阵式键盘通常采用软件的方法,逐行逐列检查键盘状态,当发现有键按下时,用计算或查表的方式获得该键的键值。这类键盘价格低廉,因此得到了广泛的应用。编码矩阵式键盘内部设有键盘编码器,被按下键的键值由编码器直接给出,同时具有防抖和解决连击的功能,处理速度快。本节将介绍独立式键盘、非编码矩阵式键盘的工作原理与接口电路,编码矩阵式键盘将在4.3节中介绍。

1. 独立式键盘

独立式键盘的结构特点是一键占用一条接口线,每个按键电路是独立的,如图4.4所示。它们可以直接与单片机I/O口线相接,如图4.4(a)所示,也可以通过输入接口芯片与单片机相接,如图4.4(b)所示。图4.4(b)中的上拉电阻保证按键断开时检测线上有稳定的高电平,图4.4(a)中单片机P_2口内部有上拉电阻,故可以不接上拉电阻。当某一按键被按下时,对应的检测线就变成了低电平,据此可以很容易地识别被按下的键。这种连接方式的优点是键盘结构简单,所以按键识别容易,一旦检测到某一根线为低电平,便可直接转到相应的键处理子程序进行处理。缺点是占用较多的I/O口线,不便于组成大型键盘。

下面分别介绍在独立式键盘处理软件中通常用到的程序扫描方式、定时扫描方式和中断扫描方式。

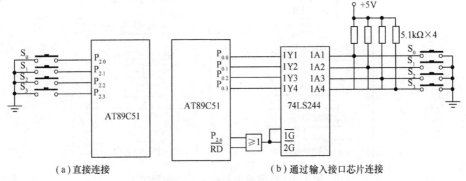

图4.4　独立式键盘电路

(1) 程序扫描方式

程序扫描方式下,系统首先判断有无键按下,若检测到有键按下,则延时10ms消除抖动,再查询是哪一个键按下并执行有关的操作,然后再用软件查询按键直到按下的键释放。为防止按键释放时抖动和连击的影响,再用软件延时10ms结束本次操作。图4.4(a)对应的程序流程图如图4.5所示。

(2) 定时扫描方式

定时扫描方式是利用定时器产生定时(如10ms)中断,CPU响应中断后对键盘进行扫描,并在有键闭合时转入该键的处理子程序。如图4.6所示为一种定时扫描程序流程图,图中,KM为去抖动标志,KP为处理标志。键扫描时若无键闭合,仅将KM和KP置0,返回。当有键闭合时,先检查KM标志。若KM=0,表示尚未做去抖动处理,将KM置1后中断返回。中断返回后,要经10ms才能再次中断,利用此延时实现了软件去抖动。若KM=1,说明已经做过软件去抖动,则接着检查KP标志。若KP=0,说明还没有做该键的处理,因此进行此按键的处理;判断闭合键键值,转入该键的处理子程序,并将KP置1后返回。若KP=1,说明已做过键功能处理,为了避免重复处理,直接返回。

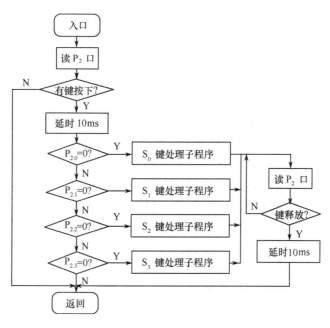

图 4.5 独立式键盘程序扫描方式流程图

（3）中断扫描方式

在程序扫描和定时扫描方式下，CPU 可能空扫描或不能及时响应键输入。为了克服这个缺点，可以采用中断扫描方式。图 4.7 所示为中断扫描方式下的键盘接口电路。如果键盘中无键闭合，则外部中断请求信号 $\overline{\text{INT}_0}$ 为高电平，因而不会产生中断，CPU 执行当前程序。当有键闭合时，$\overline{\text{INT}_0}$ 为低电平，向 CPU 发出中断请求，CPU 在中断服务程序中完成键扫描和执行键功能处理程序。中断扫描既能及时处理键输入，又能提高 CPU 运行效率。

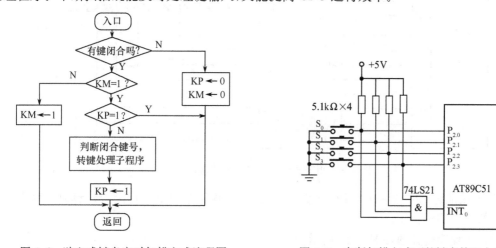

图 4.6 独立式键盘定时扫描方式流程图   图 4.7 中断扫描方式下的键盘接口电路

2. 非编码矩阵式键盘

非编码矩阵式键盘应用在按键数量较多的系统或仪器中，图 4.8 所示为 4 行 4 列矩阵式键盘。键盘由行线（$D_0 \sim D_3$）和列线（$D_4 \sim D_7$）组成，按键设置在行、列线的交叉点上，行、列线分别连接在按键开关的两端。列线通过上拉电阻至正电源，以使无键按下时列线处于高电平状态。

当采用矩阵式键盘时，为了编程方便，常将矩阵式键盘中的每个键按一定的顺序编号，这种

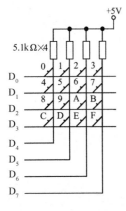

图 4.8　4 行 4 列
矩阵式键盘

按顺序排列的编号称为顺序码,也称为键值。为了求得矩阵式键盘中被按下键的键值,常用的方法有扫描法和线反转法,线反转法识别键值的速度较快。本节将分别介绍两种方法的接口电路及编程。

(1)扫描法

图 4.9 所示为由 4×8 矩阵组成的 32 键键盘与单片机的接口电路。8155 的 PC 口工作于输出方式,用于行扫描。PA 口工作于输入方式,用来读入列值。采用程序扫描工作方式,步骤如下。

① 判断键盘上有无键闭合。使 PC 口输出扫描字 00H,读 PA 口状态。若 $PA_0 \sim PA_7$ 都为 1,则无键闭合;若不都为 1,则有键闭合。

② 消除键抖动影响。在检测到有键闭合后,软件延时 10~20ms 后再检测有无键闭合。如有键闭合,则予以确认。

③ 若有键闭合,则确定闭合键的键值。从 PC 口输出不同的扫描字,依次使键盘的一根行线为 0。例如,先令 PC_0 为 0,其余为 1,即扫描字为 FEH,然后读取 $PA_0 \sim PA_7$ 的值,若其中某位为 0,则这次扫描到有键闭合,若 $PA_0 \sim PA_7$ 都为 1,则无键闭合;再从 PC 口输出扫描字 FDH,即 PC_1 为 0,其余为 1,对下一行进行扫描……对应 $X_0 \sim X_3$ 行的扫描字分别为 FEH、FDH、FBH 和 F7H。

闭合键的键号=行号×8+列号

例如,当 PC 口输出扫描字 FBH 时(PC_2 为 0,其余为 1),若检测到 PA_0 为 0,则闭合键的键值为 $2 \times 8 + 0 = 10H$;若检测到 PA_7 为 0,则闭合键的键值为 $2 \times 8 + 7 = 17H$。

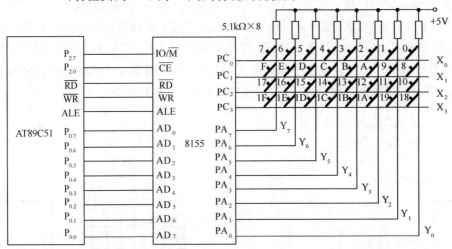

图 4.9　矩阵式键盘与单片机的接口电路

④ 为了保证键每闭合一次,CPU 仅做一次处理,在程序中需要等待闭合键释放以后再转去执行相应的键处理子程序。

键扫描子程序流程图如图 4.10 所示。

(2)线反转法

扫描法要逐行扫描查询,当按下的键在最后一行时,则要经过多次扫描才能获得键值;而如果采用线反转法,则只需经过两个步骤即可。线反转法的原理如图 4.11 所示,反转法的两个步骤如下。

① 将 $P_{1.7} \sim P_{1.4}$ 作为输出线,将 $P_{1.3} \sim P_{1.0}$ 作为输入线,并使 P_1 口输出为 0FH(即 $P_{1.7} \sim P_{1.4}$ 为 0000)。若无键按下,则 $P_{1.3} \sim P_{1.0}$ 为 1111;若有键按下,则 $P_{1.3} \sim P_{1.0}$ 上的数据不为全 1(若图中 1 键按下,则 $P_{1.3} \sim P_{1.0}$ 为 1110),将该数据存入内存某一单元 N 中。

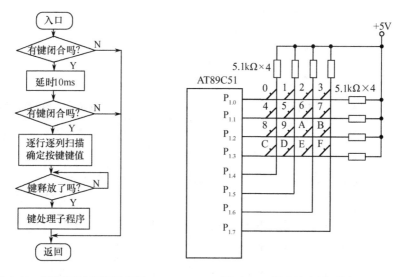

图 4.10　键扫描子程序流程图　　　　图 4.11　线反转法原理图

② 将第一步中 I/O 口线的传送方向反转过来,即原来作为输出的 $P_{1.7}\sim P_{1.4}$ 作为输入线,原来作为输入的 $P_{1.3}\sim P_{1.0}$ 作为输出线。使 $P_{1.3}\sim P_{1.0}$ 输出 0000,然后读入 $P_{1.7}\sim P_{1.4}$ 的数据(若图中 1 键按下,则 $P_{1.7}\sim P_{1.4}$ 为 1101),将该数据存入内存某一单元 $N+1$ 中。最后将 $N+1$ 单元中的数和 N 单元中的数拼接起来,就是按下键的特征码。图 4.10 中 1 键的特征码为 11011110＝DEH。表 4.1 列出了键盘各键的特征码。由于各特征码的离散性很大,不便于编程处理,故可以对按键按顺序编号,得到顺序码。编程时,通过按下键的特征码查出对应的顺序码,以便于处理。表 4.2 所示为键码转换表。

线反转法扫描键盘的程序如下:

```
          ORG   0200H
KEY:      MOV   P1,#0FH      ;从 P1 口高 4 位输出 0000
          MOV   A,P1
          ANL   A,#0FH
          MOV   20H,A        ;取 P1 口低 4 位存入 20H
          MOV   P1,#0F0H     ;从 P1 口低 4 位输出 0000
          MOV   A,P1
          ANL   A,#0F0H      ;取 P1 口高 4 位存入 A
          ORL   A,20H        ;合成特征码
          CJNE  A,#0FFH,KEY1 ;无键按下则返回
          RET
KEY1:     MOV   20H,A        ;特征码送到 20H
          MOV   DPTR,#KEYTAB
          MOV   R3,#0FFH     ;顺序码初始化
KEY2:     INC   R3
          MOV   A,R3
          MOVC  A,@A+DPTR
          CJNE  A,20H,KEY3   ;未找到特征码,继续查找
          MOV   A,R3         ;顺序码存入 A
          RET
KEY3:     CJNE  A,#0FFH,KEY2 ;特征码表没有查完,查下一个值
          MOV   A,#0FFH      ;无键按下处理,赋 A 值
```

```
              RET
KEYTAB：DB      0EEH,0DEH,0BEH,07EH
       DB      0EDH,0DDH,0BDH,07DH
       DB      0EBH,0DBH,0BBH,07BH
       DB      0E7H,0D7H,0B7H,077H
       DB      0FFH            ;空键特征码
```

表 4.1　键特征码

特征码 行线 列线	0111	1011	1101	1110
0111	77H	7BH	7DH	7EH
1011	B7H	BBH	BDH	BEH
1101	D7H	DBH	DDH	DEH
1110	E7H	EBH	EDH	EEH

表 4.2　键码转换表

键号	特征码	顺序码	键号	特征码	顺序码
0	EEH	00H	8	EBH	08H
1	DEH	01H	9	DBH	09H
2	BEH	02H	10	BBH	0AH
3	7EH	03H	11	7BH	0BH
4	EDH	04H	12	E7H	0CH
5	DDH	05H	13	D7H	0DH
6	BDH	06H	14	B7H	0EH
7	7DH	07H	15	77H	0FH

4.1.3　键值分析程序

键值分析程序的任务是对键盘的操作做出识别并调用相应的功能程序模块完成预定的任务。智能仪器键盘中的按键可分为单义键和多义键。单义键即一键一义，CPU 只需要根据键码执行相应的程序，主要适用于功能比较简单的智能仪器。对于功能比较复杂的智能仪器，如果采用单义键，不仅增加费用，而且面板很难布置，此时宜采用多义键。多义键即一键具有两个或两个以上的含义，需要进行键值分析，按照规定的键值语法，把由键序组合成的输入序列的含义译出后再执行相应的键盘处理程序。

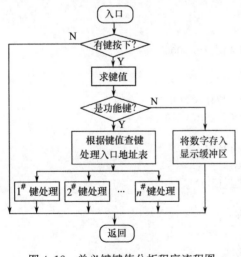

图 4.12　单义键键值分析程序流程图

1. 单义键的键值分析程序设计

单义键就是根据当前按键的键值，把控制程序转到相应处理程序的入口，而无须知道在此之前的按键情况。其优点是简明直观，程序处理方便。图 4.12 所示为单义键键值分析程序流程图。CPU 周而复始地扫描键盘，当有键按下时，首先判断是命令键还是数字键。若是数字键，则把按键读数存入缓冲区备用；若为命令键，则根据键值查找键处理入口地址表，以获得按键处理子程序的入口地址，子程序执行完后继续扫描键盘。

设累加器 A 中为按键键值，当按键键值小于 0AH 时为数字键，大于或等于 0AH 时为命令键。

单义键键值处理程序如下：

```
CLR    C
SUBB   A,#0AH      ;判断是数字键还是命令键
JC     DIGIT       ;是数字键则转数字处理子程序
MOV    DPTR,#TAB    ;键处理入口地址表首地址
ADD    A,A         ;键值×2
```

```
          JNC    NADD
          INC    DPH              ;大于 255 时,DPH+1
NADD:     JMP    @A+DPTR          ;转至键处理子程序入口地址
TAB:      AJMP   PROG1            ;键处理子程序入口地址表
          AJMP   PROG2
          ......
          AJMP   PROGn
DIGIT:    ......                  ;数字键处理,送显示缓冲区
```

2. 双义链和多义键的键值分析程序设计

(1) 双义键的键值分析程序设计

为了节省命令键的数量,经常采用双功能键,即双义键。这时可以设置一个模式键,当模式键的键值分别为"0"和"1"时,按键具有两种不同的功能。双义键键值分析程序流程图如图 4.13 所示。图中,模式键用来把控制方向引向不同的键处理入口地址表,以区别按键是哪种含义。

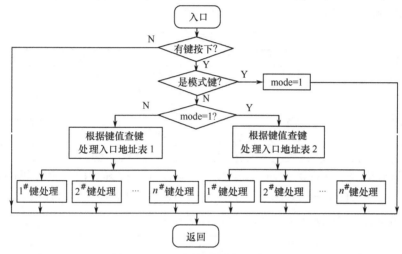

图 4.13　双义键键值分析程序流程图

(2) 多义键的键值分析程序设计

在一键多义的情况下,一个完整的命令通常不是由一次按键操作完成的,而是需要按两次以上的键才能完成,且这几个键的操作要遵守一定的顺序,称为按键序列。在组成一个命令的按键序列中,除了取决于以前按了什么键,还取决于当前按了什么键。因此,多义键的键盘处理程序,首先要判断一个按键序列(而不是一次按键)是否已构成一个合法命令,若已构成合法命令,则执行命令,否则等待新的按键键入。

为了便于理解,下面以一个温控仪为例说明多义键的键盘处理程序设计过程。设该温控仪有 8 个回路,其中回路 1~7 为温控点的温度信号,每个回路有设定值、PID 参数值、上下限报警值、输出控制值等 8 个参数,每个参数可单独调整。要对某个参数进行调整,必须先选择参数所在的回路。第 8 个回路为环境温度补偿回路,只有实测值一个参数。为了减少键盘面积,该温控仪设置 6 个按键。

● C:回路号 1~8,第 8 路为环境温度补偿回路,其余为温控点的温度信号。

● P:参数号,对应设定值、实测值、PID 参数值、上下限报警值、输出控制值等 8 个参数。

● △:加 1。

● ▽:减 1。

● R:运行。

● S:停止。

显然,这些按键都是多义键。C 键用以选择 8 个回路;P 键用以选择 7 个回路(第 8 回路除外)的 8 个参数;△和▽键可对回路、参数、参数的值进行加 1 或减 1,具体功能取决于在它们之前按过的 C 键和 P 键;R 键的功能执行与否,则取决于当前的 C 值。温控仪按键序列见表 4.3。

表 4.3 温控仪按键序列

按 键 序 列	功 能
[回路号]、[运行]	启动 1~7 路中的一路运行
[停止]	停止当前回路的运行
[回路号]	回路号+1
[回路号]、[参数号]	参数号+1,执行 C_iP_i 对应的子程序
[回路号]、[参数号]、[加 1]	当前回路的 P 参数+1
[回路号]、[参数号]、[减 1]	当前回路的 P 参数−1

当温控仪处于某一现行状态(以前有某键按下)时,若再有键按下,则它将脱离现行状态,并执行规定的动作程序。按键状态表见表 4.4。

表 4.4 按键状态表

本 次 按 键	现 行 状 态	动 作 程 序 内 容
R(运行)	C(回路号)为 1~7	启动运行某一回路
S(停止)	C(回路号)为 1~7	停止运行某一回路
C(回路号)		回路号+1
P(参数号)	C(回路号)	参数号+1,执行 C_iP_i 对应的子程序
△[加 1]	C[回路号]、P[参数号]	当前回路的 P 参数+1
▽[减 1]	C[回路号]、P[参数号]	当前回路的 P 参数−1

多义键键值分析程序流程图如图 4.14 所示。假设 6 个按键直接与单片机的 $P_{1.0}$~$P_{1.5}$ 连接,键编码分别是 FEH(R)、FDH(S)、FBH(△)、F7H(▽)、EFH(C)、DFH(P),内存 RAM 20H 中高 4 位为回路号,低 4 位为参数号,键值分析程序如下:

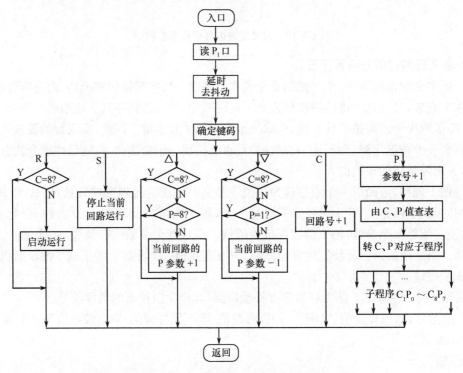

图 4.14 多义键键值分析程序流程图

70

```
        ORG    0100H
KB:     MOV    P1,#0FFH          ;置 P1 口为输入口
        MOV    A,P1              ;读键状态
        CPL    A
        ANL    A,#3FH            ;屏蔽高 2 位
        JZ     FH                ;无键闭合则返回
L1:     LCALL  YS10ms            ;延时 10 ms
        CJNE   A,#0FEH,RUN       ;检测哪个键按下
        CJNE   A,#0FDH,STOP
        CJNE   A,#0FBH,INCR
        CJNE   A,#0F7H,DECR
        CJNE   A,#0EFH,CHAL
        CJNE   A,#0DFH,PARA
        RET                      ;无键按下则返回
RUN:    JNB    07H,RUN1          ;若 C≠8,则转 RUN1
        RET
RUN1:   ……                      ;运行子程序
        RET
STOP:   ……                      ;停止当前回路运行子程序
        RET
INCR:   JNB    07H,INC1          ;若 C≠8,则转 INC1
        RET
INC1:   MOV    R0,#20H
        MOV    A,@R0
        ANL    A,#0FH
        CJNE   A,#01H,INC2       ;若 P≠1,则转 INC2
        RET
INC2:   ……                      ;当前回路的 P 参数+1
        RET
DECR:                            ;与 INCR 类似,略
CHAL:   MOV    R0,#20H
        MOV    A,@R0
        ADD    A,#10H            ;通道号+1
        MOV    @R0,A
        ANL    A,#0F0H
        CJNE   A,#90H,CHA1       ;判断 C 是否大于 8
        SETB   04H               ;若 C>8,则置 C=1
        CLR    07H
CHA1:   RET
PARA:   JB     07H,C8            ;若 C=8,则转 C8
        MOV    R0,#20H
        MOV    A,@R0
        ADD    A,#01H            ;参数号+1
        JB     03H,PAR1          ;若 P>7,则转 PAR1
        MOV    @R0,A
        AJMP   PAR2
PAR1:   CLR    03H               ;若 P>7,则置 P=0
PAR2:   MOV    DPTR,#TAB
        ADD    A,A
        JNC    KI2
        INC    DPH
```

```
KI2:    JMP     @A+DPTR          ;转入相应子程序功能入口地址
TAB:    AJMP    C1P0             ;1～7回路下各参数值的子程序入口地址表
        ......
        AJMP    C1P7
        AJMP    C2P0
        ......
        AJMP    C2P7
        ......
        AJMP    C7P7
C8:     ......                   ;环境温度补偿回路处理子程序
FH:     RET
```

按照排列规律,在 7 个回路(1～7)中,每个回路有 8 个参数,共有 56 个转移入口,分别对应 56 个键功能处理模块,第 8 回路无参数,由其独立子程序 C8 单独处理。但实际上,针对一个具体的仪表,往往不同回路的同一参数功能是相同的,只是服务对象的地址(参数地址、I/O 地址等)不一样,因此在处理时,并不真正需要 56 个功能处理模块,可视具体情况进行合并。

4.2　LED 显示器与接口

LED(Light Emitting Diode)即发光二极管,是由某些特殊半导体材料制成的 PN 结,其原理如图 4.15 所示。当正向偏置时(P 型半导体接电源正极,N 型半导体接电源负极),由于大量的电子、空穴复合,把多余的能量以光的形式释放出来,从而把电能直接转化成光能。在发光二极管的 PN 结上加反向电压(P 型半导体接电源负极,N 型半导体接电源正极),进一步阻止了多数载流子的扩散运动,电路不能导通,因此就不能发光。目前 LED 用得较多的半导体材料是 GaP(磷化镓)、GaAsP(磷砷化镓)等,不同材料的半导体会产生不同颜色的光,如红光、绿光、蓝光等。LED 体积极小且脆弱,不方便直接使用,因此需要添加保护外壳并将它封存在内。LED 结构如图 4.16 所示。

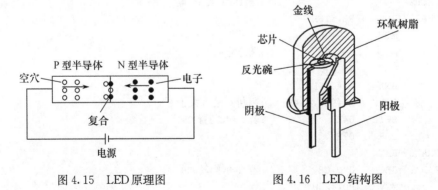

图 4.15　LED 原理图　　　　　　图 4.16　LED 结构图

LED 的正向工作压降一般为 1.2～2.6V,发光工作电流为 5～20mA,发光强度基本上与正向电流成正比。LED 显示器由发光二极管构成,具有工作电压低、体积小、寿命长(约 10 万小时)、响应速度快(小于 1μs)、颜色丰富(红、黄、绿等)等特点,是智能仪器中最常使用的显示器。

LED 显示器按照一定的顺序进行排列,通常可分为段码式显示器和点阵式显示器。

4.2.1　段码式 LED 显示器原理与接口

1. 段码式 LED 显示器的结构与工作原理

由数个 LED 组成一个阵列,并封装于一个标准尺寸的管壳内,就形成了 LED 显示器。这类显示器的结构主要有：由 7 个 LED(或有一个小数点，为 8 个 LED)构成的"日"字形 7 段(或 8 段)LED 显示器；由 12 个 LED 构成的"田"字形 LED 显示器；由 16 个 LED 构成的"米"字形 LED 显示器等。

为了适用于不同的驱动方式，每种结构形式又有共阳极和共阴极两种类型。常用的 8 段 LED 显示器的内部结构及引脚如图 4.17 所示。在图 4.17(a)的共阴极接法中，公共阴极接低电平(通常接地)，当阳极(a～dp)为高电平(如+5V)时，对应的段被点亮；当阳极(a～dp)为低电平时，对应段不亮。在图 4.17(b)的共阳极接法中，公共阳极接高电平，当阴极(a～dp)为低电平时，对应的段被点亮；当阴极(a～dp)为高电平时，对应的段不亮。其显示的字符与段码的关系见表 4.5。

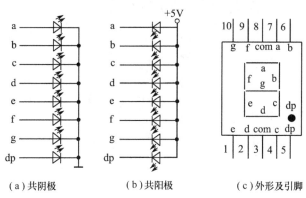

(a)共阴极　　　　(b)共阳极　　　　(c)外形及引脚

图 4.17　8 段 LED 显示器内部结构及引脚图

表 4.5　LED 显示器显示字符与段码的关系

字　符	共阴极段码	共阳极段码	字　符	共阴极段码	共阳极段码
0	3FH	C0H	A	77H	88H
1	06H	F9H	B	7CH	83H
2	5BH	A4H	C	39H	C6H
3	4FH	B0H	D	5EH	A1H
4	66H	99H	E	79H	86H
5	6DH	92H	F	71H	8EH
6	7DH	82H	H	76H	09H
7	07H	F8H	P	73H	8CH
8	7FH	80H	U	3EH	C1H
9	6FH	90H	灭	00H	FFH

必须注意的是，LED 显示器需外接限流电阻，若不限流将造成 LED 烧毁。限流电阻的取值一般使流经 LED 的电流在 5～15mA 之间。对于高亮度 LED，电阻可以取得小一些。

2. 显示方式与接口

LED 显示器的显示方式有静态显示和动态显示之分。

(1) 静态显示方式

静态显示方式是指 LED 显示器显示某一字符时，相应段的 LED 恒定导通或截止，使显示字符的字段连续发光。在静态显示方式中，每个 LED 显示器都应有各自的驱动器件。为了便于程序控制，在选择驱动器件时，往往选择带锁存功能的器件，用以锁存各自的待显示数码。因此，静态显示下，每次显示输出后能够保持显示不变，仅在待显示数码需要改变时，才更新其 LED 显示器中锁存的内容。这种显示方式的优点是亮度高，控制程序简单，显示稳定可靠；缺点是功耗大，当显示的位数较多时，占用的 I/O 口较多。

图 4.18 所示为 LED 显示器的静态显示电路,8 段 LED 显示器采用共阴极接法,阳极经限流电阻直接接到锁存器输出端,每个 LED 显示器均用一个锁存器(74LS273)来锁存待显示的数据。74LS244 为总线驱动器,当被显示的数据传输到各锁存器的输入端后,选通哪个锁存器,取决于 $P_{2.6}$ 和 $P_{2.5}$ 的状态。在该电路中,当 $P_{2.6}=1$ 时,左边显示位被选中,地址为 4000H;当 $P_{2.5}=1$ 时,右边显示位被选中,地址为 2000H。

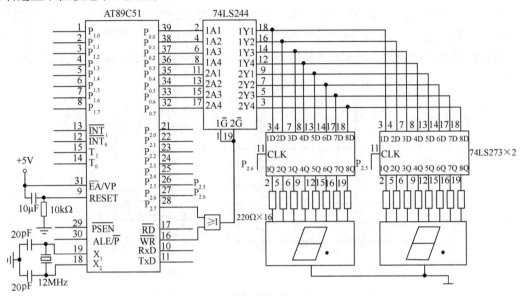

图 4.18 LED 显示器的静态显示电路

(2) 动态显示方式

当显示位数较多时,宜采用动态显示方式。所有位的段选线并联起来,由一个 8 位 I/O 口控制,而各位的共阳极或共阴极分别由相应的 I/O 口控制,使各位轮流选通,即 LED 显示器分时轮流工作,每次只能使一个 LED 显示器显示 1~5ms。由于人的视觉暂留现象和 LED 的余辉效应,人眼仍感觉所有的器件都在同时显示,从而获得稳定的视觉效果。动态显示方式的优点是占用 I/O 口少,随着高亮度 LED 显示器的出现,动态显示同样可以达到很好的显示效果。

动态显示方式的实现有程序控制扫描和定时中断扫描两种。程序控制扫描方式要占用许多 CPU 时间,在计算机的任务较重时,将影响 CPU 的工作效率,所以在实际应用中常采用定时中断扫描方式。这种方式是每隔一定时间(如 1ms)让一位 LED 显示器显示,假设有 8 位 LED 显示器,则显示扫描周期为 8ms。

图 4.19 所示为 LED 显示器的动态显示电路。LED 显示器采用共阴极接法,单片机 P_1 口作为段码输出口,$P_{3.4}$~$P_{3.7}$ 作为位码输出口。每次显示时,单片机将要显示字符的段码送至 P_1 口,经过驱动器 74LS244 提供必要的驱动电流,送到各个 LED 显示器的相应段;然后再将该字符对应的位码送入 $P_{3.4}$~$P_{3.7}$,再经过 6 反相驱动器 75LS04,使其中该字符对应的 LED 阴极变为低电平,这样对应该位显示器的段码有效,而其他位无效。一段时间以后,程序更换段码和位码,使下一个 LED 显示器选中并显示相应内容。

下面以定时中断扫描方式为例,在 4 位 LED 显示器上分别显示数字 1、2、3、4。单片机定时器 T_0 定时 1ms,要显示的 4 位数据放在显示缓冲单元 30H~33H 中。程序如下:

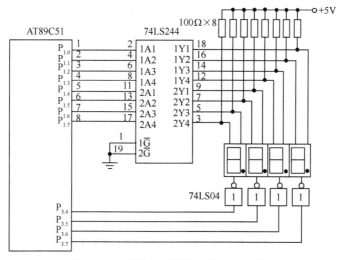

图 4.19　LED 显示器的动态显示电路

```
        ORG     0000H
        AJMP    MAIN
        ORG     000BH
        AJMP    INTT0
MAIN:   MOV     TMOD,#01H    ;T0 初始化,定时 1ms
        MOV     TL0,#18H
        MOV     TH0,#0FCH
        MOV     IE,#82H      ;中断系统初始化
        SETB    TR0          ;启动 T0
AGAIN:  MOV     R0,#30H      ;显示缓冲区首地址
        MOV     R2,#80H      ;显示位控制字
NEXT:   MOV     A,R2
        JB      ACC.3,AGAIN  ;4 位显示完则重复
        SJMP    NEXT         ;4 位未显示完则显示下一位
INTT0:  MOV     TL0,#18H
        MOV     TH0,#0FCH
        MOV     P1,#00H      ;关显示
        MOV     A,@R0        ;取显示数据
        MOV     DPTR,#SEG
        MOVC    A,@A+DPTR    ;查待显示数字的段码
        MOV     P1,A         ;输出段码
        MOV     A,R2
        MOV     P3,A         ;输出位码
        RR      A
        MOV     R2,A
        INC     R0
        RETI
SEG:    DB      3FH,06H,5BH,4FH,66H
        DB      6DH,7DH,07H,7FH,6FH
```

在进行 LED 显示器动态显示控制时,要遵循以下几条规则。

① 任何时刻只能有一个 LED 显示器的共阳(或共阴)极接通,若有两个 LED 显示器的共阳(或共阴)极同时接通,则这两个 LED 显示器显示的内容要相互干扰。

② 每个 LED 显示器的显示内容要有一定的保留时间。

③ 在最长 20ms 内，一个显示端口所驱动的 LED 显示器都必须分别刷新一次。根据这个条件，若一个显示端口驱动 n 个 LED 显示器，则每个 LED 显示器显示内容保持的时间为 $(20/n)$ms。

4.2.2　点阵式 LED 显示器原理与接口

8 段 LED 显示器显示的数码和符号比较简单，显示更多种类且字形逼真的字符则比较困难。点阵式 LED 显示器是以点阵格式进行显示的，其优点是显示的符号比较逼真，更易识别，不足之处是接口电路及控制程序比较复杂。点阵式 LED 显示器一般有 4×7、5×7、7×9 点阵等形式。最常用的是 5×7 点阵，它由 35 个 LED 组成 5 列 $\times$ 7 行的矩阵。用多个点阵式 LED 显示器可以组成大屏幕 LED 显示屏，用来显示汉字、图形和表格，而且能产生各种动画效果。

点阵式 LED 显示器常采用动态扫描方式显示，图 4.20 所示为按列扫描的点阵式 LED 显示器驱动接口电路。图中，LED 显示器行驱动电路由 7 只 9012 晶体管组成，列驱动电路由 1 片 74LS04 驱动器驱动。AT89C51 通过 P_1 口输出行信号，通过 $P_{3.3} \sim P_{3.7}$ 输出列扫描信号。点阵式 LED 显示器在某一瞬间只有一列 LED 能够发光。当扫描到某一列时，P_1 口按这一列显示状态的需要输出相应的行信号。每显示一个数字或符号，需要 5 组行数据。所以在显示缓冲区中，每个字符要占用 5 字节。图 4.21 所示为字母 A 的点阵图。表 4.6 所示为字母 A 的点阵数据，表中"0"对应的 LED 亮，"1"对应的 LED 不亮；列号 1~5 对应图 4.20 中从左到右列。

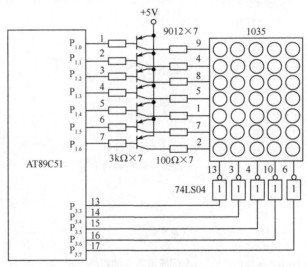

图 4.20　点阵式 LED 显示器驱动接口电路

表 4.6　字母 A 的点阵数据

行信号(字型码)	列　号				
	1	2	3	4	5
D_0	1	1	0	1	1
D_1	1	0	1	0	1
D_2	0	1	1	1	0
D_3	0	0	0	0	0
D_4	0	1	1	1	0
D_5	0	1	1	1	0
D_6	0	1	1	1	0
D_7	1	1	1	1	1

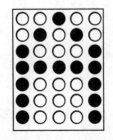

图 4.21　字母 A 的点阵图

显示时,列扫描信号依次为"0",同时送出该列对应的行信号(字型码)。假设要显示的字符为"A",则 $P_{3.3}$ 输出"1",经过 74LS04 反相至 LED 显示器第 1 列,AT89C51 在显示缓冲区中取出该列对应的字型码 10000011,从 P_1 口输出至行线,并延时一段时间。之后,使 $P_{3.4}$ 输出"1",选中第 2 列,再送出第 2 列对应的字型码 11110101;再由 $P_{3.3} \sim P_{3.7}$ 轮流输出"1",……,重复该过程,依次选中点阵式 LED 显示器的所有列,并从 P_1 口输出相应列的字型码,从而显示出一个完整的字符。

当点阵式 LED 显示器的列数较多时,按列扫描的动态显示方式较难提供足够的亮度,这时可以采用按行扫描的动态显示方式。由于只有 7 行,所以每只 LED 显示的时间都是总的显示时间的 1/7,此值比按列扫描的动态显示方式有较大增加,而且不随显示器个数的增加而改变。当采用这种显示方式时,可以减小图 4.20 中的列驱动器的输出电流,而行驱动器的输出电流需要增大,如将晶体管 9012 换成输出大电流的达林顿管。

当需要显示的字符较多时,可以利用 ROM 来存放所有被显示字符的字型码。若要提高点阵式 LED 显示器的分辨率,可以采用 7×9、16×16 等更大的点阵结构。

4.3 键盘/显示器接口设计

在 4.1 节和 4.2 节中介绍了键盘和 LED 显示器接口的设计方法,主要基于软件方法来实现,占用 CPU 大量的时间,实时性差,且硬件电路也比较复杂。若要简化软件和减少占用 CPU 的时间,可以选用可编程键盘和 LED 显示器的专用接口芯片。目前通用的可编程专用接口芯片有 Intel8279、HD7279A、ZLG7290 等,一方面对来自键盘的输入数据进行预处理,另一方面实现对显示数据的管理和对 LED 显示器的控制。本节将以 ZLG7290 芯片为例,介绍键盘及 LED 显示器专用接口芯片的应用。

4.3.1 ZLG7290 芯片介绍

ZLG7290 是一款专用于键盘、显示器的接口芯片,可驱动 8 位共阴极 LED 显示器或 64 个独立 LED 和 64 个按键,能自动消除开关抖动;能实现按键的自动编码;能实现 LED 自动扫描显示,使接口电路简化,明显提高 CPU 的工作效率;无须外接驱动元件,可以直接驱动 LED 显示器;采用 I^2C 总线技术,与微处理器接口仅需 2 根信号线。该芯片为工业级芯片,抗干扰能力强,在工业测控系统已大量应用。

ZLG7290 的引脚排列如图 4.22 所示,其中各引脚功能如下。

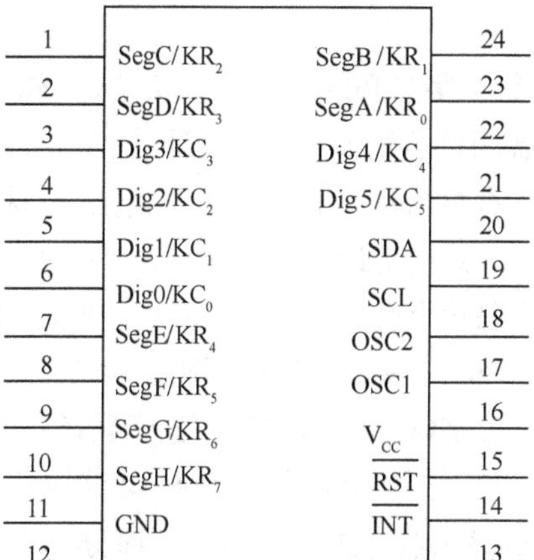

SegA~SegH($KR_0 \sim KR_7$):输入/输出,LED 显示段码及键盘扫描线。

Dig0~Dig7($KC_0 \sim KC_7$):输入/输出,LED 显示位码及键盘扫描线。

SDA:输入/输出,I^2C 总线数据信号。

SCL:输入/输出,I^2C 总线时钟信号。

$\overline{INT}$:输出,中断请求线,低电平有效。

OSC1、OSC2:晶振信号。

$\overline{RST}$:输入,复位端,低电平有效。

V_{CC}、GND:电源线(3.3~5.5V)、地线。

有关 ZLG7290 内部寄存器及控制指令的介绍,请参考相关书籍。

1	SegC/KR$_2$	SegB/KR$_1$	24
2	SegD/KR$_3$	SegA/KR$_0$	23
3	Dig3/KC$_3$	Dig4/KC$_4$	22
4	Dig2/KC$_2$	Dig5/KC$_5$	21
5	Dig1/KC$_1$	SDA	20
6	Dig0/KC$_0$	SCL	19
7	SegE/KR$_4$	OSC2	18
8	SegF/KR$_5$	OSC1	17
9	SegG/KR$_6$	V$_{CC}$	16
10	SegH/KR$_7$	RST	15
11	GND	INT	14
12	Dig6/KC$_6$	Dig7/KC$_7$	13

图 4.22 ZLG7290 引脚排列

4.3.2 ZLG7290芯片的连接方法和程序设计

1. ZLG7290与键盘/显示器的连接

利用ZLG7290能够以较简单的硬件电路和较少的软件开销实现单片机与键盘及LED显示器的连接，图4.23所示为ZLG7290与8×8键盘、8位LED显示器及单片机的接口电路。

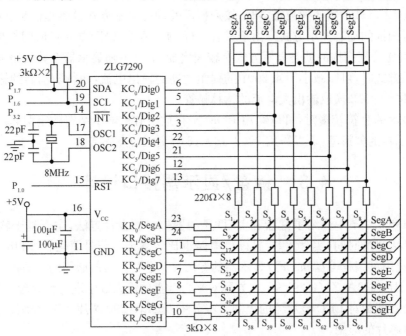

图4.23 ZLG7290与键盘、显示器及单片机的接口电路

ZLG7290为I²C总线接口芯片，具有唯一确定的从地址(Slave Address)70H，由CPU发出含有地址码的控制信号来选址，确定总线通信的器件，即选通ZLG7290。其中，SCL和SDA分别与单片机的$P_{1.6}$和$P_{1.7}$连接，SDA可以串行传送地址或数据，SCL为数据串行传送的同步时钟输入端。在数据传输开始、结束时，单片机通过I²C总线(由$P_{1.7}$、$P_{1.6}$模拟SDA、SCL)发送起始位、终止位。SDA上传送的数据在时钟SCL高位时必须稳定，数据线的高、低状态只有在SCL的时钟信号为低电平时才可变换。输出到SDA上的每个字节必须为8位，每次传输的字节数不限，每个字节必须有一个确认位(又称为应答位)，与确认位对应的时钟脉冲由单片机产生。限于篇幅，I²C总线详细用法见本书7.2.1节。

ZLG7290的$\overline{\text{INT}}$与单片机的$P_{3.2}$相连。当有键按下时，$\overline{\text{INT}}$输出低电平，向单片机申请中断或由单片机查询其是否为低电平，以判断是否有键按下。Dig0～Dig7分别为8位LED显示器的位码输出线，SegA～SegH分别为LED显示器的段码输出线，实现显示器的数码显示；Dig0～Dig7、SegA～SegH还分别是8×8键盘的行线和列线，实现对键盘的监控。

2. ZLG7290与键盘/显示器接口程序设计

利用图4.23所示电路，要求检测键盘状态，当有键(S_1～S_{16})按下时，读取该键键值，并在LED显示器上进行显示。下面分别介绍在Keil C51环境下各功能函数的实现。

(1)主函数模块

在主函数模块中通过调用键值读取子程序实现按键识别，将键值发送到显示缓冲区实现键值的显示。主函数模块程序代码如下：

```
#include    "reg52.h"
#define   zlg7290 0x70                        /* ZLG7290 的 I²C 地址*/
#define   uchar unsigned char                 /* 宏定义*/
#define   uint   unsigned int
#define   _Nop() _nop_()                       /* 定义空指令*/
sbit SDA=P1^7;                                 /* 模拟 I²C 数据传送位*/
sbit SCL=P1^6;                                 /* 模拟 I²C 时钟控制位*/
bit ack;                                       /* 应答标志位*/
sbit RST=P1^0;
sbit KEY_INT=P3^2;
void main()
{
    unsigned char i,KEY;
    RST=0;
    DelayNS(1);
    RST=1;
    DelayNS(10);
    while(1)
    {
        if(KEY_INT==0)
        {
            KEY=ZLG7290_GetKey();         //调用键值读取子程序
            DelayNS(10);
            ZLG7290_SendCmd(0x60,KEY);   //调用键值显示子程序
            DelayNS(1);
        }
    }
}
unsigned char DelayNS(unsigned char  no)
{
    unsigned char  i,j;
    for(; no>0; no--)
    {    for(i=0; i<100; i++)
         for(j=0; j<10; j++);
    }
}
```

（2）键值读取子程序

在键值读取子程序中，调用读取多字节数据函数，实现从启动总线→发送器件地址、器件子地址→读数据→结束总线的全过程。键值读取子程序如下：

```
unsigned char ZLG7290_GetKey()
{
    unsigned char rece;
    rece=0;
    IRcvStr(zlg7290,1,&rece,1);              /* 读取多字节数据函数*/
    delayMS(10);
    return rece;
}
```

在读取多字节数据函数中，调用了启动总线、字节数据发送函数（发送器件地址、器件子地

址)、字节数据接收函数(读出按键值)、发送应答、结束总线等子函数,从发送器件地址 sla、器件
子地址 suba 读出的内容放入 s 指向的存储区,读 no 字节数据。

读取多字节数据函数如下:

```
bit IRcvStr(uchar sla,uchar suba,uchar *s,uchar no)
{
    uchar i;
    Start_I2c();                    /* 启动总线*/
    SendByte(sla);                  /* 发送器件地址*/
    if(ack==0)return(0);
    SendByte(suba);                 /* 发送器件子地址*/
    if(ack==0)return(0);
    Start_I2c();
    SendByte(sla+1);
    if(ack==0)return(0);
    for(i=0;i<no-1;i++)
    {
        *s=RcvByte();               /* 读出数据*/
        Ack_I2c(0);                 /* 发送应答位*/
        s++;
    }
    *s=RcvByte();
    Ack_I2c(1);                     /* 发送非应答位*/
    Stop_I2c();                     /* 结束总线*/
    return(1);
}
```

(3) 键值显示子程序

在键值显示子程序中,将读出的按键键值通过发送多字节数据函数送到 ZLG7290 的命令缓
冲区 60H 并显示。键值显示子程序如下:

```
unsigned char ZLG7290_SendCmd(unsigned char Data1,unsigned char Data2)
{
    unsigned char Data[2];
    Data[0]=Data1;
    Data[1]=Data2;
    ISendStr(zlg7290,0x07,Data,2);              //发送多字节数据函数
    delayMS(10);
    return 1;
}
```

发送多字节数据函数实现从启动总线→发送器件地址、器件子地址→发送数据→结束总线
的全过程,从器件地址 sla、器件子地址 suba 发送 s 指向的内容,发送 no 字节数据。发送多字节数据
函数如下:

```
bit ISendStr(uchar sla,uchar suba,uchar *s,uchar no)
{
    uchar i;
    Start_I2c();                    /* 启动总线*/
    SendByte(sla);                  /* 发送器件地址*/
    if(ack==0)return(0);
```

```
    SendByte(suba);                    /* 发送器件子地址*/
    if(ack==0)return(0);
    for(i=0;i<no;i++)
    {
        SendByte(*s);                  /* 发送数据*/
        if(ack==0)return(0);
        s++;
    }
    Stop_I2c();                        /* 结束总线*/
    return(1);
}
```

4.4 LCD 显示器及接口

液晶显示器(Liquid Crystal Display,LCD)是一种用液晶材料制成的显示器件。LCD 显示器具有体积小、重量轻、功耗低(每平方厘米几微瓦到几十微瓦)、字迹清晰、寿命长、光照越强对比度越大等突出特点,已被广泛应用于各种仪器仪表、低功耗系统、终端显示等方面,尤其在便携式仪器设备中更显示出其独特的优势。

LCD 显示器主要有笔段式、字符点阵式和图形点阵式 3 种形式。笔段式主要用来显示数字、西文字母或某些字符,字符点阵式主要用来显示字符、数字和符号等,图形点阵式可以显示图形和汉字等复杂信息。

4.4.1 LCD 显示器的结构和工作原理

LCD 显示器是一种借助外界光线照射液晶材料而实现显示的被动显示器件。它利用液晶分子排列结构的可极化性和旋光特性进行工作,其结构如图 4.24(a)所示,包括上、下偏振片(其偏振方向互相垂直),反光板,正、背面电极及其基板(玻璃板),液晶材料等。液晶分子沿玻璃表面平行排列,但排列方向在上、下偏振片之间呈 90°,而其内部的液晶分子逐渐扭转过渡,外部光线通过上偏振片后形成偏振光。当正、背面电极之间未加电压时,液晶材料具有旋光性,偏振光通过液晶材料后被旋转 90°,正好与下偏振片的方向一致,于是能通过下偏振片,被反光板反射回来。因此,整个显示器呈透明状态,液晶屏上无显示。当在正、背面电极之间加上一定电压后,电极之间的那部分液晶材料分子的扭曲结构消失,其旋光作用也随之消失,从上偏振片射下来的偏振光不被旋转,就无法通过下偏振片而反射回来,这样电极部分就呈黑色,液晶屏上有显示。根据需要将电极做成各种字符或图形,就可以获得相应的显示。

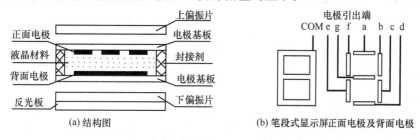

(a)结构图   (b)笔段式显示屏正面电极及背面电极

图 4.24 LCD 显示器结构图

利用液晶可制成笔段式和点阵式显示屏。笔段式显示屏是在平整度很好的玻璃上喷上二氧化锡透明导电层,刻出 7 段作为正面电极,在另一块玻璃上对应地做成 8 字形背面电极,如图

4.24（b)所示,然后封装成间隙约 $10\mu m$ 的液晶盒,灌注液晶后密封而成。若在液晶屏的正面电极的某段和背面电极间加上适当大小的电压,则该段所夹持的液晶就会产生显示效果。

4.4.2 笔段式 LCD 显示器

1. LCD 显示器对驱动电路的要求

根据上面介绍的显示原理,要显示 LCD 显示器的某一字段,必须给该字段两电极加上电压,这一驱动电压为直流或交流均可。但使用交流驱动的 LCD 显示器,其寿命长,可达数万小时以上。因此,实际上都采用交流信号驱动。常用的方法是通过异或门把显示控制信号和显示频率信号合并成交变的驱动信号。

LCD 显示器的基本驱动电路如图 4.25 所示,图中 LCD 表示一个显示字段,显示控制信号从 A 端输入,高电平为显示状态。显示频率信号(连续方波)从 B 端输入,经反相后和 LCD 的公共背极 COM 相连。由于异或门的作用,当 A 端为低电平时,S 点信号与 C 点方波同相,使电极电压 $V_{SC}=0V$,LCD 不显示;当 A 端变为高电平时,S 点与 C 点反相,电极电压 V_{SC} 为交流方波驱动电压,LCD 相应字段显示。其工作电压波形如图 4.26 所示。

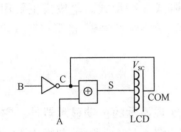

图 4.25 LCD 显示器的基本驱动电路

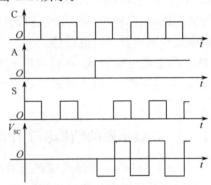

图 4.26 驱动电路工作电压波形

LCD 的这种驱动方式要求在公共背极上施加一个交流方波信号,方波频率通常为几十赫兹到几百赫兹,方波信号必须严格对称,以确保加到 LCD 字段电极两端的交流电压平均值为 0。实际交流电压中会含有直流分量,其值不应超过 100mV,否则液晶材料在长时间过大的直流电压作用下会迅速电解,LCD 显示器的工作寿命就会大大缩短。

带译码器的 7 段 LCD 显示器的内部结构如图 4.27 所示,其真值表见表 4.7。A、B、C 和 D 这 4 个输入端用于输入被显字符的 BCD 码,经 7 段译码器和异或门电路后,在 a、b、c、d、e、f 和 g 端产生交流方波驱动信号,用于点亮 LCD 显示器工作。COM 端为背面极方波信号,频率为 25~100Hz。

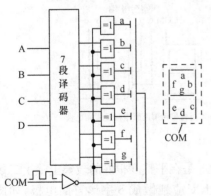

图 4.27 7 段 LCD 显示器的内部结构

表 4.7 真值表

A B C D	a	b	c	d	e	f	g	被显字符
0 0 0 0	1	1	1	1	1	1	0	0
0 0 0 1	0	1	1	0	0	0	0	1
0 0 1 0	1	1	0	1	1	0	1	2
0 0 1 1	1	1	1	1	0	0	1	3
0 1 0 0	0	1	1	0	0	1	1	4
0 1 0 1	1	0	1	1	0	1	1	5
0 1 1 0	1	0	1	1	1	1	1	6
0 1 1 1	1	1	1	0	0	0	0	7
1 0 0 0	1	1	1	1	1	1	1	8
1 0 0 1	1	1	1	1	0	1	1	9

2. 笔段式 LCD 显示器接口

LCD 显示器的驱动方式有静态驱动和动态驱动两种。静态驱动比较简单,但当显示位数较多时,其引出线和驱动电路也增多,故只适用于显示位数不多的场合。动态驱动方式比较复杂,但当显示位数较多时,能显著减少其引出线并简化驱动电路。

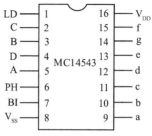

图 4.28 MC14543 的引脚图

下面介绍可用于 LCD 交流静态驱动显示的 CMOS 芯片 MC14543。MC14543 是 BCD 锁存、7 段译码驱动芯片,可以作为显示器接口,其功能是把要显示的 4 位二进制数码转换为 7 段码。图 4.28 所示为 MC14543 的引脚图,各引脚功能说明如下。

A~D:数据输入引脚,BCD 码,D 为最高位。

a~f:8 位字段码输出端。

PH:驱动方式控制端。PH 为高电平时,用于驱动共阳极 LED;PH 为低电平时,用于驱动共阴极 LED;PH 端输入方波信号时,用于驱动 LCD。

LD:片内锁存器控制端。当 LD 为高电平时,允许 A~D 端的数据输入到片内锁存器;当 LD 变为低电平时,输入数据被锁存。

BI:消隐控制端。当 BI 为高电平时,使 PH 端与 a~g 端的信号相位相同,不显示字符。

图 4.29 所示为 AT89C51 单片机通过 4 片 MC14543 控制 4 位 LCD 显示器 4N07 的静态显示电路。4N07 的工作电压为 3~6V,工作频率为 50~200Hz,每片 MC14543 驱动一位 7 段 LCD 显示器。A~D 接 AT89C51 的 $P_{1.0}$~$P_{1.3}$;LD 分别接 $P_{1.4}$~$P_{1.7}$;PH 接 $P_{3.7}$,由 $P_{3.7}$ 提供一个显示用的低频方波信号,这个方波信号也接到 LCD 显示器的公共端 COM。BI 均接地,使之无效。

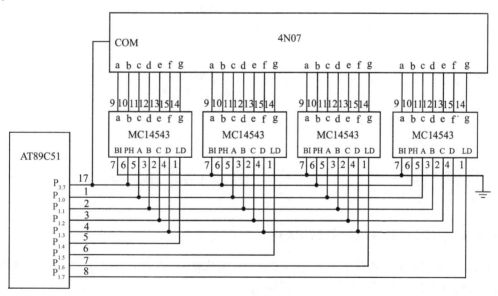

图 4.29 静态显示电路

假设图 4.29 中的待显示值存放于 AT89C51 片内 RAM 30~33H 单元中,要求将这 4 个单元的数码从左到右显示于 4N07 的 4 位 LCD 显示器上。

显示程序的要点是将显示缓冲区的数码通过 $P_{1.0}$~$P_{1.3}$ 依次送入 4 片 MC14543,并在 PH 端和 4N07 的 COM 端送入一定频率的方波信号。方波信号从 $P_{3.7}$ 获得,交变频率由定时器 T1 控制。根据 4N07 的工作性能，取方波频率为 50Hz。使 T1 工作于方式 1，定时时间为 10ms，在中断服务程序中将 P₃.₇ 取反。

主程序：

```
        ORG    0000H
        AJMP   INTI
        ORG    001BH
        AJMP   INTT1
        ORG    0060H
INTI:   MOV    TMOD,#10H       ;初始化定时器 T1
        MOV    TH1,#0D8H       ;定时 10ms(晶振为 12MHz)
        MOV    TL1,#0F0H
        SETB   EA              ;初始化中断系统
        SETB   ET1
        SETB   TR1             ;启动定时器 T1
        ……                    ;其他操作
        LCALL  DISP            ;调用显示程序
        ……                    ;其他操作
```

显示子程序：

```
DISP:   MOV    R0,#30H         ;指向缓冲区首地址
        MOV    R2,#10H         ;置位选控制码初始值
DISP1:  MOV    A,@R0           ;取显示数码
        ORL    A,R2            ;加上位选控制码
        MOV    P1,A            ;输出数据
        ANL    P1,#0FH         ;置 MC14543 为锁存状态
        INC    R0              ;指向下一缓冲单元
        MOV    A,R2            ;指向下一显示位
        RL     A
        MOV    R2,A
        JNB    ACC.0,DISP1     ;4 位未显示完继续显示
        RET                    ;4 位显示完则返回主程序
```

T1 中断服务子程序：

```
INTT1:  MOV    TH1,#0D8H
        MOV    TL1,#0F0H
        CPL    P3.7            ;P3.7 取反，产生 50Hz 方波
        RETI
```

4.4.3 点阵式 LCD 显示器的接口

图形点阵式液晶显示模块具有尺寸小、功耗小、可靠性高、成本低等优点，可显示各种图像与文本信息，因此在智能仪器中得到了广泛的应用。

与笔段式 LCD 显示器的接口不同，点阵式 LCD 显示器的接口往往采用专用的接口控制芯片。不同厂家生产的点阵式 LCD 显示器接口不完全相同，但原理相近，本书以 LCM19264 液晶显示模块为例进行介绍。

（1）主要技术特点

LCM19264 的工作电压为 +5V，工作电流为 8mA（不含背光工作电流的典型值）；工作温度为 −20～70℃（储存温度为 −30～80℃）；LED 背光（屏幕背后使用 LED 来作为液晶显示屏的照

明光源），显示类型为：STN（Super Twisted Nematic，超级扭曲向列型）黄绿模式，正向显示；STN 蓝模式，负向显示；FSTN（Film Super Twisted Nematic，格式化超级扭曲向列型）黑白模式，正向显示。

（2）引脚功能

LCM19264 的封装形式为 21 脚 COB（Chip On Board，将裸芯片用导电或非导电胶黏附在互连基板上，然后进行引线键合实现其电连接），引脚如图 4.30 所示，引脚功能如下。

V_O：操作电压，调节 V_O 的值可以调节显示对比度。

RS：指令/数据选择，当 RS＝0 时，微处理器（MCU）会存取指令数据；当 RS＝1 时，MCU 会存取显示 RAM 的数据。

R/$\overline{W}$：读/写信号。当 R/$\overline{W}$＝1 时，表示读；当 R/$\overline{W}$＝0 时，表示写。

E：片选信号。当 R/$\overline{W}$＝1 时，在 E 为高电平时读数据；当 R/$\overline{W}$＝0 时，在 E 的下降沿写数据。

$DB_0 \sim DB_7$：8 位数据线。

$\overline{CS_1}$：当 $\overline{CS_1}$＝0 时，选通左侧 1/3 屏。

$\overline{CS_2}$：当 $\overline{CS_2}$＝0 时，选通中间 1/3 屏。

$\overline{CS_3}$：当 $\overline{CS_3}$＝0 时，选通右侧 1/3 屏。

$\overline{RST}$：复位信号。

SLA：LED 背光源正极，接＋5V。

SLK：LED 背光源负极，接地。

（3）结构组成及工作原理

LCM19264 液晶显示模块由一块图形液晶屏、3 片列控制芯片 KS0108B、1 片行控制芯片 KS0107B 及辅助电路组成，如图 4.31 所示。模块尺寸为 120.0mm×62.0mm×12.5mm；显示内容为 192×64 点阵，点大小为 0.45mm×0.45mm，点间距为 0.05mm；可显示 16 点阵汉字 12×4 个，也可显示各种图形。因此，在智能仪器中，LCM19264 可用作显示器，以显示各种图形和文本信息。

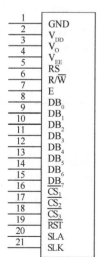

图 4.30　LCM19264 引脚图

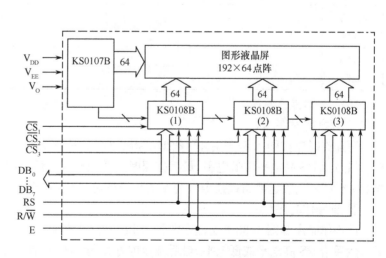

图 4.31　LCM19264 内部结构图

图形液晶屏由左、中、右相同的 3 个屏组成，每个屏分别由一片列控制芯片 KS0108B 控制。$\overline{CS_1}$、$\overline{CS_2}$、$\overline{CS_3}$ 组合用于选通不同的 KS0108B 芯片，见表 4.8。每个屏包含 64×64 点阵，其点阵

表 4.8 LCM19264选屏信号

$\overline{CS_1}$	$\overline{CS_2}$	$\overline{CS_3}$	LCM19264	KS0108B
0	1	1	左	(1)
1	0	1	中	(2)
1	1	0	右	(3)

显示结构为每个屏的点阵包含 8 页、64 列,从上到下依次为第 0～7 页,每页包含 8 行。每个屏内有 3 个寄存器,分别为页(X)地址寄存器、列(Y)地址计数器、显示起始行(Z)寄存器。页地址寄存器用来设定内部显示 RAM 的页地址,列地址计数器设定内部显示 RAM 的列地址,显示起始行寄存器用来设定显示 RAM 的起始行,可设定滚屏功能。

页地址、显示起始行及列地址可以通过向 LCM19264 写入控制指令来寻址定位,每读或写 1 个显示字节数据操作后,列地址计数器自动加 1。

(4)控制指令

显示操作就是在显示缓冲区中指定的位置写入欲显示的点阵状态信息。LCM19264 的主要指令有 3 种:一是读状态指令,对 LCM19264 每次操作前都要读这个状态字,并对它的相应位进行判断,以决定 MCU 对 LCM19264 的访问是否有效;二是设置指令,该类指令用于设置显示数据的地址、显示起始行、显示开/关;三是数据的读/写指令,该指令能读/写显示屏上的数据内容。控制命令见表 4.9。

表 4.9 控制命令表

命令	RS	$R/\overline{W}$	DB$_7$	DB$_6$	DB$_5$	DB$_4$	DB$_3$	DB$_2$	DB$_1$	DB$_0$	功能
显示开关控制	0	0	0	0	1	1	1	1	1	0/1	控制显示器的开关不影响 RAM 中数据和内部状态
设置 Y 地址	0	0	0	1	列(Y)地址(0～63)						设置 Y 地址
设置页地址	0	0	1	0	1	1	1	页地址(0～7)			设置 RAM 中的页地址
显示起始行	0	0	0	1	显示起始行地址(0～63)						指定显示屏从 RAM 中哪一行开始显示数据
读状态	0	1	忙	0	开/关	复位	0	0	0	0	读取状态:$\overline{RST}$,1—复位,0—正常工作;ON/OFF,1—显示开,0—显示关;BUSY,0—准备工作,1—忙
写显示数据	1	0	写要显示的数据								将数据线上的数据 DB$_7$～DB$_0$ 写入相应的 RAM 单元
读显示数据	1	1	读要显示的数据								将 RAM 中的数据读到数据线 DB$_7$～DB$_0$

(5)读/写操作时序

① 写操作时序

写操作时序如图 4.32 所示,写数据或指令时,首先拉低 $R/\overline{W}$ 线(写操作要求 $R/\overline{W}$ 为低电平),然后给 RS 高电平或低电平,最后按照时序图操作片选信号端 E,在 E 为上升沿期间向数据线 DB$_0$～DB$_7$ 上输送数据或指令。为保证写入成功,片选信号端 E 的高电平需保持一定的时间。

② 读操作时序

读操作时序如图 4.33 所示,读数据或指令时,先拉高 $R/\overline{W}$ 线(读操作要求 $R/\overline{W}$ 为高电平),然后给 RS 高电平或低电平,最后按照时序图操作片选信号端 E,在 E 为高电平时,读取数据线 DB$_0$～DB$_7$ 上的数据或指令。为保证读取成功,片选信号端 E 的高电平需保持一定的时间。

(6)LCM19264 与单片机的接口

LCM19264 与单片机的连接如图 4.34 所示,V_O 通过电位器 R_1 来调整显示对比度,

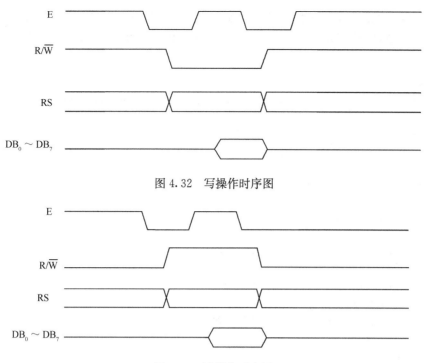

图 4.32 写操作时序图

图 4.33 读操作时序图

LCM19264 的其他端口兼容 CMOS 电平,可与单片机直接相连;单片机的 $P_{1.1} \sim P_{1.7}$ 控制 LCM19264,$P_{2.0} \sim P_{2.7}$ 与 LCM19264 的 $DB_0 \sim DB_7$ 相连;LCM19264 的背光源正极接+5V,背光源负极接地。

LCM19264 内部 RAM 中每个单元的 8 位二进制数据对应显示屏上一页中的一列 1×8 点阵,为"1"的位对应的点显示,为"0"的位对应的点不显示。高位字节对应的点在下,低位字节对应的点在上。

当确定要在显示屏上某页某列写某个内容时,只需使 MCU 将对应的数据写入显示 RAM 的同一页同一列的地址处即可,然后 LCM19264 就会自动将显示 RAM 内容送往显示屏,以完成相应的显示。LCM19264 内部不仅有自己的显

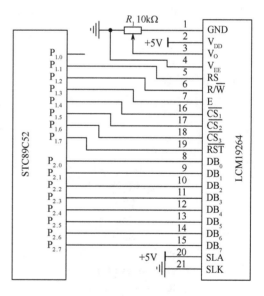

图 4.34 LCM19264 与单片机的连接电路图

示 RAM 区,用于存储欲写到显示屏上的数据,而且有自己的操作控制,因此它能根据 MCU 写入的各种命令及显示的 RAM 数据,自动对显示屏进行一系列操作而不再需要 MCU 的参与。如果将每个 RAM 单元对应的点阵定义为"条",那么,一幅 64×64 像素的图像由 512 个"条"组成。对于 LCM19264 而言,这些"条"竖向排列,显示顺序是由左至右显示一页后再下移一页。

对应每屏而言,LCM19264 内部有 512 字节 RAM,而要使 LCM19264 显示更新左屏画面,实际上就是把图像点阵数据顺序地写入 LCM19264 内部这 512 字节 RAM 缓冲区,写入的数据顺序显然应按"条"的顺序排列,即从第 0 页的第 0 列的"条"所对应的显示 RAM 开始,按照从左到右、从上到下的顺序进行,直到最后一个字节(对应第 7 页的第 63 列)。

如果显示汉字或图片,在主程序中需要分别调用 LCM19264 初始化函数、清屏函数和汉字或图片显示子函数,而这些函数都需要调用写数据函数和写指令函数。典型函数 C 语言程序如下:

- 写数据函数

```c
void Lcd_Data(unsigned char dat,unsigned char cs,unsigned char inverse) small
{
CS = 1;                      //CS包括CS₁,CS₂,CS₃
if(cs= = 0)
        CS1 =  0;
    else if(cs= = 1)
        CS2 =  0;
    else if(cs= = 2)
        CS3 =  0;
    RS= 1;               //传输数据
    nop_delay1();
    R/W =  0;            //写数据
    nop_delay1();
    DAT_PORT =  dat;     //将数据输出到端口
    nop_delay1();
    E= 1;
    nop_delay1();
    E= 0;                //使能
    nop_delay1();
    CS = 1;
    }
```

- 写指令函数

```c
void Lcd_Command(unsigned char com,unsigned char cs) small
{
CS = 1;                      //CS包括CS₁,CS₂,CS₃
if(cs= = 0)
        CS1 =  0;
    else if(cs= = 1)
        CS2 =  0;
    else if(cs= = 2)
        CS3 =  0;
    RS = 0;
    nop_delay1();
    R/W = 0;
    nop_delay1();
    DAT_PORT =  com;     //输出数据
    nop_delay1();
    E= 1;
    nop_delay1();
    E= 0;
    nop_delay1();
    CS = 1;
    }
```

- LCM19264 初始化函数

```c
void lcd_init(void) small
```

```
    {
        unsigned char i;
            for(i= 0;i< 3;i+ + )                        //i 为片选
              {
                Lcd_Command(0xC0,i);                   //起始行号为 0
                        Lcd_Command(0x3F,i);           //开显示命令
              }
    }
```

● LCM19264 清屏函数

```
    void Clear_Disp(void) small
    {
        unsigned char lpage;
        unsigned char column;
        unsigned char cs;
        lcd_init();
        for(lpage= 0;lpage< 8;lpage+ + )              //8 页全部清屏
          {
                for(cs= 0;cs< 3;cs+ + )               //选择左 1/3 屏,中间 1/3 屏,右 1/3 屏
                  {
                        Lcd_Command(lpage|0xb8,cs);   //选择要清除的页
                        Lcd_Command(0x40,cs);         //选择屏
                        for(column= 0;column< 64;column+ + )
                                Lcd_Data(0,cs,0);     //清除每个点
                  }
          }
    }
```

● 字符串显示子函数

```
    void Print(unsigned char lpage, unsigned char column, unsigned char * string, un-
    signed char inverse) small
    {
        unsigned int internal_code;
        while((* string)! = 0)
        {
                if((column> 191)||(lpage> 7))        //输入无效,跳出
                        break;
                if(* string> 0x80)                   //选择汉字或 char 形字符
                {
                        internal_code= (* (string+ + )) *  0x100 +  * (string+ + );
                        Disp_Chinese(lpage,column,internal_code,inverse);
                        column+ = 16;
                }
                else
                {
                        Disp_Char(lpage,column,* (string+ + ),inverse);   //显示字符
                        column+ = 8;
                }
        }
    }
```

4.5 触 摸 屏

触摸屏(Touch Screen)又称为"触控屏""触控面板(Touch Panel)",是一种可接收手指或触头等输入信号的感应式液晶显示装置,具有界面直观、自然的特点。当触摸屏幕上的图形按钮时,可根据预先编写的程序驱动各种连接装置,用以取代机械式的按钮面板,是目前最简单、方便、自然的一种人机交互方式,是极富吸引力的多媒体交互设备,广泛应用于自助服务设备、零售终端 POS 机、金融 ATM 机、工业控制、军事指挥、医疗设备、电子游戏、教育培训、触控电脑设备等众多领域,有效提高了人机对话的效率。

4.5.1 触摸屏简介

触摸屏是一种透明的绝对定位系统,即每一次定位坐标与上一次定位坐标没有关系,每次触摸的数据通过校准转为屏幕上的坐标。触摸屏技术产生于 20 世纪 70 年代,最先应用于美国军事领域。20 世纪 80 年代末,触摸屏在国内开始应用,目前已经成为继键盘、鼠标、手写板、语音输入后最易接受的一种输入方式。

从初期的低分辨率到高分辨率,从透光性差到透光性良好,随着人们越来越高的要求,触摸屏朝着柔性更好、清晰度更高的方向发展。目前美国 E-Ink 公司研发的电子纸柔性良好、耗电极低,可作为新型的触摸屏材料。另外,多点触摸在学校、医院、工厂等很多领域都有用武之地,也是触摸屏的一个发展方向,目前可达到 500 点同时被触碰,但对处理器的速度和精度提出了很高的要求,因此造价比较昂贵。随着技术的不断发展,触摸屏的价格将会越来越人性化。

综上而言,对触摸屏的技术要求主要有以下几个方面。

(1)工作稳定

触摸屏在使用环境中能够长期正常工作,这是对触摸屏的一项基本要求。

(2)手写文字和图像识别

作为一种方便的输入设备,不仅能够接受人们的点触,而且能够对写写画画的信息进行识别和处理,这样才能在更大的程度上方便使用。

(3)价格

触摸屏要普及应用,大量应用于以个人、家庭为消费对象的产品,必须在价格上具有足够的吸引力。

(4)功耗

触摸屏用于便携和手持产品时需要保证有极低的功耗,这是影响触摸屏与其他设备配合工作的重要因素。

4.5.2 触摸屏的分类及基本工作原理

触摸屏安装在显示器屏幕前面,由触摸检测部件和触摸屏控制器组成。触摸检测部件检测手指(或其他介质)接触屏幕时产生的模拟电子信号,触摸屏控制器接收该模拟电子信号并转换成触点坐标送给 CPU,并接收 CPU 发送的命令。按触摸检测部件的不同,触摸屏分为电阻式触摸屏、电容式触摸屏、红外线触摸屏和表面声波触摸屏等 4 种。其中,电阻式、电容式触摸屏采用外挂式结构,需要将显示模块与触摸屏这两个相对独立的器件通过后端贴合工艺整合,均属于薄膜式触摸屏。红外线触摸屏只需要红外线接收管和红外线发射管,不需要贴合薄膜,因此光透过率几乎达到 100%,并且电流、电压的变化或电磁干扰对其影响很小,清晰度高,定位准确,能够在恶劣的环境下工作,但当使用环境中的太阳光强度较高时,会影响红外线接收管的正常工作。表面声波触摸屏由一块玻璃板作为触摸面板,玻璃板可以是平面的、有弧度的、球面的或柱面的,光透过率受玻璃板的影响,触摸界面表面要清洁,如果受到污染,会影响触摸的准确性。

1. 电阻式触摸屏

电阻式触摸屏(简称电阻屏)分两层,中间以隔离物进行分离。电阻屏的屏体部分是一块与显示器表面相匹配的多层复合薄膜,由一层玻璃或有机玻璃作为基层,表面涂有一层透明的导电层(如铟锡氧化物 ITO),上面再盖一层内表面也涂有一层透明导电层、外表面硬化处理、光滑防刮的塑料层,两层导电层之间有许多细小(小于千分之一英寸)的透明隔离点(如聚酯薄膜)把它们隔开绝缘,如图 4.35(a)所示。电极选用导电性能极好的材料(如银粉墨)构成,其导电性能大约为 ITO 的 1000 倍。

电阻屏工作时,上、下导体层相当于电阻网络,如图 4.35(b)所示。当某一层电极加上电压时,由于电阻的分压作用,会在该层形成电压梯度。触摸屏幕时,外力使得下层的 ITO 和上层的 ITO 有一个接触点,即上、下两层在某一点接通,在电极未加电压的另一层,电阻性表面被分隔为两个电阻,它们的阻值与触摸点到边缘的距离成正比,控制电路将接触点形成的电压进行 A/D 转换,从而知道接触点处的位置坐标信息。比如,给图 4.35(b)顶层的电极($X+$,$X-$)加上电压,一般 $X+$ 接 $V_{REF}=5V$,$X-$ 接地,底层连接到一个 A/D 转换器的高阻抗输入端,当外力使得上、下两层在某一点接触时,在底层可以测得接触点处的电压,根据该电压值与电极($X+$)电压之间的比例关系,可确定触摸点处的 X 坐标。然后,将电压切换到底层电极($Y+$,$Y-$)上,并在顶层测量触摸点处的电压,从而知道 Y 坐标。这是电阻屏最基本的工作原理。

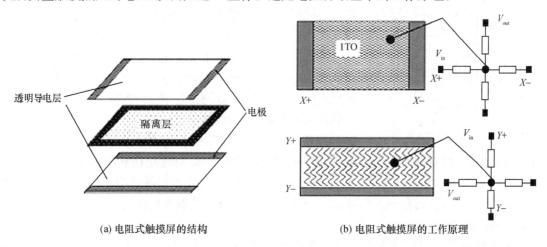

(a) 电阻式触摸屏的结构　　　　　　　(b) 电阻式触摸屏的工作原理

图 4.35　电阻触摸屏的结构和工作原理

根据引出线的数量,分为 4 线、5 线、7 线、8 线等多线电阻屏。4 线电阻屏被广泛用于低端消费类电子产品,目前市场占有率约 50% 以上。5 线和 8 线电阻屏主要用于高端医疗设备和重要的工业控制器。图 4.35 为 4 线电阻屏,条形电极安装在两个不同的电阻层($X+$、$X-$ 在同一层,$Y+$、$Y-$ 在另一层),一个竖直方向,一个水平方向,总共 4 条线。

5 线电阻屏的组成方式和工作原理与 4 线电阻屏基本相同,最大的区别在于 5 线电阻屏把两个方向的电压场通过精密电阻网络都加在玻璃的同一导电层,即底层有 4 个电极($X+$、$X-$、$Y+$ 和 $Y-$),电压梯度只施加在底层,ITO 引出 4 条线。顶层为一个均匀的导电层,引出一条线,用于在触摸过程中测量电压。当有触摸时,分时检测底层接触点 X 轴和 Y 轴的电压值,测得触摸点的位置。顶层任何一个点都可以负责传输电压的工作,耐用度、灵敏度与准确性较 4 线电阻屏都有提高。

8线电阻屏的工作原理与4线电阻屏相似。为了避免因环境或其他周边设备的影响导致测量电压的误差,给4线电阻屏的每一条线增加1条参考电压线,分别用于给原来的4条电极线提供参考电压,共计8条线。8线电阻屏测得的电压值更精准,位置更准确。

电阻屏的经济性好,供电要求简单,非常容易产业化,而且适应的应用领域多种多样。例如,PDA等手持设备常采用电阻屏。它的表面通常用塑料制造,比较柔软,不怕油污、灰尘、水,但太用力或使用尖锐利器可能会划伤触摸屏,耐磨性较差。由于电阻屏需要上、下两层接触后才能做出反应,因此,两点同时受压将使屏幕的压力变得不平衡,导致触控出现误差。所以电阻屏很难实现多点触控,即使是通过技术手段实现了多点触控,灵敏度方面也不容易调整,经常会出现 A 点灵敏、B 点迟钝的现象。此外,由于电阻屏需要一定的压力,时间长了容易造成表面材料的磨损,或者上、下两层失去弹性而造成接触不良的问题出现,从而影响产品的正常使用寿命。

2. 红外线触摸屏

红外线触摸屏利用 X、Y 方向上密布的红外线矩阵来检测并定位用户的触摸。红外线触摸屏在显示器的前面安装一个电路板外框,电路板在屏幕四边排布红外线发射管和红外线接收管,一一对应形成横竖交叉的红外线矩阵。用户在触摸屏幕时,手指就会挡住经过该位置的横竖两条红外线,该位置与触摸点到边缘的距离成正比,因而可以判断出触摸点在屏幕上的位置,如图4.36所示。

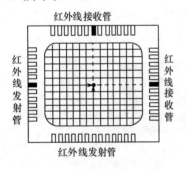

图 4.36　红外线触摸屏原理图

早期的红外线触摸屏存在分辨率低、触摸方式受限制和易受环境干扰而误动作等技术上的局限,一度淡出市场。但是,红外线触摸屏不受电流、电压和静电干扰,适宜恶劣的环境条件,近年来,其各项技术指标都有较大幅度的提高,分辨率可达到 4096×4096、可抗太阳光干扰、定位精度达到 $\pm 1mm$、可实现 10 点或以上触控,并且易于实现大尺寸的要求,可针对用户定制扩充功能,如网络控制、声感应、人体接近感应、用户软件加密保护、红外线数据传输等。

红外线触摸屏的价格便宜、容易安装,具有 100% 透光率,工作温度范围宽,可在低气压下工作,防爆、抗电磁干扰能力强,可使用任意物体触摸的特点,能较好地感应轻微触摸和快速触摸。但是,由于红外线触摸屏依靠红外线感应动作,任何细小的外来物都会引起误差,从而影响其性能,因此不适宜置于户外和公共场所使用。

3. 电容式触摸屏

按照工作原理,电容式触摸屏可分为表面电容式(Surface Capacitive Technology,SCT)触摸屏和投射电容式(Projected Capacitive Technology,PCT)触摸屏。表面电容式触摸屏常用于大尺寸及户外,如公共信息平台及公共服务平台等,投射电容式触摸屏多用于手机和笔记本电脑等小型电子产品。

表面电容式触摸屏是在玻璃内侧均匀镀刻一层透明的薄膜导电层(ITO),触摸屏的4个角各有一个狭长的电极,如图4.37所示,4个电极分别接到电流检测器。电极接收触摸屏控制器产生的驱动信号,电流检测器测量流过电极的电流。没有触摸时,电荷在触摸屏上均匀分布,形成均匀的电场;有触摸时,手指和触摸屏会感应出电荷,手指与导电层之间形成的耦

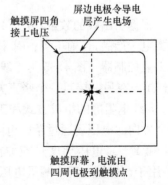

图 4.37　表面电容式触摸屏示意图

合电容相当于电极引入新的电容,触点的电容发生变化,引起电场的不均匀分布,形成的电流从触摸屏的4个电极流出,4个电极的电流与手指到四角的距离成比例关系,控制器通过精确计算,可精确地定位出单个触点在触摸屏上的位置。

投射电容式触摸屏由一层或多层 ITO 在玻璃表面制成行列交叉的电极矩阵组成,一般为 X 轴方向和 Y 轴方向的垂直交叉形式。当用户以手指或其他能够扰动电场的物体接触触摸屏时,手指或物体的电容分别与 X、Y 方向电极电容耦合,引起电容变化;触控系统通过外部检测电路检测电容的变化,并通过相关算法获取触摸点的坐标。投射电容式触摸屏按扫描方式分为自电容和互电容两种类型。

自电容触摸屏通过两层 ITO 分别发送和接收来判定触摸的发生,一层 ITO 作为 X 轴,另一层作为 Y 轴,两层相对独立。X 轴和 Y 轴分别进行扫描,通过判断自身电容的变化分别确定触摸发生的 X 轴坐标和 Y 轴坐标,然后将两组坐标组合来判定触摸点的坐标。典型的菱形触控图案如图 4.38(a)所示,当有触摸时,触摸点的 X、Y 方向的电极通过手指感应与地形成耦合电容的两极。扫描时,先依次扫描 X 轴上的每一个电极,然后再依次扫描 Y 轴上的每一个电极,分别记录每一个轴上所有排列电极与手指之间的电容值。通过分析电容值的变化可确定触摸点的坐标位置。完成一个周期需要扫描 $X+Y$ 次(X 和 Y 分别是 X 轴和 Y 轴的扫描电极数量),扫描速度快,抗环境噪声干扰能力强。由于只能做交替式的水平和垂直方向的扫描,当有一个触摸点时,X 轴坐标和 Y 轴坐标都是唯一的,组合出一个坐标点;当有两个触摸点时,X 轴坐标和 Y 轴坐标都有两个,组合出来 4 个坐标点,其中两个是虚假的触摸点(鬼点)。由于消除鬼点需要复杂的算法,很难实现真正的多点触摸。

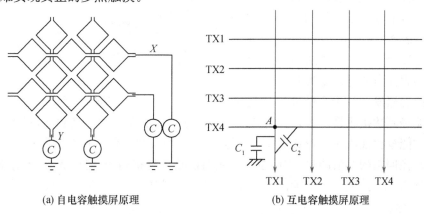

| (a) 自电容触摸屏原理 | (b) 互电容触摸屏原理 |

图 4.38 投射电容式触摸屏原理

互电容触摸屏包含行列交叉的两层,行对应发射极(TX),列对应接收极(RX),发射极可以产生任意频率的方波或正弦波的激励信号,且可以选择信号的长度即周期数。行和列的交汇点是触摸屏的一个像素点,同样尺寸的屏,行与列的数量决定了触摸的精度。行和列的交汇点存在互电容和寄生电容,高频信号流经交汇点时可通过互电容由行传递到列,接收极经过交叉点电容可接收发射极产生的特定激励信号,并进行模数转换、滤波、累加等处理,最后将数据存入固定存储器,作为交叉点的触摸数据。没有触摸时,所有的数据都在基准值上,且偏差不大;当手指接触屏幕时,相应位置的互电容因为人体电场的原因发生变化,进而引起该位置的数据发生变化,通过判断数据的变化来判定是否有触摸。由于各个点的数据相对独立,互电容触摸屏可以支持多点触摸和多种手势。4 行和 4 列的互电容触摸屏简化电路模型如图 4.38(b)所示,屏上共有 16 个像素点,行和列的交汇点(如图中 A 点)存在互电容 C_2 和寄生电容 C_1,TX1 发射特定激励信号,并保持其他发射极无信号输出,4 个接收极同时获得数据进行处理并存储,然后 TX2、TX3、

TX4 做同样的操作,获得剩下的数据,通过这样逐行扫描可以获得一屏 16 个数据。当手指接触屏幕 A 点时,互电容 C_2 因为人体电场的原因发生变化,引起该位置的数据发生变化,从而判定触摸坐标。

自电容和互电容技术可在触控系统中同时得以应用。电容式触摸屏分辨率高、透光性好,不易受尖物刮伤及磨损,不受水、火、辐射、静电、灰尘或油污等常见污染源的影响。但有导体接近界面并产生足够大的电容时,会引起电容式触摸屏误操作。如果外界的温度、湿度、电磁场改变时,也会影响电容式触摸屏的操作稳定性。电容式触摸屏适用于电磁干扰少的环境使用。随着制造工艺与技术的提高,高端电容式触摸屏可以达到 99% 的精确度,具备小于 3ms 的响应速度。任何一点可承受大于 5000 万次的触摸,一次校正后游标不漂移。而且可实现多点触控,即可以两只手、多个手指甚至多个人同时操作屏幕,更加方便与人性化。

4. 表面声波触摸屏

表面声波触摸屏的触摸屏部分可以是一块平面、球面或柱面的玻璃板,安装在 CRT、LED、LCD 或等离子显示器的前面。玻璃屏的左上角、右下角各固定了竖直和水平方向的超声波发射换能器,右上角则固定了两个相应的超声波接收换能器。玻璃屏的四个周边则刻有呈 45° 角由疏到密、间隔非常精密的反射条纹,如图 4.39 所示。

以右下角的 X 轴发射换能器为例说明其工作原理。发射换能器把控制器通过触摸屏电缆送来的电信号转化为声波能量向左方表面传递,然后由玻璃板下边的一组精密反射条纹把声波能量反射成向上的均匀面传递,声波能量经过屏体表面,再由上边的反射条纹聚成向右的声波传播给 X 轴的接收换能器,接收换能器将返回的表面声波能量变为电信号。

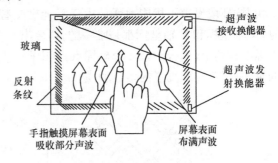

图 4.39 表面声波触摸屏示意图

当发射换能器发射一个窄脉冲后,声波能量历经不同途径到达接收换能器,走最右边的最早到达,走最左边的最晚到达,早到达的和晚到达的这些声波能量叠加成一个较宽的波形信号。不难看出,接收信号集合了所有在 X 轴方向历经长短不同路径回归的声波能量,它们在 Y 轴走过的路程是相同的,但在 X 轴上,最远的比最近的多走了两倍 X 轴最大距离。因此,这个波形信号的时间轴反映了各原始波形叠加前的位置,也就是 X 轴坐标。

在没有触摸的时候,接收信号的波形与原始波形完全一样。当手指或其他能够吸收或阻挡声波能量的物体触摸屏幕时,X 轴途经手指部位向上走的声波能量被部分吸收,反映在接收波形上即某一时刻位置上波形有一个衰减缺口。接收波形对应手指挡住部位的信号衰减形成了一个缺口,控制器分析接收信号的衰减并由缺口的位置判定 X 坐标。同理可以计算触摸点的 Y 坐标。由于用户触摸屏幕的力量越大,接收信号波形上的衰减缺口越宽越深,表面声波触摸屏由接收信号衰减处的衰减量可计算得到第三轴(Z 轴)坐标,即能感知用户触摸压力的大小。每个触摸点不仅具有有触摸和无触摸这两个简单状态,而成为能感知压力大小的开关,该功能常用在多媒体信息查询软件中,如一个按钮能控制动画或影像的播放速度、颜色亮度、音量等。

表面声波触摸屏通过测量衰减时刻在时间轴上的位置计算触摸坐标,稳定性好,精度高,反应速度快(是所有触摸屏中反应速度最快的),对原显示器的清晰度影响小,经久耐用。另外,表面声波触摸屏对显示器屏幕表面的平整度要求不高,在球面或柱面显示器上可以较好地应用,可用于医疗监护和一些重要场合的公众信息服务。不足之处是手指或接触笔必须能够吸收声波,容易受到噪声干扰,对供电系统要求较高,要求屏幕表面洁净度较好,水渍或脏物会影响使用效果。

由以上对各类触摸屏的介绍可知,究竟选择使用哪类触摸屏,主要取决于应用的要求。由于触摸屏本身的特点,对触摸屏的要求除要求非常透明、精确定位外,还要求它长时间保持准确、工作稳定可靠、不影响美观和不容易被破坏。

著名的触摸屏厂商有美国的 Elographics 公司、Elo TouchSystems 公司、MicroTouch Systems 公司及 Trident Systems 公司等。Elograpllics 和 Elo TouchSystems 公司主要生产电阻式触摸屏和表面声波触摸屏。MicroTouch Systems 公司主要生产电容式触摸屏。Trident Systems 公司主要生产 Windows 应用的触摸屏或光笔系统,有电阻式触摸屏、表面波触摸屏等。

触摸屏还需配备控制卡和标准驱动软件。控制卡分为支持串行口(RS-232)和 PC 总线的控制卡,标准驱动软件包括用于 MS-DOS、Windows、UNIX、Windows、OS/2 等操作系统的软件。

4.5.3 触摸屏的控制

很多 PDA 应用中,将触摸屏作为一个输入设备,对触摸屏的控制也有专门的芯片。以电阻式触摸屏为例,其控制芯片要完成两件事情:一是完成电极电压的切换,二是采集接触点处的电压值(即A/D转换)。本节以 BB 公司生产的芯片 ADS7843 为例,介绍触摸屏控制的实现。

1. ADS7843 的基本特性

ADS7843 是一个内置 12 位 A/D 转换器(ADC)、低导通电阻模拟开关的串行接口芯片,具有 SPI 接口。供电电压为 2.7~5V,参考电压 V_{REF} 为 1V~+V_{CC},转换电压的输入范围为 0~V_{REF},最高转换速率为 125kHz。ADS7843 的引脚图如图 4.40 所示,其引脚功能说明见表 4.10。

表 4.10 ADS7843 引脚功能说明

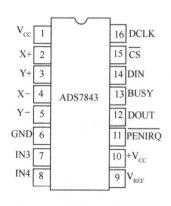

图 4.40 ADS7843 的引脚图

引　脚	功　能　描　述
V_{CC}、+V_{CC}	供电电源 2.7~5V
X+、Y+	接触摸屏正电极,ADC 输入通道 1,通道 2
X−、Y−	接触摸屏负电极
GND	电源地
IN3、IN4	两个附属 A/D 输入通道,即 ADC 输入通道 3、通道 4
V_{REF}	A/D 转换参考电压输入
$\overline{PENIRQ}$	中断输出,需外接电阻(10kΩ 或 100kΩ)
DOUT、DIN	串行数据输出、输入,在时钟下降沿数据移出,上升沿数据移入
DCLK	串行时钟
BUSY	忙信号
$\overline{CS}$	片选信号

2. ADS7843 参考电压模式选择

ADS7843 支持两种参考电压输入模式:一种为单端输入模式,参考电压固定为 V_{REF};另一种为差动输入模式,参考电压来自驱动电极。这两种模式分别如图 4.41(a)、(b)所示。采用图 4.41(b)所示的差动输入模式可以消除开关导通压降带来的影响。表 4.11 和表 4.12 所示为 ADS7843 在两种参考电压输入模式下对应的内部配置状况。

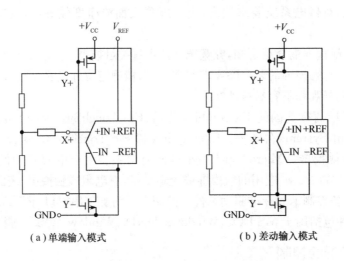

（a）单端输入模式　　　　　　　　　　（b）差动输入模式

图 4.41　ADS7843 参考电压输入模式

表 4.11　参考电压单端输入模式（SER/$\overline{\text{DFR}}$＝1）

A2	A1	A0	X+	Y+	IN3	IN4	－IN	X 开关	Y 开关	＋REF	－REF
0	0	1	＋IN				GND	OFF	ON	＋V_{REF}	GND
1	0	1		＋IN			GND	ON	OFF	＋V_{REF}	GND
0	1	0			＋IN		GND	ON	OFF	＋V_{REF}	GND
1	1	0				＋IN	GND	ON	OFF	＋V_{REF}	GND

表 4.12　参考电压差动输入模式（SER/$\overline{\text{DFR}}$＝0）

A2	A1	A0	X+	Y+	IN3	IN4	－IN	X 开关	Y 开关	＋REF	－REF
0	0	1	＋IN				Y－	OFF	ON	Y+	GND
1	0	1		＋IN			X－	ON	OFF	X+	GND
0	1	0			＋IN		GND	ON	OFF	＋V_{REF}	GND
1	1	0				＋IN	GND	ON	OFF	＋V_{REF}	GND

3. ADS7843 控制字

ADS7843 的控制字格式见表 4.13。

表 4.13　ADS7843 的控制字

Bit7（MSB）	Bit6	Bit5	Bit4	Bit3	Bit2	Bit1	Bit0
S	A2	A1	A0	MODE	SER/$\overline{\text{DFR}}$	PD1	PD0

各控制字的功能如下。

S：数据传输起始标志位，该位必为"1"。

A2～A0：通道选择，当 A2～A0 为 001 时，选择 Y 坐标输入；当 A2～A0 为 101 时，选择 X 坐标输入；当 A2～A0 为 010 或 110 时，选择 IN3 或 IN4 两个附属 A/D 通道。

MODE：选择 A/D 转换的精度，MODE 为"1"时选择 8 位，为"0"时选择 12 位。

SER/$\overline{\text{DFR}}$：选择参考电压的输入模式。SER/$\overline{\text{DFR}}$为"1"时选择单端输入模式；为"0"时选择差动输入模式。

PD1、PD0：选择省电模式。PD1、PD0 为"00"时，为允许省电模式，在两次 A/D 转换之间掉电,且中断允许;为"01"时,为允许省电模式,但不允许中断;为"10"时,为保留模式;为"11"时,为禁止省电模式。

4. ADS7843 控制时序

为了完成一次电极电压切换和 A/D 转换,需要先通过串行口往 ADS7843 发送控制字,转换完成后再通过串行口读出电压转换值。标准的一次转换需要 24 个时钟周期,如图 4.42 所示。由于串行口支持双向同时进行传送,并且在一次读数与下一次发送控制字之间可以重叠,所以转换速率可以提高到每次 16 个时钟周期。

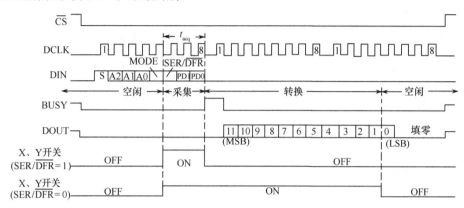

图 4.42 ADS7843 的 A/D 转换时序图

5. ADS7843 与单片机的接口设计

ADS7843 芯片适用于电阻式触摸屏,它通过标准 SPI 协议和 CPU 通信,操作简单、精度高。ADS7843 与触摸屏和单片机的连接如图 4.43 所示,单片机 AT89C51 不带 SPI 接口,需要用软件模拟 SPI 的时序操作,ADS7843 的 DCLK、$\overline{CS}$、DIN、BUSY、DOUT 分别与单片机的 $P_{1.0}$ ~ $P_{1.4}$ 连接,$\overline{PENIRQ}$ 与单片机的 $P_{3.2}$ 连接,向单片机申请中断。

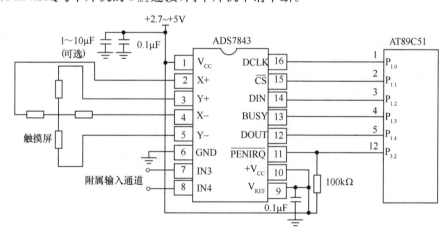

图 4.43 ADS7843 与单片机及触摸屏的接口电路图

在软件设计中,触摸屏的控制可以利用外部中断服务子程序完成。在外部中断 0 服务子程序中调用了启动 SPI 子函数、SPI 读数据子函数、SPI 写数据子函数,Keil C51 编程环境下的程序如下:

```
#include "reg51.h"
#include "intrins.h"
sbit DCLK=P1^0;                      /* 用户自己的定义*/
```

```
    sbit CS=P1^1;
    sbit DIN=P1^2;
    sbit BUSY=P1^3;
    sbit DOUT=P1^4;

    delay(unsigned char i--)
    {
        while(i--);
    }

    void start()                          /* SPI 接口初始化*/
    {
        DCLK=0;
        CS=1;
        DIN=1;
        DCLK=1;
        CS=0;
    }
    WriteCharTo7843(unsigned char num)    /* SPI 写数据*/
    {
        unsigned char count=0;
        DCLK=0;
        for(count=0;count<8;count++)
        {
            num<<=1;
            DIN=CY;
            DCLK=0; _nop_();_nop_();_nop_();    /* 上升沿有效* /
            DCLK=1; _nop_();_nop_();_nop_();
        }
    }

    ReadFromCharFrom7843()                /* SPI 读数据*/
    {
        unsigned char count=0;
        unsigned int Num=0;
        for(count=0;count<12;count++)
        {
            Num<<=1;
            DCLK=1; _nop_();_nop_();_nop_();    /* 下降沿有效*/
            DCLK=0; _nop_();_nop_();_nop_();
            if(DOUT) Num++;
        }
        return(Num);
    }

    void ZhongDuan() interrupt 0     /* 外部中断 0 用来接收触摸屏发来的数据*/
    {
        unsigned int X=0,Y=0;
        delay(10000);                    /* 中断后延时以消除抖动*/
        start();                         /* 启动 SPI*/
        while(BUSY);
```

```
    delay(2);
    WriteCharTo7843(0x90);               /* 送控制字 90,即用差动输入模式读 Y 坐标*/
    while(BUSY);
    delay(2);
    DCLK=1; _nop_(); _nop_(); _nop_(); _nop_();
    DCLK=0; _nop_(); _nop_(); _nop_(); _nop_();
    X=ReadFromCharFrom7843();            /* 读 Y 轴坐标*/
    WriteCharTo7843(0xD0);               /* 送控制字 D0,即用差动输入模式读 X 坐标*/
    DCLK=1; _nop_(); _nop_(); _nop_(); _nop_();
    DCLK=0; _nop_(); _nop_(); _nop_(); _nop_();
    Y=ReadFromCharFrom7843();?           /* 读 X 轴坐标*/
    CS=1;
}
main()
{
    EA=1;
    EX0=1;                               /* 开中断*/
    while(1);                            /* 等待触摸中断*/
}
```

4.6 打印记录技术

在智能仪器中经常需要将有关数据、表格、曲线或图像打印出来,这就需要为智能仪器设计打印机接口电路,选配体积小、功耗低、成本低的微型打印机与智能仪器联机使用。本节以 RD 系列热敏微型打印机为例介绍其工作原理及接口电路。

4.6.1 RD 系列热敏微型打印机的接口信号

RD 系列热敏微型打印机集打印头与控制电路于一体,可方便地安装在仪表的面板上或独立外置,性能稳定耐用,可以打印 ASCII 字符、希腊文、德文、法文、俄文、日语片假名、部分中文、数学符号、块图符、用户自定义字符等。自带 12×12、16×16 点阵的国标一、二级汉字字库。提供标准的串、并行接口,方便与各种设备相连,被广泛地应用于医疗器械、通信测试器械、银行系统、电力系统、税控打印等多种仪器仪表应用场合。

RD 系列热敏微型打印机具有标准的串、并行接口方式。

(1) 并行接口方式

RD 系列热敏微型打印机的并行接口与标准并行接口 CENTRONICS 兼容,既可以用各种单片机控制,也可以用微型计算机并行接口控制。并行连接方式分为面板式和平台式,引脚序号如图 4.44所示,并行接口引脚定义见表 4.14。

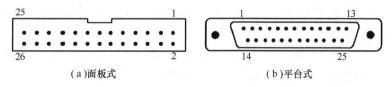

(a)面板式   (b)平台式

图 4.44 并行连接方式引脚序号

表 4.14　并行接口引脚定义

面板式引脚	平台式引脚	信　号	方向	说　　明
1	1	STB	入	数据选通触发脉冲,上升沿时读入数据
3,5,7,9,11,13,15,17	2～9	DATA1～DATA8	入	分别代表并行数据的 1～8 位信号,每个信号当其逻辑为"1"时为高电平,逻辑为"0"时为低电平
19	10	ACK	出	应答脉冲,低电平表示数据已被接收,而且打印机已准备好
21	11	BUSY	出	高电平表示打印机正"忙",不能接收数据
23	12	PE	出	高电平表示缺纸
25	13	SEL	出	打印机内部经电阻上拉为高电平,表示打印机在线
4	15	ERR	出	打印机内部经电阻上拉为高电平,表示无故障
2,6,8,26	14,16,17			空脚
10～24(偶数)	25～18	GND	—	接地,逻辑"0"电平

注:①"入"表示输入到打印机;②"出"表示从打印机输出;③信号的逻辑电平为 TTL 电平。

(2) 串行接口方式

RD 系列热敏微型打印机的串行接口与 RS-232C 标准兼容,因此可直接将打印机与 PC 相连。串行连接方式的面板式和平台式的引脚序号如图 4.45 所示,串行接口引脚定义见表 4.15。

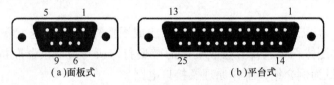

图 4.45　串行连接方式引脚序号

表 4.15　串行接口引脚定义

面板式引脚	平台式引脚	信号	方向	说　　明
3	2	TxD	入	打印机从 PC 接收数据
2	3	RxD	出	打印机向 PC 发送控制码
8	5	CTS	出	当该信号为高电平时,表示打印机正"忙",不能接收数据;当该信号为低电平时,表示打印机"准备好",可以接收数据
6	6	DSR	出	该信号为低电平时,表示打印机在线
5	7	GND	—	信号地
1	8	DCD	出	同信号 CTS

注:①"入"表示输入到打印机;②"出"表示从打印机输出;③信号的逻辑电平为 EIA 电平。

串行连接方式下的波特率可在 150bps、300bps、600bps、1200bps、2400bps、4800bps、9600bps 和 19200bps 内选择,出厂时设定波特率为 9600bps,由 SEL 键切换设置波特率。

串行连接的工作方式为方式 1 或方式 3,由 LF 键切换设置串行接口的工作方式。

● 方式 1:一帧信息为 10 位,1 位起始位、8 位数据位、1 位停止位。

● 方式 3:一帧信息为 11 位,1 位起始位、8 位数据位、1 位校验位、1 位停止位。

4.6.2　RD 系列热敏微型打印机的打印命令

RD 系列热敏微型打印机提供了 48 条打印命令,这些命令是由一字节控制码或 ESC(或

FS)控制码序列组成的,这些控制码用十进制或十六进制数字序列表示,控制命令与多数打印机兼容,并增加了汉字打印、字符汉字旋转、字间距调整、条码打印等功能。

RD 系列热敏微型打印机主要的打印命令见表 4.16。

表 4.16　RD 系列热敏微型打印机主要的打印命令

命　　令		说　　明
ASCII 代码	十六进制代码	
ESC 6	1B 36	选择字符集 1,字符集 1 中有字符 224 个,代码范围为 20H～FFH(32～255),包括 ASCII 字符及各种图形符号等
ESC 7	1B 37	选择字符集 2,字符集 2 中有字符 224 个,代码范围为 20H～FFH(32～225),包括德文、法文、俄文、日语片假名等
ESC 8 n	1B 38 n	根据 n 值选择不同点阵的汉字,$0 \leqslant n \leqslant 7$。当 $n=0$ 时,选择 16×16 点阵汉字打印
LF	0A	打印并换行
ESC J n	1B 4A n	打印纸向前,进给 n 点行,$1 \leqslant n \leqslant 255$
ESC 1 n	1B 31 n	设置 n 点行间距,$0 \leqslant n \leqslant 255$,上电或初始化后 $n=3$
ESC sp n	1B 20 n	设置 n 点字符间距,默认方式为 0,即字符之间没有空点,n 在 0～128 之间
ESC B n1 n2…NUL	1B 42 n1 n2…00	设置垂直造表值,输入垂直造表间隔值 n1、n2 等,最多可输入 8 个间隔值
VT	0B	执行垂直造表,打印纸进给到由 ESC B 命令设置的下一垂直造表位置
ESC D n1 n2…NUL	1B 44 n1 n2…00	设置水平造表值,输入水平造表位置 n1、n2 等,最多可输入 8 个位置
HT	09	执行水平造表,打印纸进给到由 ESC D 命令设置的下一水平造表位置
ESC f m n	1B 66 m n	打印空格或空行,如果 $m=0$,则打印 n 个空格;如果 $m=1$,则打印 n 行单位行(8 点行),$1 \leqslant n \leqslant 255$
ESC Q n	1B 51 n	设置右限,即打印纸右侧不打印的字符数,n 的数值应在 0 到所配打印头能打印的字符数内。上电或初始化后,$n=0$,即没有右限
ESC l n	1B 6C n	设置左限,即打印纸左侧不打印的字符数,n 的数值应在 0 到所配打印头的行宽范围内,上电或初始化后,$n=0$
ESC U n	1B 55 n	横向放大,该命令之后的字符将以正常宽度的 n 倍进行打印,$1 \leqslant n \leqslant 8$
ESC V n	1B 56 n	纵向放大,该命令之后的字符将以正常高度的 n 倍进行打印,$1 \leqslant n \leqslant 8$
ESC W n	1B 57 n	横向、纵向放大,在该命令之后的字符将以正常宽度和正常高度的 n 倍进行打印,$1 \leqslant n \leqslant 8$
ESC － n	1B 2D n	允许/禁止下划线打印,$n=1$ 允许下划线打印,$n=0$ 禁止下划线打印
ESC ＋ n	1B 2B n	允许/禁止上划线打印,$n=1$ 允许上划线打印,$n=0$ 禁止上划线打印
ESC i n	1B 69 n	允许/禁止反白打印,$n=1$ 允许反白打印,$n=0$ 禁止反白打印
ESC c n	1B 63 n	允许/禁止反向打印,当 $n=0$ 时,设置字符反向打印,打印方向由右向左;当 $n=1$ 时,设置字符正向打印,打印方向由左向右
ESC ＆ m n1 n2…ni	1B 26 m n1 n2…ni	定义用户自定义字符,m 是该用户自定义字符码,$32 \leqslant m \leqslant 61$。参数 n1,n2,…,ni 是这个字符的结构码
ESC ％ m1 n1 m2 n2… mk nk NUL	1B 25 m1 n1 m2 n2… mk nk 00	替换自定义字符,将当前字符集中的字符 n 替换为用户自定义字符 m。m1,m2,…,mk 是用户定义的字符码。n1,n2,…,nk 是当前字符集中要被替换的字符码。$32 \leqslant m \leqslant 61,1 \leqslant k \leqslant 32$
ESC：	1B 3A	恢复字符集中的字符

命 令		说　明
ASCII 代码	十六进制代码	
ESC K ml mh n1 n2 …ni	1B 4B ml mh n1 n2… ni	打印点阵图形，ml、mh 的数值表示一个 16 位的二进制数，ml 为低 8 位字节，mh 为高 8 位字节，输入图形数据的个数为 mh×256＋ml
ESC'ml mh l1 h1 l2 h2 l3 h3 … li hi … CR	1B 27 ml mh l1 h1 l2 h2 l3 h3 … li hi … 0D	打印曲线，ml 和 mh 是每行内需要打印的曲线点数，它应在 1 到该机型每行最大点数之间。li,hi 代表这 ml、mh 个曲线点中第 i 个点的位置
ESC E nq nc n1 n2 n3…nk NUL	1B 45 nq nc n1 n2 n3…nk 00	打印条码，nq 为条码第 1 条线离打印纸端的距离（点），0≤nq≤64；nc 是条码线纵向长度（点），1≤nc≤255；nk 是第 k 个条码线的参数
FS &	1C 26	进入汉字方式
FS 2 n	1C 49 n	设置字符旋转打印
FS .	1C 2E	退出汉字方式
FS W n	1C 57 n	汉字横向、纵向放大，在该命令之后输入的汉字将以正常高度、宽度的 n 倍打印，1≤n≤8
SO	0E	横向放大 2 倍
DC4	14	取消 SO
FS i n	1C 69 n	选择汉字打印，等效 ESC 8 n
ESC @	1B 40	初始化打印机
CR	0D	回车

4.6.3 汉字打印技术

1. 采用打印点阵图命令打印汉字

打印格式如下：

● ASCII 代码——ESC　K　ml mh n1 n2…ni

● 十六进制代码——1B　4B　ml mh n1 n2…ni

其中，ml、mh 的数值表示一个 16 位的二进制数，ml 为低 8 位字节，mh 为高 8 位字节，输入图形数据的个数为 mh×256＋ml，图形打印大小受字符放大或缩小命令的影响；参数 n1,n2,…,ni 是这个字符的结构码。

当汉字的高度大于 8 点时，可按每 8 点一个图形单元划分成多个单元，不足 8 点的用空点补齐。然后每个图形单元按顺序分别用 ESC 命令打印出来，最后组成一个完整的汉字。数据输入时，按照打印图形点阵的列 8 位字节为单位，按先从上到下，再自左到右的顺序设置输入。

例如，用打印点阵图命令打印汉字"方式"。

① 做出"方式"两字的点阵图和结构码，如图 4.46 所示，每个字符为 7×8 点阵。

② 向打印机输送如下代码：

```
1B   4B                          ;打印命令代码
0F                               ;图形宽度(字节数)
82  42  3E  0B  8A  FA  02       ;"方"
00                               ;两字间空 1 列
42  4A  7A  4A  3F  42  83       ;"式"
0D                               ;回车
```

如果要打印 16×16 点阵的汉字，可以将汉字点阵码分为上、下两部分，分两次打印完成。

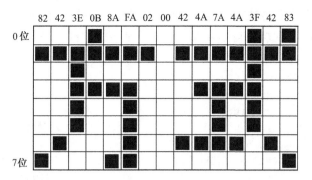

图 4.46　点阵图和结构码

采用上述自编汉字点阵码打印汉字比较烦琐,为了方便起见,用户也可以采用汉字点阵码生成专用软件自动生成点阵码,如 Zimo21 取字模软件,不仅可以取汉字字模,还可以对图像取模。

2. 16×16 点阵固化汉字打印功能

为了使用方便,RD 系列热敏微型打印机提供了 16×16 和 12×12 点阵宋体汉字字库,也可以根据需求选配 24×24、32×32 等其他不同点阵、不同字体的汉字库。在中文打印方式时,打印机接收的汉字代码为标准机内码,两字节对应一个汉字,即打印机每接收两字节的机内码可调出一个汉字。打印机先接收机内码的高位字节,再接收低位字节。汉字代码的计算方法如下:

① 高字节数值范围为 A1H~F7H,对应 1~87 区的汉字,计算(区码+A0H)的值可以得到高字节;

② 低字节数值范围为 A1H~FEH,对应汉字位码 1~94,计算(位码+A0H)的值可以得到低字节。

例如,"荣"字的区位码是 4057,即 40 区,第 57 个字,由区码 40(28H)计算高字节(28H+A0H=C8H),由字码 57(39H)计算低字节(39H+A0H=D9H),即机内码为 C8D9H。

4.6.4　RD 系列热敏微型打印机与单片机接口及编程

限于篇幅,本节仅介绍单片机和 RD 系列热敏微型打印机串行接口电路设计。RD 系列热敏微型打印机的串行接口与 RS-232C 标准兼容,通过 MAX232 与单片机连接,如图 4.47 所示,单片机的 TxD 端发送数据,经 MAX232 由打印机的 TxD 端接收。当 CTS 信号为高电平时,表示打印机正"忙",不能接收数据;而当该信号为低电平时,表示打印机"准备好",可以接收数据。单片机采用查询方式控制打印过程。

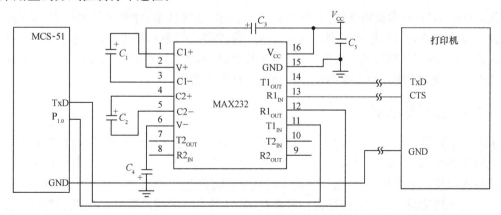

图 4.47　单片机与打印机的串行接口电路

下面举例说明打印编程方法，要求打印汉字"新荣达"。编程前，事先计算确定 3 个字的标准机内码，机内码由打印机接收后，自动寻找机内的汉字字模并打印出来。Keil C51 编程环境中的程序如下：

```c
#include <reg52.h>
#define uchar unsigned char
#define uint unsigned int
sbit BUSY=P1^0;                                      //初始化命令
uchar data A[10]={0x1b,0x38,0x04,
                 0xd0,0xc2,0xc8,0xd9,0xb4,0xef,      // 汉字机内码"新荣达"
                 0x0d};                              //打印命令

void main()
{
    int i;
    SCON=0xd0;                  //串行接口初始化，1 位起始位，9 位数据位，1 位停止位
    TMOD=0x20;
    PCON=0x00;
    TH1=0xf4;                                        //波特率 2400bps
    TL1=0xf4;
    TR1=1;
    ES=1;
    TI=0;
    for (i=0;i<10;i++)
    {
        ACC=A[i];
        TB8=P;                                       //计算奇偶校验位
        while(BUSY){BUSY=1;}
        SBUF=A[i];                                   //发送数据
        while (!TI)
        { }
        TI=0;
    }
}
```

4.7　条　　码

　　条码(Barcode)技术是集条码编码技术、光电技术、通信技术、计算机处理技术、识别技术及印刷技术等于一体的信息自动识别与录入技术。每种物品的条码是唯一的，通过条码可实现信息的快速准确获取和传输，具有操作简单、信息量大、成本低等优点，广泛应用于商业、交通运输、图书管理、物流配送、医疗卫生等国民经济和人们日常生活中。

4.7.1　条码的发展

　　条码技术最早产生于 20 世纪 20 年代，John Kermode 想对邮政单据实现自动分检，为此发明了最早的条码标识(Kermode 码)。他用一个"条"表示数字"1"，两个"条"表示数字"2"，依次类推。条码信息标记在信封上，表示收信人的地址，类似现在的邮政编码。他还发明了条码识读设备——条码阅读器。条码阅读器由扫描器(能够发射光并接收反射光)、带铁芯的磁性线圈等组成，发射光照到"条"和"空"，"条"反射回弱信号，"空"反射回强信号，反射光被接收，带铁芯的磁性线圈测定接收到"空"的信号时吸引一个开关，接收到"条"的信号时释放开关并接通电路。

开关由一系列继电器控制,数量由打印在信封上"条"的数量决定,通过条码符号实现对信件进行分检。

早期的条码阅读器噪声大,所包含的信息量低,很难编出 10 个以上的不同代码。John Kermode 的合作者 Douglas Young 在 Kermode 码的基础上做了改进,利用"条"之间"空"的尺寸变化,使用更少的条可在同样大小的空间对 100 个不同的地区进行编码。1949 年,美国工程师 Joe Wood Land 和 Berny Silver 研究用代码表示食品项目及相应的自动识别设备获得了美国专利。1959 年,Girard Fessel 等发明家提出 0~9 中的每个数字可由七段平行条组成,为条码的产生与发展奠定了基础。20 世纪 60 年代后期,Sylvania 发明的条码系统被北美铁路系统采纳,是条码技术最早期的应用。1970 年,美国 Ad Hoc 委员会制定出通用产品代码(Universal Product Code,UPC 码),为条码的统一和广泛采用奠定了基础。1972 年,Monarch Marking 等人研制出库德巴(Codabar)码,美国的条码技术进入新的发展阶段。1973 年,美国统一编码协会(Uniform Code Council,UCC)成立,选定 IBM 公司的条码作为美国通用商品代码,以此为基础建立了 UPC 条码系统。1974 年,David Allair 研制出第一个字母、数字相结合的 39 码,美国国防部将其作为军用条码码制,后来广泛应用于工业领域。1976 年,欧洲 12 国在 UPC 码的基础上制定出欧洲物品编码 EAN-13 和 EAN-8 码,并正式成立了欧洲物品编码协会(EAN)。

20 世纪 80 年代以来,各国围绕如何提高条码符号的信息密度开展了深入的研究(信息密度是描述条码符号性能的一个重要参数,通常指单位长度中可能编写的字符数)。1981 年 128 码被推荐使用,1982 年 93 码开始使用,这两种码的条码符号信息密度比 39 码高出近 30%。随着条码技术的逐步发展,条码码制种类的不断增加,各国先后制定了一系列条码标准,包括军用标准 1189、39 码和 Codabar 码等。一维条码的信息容量很小,仅能容纳几位或几十位字符,商品的详细描述依赖数据库提供,离开了预先建立的数据库,一维条码的使用就受到了限制。1991 年,美国 Symbol 公司正式推出 PDF417 二维条码,其信息密度是 39 码的 20 多倍,信息容量大、可靠性高、保密防伪性强。之后,各国研究人员又发明了多种二维条码,如 Data Matrix、Maxi Code、QR Code、Code 49、Code 16K、Code one 等。除此之外,还有一些企业和机构发明的未完全公开的二维条码。

4.7.2　条码的特点

① 可靠性高。键盘输入数据的出错率为三百分之一,利用光学字符识别技术的出错率为万分之一,而采用条码技术的误码率不高于百万分之一。据统计,一维条码的误码率只有百万分之一,而二维条码的误码率仅为亿分之一。相对于人工键盘输入等其他数据录入方法,条码数据输入的方式具有非常高的可靠性。

② 输入速度快。与人工键盘输入相比,条码输入的速度是键盘输入的 5 倍,并能实现"即时输入"。如果采用二维条码,速度和效率会更高。

③ 采集信息量大。一维条码的信息量为几位或几十位字符,二维条码自身可携带上千个字符的信息,能将标识的物品信息全部反映出来。

④ 可携带和复印。条码作为一种平面的、黑白相间的微小标签形式,具有携带方便、容易复印的特性。

⑤ 灵活实用。条码既可以作为一种识别手段单独使用,也可以与有关识别设备组成系统实现自动化识别和自动化管理。同时,在没有自动识别设备时,也可实现人工键盘输入。

⑥ 易于制作、经济便宜。条码称为"可印刷的计算机语言"。条码易于制作,对印刷设备和材料无特殊要求,设备也相对便宜。条码识别设备结构简单,操作容易。

另外,条码还具有寿命长和不可更改的特点。

4.7.3 条码的分类

随着条码技术的发展并逐渐渗透到各个领域,条码的种类越来越多,分类方法也有多种。按条码的维数可分为一维条码、二维条码和三维条码。

1. 一维条码

一维条码是由一组规则排列的条、空及对应的字符组成的标记。常见的一维条码如图 4.48 所示。条指条码图像中黑色的直线,空指条码图像中白色的直线,条和空组合到一起表示不同的信息。一维条码只在水平方向表达信息,在垂直方向不表达任何信息,条码的高度只是便于终端设备进行解码。一维条码在使用过程中仅用于识别信息,与物品信息的对应关系需要通过建立数据库。

图 4.48　常见的一维条码

一维条码的用途非常广泛,不同的码制可用于不同的应用领域。如 EAN 码的长度固定,所表达的信息全部为数字,主要应用于商品标识;39 码(Code 39)是目前用途广泛的一种条码,可表示数字、英文字母及一、.、、/、* 等 44 个符号,其中 * 仅作为起始符和终止符;93 码(Code 93)密度较高,能够替代 39 码;ISBN 码用于图书出版领域;25 码主要应用于包装、运输及国际航空系统的机票顺序编号等。

2. 二维条码

二维条码(也称二维码)由若干个与二进制数对应的、按照一定的规律在平面(二维方向)上分布的、黑白相间的图形表示数据符号信息,通过图像输入设备或光电扫描设备等进行识读,实现信息的自动处理。二维码不仅具有一维条码的特点,还能够在横向和纵向两个方向同时表示信息,因此能在很小的面积内表达汉字、数字和图片等大量的信息。国际上比较流行的二维码按结构可以分为堆叠式/行排式和矩阵式二维码。

（1）堆叠式/行排式二维码

堆叠式/行排式二维码又称为堆积式/层排式二维码,其编码原理建立在一维条码基础之上,由多行短截的一维条码堆叠而成。在编码设计、校验原理、识读方式等方面继承了一维条码的特点,识读设备与一维条码兼容。但是由于行数的增加,需要对行进行判定,译码算法及软件与一维条码不完全相同。有代表性的行排式二维码有 PDF417、Code 16K、Code 49 等,如图 4.49 所示。

PDF417　　　　　　　　　　Code 16K　　　　　　　　　　Code 49

图 4.49　几种常见的行排式二维码

（2）矩阵式二维码

矩阵式二维码又称棋盘式二维码,是在一个矩形空间通过黑、白像素在矩阵中的不同分布进行编码的。在矩阵的相应元素位置上,用点(方点、圆点或其他形状)表示二进制数"1",用空表示二进制数"0",点和空的排列组合确定了矩阵式二维码所代表的含义。矩阵式二维码是建立在计算机图像处理技术、组合编码原理等基础上的一种新型图形符号自动识读处理码制。具有代表性的矩阵式二维码有 Maxi Code、Aztec Code、QR Code 和 Data Matrix 等,如图 4.50 所示。

Data Matrix　　Maxi Code　　Aztec Code　　QR Code　　Vericode

图 4.50　几种常见的矩阵式二维码

二维码可以表示图像、声音、文字、签名、指纹等信息,因穿孔、污损等引起局部损坏甚至损毁面积达 50% 仍可正确识读,可存储大量数据,不需要连接数据库。具有编码密度高、容量大、范围广、容错能力强、译码可靠性高等特点,特别适合小尺寸产品的自动控制和跟踪管理,如印制电路板和电子元器件制造过程等。

3. 三维条码

三维条码在二维码的基础上再增加一个维度,即由 X 轴与 Y 轴所决定的二维平面码的基础上引入 Z 轴(层高),空间中任何一点均可由 X 轴、Y 轴和 Z 轴的参数来描述,编码容量大幅提高,在相同的编码面积上,最大可表示的数据量是 PDF417 码的 10 倍以上,并可以利用色彩或灰度(或称黑密度)表示不同的数据,在普通大小的编码内可以包含大量的、足够识别真伪的辅助信息,具有更大的信息量和更高的安全性,可应用在需要保密及防伪等重要领域,如对各种证件、文字资料、图标及照片等图形资料进行编码。

4.7.4　条码识读器

条码是图像化的编码符号,需要通过相关设备对其进行解码,将其转化成计算机可以识别的数字信息。条码识读器(条码阅读器)又称为条码扫描器(条码扫描枪),是识读条码符号的设备,广泛应用于超市、物流快递、图书馆等场合。

1. 条码识读器基本原理

条码识读器主要由扫描电路、信号处理电路、译码接口电路 3 部分组成。扫描电路包括光源、光学扫描、光学接收、光电转换部分;信号处理电路包括放大电路、滤波电路和整形电路;译码接口电路包括译码电路和接口电路,如图 4.51 所示。

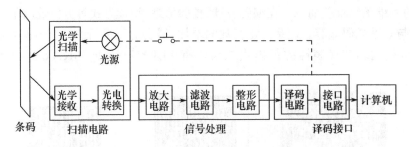

图 4.51　条码识读器的基本组成

白色物体能反射各种波长的可见光,黑色物体则吸收各种波长的可见光。对条码进行扫描时,光源发出特定的光线(如红外线),经过扫描电路照射到条码上,条码中"条"和"空"对光的反射不同,反射光持续的时间与"空"(或"条")的宽度相关。反射光经光学接收器收集后,送到光电转换器,光电转换器根据获取的光线强弱信息转换为对应的电信号,该电信号一般较弱,在10mV 左右,不能直接使用,送放大电路放大。放大后进入滤波电路,以滤除干扰或条码中可能存在的疵点和污点等干扰信号,获得与"条"和"空"反射光相关的模拟电压。为了进一步获得条和空的边界,该模拟电压进入整形电路整形成对应的矩形脉冲信号,如图 4.52 所示,矩形脉冲信号被传送给译码电路。译码电路通过测量脉冲(数字)信号 0、1 的数目判别条和空的数目,通过测量 0、1 信号持续的时间判别条和空的宽度,通过识别起始、终止字符判别条码电路的码制及扫描方向,从而得到被识读条码的条和空的数目及相应的宽度和所用码制,译码根据对应的编码规则(如 EAN-8 码),将条码换成相应的数字、字符信息,然后经过接口电路送给计算机进行数据处理与管理,完成一维条码的识读。

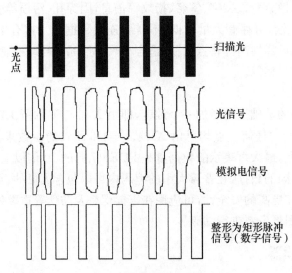

图 4.52　条码扫描处理信号

2. 条码识读器的主要参数

(1) 分辨率

条码识读器的分辨率是指成功扫描的最窄条码的宽度(Minimal Bar Width,MBW),单位是mil(千分之一英寸)。通常条码识读器的分辨率为 5mil、4mil、3mil,分辨率越高,价格越高。选择条码识读器时,应根据具体应用中使用的条码密度来选取,并不是分辨率越高越好。如果所选条码识读器的分辨率过高,条码上的污点、脱墨等也会对条码扫描枪的成功扫描产生影响。

（2）扫描景深

扫描景深是指在正确扫描条码的情况下,条码识读器允许离开条码标签表面的最远距离与条码识读器可以接近条码标签表面的最近距离两者之差,也就是条码识读器的有效工作范围。有的条码识读器在技术指标中未给出扫描景深参数,而是给出扫描距离,即条码识读器距离条码标签表面的最远和最近距离。

（3）扫描宽度

扫描宽度是指在给定扫描距离上扫描光束可以阅读的条码信息物理长度值。

（4）扫描速度

扫描速度是指单位时间内扫描光束在扫描轨迹上的扫描频率。

（5）一次识别率

一次识别率是首次扫描成功的条码数与扫描条码总次数的比值。如果每成功扫描一个条码的信息需要扫描两次,则一次识别率为50％。从实际应用角度考虑,希望每次扫描都成功,但由于受多种因素的影响,一次识别率不可能达到100％。一次识别率只适用于手持式光笔扫描识别方式。激光扫描方式,光束对条码标签的扫描频率高达每秒钟数百次,通过扫描获取的信号是重复的。

（6）误码率

误码率为错误识别次数与识别总次数的比值。误码率是反映一个条码识读器对条码错误识别情况的极其重要的测试指标,比一次识别率更为重要。

3. 条码识读器的分类

条码识读器有多种分类方式,从扫描方式上可分为接触式和非接触式;从操作方式上可分为手持式和固定式。其中,手持式条码识读器是最常用和最灵活的条码扫描识别设备,一般有激光式、线阵 CCD 式和矩阵 CCD 式,适合于扫描体积和形状不一的物品;固定式条码识读器一般采用矩阵式 CCD 图像技术,将照明、图像获取、图像处理、解码和通信等模块集成在一起,能够快速方便地以全方向方式识别一维条码、堆叠式和矩阵式二维码。从识别码制的能力和识读原理上可分为光笔式、卡槽式、激光式、CCD 式。从扫描方向上可分为单向和全向条码扫描器,全向条码扫描器又分为平台式和悬挂式。从通信方式上可分为有线和无线方式,条码扫描器一般需要通过电缆连接到 PC、POS 机或其他固定终端上才能工作,但是,在较大的范围内进行条码扫描时,一个或多个条码扫描器可通过无线方式与计算机通信,摆脱与固定计算机之间的距离限制,方便移动工作。下面介绍几种常见的条码识读器。

（1）光笔条码识读器

光笔是最先出现的一种手持接触式条码识读器,也是最为经济的一种条码识读器。使用时,操作者需将光笔接触到条码表面,通过光笔的镜头发出一个很小的光点,当光点从左到右划过条码时,完成对条码的识读。其优点是与条码接触阅读,能够明确哪一个是被阅读的条码;阅读条码的长度可以不受限制;成本较低;内部没有移动部件,比较坚固;体积小,重量轻。其缺点是必须接触阅读,只能识读一维条码,一次识别率较低,误码率较高;只能识读表面比较平坦、指定密度、打印质量较好的条码;在一些不能直接接触阅读条码,或者条码有损坏、上面有保护膜时都不能识读;而且阅读速度、阅读角度及使用的压力不当都会影响阅读性能。

（2）CCD 条码识读器

CCD 条码识读器是一种图像式扫描器,采用电子耦合器件（Charge Couple Device,CCD）作为光电转换装置,CCD 也称图像感应器。它利用光电耦合原理,对条码印刷图案进行成像,然后译码识别。CCD 条码识读器使用一个或多个 LED,发出的光线覆盖整个条码,阅读条码的整个部分(不是每个"条"或"空"),条码图像被每个单独的 LED 采样,转换成可以译码的电信号,从而确定条码的字符。CCD 条码识读器内部没有移动部件,容易操作,使用寿命长,价格便宜,比较适合近距离和接触阅读,可以识读一维条码及行排式和矩阵式二维码。其缺点是对印在弧形表面的条码(如饮料罐)、远距离阅读(如仓库领域)不很适合;条码比较宽、信息很长或密度很低的条码很容易超出扫描头的阅读范围,导致条码不可读;CCD 的防摔性能较差,而且在多个 LED 的条码识读器中,任意一个 LED 发生故障都会导致不能阅读,因此故障率较高,一次识别率较低且误码率较高。

(3)激光条码识读器

手持式激光条码识读器通过一个激光二极管发出一束光线,照射到一个旋转的棱镜或来回摆动的镜子上,反射后的光线穿过阅读窗照射到条码表面,光线经过条或空的反射后返回条码识读器。激光条码识读器的阅读及解码系统较先进,可以识读一维条码和行排式二维码,一次识别率高,识别速度相对光笔及 CCD 条码识读器更快,对印刷质量不好或模糊的条码也有好的识别效果,误码率极低(仅约为三百万分之一)。激光条码识读器可以用于非接触扫描,可以阅读不规则的条码表面或透过玻璃或透明胶纸阅读,防震防摔性能好。激光扫描仪的缺点是价格相对较高,但如果从购买费用与使用费用的总和计算,则与 CCD 条码识读器没有太大区别,因此在各个行业中都被广泛采用。

(4)手机条码识读器

手机条码识读器能扫描条码到各款智能手机,并与之成为一体,应用于快递物流、医疗管理、家电售后、销售管理、政府政务等各个行业,提高移动办事效率,降低规模成本。

4.8　IC　卡

IC 卡(Integrated Circuit Card,集成电路卡),也称智能卡(Smart Card)、智慧卡(Intelligent Card)、微芯片卡(Microcircuit Card)等,是将一个微电子芯片嵌入塑料基片中,并封装成卡的形式(也可以封装成纽扣、钥匙等其他形状)。卡片包含微处理器、I/O 接口及存储器,卡上的信息可以保存、读取和修改,是超大规模集成电路技术、计算机技术及信息安全技术发展的产物。IC 卡以其超小的体积、先进的集成电路芯片技术、特殊的保密措施和无法被破译仿造的特点受到普遍欢迎,在金融、交通、通信、医疗、身份证明等众多领域正得到越来越多的应用。

4.8.1　IC 卡的发展

1974 年,法国 Roland Moreno 发明了可以嵌入集成电路芯片的卡片,并取得了专利权,这就是早期的 IC 卡。1976 年,法国布尔(BULL)公司研制出世界上第一张智能卡。1984 年,法国 PTT(Posts,Telegraphs and Telephones)公司将具有良好的安全性和可靠性的智能卡技术首次用于电话卡,并获得成功,加速了 IC 卡技术的发展。随后,BULL、摩托罗拉、Atmel、NXP、TI 等世界上很多大公司投入到 IC 卡的研发生产中。随着 IC 卡技术的蓬勃发展及与日常生活越来越息息相关,国际标准化组织(International Standardization Organization,ISO)与国际电工委员会(International Electrotechnical Commission,IEC)联合制订了一系列国际标准、规范,极大地推动了 IC 卡的研究和发展。

IC 卡的发展包括硬件和软件两个主要方面。硬件方面,主要是 IC 卡芯片的升级,微处理器从 8 位升级到 32 位,容量从 KB、MB 到 GB,芯片能处理的功能越来越强大。软件方面,主要是片内操作系统(Chip Operating System,COS)的研发。COS 是一个专用系统,是 IC 卡的核心,IC

卡有了 COS 才有"智能"的作用,COS 与微机上的操作系统相比更像一个监控系统,管理卡内数据并完成各种命令,比如建立文件、查找文件等与外界进行信息交流。COS 的功能受制于微处理器的性能及容量。

我国的 IC 卡行业发展较晚,但经过长时间的发展,已成为世界上使用 IC 卡最多的国家之一。目前 IC 卡芯片已经成功应用于金融、交通、医疗、身份证明、智能家居等行业,例如二代身份证、银行的电子钱包、全国统一社保卡、手机卡等。

4.8.2　IC 卡的分类

IC 卡根据卡内芯片的功能、与读卡器是否接触、通信接口类型等有不同的分类。

1. 根据卡内芯片的功能分类

根据卡内芯片功能主要可以分为 4 类。

① 存储卡:该类 IC 卡内部芯片为电可擦除可编程只读存储器(Electrically Erasable Programmable Read-only Memory,EEPROM),只具备存储信息的功能,价格便宜,在很多场合可以替代磁卡。该类 IC 卡安全性能差,一般用于不涉及保密的场合。

② 逻辑加密卡:该类 IC 卡在存储卡的基础上加入了加密机制,价格相对便宜,适用于保密要求不严格的场合。

③ CPU 卡:该类 IC 卡芯片内部主要包含 CPU、存储单元(RAM、ROM 和 EEPROM)、加密协处理单元(DES、3DES 或 AES 等)、输入/输出接口单元。其中,RAM 用于存放系统运行的数据,ROM 中固化有片内操作系统 COS,EEPROM 用于存放持卡人的个人信息;加密协处理单元构成了 CPU 卡的安全机制。CPU 可以进行数据计算和信息处理,完成对各个功能模块的控制和协调,管理 CPU 卡的整个工作流程,同时能够利用随机数和密钥进行卡与读卡器的相互验证,有效防止外界对卡的非法访问,安全性高。CPU 卡的产品种类繁多,设计的复杂度相对较高,成本普遍高于逻辑加密卡。CPU 卡称为真正的 IC 卡,代表 IC 卡的发展方向,应用前景非常好。目前金融卡、社保卡等采用的都是接触式 CPU 卡。

④ 超级 CPU 卡:在 CPU 卡的基础上增加一些外设,如液晶屏、指纹识别装置等。

2. 根据卡与读卡设备接触与否分类

根据卡与读卡设备接触与否主要可分为 3 类。

① 接触式 IC 卡:与读卡器有触点相接触,通过物理插拔的形式进行通信。芯片金属触点暴露在外,可以直观看见,数据存储在卡体内嵌的集成电路中,通过芯片上的触点与读卡器接触进行数据交换,接口稳定可靠,但使用缺乏灵活性。由于电源、时钟等关键信号与读卡器之间形成物理接触,安全性能较低,频繁插拔会导致触点的磨损,缩短 IC 卡的使用周期。接触式卡有存储卡和 CPU 卡。

② 非接触式 IC 卡:与读卡设备无物理触点接触,通过射频技术进行通信。由 IC 芯片、感应天线封装在一个标准的 PVC 卡片内,其内嵌 IC 芯片除 CPU、逻辑单元、存储单元外,还增加了射频收发电路,芯片及天线无任何外露部分,也称射频卡。非接触式 IC 卡是一种无源卡,没有自己的供电电源。当非接触式 IC 卡在读卡器的响应范围之外时,处于无源状态;当非接触式 IC 卡在读卡器的响应范围之内(通常为 5～10cm)时,靠近读卡器表面,通过无线电波的传递完成数据的读/写操作。该类卡避免了关键信号与读卡器之间的物理接触,使用灵活,保密性好,安全性高,存储量大,速度快,适用于使用频繁、通信数据量较少、安全性要求较高的场合。在银行、企业、学校、公共交通、公安领域被广泛使用,在医院、酒店、博物馆、海关、军队等领域也有一定的应用。

③ 双界面卡：整合接触式 IC 卡与非接触式 IC 卡的功能，将接触式 IC 卡与非接触式 IC 卡组合到一张卡片中，操作独立，公用 CPU 和存储单元。双界面卡结合了接触式 IC 卡和非接触式 IC 卡的优点，可以适用于各种场合，是一种比较完美的 IC 卡，但价格偏高。

3. 根据卡与外界进行交换时的数据传输方式不同分类

① 串行 IC 卡：与外界进行数据交换时，数据流按照串行方式输入、输出，电极触点较少，一般为 6 个或 8 个。由于串行 IC 卡接口简单、使用方便，目前使用量最大。

② 并行 IC 卡：与外界进行数据交换时以并行方式进行，有较多的电极触点，一般为 28～68 个。数据交换速度提高，现有条件下存储容量可以显著增加。

4. 根据卡的应用领域不同分类

① 金融卡：也称为银行卡，可以分为信用卡和现金卡。

② 非金融卡：也称为非银行卡，包含金融卡之外的所有领域，如电信、旅游、教育和交通等。

4.8.3 非接触式 IC 卡的基本工作原理

非接触式 IC 卡由天线和集成电路两部分组成，天线的面积一般与其感应范围成正比。非接触式 IC 是一种无源卡，没有自己的供电电源。当 IC 卡在读卡器感应范围之内时，读卡器向 IC 卡发射一组包含供电基波和组合数据信号叠加的固定频率的电磁波信号，卡片内的频率与读卡器发射基波频率相同的 LC 串联谐振电路经过电磁耦合的作用产生共振，对电容充电并储存电荷，在该电容的另一端接有一个单向导通的电子泵，将电容内的电荷送到另一个电容，当电容充电电压达到 2V 时，可以作为电源为卡片其他电路提供工作电压。非接触式 IC 卡接收到组合数据信号后，解调出各种命令和数据，并且按照命令进行数据的接收和发送，完成卡内数据的读/写工作。射频识别技术与 IC 卡技术结合在一起，解决了卡片无源和免接触数据交换的难题。

4.8.4 非接触式 IC 卡的特点

1. 可靠性高

非接触式 IC 卡与读卡器之间通过电磁耦合通信，避免了接触式读/写产生的各种物理故障。所有元器件及电路嵌在卡片内部，卡片的表面无任何裸露在外的芯片，因此不用担心芯片出现脱落、静电击穿、弯曲损坏等问题，提高了卡片使用的可靠性。

2. 操作方便、快捷

当非接触式 IC 卡出现在读卡器感应范围内时就可以对卡片进行操作，不必插拔卡片，使用非常方便。使用时，卡片可以以任意方向靠近读卡器完成数据读/写工作，数据读/写速度较快。

3. 防冲突

非接触式 IC 卡中有快速防冲突机制，能防止多张卡片之间出现数据干扰、数据错乱等现象，因此读卡器可以同时处理多张非接触式 IC 卡，提高了应用的并行性和系统的工作速度。

4. 加密性能好

每张非接触式 IC 卡的序列号在生产时进行了固化处理，具有唯一性和不可更改性。读卡器与卡片之间采用双向认证机制，读卡器验证卡片的合法性，卡片也验证读卡器的合法性。当卡片在读卡器感应范围之内进行数据处理时要进行三次相互认证，而且在通信过程中所有的数据都进行了加密处理。

5. 管理严格，一卡多用

非接触式 IC 卡的发行依据一套严格的规则，只有发行者拥有卡片的初始化和定义存取权限。此外，非接触式 IC 卡中的存储区一般为多个扇区，发卡商可以根据不同的应用对扇区设定不同密码和访问条件,做到一卡多用。

4.8.5 非接触式 IC 卡读卡器的主要功能

读卡器是一种读取和写入非接触式 IC 卡内存信息的设备,因此又称为阅读器。当读卡器感应到非接触式 IC 卡时,读卡器的射频模块将非接触式 IC 卡返回的微弱电磁信号转换成数字信号,通过读卡器逻辑单元的处理完成对非接触式 IC 卡的识别和读/写操作。当读卡器与上层软件连接时,上层软件通过执行操作指令对数据进行汇总和上传。读卡器主要完成以下功能。

① 通信,通信有两方面的含义,一方面指读卡器对非接触式 IC 卡数据的访问和读/写功能;另一方面,指读卡器与计算机之间的通信,读卡器将读取到的信息通过接口实现与计算机之间的通信,计算机对读卡器进行控制和信息交互。

② 提供能量,当非接触式 IC 卡在读卡器感应范围之内时,通过电磁耦合作用为非接触式 IC 卡提供所需的工作能量。

③ 识别多个非接触式 IC 卡。当多个非接触式 IC 卡出现在读卡器感应范围之内时,读卡器启动防碰撞功能,可以识别多个非接触式 IC 卡,并能够与多个非接触式 IC 卡进行数据交换。

④ 实现对移动的非接触式 IC 卡的识别。读卡器不仅只识别感应范围内静止不动的非接触式 IC 卡,也可以识别感应范围内移动的非接触式 IC 卡,但其移动速度不宜过快,有可能无法完成数据交换,出现闪卡现象。

⑤ 存储数据量大,读卡器对于非接触式 IC 卡的交互信息和数据信息都要实时地记录,而且存储时间长久,存储数量多,可以对数据进行分析。

4.8.6 非接触式 IC 卡读卡器的基本工作原理

读卡器的硬件主要有射频模块、控制模块、天线 3 部分。射频模块将射频信号转换为基带信号给控制模块,控制模块是读卡器的核心,通过射频芯片和天线与非接触式 IC 卡进行数据交换。当读卡器处于发射状态时,对发射信号进行调制和编码等处理;当读卡器处于接收状态时,对接收信号进行解调和解码等处理。天线是一个独立的装置,天线发射电磁波并接收非接触式 IC 卡的无线数据信号。非接触式 IC 卡读卡器的基本组成如图 4.53 所示。

1. 射频模块

射频模块主要完成射频信号的处理,是读卡器的前端电路。模块中的射频振荡器产生的能量一部分通过天线发送给非接触式 IC 卡,激活 IC 卡并为其提供工作所需要的能量;另一部分用于读卡器。读卡器发送数据时,射频模块将读卡器发送给非接触式 IC 卡的信号调制到读卡器发射的载波信号上,调制后的射频信号通过发送通道经天线发送到非接触式 IC 卡。读卡器接收数据时,射频模块将非接触式 IC 卡返回给读卡器的回波信号进行加工处理并进行解调、放大处理,通过接收通道接收来自 IC 卡的数据。

2. 控制模块

控制模块是整个读卡器的控制中心,一般以微处理器为核心,完成读卡器和非接触式 IC 卡之间的身份验证、通信、数据加密和解密、执行防碰撞算法、实现读多个 IC 卡等功能。

3. 天线

天线可以看作读卡器和非接触式 IC 卡之间的空中接口,天线的耦合方式一般选用电感耦合方式。天线向周围空间发射固定频率的电磁波,所形成的磁场范围为读卡器的可读区域,当非接触式 IC 卡在读卡器感应范围之内时,触发非接触式 IC 卡上的线圈产生电流,并向读卡器发射一个带有卡片信息的信号,天线接收非接触式 IC 卡的信息,并通过天线向非接触式 IC 卡发送指令。

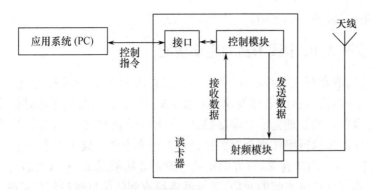

图 4.53　非接触式 IC 卡读卡器的基本组成

习　题　4

4.1　为什么要消除键盘抖动？消除键盘抖动的方法有哪些？实现的原理是什么？

4.2　如何处理按键的单击、连击和串键等问题？

4.3　在智能仪器中常用的键盘有哪几种？各有何特点和用途？

4.4　试说明非编码键盘的扫描原理。

4.5　在图 4.11 所示的电路中，按键 0～9 为数字键，A～F 为双功能键，试编写键盘管理程序（功能键对应程序自拟）。

4.6　参考图 4.19 所示电路，设计一个数字时钟，可以显示小时和分钟，试编写其显示控制程序。

4.7　参考图 4.23 所示电路，试编写程序实现以下功能：按某个数字键（S_1～S_{56}），在 8 位显示器上显示相应键值。

4.8　参考图 4.34 电路，假设要求在液晶显示器上显示"2019 年"，试编写显示控制程序。

4.9　按照图 4.47 所示电路，试编写打印"九"的控制程序。

4.10　触摸屏的种类主要有哪些？各有何特点？

4.11　条码分为哪几类？有哪些特点？

4.12　什么是一维条码？什么是二维条码？常用一维条码、二维条码有哪些？

4.13　简述条码识读器的基本原理。

4.14　条码识读器有哪几类？简述条码识读器的主要技术参数。

4.15　什么是 IC 卡？IC 卡可分为哪几类？

4.16　非接触式 IC 卡读卡器由哪几部分组成？简述其基本工作原理。

第5章　智能仪器的典型数据处理技术

传统仪器测量结果的精度主要依赖仪器硬件各部分的精密性和稳定性水平,当该水平降低时,测量结果将包含较大的误差。例如,传统仪器中,滤波器、衰减器、放大器、A/D转换器、基准电源等,不仅要求精度高且要求稳定性好,否则其温度漂移电压或时间漂移电压都将反映到测量结果中,而这类漂移电压很难根除。智能仪器的出现,使这些问题得到了突破性解决。智能仪器引入了微处理器,具有自动测量及数据处理功能,极大地提高了仪器的测量精度,保证了测量的可靠性,较传统仪器具有无可比拟的优势。本章主要介绍智能仪器提高测量精度的典型数据处理方法和技术。

5.1　概　　述

测量是智能仪器必不可少的功能,在智能仪器中通过自动测量获取的各种测量数据,由于数值范围不同,精度要求也不一样,各种数据的输入方法和表示方式各不相同。有的参数只与单一的被测量有关,有的参数与几个被测量有关;输入与输出的关系有线性的,也有非线性的;除有用信号外,还往往带有各种干扰信号。因此,测量数据不能直接用来进行控制、显示和记录等,必须对其进行加工和处理。在智能仪器中,由于微处理器的引入,可以采用软件的方法对测量结果进行正确处理,即通过一定的计算程序,对采集的数据进行数据处理,如数字滤波、标度变换、数值计算、逻辑判断、非线性补偿、压缩、识别等,从而消除和削弱测量误差的影响,提高测量精度,满足不同系统的需要。

例如,在某温度测量系统中,热电偶的输出电压值与温度成非线性关系,其运算式不仅含有四则运算,而且含有指数运算,采用模拟电路计算颇为复杂,可以对热电偶输出的毫伏信号经过放大器放大,再由 A/D 转换器转换成数字量,然后进行数字滤波,最后通过查表及数值计算等方法,得到相应的温度值,这样使问题大为简化。由此可见,用微处理器进行数据处理是一种便捷而有效的方法。

智能仪器完成数据处理任务主要依靠软件,最常用的编程软件有汇编语言、C51、Visual Basic、Visual C++及图形化编程语言 LabVIEW 等。

智能仪器的数据处理具有如下优点。

① 可用程序代替硬件电路完成多种运算。

② 能自动修正误差。在智能仪器中被测参数常伴有各种误差,主要是传感器及模拟信号处理电路所造成的误差,如温度误差、非线性误差等。这些误差在模拟电路中难以消除,而在智能仪器中,只要事先找出误差规律,就可以用软件修正、消除或减小误差。

③ 能对被测参数进行较复杂的计算和处理,如信号的平均、平滑、微分、积分、换算、线性化等,目的在于得到准确的测量数据,提高测量精度。

④ 能进行逻辑判断,如对传感器及智能仪器本身进行自检和故障监控,一旦发生故障,能及时报警。

⑤ 能提高测量精度,而且稳定可靠,抗干扰能力强。

随着数字信号处理技术的不断发展,从 20 世纪 80 年代出现数字信号处理器(Digital Signal

Processor,DSP)后,数字化处理技术发生了革命性的飞跃。例如,DSP 芯片 TMS320C30 可以很容易进行数字滤波、相关分析、FFT、语音处理和频谱分析。以 DSP 芯片为核心、配以专用分析软件的智能仪器,在振动分析、故障分析、医疗诊断、监护等方面得到了广泛应用。

5.2 随机误差处理与数字滤波

随机误差(Random Error)是测量过程中一系列的随机因素造成的。当干扰信号(噪声信号)叠加在待测量信号上,使测量值偏离真实值,导致同一信号在相同条件下多次测量的结果互不相同,大小和符号无规则变化,在多次重复测量时其总体服从统计规律,这种测量误差称为随机误差。为了削弱随机误差,可以对同一信号多次测量,然后通过某种数据处理算法得到信号的真实值。这种从多个数据样本中去除随机误差,得到真实值的算法称为"数字滤波"。即通过特定的程序处理,降低干扰信号在有用信号中的比例,数字滤波实质上是程序滤波。

5.2.1 数字滤波的特点

数字滤波方法可以有效抑制信号中的干扰成分,削弱随机误差,同时对信号进行必要的平滑处理,以保证仪表及系统的正常运行。与硬件滤波相比,数字滤波具有以下优点:

① 因为用程序滤波,故无须增加硬件设备,且可多通道共享一个滤波器(多通道共同调用一个滤波子程序),从而降低了成本;

② 由于不用硬件设备,各回路间不存在阻抗匹配等问题,故可靠性高,稳定性好;

③ 可以对频率很低的信号(如 0.01 Hz 以下)进行滤波,这是模拟滤波器做不到的;

④ 可根据需要选择不同的滤波方法或改变滤波器的参数,使用方便、灵活。

数字滤波器在智能仪器中得到了广泛应用,但它并不能代替模拟滤波器,因为输入信号必须转换成数字信号后才能进行数字滤波。有的输入信号很小,而且混有干扰信号,此时必须使用模拟滤波器。另外,在测量中,为了消除混叠现象,往往在信号输入端加抗混叠滤波器,这也是数字滤波器所不能代替的。可见,模拟滤波器和数字滤波器各有所长,在智能仪器中均有大量应用。

5.2.2 数字滤波算法

数字滤波算法可以根据不同的测量参数进行选择,常用的数字滤波算法有限幅滤波、中值滤波、算术平均值滤波、去极值平均滤波、递推平均值滤波、加权递推平均值滤波、一阶惯性滤波(低通数字滤波)、高通数字滤波等。

1. 限幅滤波

当采样信号由于随机干扰,如大功率用电设备的启动或停止,造成电流的尖峰干扰或误检测,以及当变送器不稳定而引起严重失真等情况时,可采用限幅滤波。

限幅滤波的基本算法是把两次相邻的采样值相减,求出其增量(以绝对值表示),然后与两次采样允许的最大差值 Δy(由被控对象的实际情况决定,常根据生产经验取值)进行比较。若小于或等于 Δy,则取本次采样值;若大于 Δy,则仍取上次采样值作为本次采样值,即:

若 $|Y(k)-Y(k-1)| \leqslant \Delta y$,则 $Y(k)=Y(k)$,取本次采样值;

若 $|Y(k)-Y(k-1)| > \Delta y$,则 $Y(k)=Y(k-1)$,取上次采样值。

式中,$Y(k)$ 为第 k 次采样值;$Y(k-1)$ 为第 $k-1$ 次采样值;Δy 为相邻两次采样值所允许的最大偏差,取决于采样周期 T 及采样值的动态响应。

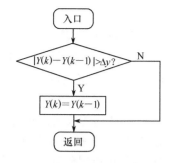

图 5.1　限幅滤波程序流程图

限幅滤波程序流程图如图 5.1 所示。

这种滤波方法主要用于变化比较缓慢的参数,如温度、位置等,关键问题是最大允许误差 Δy 的选取。若 Δy 太大,则各种干扰信号将"趁虚而入",使系统误差增大;若 Δy 太小,则又会使某些有用信号被"拒之门外",使计算机采样效率变低。因此, Δy 通常可根据经验数据获得,必要时也可由实验得出。

2. 中值滤波

中值滤波是对某一参数连续采样 N 次(N 取奇数),然后把 N 次采样值按顺序排列,再取中间值作为本次采样值。中值滤波对于去掉由于偶然因素引起的波动或采样器不稳定引起的脉动干扰十分有效。对缓慢变化的过程参数采用此法有良好的效果,但不宜用于快速变化的过程参数(如流量)。

进行中值滤波程序设计时,首先把 N 个采样值进行排序。排序方法可采用"冒泡排序法",然后取中间值。设连续采样 5 次的过程变量存于内存单元中,Keil C51 编程环境下的程序如下:

```c
#include<reg51.h>
#include<absacc.h>
#define uchar unsigned char
#define COUNT   5                    /* 设置采样值个数*/
uchar data median;
uchar filtering(void)                /* 中值滤波子函数,由主函数调用,主函数略*/
{
    uchar idata *addr;
    int i,j;
    uchar data buffer;
    addr=0x30;                       /* 设置采样值存储单元首地址*/
    for(j=0;j<=COUNT-1;j++)          /* 冒泡排序法*/
    for(i=0;i<=COUNT-j;i++)
    {
        if(*(addr+i)> *(addr+i+1))
        {buffer=*(addr+i);*(addr+i)=*(addr+i+1);*(addr+i+1)=buffer;}
    }
    median=*(addr+(COUNT-1)/2);       /* 返回中值*/
}
```

3. 算术平均值滤波

算术平均值滤波就是连续取 N 个采样值进行算术平均运算,其数学表达式为

$$\overline{y} = \frac{1}{N}\sum_{i=1}^{N} y_i \tag{5-1}$$

式中, N 为采样次数, y_i 为第 i 次采样值, $\overline{y}$ 为 N 个采样值的算术平均值。这种滤波方法的实质是把 N 个采样值相加,求其平均值。显然 N 越大,结果越准确,但计算时间也越长。这种滤波方法适用于对压力、流量等周期脉动的采样值进行平滑加工,但对脉冲性干扰的平滑作用不理想,不宜用于脉冲性干扰较严重的场合。平滑程度取决于采样次数 N , N 增大则平滑程度提高,灵敏度下降。通常流量测量 N 取 12 次,压力测量 N 取 4 次。程序设计时,只进行累加运算和除法运算,即把存于内存空间的 N 次采样值相加,然后进行除法运算,将其结果作为本次采样值进行存储。为保证运算精度,在许多场合常采用双字节、多字节或浮点运算。加法和乘、除运算都可以调用现成的子程序,故此处程序从略。

4. 递推平均值滤波

在上述算术平均值滤波中,每计算一次数据,需要测量 N 次。对于测量速度较慢或要求数据计算速度较高的实时系统,该方法就不能满足要求。例如,某 A/D 芯片的转换速度为 10 次/秒,而系统要求每秒输入 4 次数据,则 N 不能大于 2。下面介绍一种只需要进行一次测量,就能得到当前算术平均值滤波的方法——递推平均值滤波法。

递推平均值滤波法是把 N 个测量数据 $y_1, y_2, \cdots, y_n$ 看成一个队列,队列的长度固定为 N;每进行一次新的测量,把测量结果作为队尾的 y_N,而扔掉队首的 y_1,这样在队列中始终有 N 个"最新"数据。计算滤波值时,只要把队列中的 N 个数据进行算术平均,就可以得到新的滤波值。这样,每进行一次测量,就可以计算得到一个新的平均滤波值,其数学表达式为

$$\overline{y_n} = \frac{1}{N} \sum_{i=0}^{N-1} y_{n-i} \tag{5-2}$$

式中,$\overline{y_n}$ 为第 n 次采样值经滤波后的输出,y_{n-i} 为未经滤波的第 $n-i$ 次采样值,N 为递推平均项数。也就是说,第 n 次采样的 N 次递推平均值是第 $n, n-1, \cdots, n-N+1$ 次采样值的算术平均。

递推平均值滤波法对周期性干扰有良好的抑制作用,平滑度高,灵敏度低;对偶然出现的脉冲干扰的抑制作用差,不易消除由于脉冲干扰引起的采样值偏差,因此它不适用于脉冲干扰比较严重的场合,而适用于高频振荡系统。N 的选取既要考虑计算滤波值时占用计算机的时间,又要能达到较好的滤波效果,表 5.1 所示为工程经验值。

表 5.1　工程经验值参考表

参数	流量	压力	液位	温度
N/次	12	4	4~12	1~4

Keil C51 编程环境下的递推平均值滤波程序如下:

```c
#include<reg51.h>
#include<absacc.h>
#define uchar unsigned char
uchar data sample;              /* 定义采样值*/
uchar data aver=0;
uchar filtering(void)           /* 递推平均滤波子函数,由主函数调用,主函数略*/
{
    uchar idata *addr_x;
    int i;
    uchar data count=0x0c;      /* 设置采样值个数*/
    uchar data sum=0;
    addr_x=0x30;                /* 设置采样值存储单元首地址*/
    for(i=1;i<=count-1;i++)
    {
        *(addr_x+i-1)= *(addr_x+i);
        sum=sum+(*(addr_x+i-1));
    }
    *(addr_x+count-1)=sample;   /* 将新采样值送到采样值存储单元末地址*/
    aver=(sum+sample)/count;    /* 求平均值*/
}
```

5. 加权递推平均值滤波

在算术平均值滤波和递推平均值滤波中,将 N 次采样值同等对待,这削弱了当前采样值在程序中的比重,实时性较差。有时为了提高滤波效果,可将各次采样值取不同的比例系数后再相

加,这种方法称为加权递推平均值滤波法,其运算关系式为

$$\overline{y_n} = \sum_{i=0}^{N-1} c_i y_{n-i} \tag{5-3}$$

式中,N 为采样次数,y_{n-i} 为未经滤波的第 $n-i$ 次采样值,$\overline{y_n}$ 为 n 次采样后的平均采样值,c_i 为加权系数,对它的选取应满足:

① $\sum\limits_{i=0}^{N-1} c_i = 1$;

② $c_0 < c_2 < c_3 < \cdots < c_{n-1}$。

c_i 的加入体现了各次采样值在平均值中所占的比重。一般采样次数越靠后,在平均值中占的比重越大。这种滤波方法适用于有较大纯滞后时间常数的对象和采样周期较短的系统。对于纯滞后时间常数较小、采样周期较长、缓慢变化的信号,这种方法不能迅速反映系统当前所受干扰的程度,故滤波效果较差。

6. 一阶惯性滤波(低通数字滤波)

无源 RC 滤波器电路是模拟量输入通道中常用的滤波方法,RC 滤波器的传递函数为

$$\frac{Y(s)}{X(s)} = \frac{1}{1 + T_f s} \tag{5-4}$$

式中,$T_f = RC$ 是滤波器的滤波时间常数,其大小直接影响到滤波效果。一般来说,T_f 越大,则滤波器的截止频率越低,电压纹波较小,但输出滞后较大。由于时间常数越大,要求 R 值越大,其漏电流也随之增大,从而使 RC 电路的误差增大,降低了滤波效果,所以 RC 滤波器不可能对极低频率的信号进行滤波。为此,可以模仿式(5-4)中 RC 滤波器的特性参数,用软件做成低通数字滤波器,从而实现一阶惯性滤波。

将式(5-4)写成差分方程,表示为

$$T_f \frac{y_n - y_{n-1}}{T} + y_n = x_n \tag{5-5}$$

整理后得

$$\begin{aligned} y_n &= \frac{T}{T_f + T} x_n + \frac{T_f}{T_f + T} y_{n-1} \\ &= \alpha x_n + (1 - \alpha) y_{n-1} \end{aligned} \tag{5-6}$$

式中,x_n 是第 n 次采样值,y_n 是第 n 次滤波输出值,y_{n-1} 是第 $n-1$ 次滤波输出值,α 为滤波系数。$\alpha = T/(T + T_f)$,T_f 和 T 分别为滤波时间常数和采样周期,α 可以由实验确定,只要使被测信号不产生明显的纹波即可。

当 $T_f \gg T$ 时,即输入信号的频率很高,而滤波器的时间常数 T_f 较大时,上述算法便等价于一般的模拟滤波器。

一阶惯性滤波算法对周期性干扰具有良好的抑制作用,适用于波动频繁的参数滤波。其不足之处是带来了相位滞后,灵敏度低。同时,它不能滤除频率高于采样频率二分之一(称为奈奎斯特频率)的干扰信号。例如,采样频率为 100 Hz,则它不能滤除 50 Hz 以上的干扰信号。对于高于奈奎斯特频率的干扰信号,还需采用模拟滤波器。

由于在被测信号确定以后,α 为定值,因此在程序设计中需要保存的数值是 x_n 和 y_{n-1},y_{n-1} 在滤波器输出后进行更新。

一阶惯性滤波的基本思想就是把本次采样值与上次滤波器输出值进行加权平均,因此在输入过程中,任何快速干扰均被滤掉,仅仅留下缓慢变化的信号,所以也称为低通数字滤波。

7. 高通数字滤波

低通数字滤波是将当前输入信号与上次输出信号取加权平均值,因而在输出中,快速突然变化的信号均被滤掉,仅留下缓慢变化的部分。与低通数字滤波相反,高通数字滤波是从输入信号中去掉或丢弃慢变的信号,留下快速变化的信号,数学表达式为

$$y_n = \alpha x_n - (1-\alpha)y_{n-1} \tag{5-7}$$

8. 复合数字滤波

为了进一步提高滤波效果,有时可以把两种或两种以上不同滤波功能的数字滤波器组合起来,构成复合数字滤波器,或称为多级数字滤波器。

例如,前述算术平均值滤波或加权平均值滤波,都只能对周期性的脉动采样值进行平滑加工,但对于随机的脉冲干扰,如电网电压的波动、变送器的临时故障等,则无法消除。然而利用中值滤波则可以解决这个问题。因此,可以将二者结合起来,形成多功能的复合滤波。去极值平均滤波算法为:将 N 个测量数据看成一个队列,每次将采样值中的最大值和最小值去掉,再求剩下的 $N-2$ 个采样值的平均值。显然,这种方法既能抑制随机干扰,又能滤除明显的脉冲干扰。

此外,也可以采用双重滤波的方法,即把采样值经过低通滤波后,再经过一次高通滤波,这样,结果更接近理想值,这实际上相当于多级 RC 滤波。

5.3 系统误差的处理

系统误差(System Error)是系统本身因素引起的测量误差,去除随机误差的影响,对同一信号在相同条件下多次测量,误差的大小和符号保持不变或按一定规律变化。恒定不变的误差称为恒定系统误差,而按一定规律变化的误差称为变化系统误差,它们是由固定不变的或按确定规律变化的因素所造成的。产生系统误差的主要因素有以下几个。

① 测量装置方面:如标尺的刻度偏差,天平的臂长不等,仪器内部基准、放大器的零点漂移、增益漂移等。

② 环境方面:测量时的实际温度对标准温度的偏差,以及测量过程中的温度、湿度等按一定规律变化的误差。

③ 测量方法方面:采用近似的测量方法或近似的计算公式等引起的误差。

④ 测量人员方面:由于测量者个人的特点,在估计读数时,习惯偏于某一方向;动态测量时,记录某一信号有滞后的倾向等。

在测量中要针对具体情况采取相应的措施来消除或削弱系统误差。由于系统误差是固定的或有规律变化的,因而通常采用离线处理方法,以确定校正算法和数学模型,在线测量时则利用此校正算式对系统误差做出修正。智能仪器充分利用微处理器的运算和存储能力,可以对测量数据进行校正,而不需要任何硬件补偿装置,既可以大大提高精度和可靠性,又降低了成本。本节介绍常用的系统误差的校正方法。

5.3.1 利用误差模型校正系统误差

如果通过理论分析和数学处理能建立系统误差的数学模型,就可以确定校正系统误差的校正算法和表达式,准确地进行系统误差的校正。

由于不同仪器的系统误差模型不同,因此没有统一的方法。本节以仪器仪表中常用的含有运算放大器的测量误差模型为例讨论。如图 5.4 所示,图中 y 表示输入电压(被测量),x 表示带有误差的输出电压(测量值),x' 是从输出端 x 引到输入端用以改善系统稳定性的反馈量。ε 是

影响量(干扰或零漂),i 是偏差量(如放大器的偏置电流),K 是影响特性(如放大器的增益变化)。

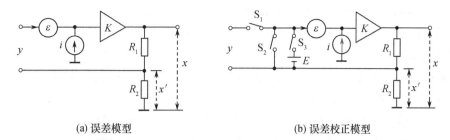

(a) 误差模型　　　　　　　　　　　　　　(b) 误差校正模型

图 5.2　误差校正模型

在理想情况下,$\varepsilon=0$,$i=0$,$K=1$,有 $x=\dfrac{R_1+R_2}{R_1}y$;在非理想情况下,存在一定误差,则有 $x=K(y+\varepsilon+x')$。由图 5.2 知,$\dfrac{x-x'}{R_1}+i=\dfrac{x'}{R_2}$,由此得

$$y=x\left(\frac{1}{k}-\frac{R_2}{R_1+R_2}\right)-\frac{i}{\dfrac{1}{R_1}+\dfrac{1}{R_2}}-\varepsilon$$

式中,R_1、R_2 及 ε、i、K 均为常数,被测量 y 与测量值 x 成线性关系,可表示为

$$y=b_1x+b_0 \tag{5-8}$$

式(5-8)是典型的系统误差修正公式,其中 b_1、b_0 是修正参数。为了消除系统误差的影响,求出被测量的真值 y,需要先求出式(5-8)中的参数 b_1、b_0。为此,可以建立图 5.2(b)的误差校正模型,S_1 控制实际测量,S_2 和 S_3 分别控制将零信号和标准电源 E 接入模型,以便求出参数 b_1 和 b_0。校正时,首先闭合 S_2,使输入端短路,即 $y=0$,然后闭合 S_3,使输入端接入标准电源 E,测得输出 x 分别为 x_0 和 x_1,得到两个方程

$$0=b_1x_0+b_0 \tag{5-9}$$
$$E=b_1x_1+b_0 \tag{5-10}$$

由式(5-9)、式(5-10)联立求解,可得

$$b_1=\frac{E}{x_1-x_0} \tag{5-11}$$

$$b_0=\frac{E}{1-\dfrac{x_1}{x_0}} \tag{5-12}$$

实际测量时,S_1 闭合,输入被测量 y,输出端得到测量值 x,将参数 b_1 和 b_0 代入式(5-8),得到经过校正后的被测量 y 为

$$y=b_1x+b_0=\frac{E(x-x_0)}{x_1-x_0} \tag{5-13}$$

在实际测量时,可在每次测量之初先求出 b_0 和 b_1,然后再采样,并按式(5-13)校正,从而可以实时消除系统误差。

5.3.2　利用离散数据建立模型校正系统误差

校正系统误差的关键是建立误差模型,有时数学模型计算太复杂、太费时(例如次数过高的 n 次多项式),常常要从系统的实际精度要求出发,降低一个已知非线性特性函数的次数,以简化数学模型,便于计算和处理。另外,在很多情况下,系统误差不能建立出数学模型,但是可以通过

测量获得一组反映被测量的离散数据,设计者可以利用这些离散数据建立反映被测量变化的近似数学模型(校正模型)。此时,常采用曲线拟合(逼近)法建立数学模型,即从 n 对测量数据(x_i, y_i)中求得一个函数 $f(x)$,作为实际函数的近似表达式,其实质是找出一个简单的、便于计算机处理的近似表达式代替实际的非线性关系。其中,常用的有代数插值法和最小二乘法。

1. 代数插值法

设有 $n+1$ 组离散点:(x_0,y_0),(x_1,y_1),$\cdots$,(x_n,y_n),$x \in [a,b]$ 和未知函数 $f(x)$,并有 $f(x_0)=y_0$,$f(x_1)=y_1$,$\cdots$,$f(x_n)=y_n$。

现在要设法找到一个函数 $g(x)$,使 $g(x)$ 在 $x_i(i=0,1,\cdots,n)$ 处与 $f(x_i)$ 相等。这就是插值问题。满足这个条件的函数 $g(x)$ 就称为 $f(x)$ 的插值函数,x_i 称为插值节点。若找到 $g(x)$,则在以后的计算中就可以用 $g(x)$ 在区间 $[a,b]$ 上近似代替 $f(x)$。插值函数 $g(x)$ 通过所有的插值节点。

在插值法中,$g(x)$ 有多种选择方法,如多项式、对数函数、指数函数、三角函数等。由于多项式是最容易计算的一类函数,一般常选择 $g(x)$ 为 n 次多项式,并记 n 次多项式为 $P_n(x)$,这种插值方法称为代数插值法,也称为多项式插值法。

现要用一个次数不超过 n 的代数多项式

$$P_n(x) = a_0 + a_1 x + a_2 x^2 + \cdots + a_n x^n = \sum_{i=0}^{n} a_i x^i \tag{5-14}$$

去逼近 $f(x)$,使 $P_n(x)$ 在节点 x_i 处满足

$$P_n(x_i) = f(x_i) = y_i \quad (i=0,1,\cdots,n)$$

对于前述 $n+1$ 组离散点,系数 $a_0,a_1\cdots,a_n$ 应满足的方程组为

$$\begin{cases} a_n x_0^n + a_{n-1} x_0^{n-1} + \cdots + a_1 x_0 + a_0 = y_0 \\ a_n x_1^n + a_{n-1} x_1^{n-1} + \cdots + a_1 x_1 + a_0 = y_1 \\ \quad\quad\cdots\cdots \\ a_n x_n^n + a_{n-1} x_n^{n-1} + \cdots + a_1 x_n + a_0 = y_n \end{cases} \tag{5-15}$$

这是一个含 $n+1$ 个未知数 $a_0,a_1,\cdots,a_n$ 的线性方程组。当 $x_0,x_1\cdots,x_n$ 互异时,方程组(5-15)有唯一的一组解。因此,一定存在一个唯一的 $P_n(x)$ 满足所要求的插值条件。这样,只要用已知的 x_i 和 $y_i(i=0,1,\cdots,n)$ 去求解方程组(5-15),就可以求得 $a_i(i=0,1,\cdots,n)$,从而可以得到 $P_n(x)$,这是求解插值多项式最基本的方法。

在实际应用中,由于 x_i 和 y_i 可以预先知道,所以可以先离线求出 a_i,然后按所得到的 a_i 编写一个计算 $P_n(x)$ 的程序,就可以对各输入值 x_i 近似地实时计算,使 $P_n(x) \approx f(x)$。通常,给出的离散点总是多于求解插值方程组所需要的离散点,因此,在用多项式插值方法求解离散点的插值函数时,首先必须根据所需要的逼近精度来决定多项式的次数。具体次数与所要逼近的函数有关。例如,函数关系接近线性的,可从中选取两点,用一次多项式来逼近($n=1$);接近抛物线的,可从中选取三点,用二次多项式来逼近($n=2$),$\cdots\cdots$。同时,多项式次数还与自变量的范围有关。一般来说,自变量的允许范围越大(即插值区间越大),达到同样精度时的多项式次数也越高。对于无法预先决定多项式次数的情况,可采用试探法,即先选取一个较小的 n 值,看看逼近误差是否接近所要求的精度,如果误差太大,则 $n+1$ 再试一次,直到误差接近精度要求为止。在满足精度要求的前提下,n 不应取得太大,以免增加计算时间。一般最常用的多项式插值是线性插值和抛物线(二次)插值。

（1）线性插值

线性插值是在一组数据(x_i, y_i)中选取两个有代表性的点(x_0, y_0)、(x_1, y_1)，然后根据代数插值原理，求出插值方程。

令式（5-14）中$n=1$，有

$$P_1(x) = a_0 + a_1 x \tag{5-16}$$

由式（5-15）有

$$\begin{cases} a_1 x_0 + a_0 = y_0 \\ a_1 x_1 + a_0 = y_1 \end{cases}$$

得待定系数a_1和a_0为

$$\begin{cases} a_0 = y_0 - a_1 x_0 \\ a_1 = \dfrac{y_1 - y_0}{x_1 - x_0} \end{cases} \tag{5-17}$$

将式（5-17）代入式（5-16）求出插值方程为

$$P_1(x) = \frac{(x - x_1)}{(x_0 - x_1)} y_0 + \frac{(x - x_0)}{(x_1 - x_0)} y_1 \tag{5-18}$$

当(x_0, y_0)、(x_1, y_1)取在非线性特性曲线$f(x)$的两端点A和B时，如图5.3所示，线性插值就是最常用的直线校正方程。

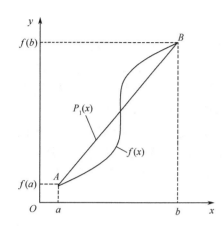

图5.3 非线性特性的直线校正方程

设A、B两点的数据分别为$(a, f(a))$、$(b, f(b))$，则根据式（5-16）至式（5-18）就可以求出其校正方程$P_1(x) = a_1 x + a_0$，式中$P_1(x)$表示对$f(x)$的近似值。当$x_i \neq a, b$时，$P_1(x_i)$与$f(x_i)$有拟合误差V_i，其绝对值为

$$V_i = |P_1(x_i) - f(x_i)| \quad (i = 1, 2, \cdots, n)$$

在全部x的取值区间$[a, b]$上，若始终有$V_i < \varepsilon$存在（ε为允许的拟合误差），则直线方程$P_1(x) = a_1 x + a_0$就是理想的校正方程。实时测量时，每采样一个值x，就用该方程计算$P_1(x)$，并把$P_1(x)$当作测量值的校正值。

（2）抛物线插值

抛物线插值是在一组数据中选取3个点(x_0, y_0)、(x_1, y_1)、(x_2, y_2)，由式（5-14）和式（5-15）可求出相应的插值方程为

$$P_2(x) = \frac{(x - x_1)(x - x_2)}{(x_0 - x_1)(x_0 - x_2)} y_0 + \frac{(x - x_0)(x - x_2)}{(x_1 - x_0)(x_1 - x_2)} y_1 + \frac{(x - x_0)(x - x_1)}{(x_2 - x_0)(x_2 - x_1)} y_2 \tag{5-19}$$

提高插值多项式的次数可提高校正精度，考虑到实时计算，多项式的次数一般不宜选得过高。对于一些难以靠提高多项式次数来提高拟合精度的非线性特性，可采用分段插值的方法加以解决。

（3）分段插值

当系统误差非线性程度严重或存在较宽测量范围时，可采用分段直线方程来进行校正。分段后的每段非线性曲线用一个直线方程来校正，如第i段直线可表示为

$$P_{1i}(x) = a_{1i} x + a_{0i} \quad (i = 1, 2, \cdots, n) \tag{5-20}$$

根据分段节点之间的距离是否相等，有等距节点和非等距节点分段直线校正两种方法。

① 等距节点分段直线校正法

等距节点分段直线校正法适用于非线性特性曲线曲率变化不大的场合。每段曲线都用一个直线方程代替，分段数n取决于非线性程度和仪表的精度要求。非线性越严重或仪器的精度要求越高，则n越大。式（5-20）中的a_{1i}和a_{0i}可离线求得。采用此种方法，每段折线的拟合误差V_i

一般各不相同。拟合结果应保证

$$\max[V_{maxi}] \leqslant \varepsilon \qquad (i=1,2,\cdots,n) \tag{5-21}$$

式中，V_{maxi} 为第 i 段的最大拟合误差，ε 为系统要求的拟合误差。求得的 a_{1i} 和 a_{0i} 存入仪器的 ROM 中。实时测量时，只要先用程序判断测量值 x 位于折线的哪一段，然后从 ROM 中取出该段对应的 a_{1i} 和 a_{0i} 进行计算，即可得到被测量的相应近似值。

② 非等距节点分段直线校正法

对于曲率变化大和切线斜率大的非线性特性曲线，若采用等距节点分段直线校正法进行校正，欲使最大误差满足精度要求，则分段数 n 就会变得很大，而误差分配却不均匀。同时，n 增加，使 a_{1i} 和 a_{0i} 的数目相应增加，占用内存较多，这时宜采用非等距节点分段直线校正法。即在线性较好的部分，节点间距离取得大一些，反之则取得小一些，从而使误差达到均匀分布。

设某系统的输入/输出特性曲线如图 5.4 中的实线所示，x 为系统的输出值（含有系统误差的测量值），y 为系统的输入值（实际被测量），采用非等矩节点分段直线校正法将曲线分为 4 段直线，逼近该系统的输入/输出曲线，如图 5.4 中虚线所示。可求得各段的直线方程式为

$$y=\begin{cases} y_3 & x \geqslant x_3 \\ y_2+k_3(x-x_2) & x_2 \leqslant x < x_3 \\ y_1+k_2(x-x_1) & x_1 \leqslant x < x_2 \\ k_1 x & 0 \leqslant x < x_1 \end{cases} \tag{5-22}$$

式中

$$k_3=\frac{y_3-y_2}{x_3-x_2}, \quad k_2=\frac{y_2-y_1}{x_2-x_1}, \quad k_1=\frac{y_1}{x_1}$$

编程时应将系数 k_1、k_2、k_3 及数据 (x_1,y_1)、(x_2,y_2)、(x_3,y_3) 分别存放在指定的 ROM 中。智能仪器在进行校正时，先根据测量值 x 的大小，找出所在直线段区域，从 ROM 中取出该直线段的系数，然后按照式(5-22)计算，获得实际被测量的值 y。该方法的程序流程图如图 5.5 所示。

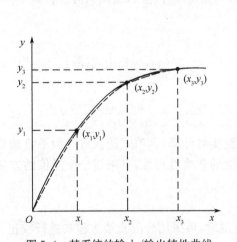

图 5.4 某系统的输入/输出特性曲线

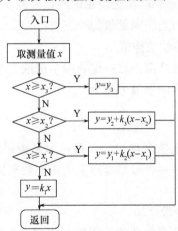

图 5.5 非等距节点分段直线校正法程序流程图

2. 最小二乘法

利用代数插值法得到的拟合曲线在 n 个节点上的校正误差为零，因为拟合曲线正好经过这些点，而拟合曲线没有经过的点校正误差可能增加。所以拟合曲线不一定能够准确反映实际的函数关系，即使能够实现，往往因为拟合曲线次数太高，使用起来不方便。因此，常常采用最小二乘法来实现曲线拟合，即以"误差平方和最小"的原则来衡量逼近结果，使拟合曲线更符合仪器的实际特性。下面介绍最小二乘法原理。

设被逼近函数为 $f(x)$，逼近函数为 $g(x)$，x_i 为 x 上的离散点，逼近误差为

$$V(x_i) = |f(x_i) - g(x_i)|$$

令
$$\Psi = \sum_{i=1}^{n} V^2(x_i) \tag{5-23}$$

使 Ψ 最小，即在最小二乘意义上使 $V(x_i)$ 最小化，这就是最小二乘法的原理。具体实现方法有直线拟合法和曲线拟合法。

（1）直线拟合法

设有一组测试数据，现在要求出一条最能反映这些数据点变化趋势的直线，设最佳拟合直线方程为

$$g(x) = a_1 x + a_0 \tag{5-24}$$

式中，a_1 和 a_0 为直线方程系数，下面求直线方程系数。

令
$$y_i = f(x_i)$$

则有

$$\Psi = \sum_{i=1}^{n} V^2(x_i) = \sum_{i=1}^{n} [y_i - g(x_i)]^2 = \sum_{i=1}^{n} [y_i - (a_1 x_i + a_0)]^2 \tag{5-25}$$

根据最小二乘法原理，要使 Ψ 最小，按照求极值的方法，将式（5-25）分别对 a_1 和 a_0 求偏导数，并令其为 0，得

$$\begin{cases} \dfrac{\partial \Psi}{\partial a_0} = \sum_{i=1}^{n} [-2(y_i - a_0 - a_1 x_i)] = 0 \\ \dfrac{\partial \Psi}{\partial a_1} = \sum_{i=1}^{n} [-2x_i(y_i - a_0 - a_1 x_i)] = 0 \end{cases}$$

化简上式得

$$\begin{cases} \sum_{i=1}^{n} y_i = a_0 n + a_1 \sum_{i=1}^{n} x_i \\ \sum_{i=1}^{n} x_i y_i = a_0 \sum_{i=1}^{n} x_i + a_1 \sum_{i=1}^{n} x_i^2 \end{cases} \tag{5-26}$$

求解式（5-26），得

$$a_0 = \frac{\left(\sum_{i=1}^{n} y_i\right)\left(\sum_{i=1}^{n} x_i^2\right) - \left(\sum_{i=1}^{n} x_i y_i\right)\left(\sum_{i=1}^{n} x_i\right)}{n\left(\sum_{i=1}^{n} x_i^2\right) - \left(\sum_{i=1}^{n} x_i\right)^2} \tag{5-27}$$

$$a_1 = \frac{n\left(\sum_{i=1}^{n} x_i y_i\right) - \left(\sum_{i=1}^{n} x_i\right)\left(\sum_{i=1}^{n} y_i\right)}{n\left(\sum_{i=1}^{n} x_i^2\right) - \left(\sum_{i=1}^{n} x_i\right)^2} \tag{5-28}$$

只要将各测量数据代入式（5-27）和式（5-28），就可以求出直线方程系数，从而得到这组测量数据在最小二乘意义上的最佳拟合直线方程。

对于分段插值法，可将非线性曲线采用分段逼近的方法分为 n 段，运用上述最小二乘法的拟合原则，分别求出每段拟合直线的系数 a_1 和 a_0，将每段都采用最佳拟合直线方程近似代替，从而逼近非线性曲线。

（2）曲线拟合法

为了提高拟合精度，通常对 n 个测试数据对 $(x_i, y_i)(i=1,2,\cdots,n)$，选用 n 次多项式

$$g(x) = a_0 + a_1x + a_2x^2 + \cdots + a_nx^n = \sum_{i=0}^{n} a_ix^i \tag{5-29}$$

来描述这组数据的近似函数关系式。

令 $y_i = f(x_i)$，有

$$V_i = f(x_i) - g(x_i) = y_i - g(x_i) = y_i - \sum_{j=0}^{n} a_jx_i^j \qquad (i=1,2,\cdots,n)$$

式中，V_i 表示在 x_i 处由式(5-29)计算得到的值（拟合值）和测量值 y_i 之间的误差。把 (x_i, y_i) 分别代入上式，得到 n 个方程

$$\begin{cases} V_1 = y_1 - (a_0 + a_1x_1 + a_2x_1^2 + \cdots + a_nx_1^n) \\ V_2 = y_2 - (a_0 + a_1x_2 + a_2x_2^2 + \cdots + a_nx_2^n) \\ \cdots\cdots \\ V_n = y_n - (a_0 + a_1x_n + a_2x_n^2 + \cdots + a_nx_n^n) \end{cases}$$

简记为

$$V_i = y_i - \sum_{j=0}^{n} a_jx_i^j \qquad (i=1,2,\cdots,n)$$

根据最小二乘法原理，为求取系数 a_j 的最佳估计值，应使误差 V_i 的平方和最小，即

$$\Psi = \sum_{i=1}^{n} V_i^2 = \sum_{i=1}^{n} \left[y_i - \sum_{j=0}^{n} a_jx_i^j \right]^2 \rightarrow \min \tag{5-30}$$

于是得到如下方程组

$$\frac{\partial\Psi}{\partial a_j} = -2\sum_{i=1}^{n} \left[\left(y_i - \sum_{j=0}^{n} a_jx_i^j \right) x_i^j \right] = 0$$

从而得计算 $a_0, a_1, \cdots, a_n$ 的线性方程组为

$$\begin{bmatrix} n & \sum x_i & \cdots & \sum x_i^n \\ \sum x_i & \sum x_i^2 & \cdots & \sum x_i^{n+1} \\ \vdots & \vdots & \vdots & \vdots \\ \sum x_i^n & \sum x_i^{n+1} & \cdots & \sum x_i^{2n} \end{bmatrix} \begin{bmatrix} a_0 \\ a_1 \\ \vdots \\ a_n \end{bmatrix} = \begin{bmatrix} \sum y_i \\ \sum x_iy_i \\ \vdots \\ \sum x_i^ny_i \end{bmatrix} \tag{5-31}$$

式中，$\sum$ 为 $\sum\limits_{i=1}^{n}$。

求解上式可得到系数 $a_0, a_1, \cdots, a_n$ 的最佳估计值。拟合多项式的次数越高，拟合结果越精确，但计算量越大。在满足精度要求的条件下，应尽量降低拟合多项式的次数。

同理，最小二乘法也可以采用其他解析函数，如对数函数、指数函数、三角函数等进行曲线拟合；还可以用实验数据作图，从实验数据点的图形分布形状来分析，选配适当的函数关系和经验公式进行拟合。最小二乘法与代数插值法的区别是函数关系中的一些待定系数用最小二乘法来确定。

5.3.3 利用标准数据表校正系统误差

如果对系统误差的来源及仪器工作原理缺乏充分认识，则无法建立误差模型。有的仪器虽然可以建立误差模型，但校正过程复杂，如计算相当复杂，若处理不当，则会引入新的误差。通过建立校正数据表的方法来修正系统误差，不仅可以提高测量精度，还可以提高系统运行速度。校正步骤如下。

① 获取校正数据：在仪器的输入端逐次加入已知的标准值 $y_1, y_2, \cdots, y_n$，并测出仪器对应的输出量 $x_1, x_2, \cdots, x_n$。

② 建立表格：表格的形式对于查表很重要，一种常用的方法是将 $y_i(i=1,2,\cdots,n)$ 按照由小到大（或由大到小）的顺序依次存入 ROM，用测量值（输出量）$x_i(i=1,2,\cdots,n)$ 作为地址偏移量，使 x_i 的地址与 y_i 对应，建立一张校正数据表。

③ 实际测量。

④ 查表校正：校正时，根据仪器的实际输出量（测量值）x_i 查表，读出对应的值 y_i，即得到经过校正后被测量的值。

若实际测量值 x 介于某两个测量值 x_i、x_{i+1} 之间，查表时没有对应的标准值，为了减小误差，可以再进行内插计算来修正。最简单的内插是采用式(5-18)，当 $x_i < x < x_{i+1}$ 时，取

$$y = \frac{x - x_{i+1}}{x_i - x_{i+1}} y_i + \frac{x - x_i}{x_{i+1} - x_i} y_{i+1} \tag{5-32}$$

内插法可以减少校准点，减少存储空间，但由于在两点间用一条直线代替原曲线，因而精度有限。如果要求更高的精度，可以采取增加校准点的方法，或者采用更精确的内插方法，如 n 阶多项式内插、三角内插等。

5.3.4 传感器的非线性校正

许多传感器的输出信号与被测参数存在明显的非线性。例如，在温度测量中，热电偶与温度的关系是非线性的；再如，测量热电阻所用的四臂电桥，当电阻变化使电桥失去平衡时，输出电压与电阻之间的关系也是非线性的。为了使智能仪器直接显示各种参数并提高测量精度，需要对传感器的非线性进行校正。校正算法常通过执行相应的软件来完成，比传统仪器中采用的硬件技术方便，并且具有较高的精度和广泛的适应性。常用的传感器非线性校正算法有校正函数法、代数插值法、最小二乘法等。其中，利用代数插值法、最小二乘法进行传感器的非线性校正实际上就是利用离散数据建立模型方法来校正系统误差的典型应用。

1. 利用离散数据建立模型校正传感器的非线性

下面以镍铬-镍铝热电偶为例说明利用代数插值法、最小二乘法等校正传感器非线性的过程。

0～490℃的镍铬-镍铝热电偶分度表见表 5.2，现要求进行非线性校正，设允许校正误差小于 3℃。

表 5.2　镍铬-镍铝热电偶分度表

温度(℃)	0	10	20	30	40	50	60	70	80	90
	热电势(mV)									
0	0.00	0.40	0.80	1.20	1.61	2.02	2.44	2.85	3.27	3.68
100	4.10	4.51	4.92	5.33	5.73	6.14	6.54	6.94	7.34	7.74
200	8.14	8.54	8.94	9.34	9.75	10.15	10.56	10.97	11.38	11.80
300	12.21	12.62	13.04	13.46	13.87	14.29	14.71	15.13	15.55	15.97
400	16.40	16.82	17.24	17.67	18.09	18.51	18.94	19.36	19.79	20.21

（1）采用直线方程进行非线性校正

校正时，一般取两端点，即取 $A(0,0)$ 和 $B(20.21,490)$ 两点，按式(5-17)可求得 $a_1 \approx 24.245$，$a_0 = 0$，由式(5-18)可得 $P_1(x) = 24.245x$，这就是直线校正方程。可以验证，在两端点，拟合误差为 0，而在 $x = 11.38\text{mV}$ 时，$P_1(x) = 275.91℃$，误差为 4.09℃，达到最大值。240～360℃范围内拟合误差均大于 3℃。

显然，对于非线性程度严重或测量范围较宽的非线性特性曲线，采用上述一个直线方程进行校正，往往很难满足仪表的精度要求。

（2）采用抛物线插值法进行校正

选择两端点及中间点，即选择(0,0)、(10.15,250)和(20.21,490)三点。根据式(5-19)得

$$P_2(x)=\frac{x(x-20.21)}{10.15\times(10.15-20.21)}\times250+\frac{x(x-10.15)}{20.21\times(20.21-10.15)}\times490$$

$$=-0.038x^2+25.02x$$

可以验证，用这一方程进行非线性校正，每点误差均不大于3℃，最大误差发生在130℃处，误差值为2.277℃。

可见，提高插值多项式的次数是提高校正精度的关键。插值多项式的次数需根据经验、描点观察数据的分布或试凑决定。另外，插值节点的选择与插值多项式的误差大小有很大的关系。由于一般给出的离散数组函数关系对的数目均较多，可选择适当的插值节点 x_i 和 y_i。

（3）采用分段插值法进行校正

在表5.2中所列出的数据中取3点：(0,0)、(10.15,250)、(20.21,490)，现用经过这3点的两个直线方程来近似代替整个表格，并可以求得方程为

$$P_1(x)=\begin{cases}24.63x & 0\leqslant x<10.15 \\ 23.86x+7.85 & 10.15\leqslant x\leqslant20.21\end{cases}$$

可以验证，用这两个插值方程对表5.2所列的数据进行非线性校正，每点的误差均不大于2℃。第一段直线的最大误差发生在130℃处，误差值为1.278℃；第二段直线的最大误差发生在340℃处，误差值为1.212℃。

当非线性严重时，用一段或两段直线方程进行拟合无法保证拟合精度，往往需要通过增加分段数来满足拟合要求。另外，分段节点分布如果不合理，可导致误差不能均匀分布，因此应合理确定分段节点的位置。

（4）采用最小二乘法进行校正

在表5.2所列出的数据中取3点：(0,0)、(10.15,250)、(20.21,490)，采用分段直线拟合，拟合系数用最小二乘法求取。在3个点之间求出两段直线方程为

$$y=a_{01}+a_{11}x \qquad 0\leqslant x<10.15$$
$$y=a_{02}+a_{12}x \qquad 10.15\leqslant x<20.21$$

根据式(5-27)和式(5-28)，可以分别求出 a_{01}, a_{11} 和 a_{02}, a_{12}，得

$$a_{01}=-0.122 \qquad a_{11}=24.57$$
$$a_{02}=9.05 \qquad a_{12}=23.83$$

可以验证，第一段直线的最大误差发生在130℃处，误差为0.836℃；第二段直线的最大误差发生在250℃处，误差为0.925℃。与前述分段插值法拟合结果比较，采用最小二乘法所得的校正方程的误差要小得多。

2. 利用校正函数法进行传感器的非线性校正

如果确切知道传感器非线性特性的解析式 $y=f(x)$，则就有可能利用基于此解析式的校正函数来进行非线性校正，如图5.6所示。

图5.6 传感器的非线性校正示意图

已知
$$y = f(x) \tag{5-33}$$
$$N = ky \tag{5-34}$$
$$z = x \tag{5-35}$$

设 $y = f(x)$ 的反函数为 $x = F(y)$，则由式(5-35)可得

$$z = x = F(y) \tag{5-36}$$

由式(5-34)，$y = N/k$，代入式(5-36)，有

$$z = x = F(N/k) = \Phi(N) \tag{5-37}$$

式(5-37)就是对应于 $y = f(x)$ 的校正函数，其自变量是数据采集系统的输出 N，因变量 $z = x$，为根据数字量提取出来的被测量。下面以一个实例来说明校正函数法的使用过程。

某测温热敏电阻的阻值与温度之间的关系为

$$R_T = \alpha R_{25℃} e^{\beta/T} = f(T) \tag{5-38}$$

式中，R_T 为热敏电阻在温度 T 时的阻值；$R_{25℃}$ 为热敏电阻在25℃时的阻值；T 为热力学温度，单位为 K；当温度在 $0 \sim 50℃$ 之间，$\alpha \approx 1.44 \times 10^{-6}$，$\beta \approx 4016 \mathrm{K}$。

显然，式(5-38)是一个以被测量 T 为自变量，R_T 为因变量的非线性函数表达式。可利用校正函数法来求出与被测量 T 成线性关系的校正函数 z，具体实现过程如下。

①首先求式(5-38)的反函数，可得

$$\ln R_T = \ln(\alpha R_{25℃}) + \frac{\beta}{T} \tag{5-39}$$

$$\frac{\beta}{T} = \ln R_T - \ln(\alpha R_{25℃}) = \ln\left(\frac{R_T}{\alpha R_{25℃}}\right) \tag{5-40}$$

所以

$$T = \frac{\beta}{\ln[R_T/(\alpha R_{25℃})]} = F(R_T) \tag{5-41}$$

式(5-41)即为 $R_T = f(T)$ 的反函数。

②再求相应的校正函数。由式(5-34)得

$$N = k \times R_T$$

即

$$R_T = N/k$$

则

$$F(R_T) = F\left(\frac{N}{k}\right) = \frac{\beta}{\ln[N/(k\alpha R_{25℃})]} = T \tag{5-42}$$

于是可得校正函数为

$$z = T = F(R_T) = F\left(\frac{N}{k}\right) = \frac{\beta}{\ln[N/(k\alpha R_{25℃})]} \tag{5-43}$$

因此，仪器中的微处理器只需要把数据采集系统的输出 N 代入式(5-43)进行计算，就可以转换为 z，即被测量 T。

在实际应用中，许多传感器的函数解析式难以直接得到，这样就不可能求出相应的反函数；即使能得到传感器的函数解析式，也不一定能方便地变换成相应的反函数；而且有的校正函数比较复杂，不便于工业现场使用微处理器进行实时计算。此时，可以采用前述代数插值法或最小二乘法实现传感器的非线性校正。

5.4 粗大误差的处理算法

粗大误差(Careless Error)是指在一定的测量条件下，测量值明显地偏离实际值所形成的误

差。粗大误差明显歪曲了测量结果，应予以剔除。但测量结果中可能同样存在系统误差和随机误差，则在测量和数据处理时要认真分析、判断测量值，确定结果中出现的误差究竟属于哪类误差，再做相应的误差处理，而不可轻易舍去可疑测量值。常用的判断粗大误差的准则有拉依达准则和格拉布斯准则。

5.4.1 判断粗大误差的准则

1. 拉依达准则

若有一等精度独立测量列 $x_i(i=1,2,\cdots,n)$，其算术平均值为 $\overline{x}$，标准偏差为 σ，其中某次测量值 x_i 所对应的残差 v_i 满足

$$|v_i|=|x_i-\overline{x}|>3\sigma \tag{5-44}$$

则 v_i 为粗大误差；x_i 为坏值，应予以剔除。

拉依达准则简单，易于使用，故应用广泛。但因它是在重复测量次数 n 趋于无穷大的前提下建立的，故当 n 有限，特别是 n 较小时，此准则不可靠，宜采用格拉布斯准则。

2. 格拉布斯准则

格拉布斯准则考虑了测量次数及标准偏差本身误差的影响，理论上较严谨，使用也较方便。

格拉布斯准则如下：凡残差满足

$$|v_i|=|x_i-\overline{x}|>[g(n,\alpha)]\sigma \tag{5-45}$$

的误差被认为是粗大误差，其相应的测量值应予以舍弃。式中，σ 为标准偏差，$[g(n,\alpha)]$ 为格拉布斯系数，n 为测量次数，α 为危险概率，$\alpha=1-P(P$ 为置信概率)，其值见表 5.3。

表 5.3 格拉布斯系数

n \ α	0.05	0.01	n \ α	0.05	0.01	n \ α	0.05	0.01
3	1.15	1.15	14	2.37	2.66	25	2.66	3.01
4	1.46	1.49	15	2.41	2.71	30	2.75	
5	1.67	1.75	16	2.44	2.75	35	2.82	
6	1.82	1.94	17	2.47	2.79	40	2.87	
7	1.94	2.10	18	2.50	2.82	45	2.92	
8	2.03	2.22	19	2.53	2.85	50	2.93	
9	2.11	2.32	20	2.56	2.88	60	3.03	
10	2.18	2.41	21	2.58	2.91	70	3.09	
11	2.23	2.48	22	2.60	2.94	80	3.14	
12	2.29	2.55	23	2.62	2.96	90	3.18	
13	2.33	2.61	24	2.64	2.99	100	3.21	

例 5.1 有一组等精度无系统误差的独立测量列 $x_i(i=1,2,\cdots,n)$：39.44，39.27，39.94，39.44，38.91，39.69，39.48，40.56，39.78，39.35，39.68，39.71，39.46，40.12，39.39，39.76，试用拉依达准则和格拉布斯准则分别判断该测量列有无粗大误差。

解：① 由于 x_i 较大，为方便计算，可以任选一个与 x_i 接近的值做变换，令 $y_i=x_i-39.50$。因为 $y_i-\overline{y}=x_i-\overline{x}=v_i$，所以有

$$\sigma=\sqrt{\frac{1}{n-1}\sum_{i=1}^{n}v_i^2}$$

$$=\sqrt{\frac{1}{n-1}\times\left[\sum_{i=1}^{n}y_i^2-\frac{1}{n}\left(\sum_{i=1}^{n}y_i\right)^2\right]}$$

$$= \sqrt{\frac{1}{16-1} \times \left[2.405 - \frac{1}{16} \times (1.98)^2 \right]}$$

$$\approx 0.38$$

② 按照拉依达准则进行判断。

$$3\sigma = 3 \times 0.38 = 1.14$$

逐一检查各测量值,均有 $|v_i| = |y_i - \overline{y}| = |y_i - 0.124| < 3\sigma = 1.14$,即各测量值的残差的绝对值都小于 3σ,所以这组数据没有粗大误差。

③ 按照格拉布斯准则进行判断。根据表 5.3 查出格拉布斯系数 $[g(n,\alpha)] = 2.44$(常取 $\alpha = 0.05$),所以有

$$[g(n,\alpha)]\sigma = 2.44 \times 0.38 = 0.93$$

逐一检查各测量值,第 8 个测量值 y_8 有

$$|v_8| = |y_8 - \overline{y}| = 0.94 > 0.93$$

所以 v_8 为粗大误差,第 8 个测量值为坏值,应予以舍弃。

④ 舍弃 y_8 后,重新计算。

$$\sigma = \sqrt{\frac{1}{15-1} \times \left[1.2814 - \frac{1}{15}(0.92)^2 \right]} \approx 0.30$$

按照拉依达准则:$|v_i| = |y_i - \overline{y}| = |y_i - 0.124| < 0.90$,没有粗大误差。

按照格拉布斯准则:$[g(n,\alpha)] = 2.41 (n=15, \alpha=0.05)$,所以

$$[g(n,\alpha)]\sigma = 2.41 \times 0.30 = 0.72$$

逐一检查各个测量值,所有残差均小于鉴别值,所以测量值中不含粗大误差。至此,粗大误差判断结束,全部测量值中只有 x_8 含有粗大误差,应予以舍弃。

5.4.2 测量数据的处理步骤

当对仪器中的系统误差采取了有效措施后,对于测量数据中存在的随机误差和粗大误差一般可以按下列步骤进行处理。

① 求测量数据的算术平均值:$\overline{x} = \frac{1}{n} \sum\limits_{i=1}^{n} x_i$。

② 求出各测量值的残差:$|v_i| = |x_i - \overline{x}|$。

③ 求标准偏差

$$\sigma = \sqrt{\frac{1}{n-1} \times \left[\sum\limits_{i=1}^{n} x_i^2 - \frac{1}{n} \left(\sum\limits_{i=1}^{n} x_i \right)^2 \right]}$$

④ 利用拉依达准则和格拉布斯准则判断粗大误差。

⑤ 如果判断存在粗大误差,应予以舍弃。然后重复上述步骤①~④,直到清除全部粗大误差(每次只允许舍弃其中最大的一个)。

在上述测量数据的处理中,为了削弱随机误差的影响,提高测量结果的可靠性,应尽量增加测量次数。需要说明的是,一般情况下,为了提高数据的处理速度,可以直接将采样数据作为测量结果,或进行一般的滤波处理即可。只有当要求被测参数精度较高时,或者某项误差影响比较严重时,才需要对数据按上述步骤进行处理。

5.5　温度误差的校正方法

在高精度的仪器仪表中,传感器与放大器、模拟多路开关、A/D 转换器等都受到温度的影响而产生温度误差,温度变化会影响整个仪器仪表的性能指标。在智能仪器出现以前,仪器仪表采用各种硬件方法进行温度补偿,线路复杂,实现完全补偿非常困难。在智能仪器中,只要能建立较精确的温度误差模型,利用微处理器根据数学模型进行校正是很容易实现的。另外,为了实现自动补偿,必须在智能仪器中安装测温元件,如热敏电阻、AD590、DS18B20 等,它们可以将温度信号转换成电学量,经信号调理电路、A/D 转换器转换成与温度有关的数字量 d,利用 d 的变化 Δd 计算温度的补偿量。

温度误差数学模型的建立可以采用前面已经介绍的代数插值法或最小二乘法等。对于某些传感器,可以采用如下较简单的数学模型,表示为

$$y_c = y(1 + a_0 \Delta d) + a_1 \Delta d \tag{5-46}$$

式中,y_c 为经温度校正后的测量值;y 为未经温度校正的测量值;Δd 为实际工作环境温度与标准环境温度的差(数字量);a_0 和 a_1 为温度变化系数,a_0 用于补偿传感器灵敏度的变化,a_1 用于补偿零点漂移。

5.6　测量数据的标度变换

生产过程中的各个参数都有不同的量纲和数值。例如,温度的单位为℃,流量的单位为 m^3/h,压力的单位为 Pa。在智能仪器中,这些参数要经过传感器转换成电信号(如 0～5V、0～10V等),再经 A/D 转换器转换成二进制数值,才能被 CPU 进行处理。即仪器直接采集的数据仅代表被测参数的相对大小,并不等于原来带有量纲的参数值,当系统进行显示、记录、打印和报警操作时,必须把这些测得的数据转换成原物理量纲的工程实际值,这种转换称为标度变换。

例如,在一个温度测控系统中,某种热电偶把现场温度 0～1200℃转变为 0～48mV 信号,经输入通道中的运算放大器放大到 0～5V,再由 8 位 A/D 转换器转换成 00H～FFH 的数字量,这一系列的转换过程是由输入通道的硬件电路完成的。CPU 读入该数字量后,必须把这个数字量再转换成量纲为℃的温度信号,才能送到显示器进行显示。

智能仪器中标度变换是由软件完成的,有不同的算法,具体采用何种算法取决于被测参数和测量传感器的类型,根据实际情况而定。标度变换一般有线性标度变换和非线性标度变换。

5.6.1　线性标度变换

线性标度变换(Linear Scale Transform)是最常用的标度变换方式,其前提条件是被测参数与 A/D 转换结果成线性关系。即线性标度变换是指可以用线性表达式 $y = ax + b$ 来表示的变换。如果传感器在额定范围内的输出信号与被测参数有较好的线性关系,就可以用线性标度变换。设 A_0 为测量仪表的下限,A_m 为测量仪表的上限,A_x 为实际被测量(工程量),N_0 为仪表下限所对应的数字量,N_m 为仪表上限所对应的数字量,N_x 为实际测量值所对应的数字量。可求得线性标度变换的公式为

$$A_x = (A_m - A_0) \frac{N_x - N_0}{N_m - N_0} + A_0 \tag{5-47}$$

式(5-47)为线性标度变换的通用公式。其中,A_m、A_0、N_m、N_0 对某一固定的被测参数来说是

常数，不同的参数有不同的值。为了使程序设计简单，一般把测量仪表的下限 A_0 所对应的 A/D 转换值置为 0，即 $N_0=0$。这样，式(5-47)可写成

$$A_x=(A_m-A_0)\frac{N_x}{N_m}+A_0 \tag{5-48}$$

在很多测量系统中，测量仪表的下限 $A_0=0$，此时，其对应的 $N_0=0$，式(5-48)可进一步简化为

$$A_x=A_m\frac{N_x}{N_m} \tag{5-49}$$

例 5.2 在某压力测量系统中，压力测量仪表的量程为 $400\sim1200$Pa，采用 8 位 A/D 转换器，经 CPU 采样及数字滤波后的数字量为 ABH，求此时的压力值。

解：根据题意，已知 $A_0=400$Pa，$A_m=1200$Pa，$N_x=$ABH$=171$D，选 $N_m=$FFH$=255$D，$N_0=0$，所以采用式(5-48)可得

$$A_x=(A_m-A_0)\frac{N_x}{N_m}+A_0=(1200-400)\times\frac{171}{255}+400=936\text{Pa}$$

5.6.2 非线性标度变换

如果传感器在额定范围内的输出信号与被测参数之间成非线性关系，则上述线性标度变换公式就不适用了，需要用非线性标度变换公式。由于非线性参数的变化规律各不相同，故应根据不同情况建立新的标度变换算法。

1. 公式变换法

例如，在流量测量中，流量与压差之间的关系式为

$$Q=k\sqrt{\Delta P} \tag{5-50}$$

式中，Q 为流量；k 为刻度系数，与流体的性质及节流装置的尺寸相关；ΔP 为节流装置的压差。

可见，流体的流量与被测流体流过节流装置前后产生的压力差的平方根成正比。CPU 对压差变送器的输出信号进行数据采集，若采集的结果 N_x 与压差成线性关系 $N_x=C\Delta P$，则 N_x 与流量就不成线性关系。因此，用数据采集的数字量结果表示流量时，有

$$Q=K\sqrt{N_x} \tag{5-51}$$

式中，$K=k/\sqrt{C}$。

设 Q_x 为被测流体的流量值，Q_m 为流量仪表的上限值，Q_0 为流量仪表的下限值，N_x 为压差变送器所测得的压差值（数字量），N_m 为压差变送器上限所对应的数字量，N_0 为压差变送器下限所对应的数字量。利用下限和上限两点建立直线方程为

$$\frac{Q_x-Q_0}{Q_m-Q_0}=\frac{K\sqrt{N_x}-K\sqrt{N_0}}{K\sqrt{N_m}-K\sqrt{N_0}} \tag{5-52}$$

可得压差流量测量时的标度变换公式为

$$Q_x=\frac{\sqrt{N_x}-\sqrt{N_0}}{\sqrt{N_m}-\sqrt{N_0}}(Q_m-Q_0)+Q_0 \tag{5-53}$$

对于流量仪表，一般下限为 0，即 $Q_0=0$，故式(5-53)可简化为

$$Q_x=\frac{\sqrt{N_x}-\sqrt{N_0}}{\sqrt{N_m}-\sqrt{N_0}}Q_m \tag{5-54}$$

若在进行转换时 Q_0 所对应的数字量 N_0 也为 0，则式(5-53)可进一步简化为

$$Q_x = Q_m \sqrt{\frac{N_x}{N_m}}$$

(5-55)

2. 其他标度变换法

许多非线性传感器并不能像流量传感器一样,可以写出一个函数表达式,或者虽然能够写出函数表达式,但计算相当困难。这时可以参照前述系统误差的修正方法,采用查表法或拟合法进行标度变换。

5.7　智能仪器的自动测量

自动测量是智能仪器不可缺少的重要功能,测量结果应满足所要求的测量精度和可靠性。由于微处理器的引入,通过软件算法实现了原来仅靠硬件难以实现的测量功能,并且提高了测量精度和可靠性,同时仪器操作人员省去了大量烦琐的人工调节。由于不同仪器的功能及性能差别很大,因而测试过程自动化的设计应结合具体仪器来考虑。本节主要介绍智能仪器自动测量中常用的量程自动转换、触发电平自动调节等功能。

5.7.1　量程自动转换

在工程实践中,被测信号往往具有较宽的变化范围。特别是在多回路检测系统中,各检测点所使用的传感器可能不同。即使同一类型的传感器,在不同的使用条件下,其输出信号电平也有差异,变化范围很宽。由于智能仪器中 A/D 转换器的输入信号要求有一个固定的范围,如输入电压通常为 0~10V 或−5~+5V,若用上述传感器的输出电压直接作为 A/D 转换器的输入电压,往往不能充分利用 A/D 转换器的有效位数,这样就必然影响测量精度。因此量程自动转换即根据输入信号的大小,在很短的时间内自动选定最合理的量程,这是智能仪器的一个重要功能。许多常用智能仪器如数字示波器、智能电桥、数字多用表等,都设有自动量程转换功能。智能仪器在进行测量时先选择合适的量程,然后在合适的量程下进行测量。智能仪器的量程选择可以通过两条途径实现:一是采用程控放大器,二是采用不同量程的传感器。

1. 采用程控放大器

当被测信号的幅值变化范围很大时,为了保证测量精度的一致性,可以采用程控放大器(Program Control Amplifier,PGA)。通过改变程控放大器的增益,对幅值小的信号采用大增益,对幅值大的信号采用小增益。程控放大器量程转换原理如图 5.7 所示。

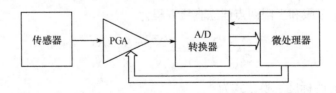

图 5.7　程控放大器量程转换原理图

下面以数字电压表的自动量程转换为例进行说明。设某数字电压表共有 1V、10V、100V、1000V 四个量程,每个量程相差 10 倍,为了能自动选择合适的量程,每个量程都设置了上限(超量程限)和下限(欠量程限)。上限通常在满度值附近取值,下限一般取上限的 1/10。自动量程转换程序流程如图 5.8 所示。自动量程转换由最大量程开始,逐级比较,直至选出最合适的量程为止。这些量程的设定是由 CPU 通过特定的输出端口将量程控制代码送至程控放大器的增益控制线来实现的,送出不同的量程控制代码就可以决定不同的程控放大器增益,使数字电压表处于某一量程上。

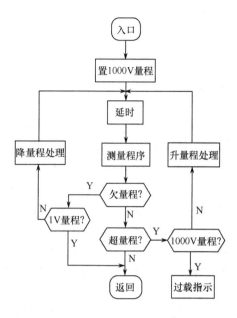

图5.8　自动量程转换程序流程图

程控放大器增益的改变本质上是开关的切换过程,由于开关从闭合变为断开,或从断开变为闭合有一个短暂的过程,所以在每次改变量程之后要安排一定的延迟时间,然后再进行正式的测量和判断。由于量程之间是10倍的关系,为了得到最高的测量精度,最佳的测量值V_x应落在$V_m \geqslant V_x \geqslant V_m/10$之间($V_m$为该量程的满度值)。若测量值$V_x < V_m/10$,则判断为欠量程,应进行降量程处理(例如,若原量程为10V,应降到1V);反之,应进行升量程处理。虽然各量程的满度值V_m不同,但在每个量程范围内经放大和A/D转换后的数字量变化范围相同,所对应的输出电压V_o的范围也相同。

实际设计时,由于分挡误差的存在,同一个被测量在不同的量程可能有不同的测量值,量程上限和下限还要依据实际情况做灵活的处理。为了避免在两种量程的交叉点上可能出现的反复选择量程的情况发生,还应考虑使低量程的上限值和高量程的下限值之间有一定的重叠范围。如上述数字电压表处于10V量程,该量程有负的测量误差,而1V量程有正的测量误差。一般情况下,自动量程转换能正常进行,但当被测量在量程转换点附近时,如在10V量程测得被测量读数为0.9990V,低于满度值的1/10,应降到1V量程进行测量,但在1V量程测得读数为1.0005V,超过了满度值,应升到10V量程进行测量,于是出现了被选量程的不确定性。为了解决这一问题,可使低量程的上限值和高量程的下限值之间有一定的重叠范围,如量程的上限值保持不变,可将量程的下限值根据误差的大小选为比满度值的1/10略小(如9.5%),即10V量程的下限选为0.95V可解决问题。

2. 自动切换不同量程的传感器

图5.9所示为另一种量程的切换方案,由微处理器通过多路转换器进行切换。1#传感器的最大量程范围为M_1,2#传感器的最大量程范围为M_2,且$M_1 > M_2$,设它们的满度值输出是相同的。测量时,总是1#传感器先投入工作,2#处于过载保护状态,待软件判别确认量程后,再置标志位,选取量程M_1或M_2。此方案适合传感器价格便宜的测量仪器。

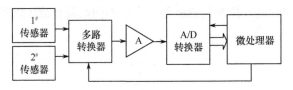

图 5.9　传感器的不同量程切换原理图

5.7.2　触发电平自动调节

示波器、通用计数器等的触发参数的设定非常重要,触发参数的调整是使信号在屏幕上能稳定显示的前提。其中,触发电平用于调节波形的起始显示电压值,即设定显示屏上显示的信号以大于或小于设定的触发电压为起始显示点。一般情况下,触发电平应设定在波形的中点。有时为了满足其他测量的要求,如测定波形上升时间(或下降时间)时,需要将触发电平设定在波形的10%(或90%)处。过去,要迅速而准确地自动找到理想的触发电平是困难的,然而借助微处理器,并辅以一定的硬件支持,就可以很好地实现这项功能。

触发电平自动调节的原理如图 5.10 所示。可以看出,输入信号经过程控衰减器传输到比较器的反相端,微处理器输出与触发电平对应的数字信号,该信号经 D/A 转换器转换为模拟量,输入比较器的同相端。当经过程控衰减器的输入信号的幅度达到该触发电平时,比较器输出将改变状态。触发检测器将检测到的比较器输出状态的变化送到微处理器,触发电平即可被测出。

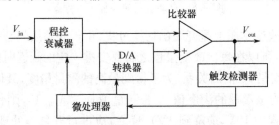

图 5.10　触发电平自动调节原理图

设某智能仪器的输入信号有 100V、10V 和 1V 三挡量程,为了实现对触发电平的自动调节,可分为"粗调"过程和"微调"过程。

"粗调"过程可确定输入波形所在量程。首先编程使微处理器通过输出接口将程控衰减器置于最高量程 100V 挡(程控衰减器放大倍数为 0.01,即 ×0.01),然后,通过向 D/A 转换器输送不同的数字量逐渐调节触发电平,再通过触发检测器检测比较器输出是否翻转,以此来检测输入波形幅度是否在 100V 量程范围内。如果未检测出,则将程控衰减器置于 10V(×0.1)挡,重复上述过程。如果还未检测出,就将程控衰减器降低到 1V(×1)挡,再重复上述过程。此过程实际上是自动量程转换的过程。触发检测器第一次检测到触发电平,表明输入波形所在的量程确定,"粗调"过程停止。

"微调"过程可准确确定触发电平。输入波形所在的量程确定后,微处理器将向 D/A 转换器发送较小间隔的数字量,即以较小的步进值调节触发电平。如微处理器开始以该量程的 5% 为一步,步进扫描整个输入量程范围。当检测到触发电平时,比如在第三步时发生第一次触发,则退回到第二步时的电平,再以 1.25% 为一步继续进行扫描,直至发生第二次触发为止。利用上述方法可以探测出最小峰值和最大峰值,微处理器经过计算可以得出触发电平。根据精度需要,重复使用上述方法,可以获得更好的分辨率,得到最佳触发电平,最后微处理器通过 D/A 转换器将通道置于该电平上。

5.8 智能仪器的自动校准

仪器测量参数的准确性受到各种因素的影响,例如,使用寿命、温度、湿度和暴露在外部环境的情况及误用等。为了保证仪器在预定精度下正常工作,仪器必须定期进行校准。传统仪器校准通过对已知标准校准源直接测量,或通过与更高精度的同类仪器进行比较测量来实现。

通过对已知标准校准源直接测量:一般采用步进调节的标准信号源,校准时,信号源的示值作为真值,与被校准仪器示值的差值即为仪器的测量误差,由小到大改变标准信号源的输出,可以获得该仪器在所有测量点上的校准值。

通过与更高精度的同类仪器进行比较:一般采用精度比被校准仪器的精度高一个量级的标准仪器,校准时,标准仪器与被校准仪器同时测量信号源输出的信号,标准仪器的显示值作为被测信号的真值,与被校准仪器的显示值的差值即为仪器的测量误差(即校准值),由小到大改变信号源的输出,可以获得该仪器在所有测量点上的校准值。

两种校准过程在进行校准时,信号源输出的改变和被校准仪器功能、量程的设定要靠手工操作,当被校准仪器的测量存在误差时,需要手动调节仪器内部的可调元件(可调电阻、可调电容、可调电感等)的参数,使其示值接近标准值。必要时,还需要记录多个测量点上的校准值并建立误差修正表,测量时再根据修正表对测量结果进行人工修正。仪器校准后,有时还需要根据检定部门给出的误差修正表对测量结果进行修正。如果仪器的测量值超过了所公布的不确定性,就要调整仪器使之符合已公布的规范,使用极为不便。

智能仪器内含微处理器,可以自动对所得测试结果与已知标准值进行比较,将测量的不确定性进行量化,验证仪器是否工作在规定的指标范围内。自动校准功能大大降低了对衰减器、放大器等关键测量部件的稳定性水平的要求。

本节介绍智能仪器进行内部自动校准(Interior Automatic Calibration)和外部自动校准(Exterior Automatic Calibration)的方法。

5.8.1 内部自动校准

内部自动校准技术利用仪器内部的校准源将各功能、各量程按工作条件调整到最佳状态。当在环境差别较大的情况下工作时,内部自动校准实际上消除了环境因素对测量准确度的影响,补偿工作环境的变化、内部校准温度的变化和可能影响测量的其他因素的变化。内部自动校准不需要任何外部设备和连线,不用打开仪器盖(但要通过安全确认措施),只需要按要求启动内部自动校准程序即可完成校准。智能仪器采用内部自动校准技术,可去掉普通的微调电位器和微调电容,所有的内部调节工作都是通过存储的校准数据、可调增益放大器、可变电流源、比较器及A/D转换器实现的,即校准工作可以在微处理器的控制下快速完成,且费用降低。

例如,在使用示波器时,自动校准通过对环境温度和仪器温度的变化进行补偿来实现最佳的示波器性能,校准数据存储在 ROM 中,使用这些校准数据及示波器的内部电压和时间校准功能,以保证示波器总是在其最佳性能下工作。下面介绍常用的仪器内部自动校准方法。

1. 输入偏置电流自动校准

输入放大器是高精度智能仪器的常用部件之一,应保证其高输入阻抗、低输入偏置电流和低漂移性能,否则会给测量带来误差。例如,数字多用表为了消除输入偏置电流带来的误差,设计了输入偏置电流的自动补偿和校准电路。如图 5.11 所示,在输入端和地端连接一个带有屏蔽的 $10\text{M}\Omega$ 电阻盒,输入偏置电流 I_b 在该电阻上产生电压降,经 A/D 转换后存储于"校准存储器"

内,作为输入偏置电流的修正值。在正常测量时,微处理器根据修正值选出适当的数字量到 D/A 转换器,经输入偏置电流补偿电路产生补偿电流 I'_b,抵消 I_b,从而消除输入偏置电流带来的测量误差。

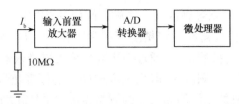

图 5.11　输入偏置电流的自动补偿和校准电路

2. 零点漂移自动校准

仪器的零点漂移是造成零点误差的主要原因之一。可以通过选用稳定性高的输入放大器和 A/D 转换器,从硬件上消除这种影响,但成本较高,且在温度变化较大的场所,该方法不能确保零点的稳定性。为此,采用零点漂移自动校准技术,智能仪器可在各个功能的不同量程上分别进行校准。零点漂移自动校准原理如图 5.12 所示,虚线方框表示输入通道。进入零点漂移校准模式时,将智能仪器的输入端 V_i 接校准源的零输出(或接地),启动一次测量,并将测量值存入"校准存储器",该测量值包含选定功能的某一量程上前置通道 A 和 A/D 转换器等部件所产生的零点漂移值,接着对被测信号 V_x 进行正常测量,正常测量值是实际值与零点漂移值的代数和,只要经过简单的代数运算,就可得到修正后的实际值。需要特别注意的是,在使用校准源进行零点漂移校准前,一般应分别执行正零点和负零点漂移的校准,并同时存储于"校准存储器"中。

3. 增益自动校准

在仪器的输入通道中,除存在零点漂移外,放大电路的增益误差及部件的不稳定也会影响测量数据的准确性,因此必须对这些误差进行校准。增益自动校准的基本思想是,在不同功能的不同量程上分别进行增益校准,使之在满度值范围内都达到规定的指标。增益自动校准原理如图 5.13 所示,图中虚线方框表示输入通道。首先,微处理器通过输出接口控制仪器输入端接地,启动一次测量,得到测量值 N_0,此值便是衰减器、放大器、A/D 转换器等部件所产生的零位输出值 N_0。接着,微处理器通过输出接口控制仪器输入端接基准电压 V_R,测得输出数据为 N_R,$N_R = KV_R - N_0$(K 为增益),K 可用 V_R、N_R 表示为 $K = (N_R + N_0)/V_R$,将 N_0、N_R 存入"标准存储器"的确定单元中;再使仪器输入端接被测信号 V_x,此时的测量值为 N_x,$N_x = KV_x - N_0$。假定测量过程中增益 K 保持不变,则被测量可表示为

$$V_x = \frac{V_R}{N_R - N_0}(N_x - N_0) \tag{5-56}$$

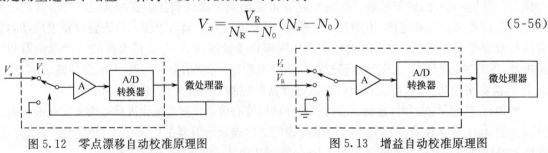

图 5.12　零点漂移自动校准原理图　　　　图 5.13　增益自动校准原理图

按照式(5-56)将测量值 V_x 进行修正后作为本次测量结果进行显示。显然,上述测量结果与放大器零点漂移和增益变化无关,同时从采样值中减去原先存入的零位输出值,有效地消除了放大器增益变化及零点漂移对测量结果的影响。

仪器经过一段时间,用于完成内部校准的基准电压源也需要校准,基准电压源的校准一般采用外部校准。

5.8.2　外部自动校准

外部自动校准要采用高精度的外部标准。在进行外部校准期间,校准常数要参照外部标准来调整。例如,一些智能仪器只需要操作者按下自动校准的按键,显示屏便提示操作者应输入的标准电压;操作者按提示要求将相应的标准电压加到输入端之后,再按一次键,仪器就进行一次测量,并将标准量(或标准系数)存入"校准存储器";然后显示器提示下一个要求输入的标准电压,再重复上述测量存储过程。当对预定的校正测量完成之后,校准程序还能自动计算每两个校准点之间的插值公式的系数,并把这些系数也存入"校准存储器",这样就在仪器内部固定存储了一张校准表和一张插值公式系数表。在正式测量时,它们将同测量结果一起形成经过修正的准确测量值。校准存储器可以采用 EEPROM 或 Flash ROM,以确保断电后数据不丢失。

外部校准一旦完成,新的校准常数就被保存在测量仪器存储器的被保护区内,且用户无法改变,这样就保护了由于偶然的调整对校准完整性的影响。仪器制造商一般都提供相应的校准流程和在基于计算机的测量仪器装置上进行外部校准所必需的校准软件。

目前有提供专门的校准和计量管理软件的公司,如 FLUKE 公司的 MET/CAL Plus,可用来实现校准操作和管理的自动化,能够进行自动化的校准工作,包括对各种测试和测量设备进行计算机辅助校准、不开盖校准和闭环校准,其中也包括对射频和微波仪器的校准;生成、编辑、测试几千种校准程序,并形成相应的文件保存;计算和报告与国际标准一致的测量不确定度,从而减少外部校准所需要的时间,极大地方便了各种仪器的校准及管理工作。

习　题　5

5.1　与常规的模拟电路相比,智能仪器的数据处理具有哪些优点?

5.2　与硬件滤波器相比,数字滤波器具有哪些优点?

5.3　常用的数字滤波方法有哪些? 各种滤波算法有何特点? 适用于何种场合?

5.4　举例说明如何组合使用复合滤波算法。

5.5　常用的修正系统误差的方法有哪些? 各种修正方法有何特点?

5.6　最小二乘法拟合曲线修正系统误差的基本思想是什么?

5.7　简要说明校正传感器的非线性特性的方法有哪些? 其基本思想是什么?

5.8　举例说明智能仪器如何实现测量数据的标度变换。

5.9　某温度测量系统(假设为线性关系)的测温范围为 0～150℃,经 ADC0809 转换后,对应的数字量为 00H～FFH,试写出它的标度变换公式。

5.10　为什么仪器要进行量程转换? 智能仪器如何实现量程转换?

5.11　以示波器为例,简述智能仪器实现触发电平自动调节的原理。

5.12　以电压表为例,简述其自动零点漂移校准和增益校准功能的实现过程。

第6章　智能仪器抗干扰技术与可靠性设计

随着工业自动化技术的发展,许多智能仪器需要在恶劣的现场环境运行,噪声和干扰混在信号之中,降低了智能仪器的有效分辨能力和灵敏度,使测量结果产生误差。因此抗干扰技术是智能仪器设计中必须考虑的问题。可靠性是描述系统长期稳定、正常运行能力的一个通用概念,也是产品质量在时间方面的特征表示。为提高可靠性,可以从硬件、软件两方面考虑采取相应的措施,并在系统设计时就予以考虑。本章首先介绍智能仪器中产生干扰的主要因素,以及为抑制干扰采取的主要技术;其次介绍影响智能仪器可靠性的主要因素,以及为提高可靠性采取的硬件、软件措施。

6.1　智能仪器中的干扰

6.1.1　干扰的定义与来源

干扰与噪声是两个不同性质的概念,但通常情况下,我们并不很严格地区分二者之间的差别,有时会把影响智能仪器正常运行的所有因素都统称为"干扰"。严格来说,应把那些来自信号外部、可以用屏蔽或接地的方法加以减弱或消除的影响称为"干扰";而把由于材料或器件内部的原因而产生的污染类的影响称为"噪声"。

干扰和噪声是难以避免的,是仪器仪表的大敌。在数字逻辑电路中,如果干扰信号的电平超过逻辑元件的噪声容限电平,会使逻辑元件产生误动作,导致系统工作紊乱。

1. 干扰的来源与特点

干扰均来自仪器外部,来源很多,性质也不一样。干扰进入仪器的渠道主要有3个。

（1）空间电磁场

这一渠道的干扰很多,分布极为复杂,都通过电磁波辐射窜入仪器,通常称为辐射干扰。例如,雷电或大气电离作用引起的干扰电波;太阳辐射的电磁波的干扰;广播电台、电视台或通信发射台发出的电磁波的干扰;动力机械、高频炉、电焊机等电气设备发出的电磁波的干扰;气象条件引起的干扰;地磁场干扰;火花放电、弧光放电、辉光放电等产生的电磁波的干扰等。

（2）传输通道

这一渠道是干扰的重要来源,各种干扰通过仪器的输入/输出通道窜入,通常称为传导干扰或通道干扰。通道干扰主要是输入/输出信号线受空间电磁辐射感应的干扰,包括信号线上的外部感应干扰,以及供电电源因接地、绝缘、漏电等窜入通道的电网干扰。由信号线引入的干扰会引起输入/输出信号工作异常和测量精度大大降低,严重时将引起元器件损伤。对于隔离性能差的系统,还将导致信号间互相干扰,造成逻辑数据变化、误动作和死机。如果仪器需要经过一段较长的线路进行信号传输,即长线传输(在高速电路中,当脉冲信号传输长度大于信号上升沿或下降沿时间对应有效长度的1/6时,就称信号的传输为长线传输),这一干扰问题更为严重。信号在长线传输中会遇到3个问题:一是高速变化的信号在长线传输会出现波反射现象;二是具有信号延时;三是长线传输更易受到外界干扰。信号在长线传输中,由于传输线的分布电容和分布电感的影响,信号会在传输线内部产生正向前进的电压波和电流波,称为入射波;如果传输线的终端阻抗与传输线的阻抗不匹配,当入射波到达终端时,会引起反射;同样,反射波到达传输线始端时,如果阻抗不匹配,也会引起反射。长线传输中信号的多次反射现象,使信号波形严重畸变,并且引起干扰脉冲。

（3）供电系统

智能仪器的供电多数由电网供电,由于电网覆盖范围广,它将受到各类空间电磁干扰而在线路上感应出电压和电流,尤其是电网内部的变化、开关操作浪涌、大型电力设备启/停、交直流传动装置引起的谐波、电网短路暂态冲击等,都通过输电线路传到仪器电源形成干扰。如来自市电的工频干扰,它可以通过电源变压器的分布电容和各种电磁路径产生影响。电源电路中各种开关、晶闸管的启闭,也会引起不同程度的干扰。

干扰的特点是来自仪器外部,因此一般可以通过屏蔽、滤波或电路元器件的合理布局,通过电源线和地线的合理连接,引线的正确走向等措施加以减弱或消除。

2. 噪声的来源与特点

噪声是来自元器件内部的一种信号污染源。理论上任何电子线路都有电子噪声,只是通常电子噪声的强度很弱。在电子线路中,噪声来源主要有两个方面:电阻热噪声和半导体管噪声。

（1）电阻热噪声

电阻由导体等材料组成,导体内的自由电子在一定温度下总处于"无规则"的热运动状态,这种热运动的方向和速度都是随机的。自由电子的热运动在导体内形成非常弱的电流,体现为电阻热噪声。电阻热噪声作为一种起伏噪声,具有极宽的频谱,而且它的各个频率分量的强度是相等的。

（2）半导体管噪声

无论二极管、晶体管还是场效应管,在工作中都存在一些噪声,统称为半导体管噪声,尽管不同器件的主要噪声不尽相同。

以晶体管为例,除了如基极电阻会产生热噪声,还有散弹（粒）噪声、分配噪声、闪烁噪声等。在晶体管的 PN 结中（包括二极管的 PN 结）,每个载流子都是随机地通过 PN 结的（包括随机注入、随机复合）。由于载流子随机流动产生的噪声称为散弹噪声,或散粒噪声。一般情况下,散弹噪声大于电阻热噪声。晶体管中因电流分配比起伏变化而产生的集电极电流、基极电流起伏噪声,称为分配噪声。由于半导体材料及制造工艺水平造成表面清洁处理不好而引起的噪声,称为闪烁噪声。闪烁噪声主要在低频（如几千赫兹以下）范围起主要作用,这种噪声也存在于其他电子器件中。

电阻热噪声和半导体管噪声有许多相同的特性。电阻热噪声的频谱,从零频一直延伸到 10^{13} Hz 以上,范围极宽,而且各个频率分量的强度相等,这种频谱与白色光的光谱类似,因此将具有均匀连续的噪声称为白噪声。散弹噪声、分配噪声本质上也是白噪声。这些噪声的形态大多是由一些尖脉冲组成的,其幅度和相位都是随机的,因此常称为随机噪声。统计分析表明,随机噪声幅度的概率分布属于正态（高斯）分布。

6.1.2 干扰的分类

干扰通常按其产生的原因、传导模式和波形的性质进行分类。

1. 按干扰产生的原因分类

（1）放电干扰

主要是雷电、静电、电动机的电刷跳动、大功率开关触点断开等放电产生的干扰。

（2）高频振荡干扰

主要是电弧炉、感应电炉、开关电源、直流-交流变压器等产生高频振荡时形成的干扰。

（3）浪涌干扰

主要是交流系统中电动机启动电流、电炉合闸电流、开关调节器的导通电流及晶闸管变流器等设备产生涌流引起的干扰。其中，以各类开关分断电感性负载所产生的干扰最难以抑制或消除。

2. 按干扰传导模式分类

按干扰传导模式分为串模干扰（常模干扰）和共模干扰。

（1）串模干扰

串模干扰是指叠加在被测信号上的干扰，它串联在信号源回路中，与被测信号相加输入系统，如图 6.1 所示。串模干扰与被测信号在回路中处于同样的地位，也称为常模干扰、差模干扰或横向干扰。

例如，信号源本身固有的漂移、纹波和噪声形成的干扰电压，无法与信号源分离，必然叠加在一起。

（2）共模干扰

共模干扰是指输入通道两个输入端上共有的干扰电压，也称为纵向干扰。共模干扰电压可以是直流电压，也可以是交流电压，其幅值可达几伏甚至更高。

如图 6.2 所示，被测信号（信号源）的参考接地点和智能仪器输入信号的参考接地点之间存在一定的电位差，这个电位差就是共模干扰电压，等效为图中的干扰源。通常，输入/输出信号线与大地或机壳之间发生的干扰都是共模干扰，信号线受到静电感应产生的干扰也多为共模干扰。

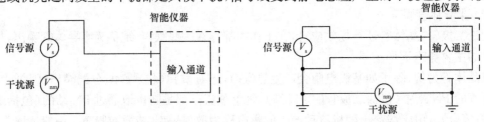

图 6.1　串模干扰示意图　　　　图 6.2　共模干扰示意图

由于线路的不平衡状态，共模干扰会转化成串模干扰。当发现串模干扰时，首先考虑它是否是由于线路不平衡状态而从共模干扰转换过来的。

串模干扰是难以消除的，共模干扰从本质上讲是可以消除的。抗干扰技术在很多方面都围绕共模干扰来研究其有效的抑制措施。

3. 按干扰波形的性质分类

最为典型的是将干扰划分为持续正弦波和各种形状的脉冲波。

（1）持续正弦波

持续正弦波多以频率、幅值等特征值表示。

（2）偶发脉冲电压波形

多以最高幅值、前沿上升陡度、脉冲宽度及能量等特征值表示。例如，雷击波、静电放电等波形。

（3）脉冲序列

脉冲序列多以最高幅值、前沿上升陡度、脉冲序列持续时间等特征值表示。

6.1.3 干扰传播的途径

干扰源、耦合通道、接收载体是形成干扰的 3 个要素。产生干扰信号的设备被称为干扰源。接收载体是指受影响的仪器设备的某个环节,该环节吸收了干扰信号,并转化为对系统造成影响的电气参数。耦合通道则是干扰信号能够到达被干扰环节的途径。

干扰源产生的干扰是通过耦合通道对智能仪器发生干扰的。因此,需要弄清干扰源与被干扰对象之间的耦合通道和耦合机理。为避免从电磁场的角度研究干扰传递的复杂性,可以采用简化电路模型的处理方法。以下讨论都采用集总参数回路分析,将耦合通道用集总参数的电容 C、电感 L 及互感 M 表示。

干扰几乎都是通过导线,或者通过空间和大地传播的。干扰传播的途径主要有 3 种:静电耦合、磁场耦合、公共阻抗耦合,另外还有一些其他的传播方式。

1. 静电耦合

静电耦合是指电场通过电容耦合途径窜入其他线路。两根并排的导线之间,如印制电路板上印制线路之间、变压器绕线之间都会构成分布电容。在智能仪器中,元件之间、导线之间、导线与元件之间都存在着分布电容。如果某个导体上的信号电压通过分布电容使其他导体上的电位受到影响,这样的现象称为静电耦合,又称为电场耦合或电容耦合。

图 6.3 为两个导体之间的静电耦合示意图,图中 C_{12} 是两个导体之间的分布电容,C_{1g}、C_{2g} 是导体对地的电容,R 是导体 2 对地的电阻。如果导体 1 上有信号 U_1 存在,那么它就会成为导体 2 的干扰源,在导体 2 上产生干扰电压 U_n。显然,干扰电压 U_n 与干扰源 U_1、分布电容 C_{12} 及 C_{2g} 的大小有关。

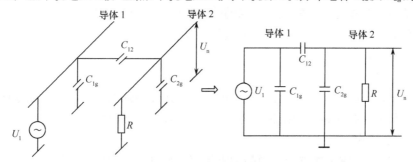

图 6.3　导体间的静电耦合及其等效电路图

2. 磁场耦合

磁场耦合干扰是指电流周围磁场对仪器设备回路耦合而形成的干扰,又称电磁感应耦合。磁场耦合是通过导体间的互感耦合进来的。在任意载流导体周围空间中都会产生磁场,若磁场是交变的,则对其周围闭合电路产生感应电势。在仪器设备内部,线圈或变压器的漏磁是一个很大的干扰;在仪器设备外部,普通的两根导线平行架设时,也会产生磁场干扰,如图 6.4 所示。图中 M 是两根导线之间的互感,I_1 是导线 1 中的电流。

导线 1 上的电流 I_1 成为导线 2 的干扰源,在导线 2 上产生感应电压 U_n。如果感应磁场交变角频率为 ω,则感应电压 $U_n = j\omega M I_1$。

如果导线 1 为承载着 10kVA、220V 的交流输电线,导线 2 为与之相距 1m 且平行走线 10m 的信号线,两线之间的互感 M 会使信号线上感应到的干扰电压 U_n 达几十毫伏,足以淹没一些较小的有用信号。

3. 公共阻抗耦合

公共阻抗耦合是由于电流流过回路间的公共阻抗,使得一个回路的电流所产生的电压降影响到另一回路,它是干扰源和信号源具有公共阻抗时的传导耦合。

公共阻抗普遍存在,例如,电源引线、印制电路板上的地和公共电源线、汇流排等。常见的公共阻抗耦合有公共地和电源阻抗两种。各类汇流排都具有一定的阻抗,对于多回路来说,就是公共耦合阻抗。当流过较大的数字脉冲时,其作用就像是一根天线,将干扰引入各回路。同时,各汇流条之间具有电容,数字脉冲可以通过这个电容耦合过来。印制电路板上的"地"实质上就是公共汇流线,由于它具有一定的电阻,各电源之间就通过它产生信号耦合。

图 6.5 为公共电源线的公共阻抗耦合。图中 R_{p1}、R_{p2}、$\cdots$、R_{pn} 和 R_{n1}、R_{n2}、$\cdots$、R_{nn} 分别是电源引线的阻抗,各独立回路电流 i_1、i_2、$\cdots$、i_n 流过公共阻抗所产生的电压降,会分别耦合进各级电路形成干扰。

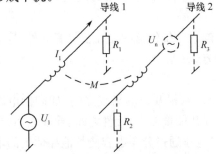

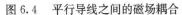

图 6.4　平行导线之间的磁场耦合

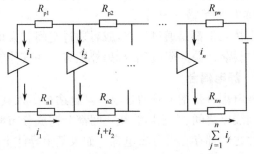

图 6.5　公共电源线的公共阻抗耦合

公共阻抗随元件配置和实际元件的具体情况而定。例如,电源线和接地线的电阻、电感在一定的条件下会形成公共阻抗;一个电源对几个电路供电时,如果电源不是内阻抗为零的理想电压源,则其内阻抗就成为接受供电的几个电路的公共阻抗。只要其中某一电路的电流发生变化,便会使其他电路的供电电压发生变化,形成公共阻抗耦合。

4. 其他耦合方式

(1) 直接耦合方式

电导性耦合最普遍的方式是干扰信号经过导线直接传导到被干扰电路中而造成对电路的干扰。在智能仪器中,干扰经过电源线耦合进入计算机是最常见的直接耦合现象。

(2) 辐射耦合方式

电磁场辐射也会造成干扰耦合。当高频电流流过导体时,在该导体周围便产生电力线和磁力线,并发生高频变化,从而形成一种在空间传播的电磁波。处于电磁波中的导体便会感应出相应频率的电动势。

(3) 漏电耦合方式

漏电耦合干扰是因绝缘电阻降低而由漏电流引起的干扰。当相邻的元件或导线间的绝缘电阻降低时,有些信号便会通过这个降低了的绝缘电阻耦合到逻辑元件的输入端而形成干扰。漏电耦合干扰多发生在工作条件比较恶劣的环境或元件性能退化、元件本身老化的情况下。

6.2　从传播途径上抑制干扰的主要技术

由于干扰源、耦合通道、接收载体是形成干扰的 3 个要素,相应地,抑制干扰也可以从消除或抑制干扰源、破坏干扰的耦合通道、消除接收载体对干扰的敏感性这 3 个方面着手,这可以作为抑制干扰的基本思路。但在实际采取一些抗干扰措施时,未必能够明确区分出针对的是哪一个要素采取的措施。本节从破坏干扰的耦合通道或传播途径这一角度对抑制干扰的一些主要硬件抗干扰技术加以介绍。

从干扰的耦合通道来看,对于以"电路"的形式侵入的干扰,可采取诸如提高绝缘性能,采用隔离变压器、光电耦合器等隔离技术切断干扰途径;采用退耦、滤波等手段引导干扰信号的转移;改变接地形式切断干扰途径等。对于以"辐射"的形式侵入的干扰,一般采取各种屏蔽技术,如静电屏蔽、电磁屏蔽、磁屏蔽等。

6.2.1 隔离技术

信号隔离的目的之一是从电路上把干扰源和易干扰的部分隔离开来,使测控装置与现场仅保持信号联系,但不直接发生电的联系。隔离的实质是把引进干扰的通道切断,从而达到隔离现场干扰的目的。

一般工业应用的智能仪器中的微机测控系统既包括弱电控制部分,又包括强电控制部分。为了使两者之间既保持控制信号的联系,又要隔绝电气方面的联系,即实现弱电和强电隔离,是保证系统工作稳定、设备与操作人员安全的重要措施。常用的隔离方式有光电隔离、变压器隔离、继电器隔离等。

1. 光电隔离

光电隔离是由光电耦合器件完成的。光电耦合器是以光为介质传输信号的器件,其输入端配置发光源,输出端配置受光器,因而输入和输出在电气上是完全隔离的。开关量输入电路接入光电耦合器之后,由于光电耦合器的隔离作用,使夹杂在输入开关量中的各种干扰都被挡在输入回路的一侧。除此之外,还能起到很好的安全保障作用,因为光电耦合不是将输入侧和输出侧的电信号进行直接耦合,而是以光为介质进行间接耦合的,具有较高的电气隔离和抗干扰能力。具体原因分析如下:

① 光电耦合器的输入阻抗很低(一般为 $100\Omega\sim1k\Omega$),而干扰源内阻一般都很大。按分压比原理,传送到光电耦合器输入端的干扰电压就变得小了。

② 由于一般干扰噪声源的内阻都很大,虽然也能供给较大的干扰电压,但可供出的能量很少,只能形成很弱的电流。而光电耦合器的发光二极管只有通过一定的电流才能发光,因此,即使电压幅值很高的干扰,由于没有足够的能量,也不能使发光二极管发光。显然,干扰就被抑制了。

③ 光电耦合器的输入/输出间的电容很小(一般为 $0.5\sim2pF$),绝缘电阻又非常大,因而被控设备的各种干扰很难反馈到输入电路中。

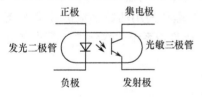

④ 光电耦合器的光电耦合是在一个密封的管壳内进行的,因而不会受到外界光的干扰。

根据要求不同,可由不同种类的发光元件和受光元件组合成许多系列的光电耦合器。目前应用最广泛的是发光二极管与光敏三极管组合的光电耦合器,如图 6.6 所示。

图 6.6　二极管-三极管型光电耦合器

光电耦合器的工作情况可用输入特性、输出特性来表示。

① 输入特性。光电耦合器的输入端是发光二极管,因此,它的输入特性可用发光二极管的伏安特性来表示。它与普通二极管的伏安特性基本一样,仅有两点不同:一是正向死区电压比较大,即正向管压降较大,可达 0.9～1.1V,只有当外加电压大于这个数值时,发光二极管才发光;二是反向击穿电压很小,只有 6V 左右,比普通二极管的反向击穿电压要小得多。因此,在使用时要特别注意输入端的反向电压不能大于反向击穿电压。

② 输出特性。光电耦合器的输出端是光敏三极管,因此,输出特性与光敏三极管的伏安特性是相似的,也分饱和、线性和截止 3 个区。不同之处是它以发光二极管的注入电流 I 为参变量。

③ 传输特性。当光电耦合器工作在线性区时，输入电流 I_f 与输出电流 I_C 成线性关系，这种线性关系常用传输比 β 来表示，即

$$\beta = \frac{I_C}{I_f} \times 100\% \tag{6-1}$$

β 反映了光电耦合器电信号的传输能力。从表面上看，光电耦合器的电流传输比与三极管的电流放大倍数是一样的，都是表示输出电流与输入电流之比。但是光敏三极管的 β 总是小于 1 的，通常用百分数表示。

2. 继电器隔离

继电器的线圈和触点之间没有电气上的联系，因此，可利用继电器的线圈接收电气信号，利用触点发送和输出信号，从而避免强电和弱电信号之间的直接接触，实现抗干扰隔离。

常用的电磁继电器、固态继电器都可以用来实现隔离作用。用继电器对开关量进行隔离时，要考虑到继电器线圈的反电势的影响，驱动电路的器件必须能耐高压。为了吸收继电器线圈的反电势，通常在线包两端并联一个二极管。图 6.7 为用电磁继电器进行隔离的示例电路图。

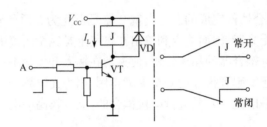

图 6.7 电磁继电器隔离的示例电路

当输入端 A 为高电平时，三极管 VT 饱和导通，继电器 J 吸合；当 A 为低电平时，VT 截止，继电器 J 则释放，完成了信号的传递过程。VD 是保护二极管。当 VT 由导通变为截止时，继电器线圈两端产生很高的反电势，以继续维持电流。由于该反电势一般很高，容易造成 VT 的击穿。加入二极管 VD 后，为反电势提供了放电回路，从而保护了三极管 VT。

3. 变压器隔离

脉冲变压器可实现数字信号的隔离。脉冲变压器的匝数较少，而且一次和二次绕组分别缠绕在铁氧体磁芯的两侧，分布电容仅几 pF，所以可作为脉冲信号的隔离器件。脉冲变压器隔离脉冲的输入/输出信号时，不能传递直流分量。智能仪器中微处理器使用的数字量信号输入/输出的控制设备不要求传递直流分量，所以脉冲变压器隔离在微机测控系统中得到了广泛的应用，如图 6.8 所示。

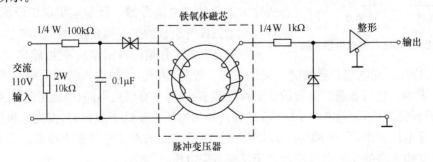

图 6.8 脉冲变压器隔离示例电路

输入信号经 RC 滤波电路和双向稳压管抑制串模干扰,然后输入脉冲变压器的一次侧。为了防止过高的对称信号击穿电路元件,脉冲变压器的二次侧输出电压被稳压管限幅后进入测控系统内部。隔离后的两电路应分别采用两组互相独立的电源供电,切断两部分的地线联系。

对一般的交流信号,可以用普通变压器实现隔离。

4. 布线隔离

智能仪器中容易产生干扰的电路主要有以下几种。

① 指示灯、继电器和各种电动机的驱动电路,电源线路、晶闸管整流电路、大功率放大电路等。

② 连接变压器、蜂鸣器、开关电源、大功率晶体管、开关器件等的线路。

③ 供电线路、高压大电流模拟信号的传输线路、驱动计算机外部设备的线路和穿越噪声污染区域的传输线路等。

布线隔离指将微弱信号电路与易产生干扰的电路分开布线,最基本的要求是信号线路必须和强电控制线路、电源线路分开走线,而且相互间要保持一定距离。配线时,应区分交流线、直流稳压电源线、数字信号线、模拟信号线、感性负载驱动线等。配线间隔越大,离地面越近,配线越短,则干扰影响越小。但是,实际设备的内外空间是有限的,配线间隔不可能太大,只要能够维持最低限度的间隔距离便可。

当高电压线路中的电压、电流变化率很大时,便产生激烈的电场变化,形成高强度电磁波,对附近的信号线有严重的干扰。近些年,大功率控制装置普遍使用晶闸管,晶闸管是通过电流的通、断来控制功率的。当晶闸管为非过零触发时,会产生高次谐波,所以靠近晶闸管的信号线易受电磁感应的影响。因此,为使信号电路可靠工作,应使信号线尽量远离高压线路。如果受环境条件的限制,信号线不能与高压线和动力线等离得足够远,就得采用其他抑制电磁感应干扰的措施。

6.2.2 滤波技术

滤波是一种只允许某一频带信号通过或只阻止某一频带信号通过的抑制干扰措施,主要应用于信号滤波和电源滤波。

信号通过滤波器,被滤除(或称被衰减)的信号频带称为阻带,被传输的信号频带称为通带。根据阻带和通带的频谱,又可以将滤波器分为以下 4 种。

① 低通滤波器:允许低频信号通过,但阻止高频信号通过。

② 高通滤波器:允许高频信号通过,但阻止低频信号通过。

③ 带通滤波器:允许规定的某频段信号通过,但阻止高于或低于该频段的信号通过。

④ 带阻滤波器:只阻止规定的某频段信号通过,但允许高于或低于该频段的信号通过。

滤波主要用于抑制串模干扰。在对干扰信号的频带了解比较清楚的情况下,采用滤波技术是一种比较好的选择。

滤波器按结构分为无源滤波器和有源滤波器。有源滤波器可以获得比较理想的频率特性,但其共模抑制比一般难以满足要求,其本身的噪声也较大。在抗干扰领域,有源滤波器的使用不如无源滤波器多。

6.2.3 屏蔽技术与双绞线传输

屏蔽技术与双绞线传输方式都可以起到抑制外部电磁感应的作用,但两者工作原理有区别。为了便于比较这两种抗干扰措施的使用方法,将这两种措施集中在一起介绍。

1. 屏蔽的一般原理

屏蔽是指用屏蔽体把通过空间进行电场、磁场或电磁场耦合的部分隔离开来,割断其空间场的耦合通道。良好的屏蔽是和接地紧密相连的，因而可以大大降低干扰耦合，取得较好的抗干扰效果。屏蔽的方法通常是用低电阻材料做成屏蔽体，把需要隔离的部分包围起来。这个被隔离的部分可以是接收载体或系统中其他易受干扰的部分，也可以是干扰源。这样，既屏蔽了被隔离部分接收外来的干扰，也屏蔽了被隔离部分向外施加干扰。

根据干扰的耦合通道的性质，屏蔽可分为静电屏蔽、电磁场屏蔽和磁场屏蔽3类。

（1）静电屏蔽

从电学的基本知识可知，将任意形状的空心导体置于任意电场中，电力线将终止于导体的表面，而不能穿过导体进入空腔，因此放在导体空腔内的物体将不受外界电场的影响。这种现象称为静电屏蔽。利用这一性质，可以屏蔽一些电子设备和信号传输导线，使其不受外界干扰。当导体空腔不接地时，尽管腔内仍是等电势的，但电势值随外电场而变化，若将导体接地，则腔内电势值不变，内部电子设备产生的电场也不会影响外界。

静电屏蔽的方法一般是在电容耦合通道上插入一个接地的金属屏蔽导体。由于金属屏蔽导体接地，其中的干扰电压为零，从而割断了电场干扰的原来耦合通道。在电源变压器的一次与二次绕组之间，插入一个梳齿形导体，并将其接地，以此来防止两绕组之间的静电耦合，就是静电屏蔽的具体例子。

处于高压电场中的高阻抗回路，电场干扰是一种主要的干扰形式，因而对静电屏蔽技术应充分注意。

（2）磁场屏蔽

对于低频磁场的干扰，用感生涡流所形成的屏蔽并不是很有效。低频磁屏蔽是用来隔离低频（主要指50 Hz）磁场或固定磁场（幅度、方向不随时间变化，如永久磁铁产生的磁场）耦合干扰的有效措施。一般采用磁钢、坡莫合金、铁等磁导率高的材料做屏蔽体，利用其磁阻较小的特点，给干扰源产生的磁通提供一个低磁阻回路，并使其限制在屏蔽体内，从而实现磁场屏蔽。

由于频率较低，涡流趋肤效应很弱，因此，厚屏蔽板要比薄屏蔽板的屏蔽效果好。从设备结构、重量等方面考虑，屏蔽板不易很厚，因此往往用高磁导率的材料制造，或采用具有一定间隔的两层屏蔽或多层屏蔽，以满足屏蔽效果要求。

（3）电磁场屏蔽

电磁场屏蔽主要是用来防止电磁场对受扰电路的影响。根据电磁理论，电磁场的变化频率越高，辐射越强。因而在电磁场屏蔽中，既包括电磁感应干扰的屏蔽，也包括辐射耦合干扰的屏蔽。

电磁场屏蔽的基本原理如下：

当导体上通过高频变化电流时，周围空间便产生相应变化的电磁场，这些变化的电磁场可以在邻近的电路引起电磁感应，又可以向外辐射，干扰周围电路。

如果环绕导体有一个反方向的变化电流，所产生的磁场与导体中电流产生的磁场方向相反，对其起抵消作用，这就减弱了外界的干扰。反方向的电流由载流导体外的接地屏蔽罩来产生。由于屏蔽罩在高频磁场的作用下产生涡流，而涡流的磁场又与原磁场方向相反，因而可以实现高频磁场屏蔽。又因屏蔽罩接地，所以它又可以实现电场屏蔽。

为实现上述功能，对屏蔽罩的要求为：

① 屏蔽罩应采用低电阻的金属材料，如铝、铜等良性材料。

② 由于是利用屏蔽罩产生涡流的原理，且变化频率很高，根据趋肤效应，屏蔽罩的厚度对屏蔽效果关系不大。但屏蔽罩是否连续及其网孔大小，却直接影响到感生涡流的大小，因而也影响到屏蔽效果。如果屏蔽罩在垂直于导体电流方向上开缝，就没有屏蔽效果。因此，屏蔽越严密，则屏蔽效果越好。

③ 对设备壳体或控制柜而言,应注意机壳表面的接缝部位要清洁,并用螺钉将其压紧,以保证涡流在金属外壳上连续流通。另外,机壳通风孔径大于 5mm 以上时,要盖上一层金属网罩,且将边缘与外壳焊牢,以保证良好的屏蔽效果。

2. 双绞线和金属屏蔽线的使用

从现场信号开关输出的开关信号,或从传感器输出的微弱模拟信号,最简单的传输办法是采用塑料绝缘的双平行软线或排线传送。但由于平行线间的分布电容较大,抗干扰能力差,不仅静电感应容易通过分布电容耦合,而且磁场干扰也会在信号线上感应出干扰电流。因此,在干扰严重的场所,一般考虑将信号线加以屏蔽,以提高抗干扰能力。

屏蔽信号线的办法:一种是采用双绞线,其中一根用来传输信号;另一种是采用金属网状编织的金属屏蔽线,金属编织网做屏蔽外层,芯线用来传输信号。一般的原则是抑制静电感应干扰采用金属屏蔽线,抑制电磁感应干扰采用双绞线。

（1）双绞线的抗干扰原理及其使用

设干扰线的干扰电流为 i_C。双绞线中两根导线的电阻分别为 r_{S1}、r_{S2},电感分别为 L_{S1}、L_{S2};干扰线与双绞线的互感为 M。这时导线 1 上的干扰电压为 v_{S1} 为

$$v_{S1} = \frac{\mathrm{d}}{\mathrm{d}t}(Mi_C) = M\frac{\mathrm{d}i_C}{\mathrm{d}t} = \mathrm{j}\omega Mi_C \tag{6-2}$$

式中,i_C 被当作单纯 ω 频率的正弦电流。v_{S1} 在单股导线 1 上产生感应的电流 i_{S1} 为

$$i_{S1} = \frac{v_{S1}}{r_{S1} + \mathrm{j}\omega L_{S1}} = \frac{\mathrm{j}\omega Mi_C}{r_{S1} + \mathrm{j}\omega L_{S1}} \tag{6-3}$$

同理,另一根导线 2 上的感应电流 i_{S2} 为

$$i_{S2} = \frac{\mathrm{j}\omega Mi_C}{r_{S2} + \mathrm{j}\omega L_{S2}} \tag{6-4}$$

当 $r_{S1} = r_{S2}$,$L_{S1} = L_{S2}$ 时,则 $i_{S1} = i_{S2}$。由于感应电流流动的方向相反,从整体上看,感应磁通引起的干扰电流互相抵消。不难看出,两根导线长度相等,特性阻抗及输入、输出阻抗完全相同时,抑制干扰效果最好。

把信号输出线和返回线两根导线拧合,其扭绞节距的长短与该导线的线路有关。线径越细,节距越短,抑制感应干扰的效果越明显。但节距越短,所用的导线的长度越长,从而增加了导线的成本。一般节距以 5cm 左右为宜。表 6.1 列出了双绞线与噪声衰减率的关系。

在实际电路中使用双绞线时,拧在一起的两根导线很难保持其长度真正相等,往往因两根导线的线路阻抗不同而不能完全消除感应噪声。

双绞线有抑制电磁感应干扰的作用,但两根导线间的分布电容却比较大,因而对静电感应干扰几乎没有抵抗能力。

对于两组相邻平行放置的双绞线,为了抑制彼此的电磁感应干扰,可以采用彼此节距不同的双绞线,或者增大两组平行双绞线的间距,也可以将它们分别穿于两组钢管中,以克服磁场的耦合干扰。

（2）金属屏蔽线的抗干扰原理及使用

在数字信号的长线传输中,也可以选用金属屏

表 6.1　双绞线与噪声衰减率的关系表

导线	节距/cm	噪声衰减率	抑制噪声效果/dB
空气中平行导线	—	1∶1	0
双绞线	10	14∶1	23
	7.5	71∶1	37
	5	112∶1	41
	2.5	141∶1	43
钢管中平行导线	—	22∶1	27

蔽线,金属编织网作为屏蔽层,芯线作为信号线。屏蔽层要起到静电屏蔽作用,必须正确接地。如图 6.9 所示,如果屏蔽层不接地,屏蔽体上的干扰电压为

$$V_S = \frac{C_{1S}}{C_{1S}+C_{2g}} \times V_1 \tag{6-5}$$

由于 C_{2S} 中无电流流过,芯线的干扰电压为 $V_n = V_S$,可见屏蔽层不接地,对电容性耦合的静电干扰没有屏蔽作用。

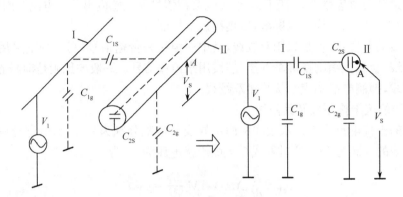

图 6.9　金属屏蔽线的接地问题

如果屏蔽层在图中 A 点处接地,且对地电阻为零,则 V_S 为零,芯线的干扰电压 V_n 也为零。

实际上,芯线的两端总有一些伸出屏蔽层外,加之金属编织网的覆盖率也不是 100%,因而,导线 Ⅱ 的干扰电压也就不能完全为零。由于屏蔽层与芯线之间存在着分布电容,屏蔽层必须接地,否则会通过屏蔽层、分布电容将干扰引入芯线内。屏蔽层的接地方法一般是屏蔽层的一端接地,以避免两端接地时电阻压降所造成的干扰耦合。

金属屏蔽线对静电干扰有很强的抑制作用,但对电磁感应干扰的抑制能力不及双绞线,尤其在低频情况下,几乎没有屏蔽效果。因此,抑制静电干扰用金属屏蔽线,抑制电磁感应干扰应用双绞线。

在实际工程中,目前应用较多的金属屏蔽线有单芯和双芯两种。如果金属编织网裸露,裸露的外皮极易造成设备的悬浮"地"与安全地——大地的短接。因此,对外皮裸露的金属屏蔽线必须采取加套等绝缘措施。有的金属屏蔽线使用聚乙烯作为屏蔽层,由于振动等原因,屏蔽层因摩擦而产生静电,可能造成新的干扰,因此金属屏蔽线必须固定牢靠。

（3）屏蔽双绞线

带金属屏蔽外层的双绞线,综合了双绞线和金属屏蔽线两者的优点,是较理想的信号线。在工程应用中,可以将双绞线穿在钢管或金属蛇皮管中,并将钢管或金属蛇皮管牢固接地,这样对静电干扰和电磁感应干扰都有抑制作用,就可以起到较好的抗干扰效果。

6.2.4　接地技术

智能仪器和其他工业设备的干扰与系统接地方式有很大的关系,接地技术往往是抑制噪声的重要手段。良好的接地可以在很大程度上抑制系统内部噪声耦合,防止外部干扰的侵入,提高系统的抗干扰能力。反之,若接地处理得不好,反而会导致噪声耦合,形成严重干扰。因此,在抗干扰设计中,对接地方式应予以认真考虑。

1. 测量系统中的多种地线

电气设备的接地设计中的每个环节、每种接地方式都有专门的作用与用途。

（1）接地的含义

电气设备中的"地"，通常有两种含义：一种是"大地"，另一种是"工作基准地"。

所谓"大地"，指电气设备的金属外壳、线路等通过接地线、接地极与地球大地相连接。这种接地可以保证设备和人身安全，提供静电屏蔽通路，降低电磁感应干扰。

而"工作基准地"是指信号回路的基准导体，又称"系统地""信号地"。这时的所谓接地是指将设备内部某部分电路的信号线与基准导体连接。这种接地的目的是为各部分提供稳定的基准电位，并以低的阻抗为信号电流回流到信号源提供通路。

（2）保护地线

根据用电法规，电气设备的金属外壳必须接地，称为安全接地。其目的是防止电气设备的金属外壳上出现过高的对地电压及漏电流而危害人身、设备的安全。为了安全起见，作为三相四线制电源电网的零线、电气设备的机壳、底盘及避雷针等都需要接大地。对于单相电，为了保证用电的安全性，也应采用具有保护接地线的单相三线制配电方式。

（3）信号地线

智能仪器中的地线除特别说明是接大地的以外，一般都是指作为电信号的基准电位的信号地线。信号地线分为模拟地和数字地两种。

模拟地是模拟信号的零电位公共线，因为模拟信号一般较弱，所以对模拟地要求较高。数字地是数字信号的零电位公共线。由于数字信号一般较强，故对数字地要求可低一些。但由于数字信号处于脉冲工作状态，动态脉冲电流在杂散的接地阻抗上产生的干扰电压，即使尚未达到足以影响数字电路正常工作的程度，但对于微弱的模拟信号来说，往往已成为严重的干扰源。为了避免模拟地与数字地之间的相互干扰，二者应分别设置。

对这种接地的要求是尽量减小接地回路中的公共阻抗压降，以减小系统中干扰信号的公共阻抗耦合。

（4）信号源地线

信号源地线是传感器本身的零电位基准公共线。传感器可看作测量装置的信号源，通常传感器安装在生产现场，而显示、记录等测量装置则安装在离现场有一定距离的控制室内，在接地要求上二者不同。

（5）负载地线

负载的电流一般较电路中前级信号大得多，负载地线上的电流在地线中产生的干扰作用也大，因此负载地线和测量放大器的信号地线也有不同的要求。有时二者在电气上是通过隔离技术相互绝缘的。

2. 屏蔽接地

智能仪器中广泛采用屏蔽保护抑制变化电场的干扰，为了充分抑制静电干扰和电磁感应干扰，屏蔽用的导体必须良好接地。

（1）信号电缆屏蔽层接地点的选择

信号电缆屏蔽层接地点的选择，取决于外界干扰信号的强度及地线安装条件。

① 接地点选择在信号源侧（被测设备处）。当信号源侧存在较强的共模干扰电压时，它会向芯线与屏蔽层间的分布电容充电。若电缆的屏蔽层在接收侧接地，往往共模干扰流过屏蔽层后入地，这会在芯线中感应出很大的干扰电压。因此，为防止其对芯线的干扰，将屏蔽层在信号源侧接地，以使干扰电流直接入地。

② 接地点选择在信号接收器侧。若信号源侧的共模干扰不很严重，通过屏蔽层与芯线间的分布电容不足以引起对有效信号的严重干扰，而且在信号源侧接地时现场安装又十分困难，也可

以将屏蔽层接地点选择在信号接收器入口处。

③ 两点接地方式。若信号源处不存在很强的共模干扰,且地线电流可忽略,采用屏蔽仅仅为抑制外界变化电场所引起的静电干扰,可以采用两点接地(信号源侧和接收器侧),使静电感应电荷入地。当然,采用任何一点接地都能抑制静电干扰。

总之,对信号电缆屏蔽层接地点的选择应视具体情况而定,最佳的选择应是信号源侧接地。因为这样既可以抑制共模干扰,也可以抑制由于静电感应而引起的干扰。

(2) 双绞线的接地方式

在工程实践中,有时将双绞线中的一根当作信号线,另一根当作屏蔽线。根据前面的分析,干扰电压在两根导线上感应出的感应电流的方向相反,感应磁通引起的干扰电流相互抵消。因此,双绞线中当作屏蔽线的一根应采用双端接地方式,为感应电流提供流通回路。

(3) 变压器的屏蔽层接地

电源电压器的屏蔽层应接保护地。具有双重屏蔽的电源变压器的一次绕组的屏蔽层接保护地,二次绕组的屏蔽层接屏蔽地。

① 屏蔽地线的配置。信号电缆的屏蔽层与电子部件外围附加的保护屏蔽罩相连,变压器二次绕组的屏蔽层也与电子部件外围附加的保护屏蔽罩相连,然后将信号电缆屏蔽层与信号源侧的现场地线相连。

② 保护地线的配置。变压器一次绕组的屏蔽层与外壳相连接地。

3. 单点接地与多点接地

(1) 单点接地

大型电子设备往往具有很大的对地分布电容,合理选择接地点可以削弱分布电容的影响。低频(1MHz 以下)电路布线和元件间的电感较小,而接地电路形成的环路对干扰的影响却很大,因此应单点接地。以单片机为核心的智能仪器的工作频率大多较低,对它起作用的干扰频率也大都在 1MHz 以下,故宜采用单点接地。

单点接地有多种具体的接地方法,下面介绍两种。

① 独立地线并联一点接地

参考图 6.10,这是典型的独立地线并联一点接地。图中 R_1、R_2、R_3 为各设备的地线电阻,I_1、I_2、I_3 为各设备的电流。

独立地线并联一点接地方式的优点是各设备的电位仅与各自的电流和地线电阻有关,不受其他设备的影响,可防止各设备之间相互干扰和地回路的干扰。当然也存在缺点,若设备很多,需要很多根地线,也使接地线加长,阻抗增大,还会出现各接地线间的相互耦合,不适用于高频。

② 公用地线串联一点接地

参考图 6.11,这是典型的公用地线串联一点接地。与图 6.10 相同,图中 R_1、R_2、R_3 为各设备的地线电阻,I_1、I_2、I_3 为各设备的电流。但流过 R_1、R_2 的电流不仅仅是 I_1、I_2 了。

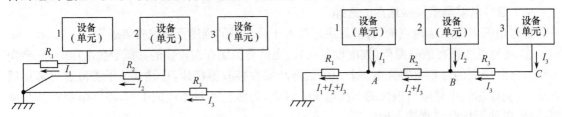

图 6.10　独立地线并联一点接地等效电路图　　　图 6.11　公用地线串联一点接地等效电路图

这种接地方法的优点是结构比较简单,各设备的接地线短,电阻较小,在设备机柜中是常用的一种接地方式。缺点从图中就可看出，A、B、C 各点的电位不仅不为零，而且受其他电路的影响，从防止和抑制干扰的角度，这种接地方法不好。若设备很多，相互之间的影响更大。

采用这种接地方式要注意把最低电平电路放在靠近 A 点，以使 B 点和 C 点的电位升高最小。

（2）多点接地

高频（10MHz 以上）电路一般都采用多点接地，每个设备、电路各自用接地线分别就近接地。为降低地电位，接地线应尽可能短，以便降低接地线的阻抗。多点接地的缺点是地线回路增多，会出现一些公共阻抗耦合。

频率在 $1\sim10$MHz 之间的电路，如果单点接地，其接地线长度不得超过波长的 $1/20$，否则应使用多点接地。

如果在比较复杂的设备中，既有高频电路又有低频电路，可采用混合接地。低频电路采用单点接地，高频电路采用多点接地。

4. 浮地（浮空）

与前面讨论的如何良好接地不一样，特殊情况下会采取浮地技术，此时模拟信号地不接机壳或大地。对于被浮空的设备，电路与机壳或大地之间无直接联系。

浮地实际上应该看作一种屏蔽技术。传统上，可以全机浮空，即设备各个部分全部与大地浮空。这种方法有一定的抗干扰能力，但要求设备与大地的绝缘电阻不能小于 50MΩ，且一旦绝缘下降便会带来干扰。另外，浮空容易产生静电，导致干扰。

更常见的是机壳接地，其余部分浮空。浮空部分应设置必要的屏蔽，如双层屏蔽浮地或多层屏蔽。如图 6.12 所示，保护地线与屏蔽地线分别设置，完全隔离。这种方法由于保护屏蔽罩对机壳的高度悬浮状态，直流绝缘电阻很高，共模干扰很难进入电子回路，抗干扰能力强，而且安全可靠，只是工艺较复杂。

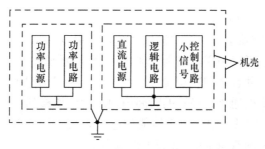

图 6.12　浮地技术示例图

6.3　抗干扰的其他技术与措施

前面介绍的隔离、屏蔽、接地、滤波等主要硬件抗干扰技术，是从破坏干扰的耦合通道的角度发挥作用的。由于干扰问题还可以从来源、产生的原因、波形等角度进行考虑，针对特定的问题，可能在组合以上技术的情况下，采取一些特殊的措施来解决。本节针对这类情况做一些补充介绍。

6.3.1　电源系统的抗干扰措施

实践表明，电源的干扰是计算机测控系统的一个主要干扰，必须采取措施抑制这种干扰。

1. 交流电源系统

理想的交流电应该是 50Hz 的正弦波。但事实上，由于负载的变动，如电动机、电焊机、鼓风机等电气设备的启/停，甚至日光灯的开/关都可能造成电源电压的波动，严重时会使电源正弦波上出现尖峰脉冲。这种尖峰脉冲，幅值可达几十伏甚至几千伏，持续时间也可达几毫秒，容易造成计算机"死机"，甚至会损坏硬件，对测控系统的威胁极大。在硬件上可以用以下方法加以解决。

（1）选用供电品质好的电源

测控系统的电源要选用比较稳定的交流电源，尽量不要接到负载变化大、晶闸管多或者有高频设备的电源上。

（2）抑制尖峰干扰

在交流电源输入端串入按频谱均衡原理设计的干扰控制器，将尖峰电压集中的能量分配到不同的频段上，从而减弱其破坏性；在交流电源输入端加隔离变压器，利用铁磁共振原理抑制尖峰脉冲；在交流电源输入端并联压敏电阻，利用尖峰脉冲到来时电阻值减小以降低从电源分得的电压，从而削弱干扰的影响。

（3）采用交流稳压器稳定电网电压

一般要求高的交流供电系统如图 6.13 所示。图中的交流稳压器可抑制电网电压的波动，提高系统的稳定性。交流稳压器能把输出波形畸变控制在 5% 以内，还可以对负载短路起限流保护作用。低通滤波器是为了滤除电网中混杂的高频干扰信号，保证 50Hz 基波通过。

图 6.13　交流供电系统

（4）利用 UPS 保证不中断供电

电网瞬间断电或电压突然下降等会使测控系统陷入混乱状态，并可能产生严重事故的恶性干扰。对于要求高的系统，可以采用不间断电源即 UPS 向系统供电。所有的 UPS 设备都装有一个或一组电池和传感器，并且也包括交流稳压设备。如果交流供电中断，UPS 中的断电传感器检测到断电后，就会将供电通路在极短的时间内（几毫秒）切换到电池组，从而保证流入测控系统的电流不因停电而中断。UPS 中的逆变器能把电池直流电压逆变到正常电压频率和幅度的交流电压，具有稳压和稳频的双重功能，提高了供电质量。

2. 直流电源系统

在智能仪器中，无论是模拟电路还是数字电路，都需要低压直流供电。为了进一步抑制来自电源方面的干扰，一般在直流电源侧也要采用相应的抗干扰措施。

（1）交流电源变压器的屏蔽

把高压交流变成低压直流的简单方法是用交流电源变压器。因此，对电源变压器设置合理的静电屏蔽和电磁屏蔽，就是一种十分有效的抗干扰措施。通常将电源变压器的一次、二次绕组分别加以屏蔽，一次绕组屏蔽层与铁芯同时接地。

（2）采用直流开关电源

直流开关电源是一种脉宽调制型电源，具有体积小、重量轻、效率高、输入电压范围大等优点，并且电网电压变化时不会输出过电压或欠电压。直流开关电源初、次级之间具有较好的隔离，对于交流电网上的高频脉冲干扰有较强的隔离能力。

（3）采用 DC-DC 变换器

如果供电电网波动较大，或者对直流电源的精度要求较高，可以采用 DC-DC 变换器。DC-DC 变换器将一种电压的直流电源变换成另一种电压的直流电源，具有体积小、输入电压范围大、输出电压稳定、性价比高等优点。采用 DC-DC 变换器可以方便地实现电池供电，利于制造便携式或手持式智能仪器。

（4）每块印制电路板的直流电源分散独立

当测控系统有几块功能不同的印制电路板时，为了防止板与板之间的相互干扰，可以对每块板的直流电源采取分散独立供电。在每块板上装一个或几个三端集成稳压块（如 7805、7905 等）组成稳压电源，每块板单独对电压过载进行保护，不会因为某个稳压块出现故障而使整个系统遭到破坏，而且也减少了公共阻抗的相互耦合，大大提高供电的可靠性，也利于电源散热。

（5）集成电路（IC）芯片的 V_{CC} 端和 GND 端加旁路电容

集成电路中的开关高速动作时会产生噪声，因此无论电源装置提供的电压多么稳定，V_{CC} 端和 GND 端也会产生噪声。为了降低开关噪声，在印制电路板上的每个 IC 芯片都接入高频特性好的旁路电容，将开关电流经过的线路局限在一个极小的范围内。旁路电容可用 $0.01 \sim 0.1 \mu F$ 的陶瓷电容器，引线要短，而且紧靠需要旁路的 IC 芯片的 V_{CC} 或 GND 端安装，否则会毫无意义。

6.3.2 静电干扰和漏电干扰的抑制

1. 静电干扰的抑制

静电的起因是两种不同物质的物体互相摩擦时，正、负电荷分别积蓄在两种物体上，当它们与设备接触时，便会放电形成静电干扰。

在设备外壳上放电是经常见到的放电现象，放电电流流过金属外壳，产生电场和磁场，通过分布阻抗耦合到壳内的电源线、信号线等内部走线，引起误动作。智能仪器的信号线或地线上也可直接放电，如键盘或显示装置等接口处的放电，其干扰后果更为严重。

智能仪器中广泛使用的 CMOS 器件，最易受静电干扰。CMOS 器件的显著特点是输入阻抗极高，内部的极间电容立即被充电到很高电压，把氧化膜击穿；放电电流流入器件内部，瞬间值高达几十安的放电电流使器件发热，迅速烧熔，导致损坏。尽管现在应用的大多数 CMOS 器件采取了一些保护措施来防止静电干扰，但是，由于器件本身的结构特点，对静电引起的破坏仍然不可掉以轻心。

抑制静电干扰可以从两个方面着手：避免产生静电；切断静电放电电流途径。有如下几种抑制静电干扰的措施。

① CMOS 器件在使用中应注意防止静电。一是输入引脚不能浮空。如果输入引脚浮空，在输入引脚上很容易积累电荷。尽管 CMOS 器件的输入端都有保护电路，静电感应一般不会损坏器件，但很容易使输入引脚电位处于 $0 \sim 1V$ 之间的过渡区域。这时反相器的上、下两个场效应管均会导通，使电路功耗大大增加。二是设法降低输入电阻，可以将输入引脚与电源之间或地之间接入一个负载电阻，为静电电荷提供泄流通道。三是当 CMOS 器件与长传输线连接时，应通过一个 TTL 缓冲门电路之后再与长传输线相连。

② 环境太干燥时，要适当提高环境湿度。静电的生成与湿度有密切关系，环境越干燥，越容易产生静电。

③ 检验设备时，最好在操作台上放置接地的金属极，以使操作人员身上的静电立刻入地。

④ 操作人员工作时，不可穿容易带静电的化纤衣服和鞋帽等。焊接元器件时，务必使用烙铁头接地的电烙铁。其他设备、测试仪器及工具也应有良好的接地措施。

⑤ 若难以营造不宜产生静电的环境,则应从提高设备表面的绝缘能力着手。在可能发生静电放电的部位或装置加强绝缘或加以屏蔽,并良好接地。

2. 漏电干扰的抑制

漏电干扰的发生是因为绝缘层老化变质,绝缘能力下降,或者由于系统工作环境潮湿,导致尘埃落入印制电路板或配电盘面之后形成导电层。漏电电流可能导致某些逻辑元件的输入引入虚假信号而使控制失灵;或者强电压通过漏电途径而击穿弱电器件。

防止漏电流的产生可从两个方面入手:一是保持优良的运行环境,防止漏电流产生;二是切断漏电流的流通通路,使漏电流不进入工作的元器件中。具体措施有:

① 保持测控系统工作环境干燥、空气流通,没有严重的灰尘,并定期清理印制电路板表面或配电盘面,这样可以从根本上杜绝漏电流的产生。

② 对于强电设备和弱电设备,要分别安装在不同的印制电路板或配电板上,以防止高电压通过漏电通路而击穿弱电设备。

③ 测控系统中的某些灵敏部件,可以用接地环路将其包围起来。一旦产生漏电流,这些电流会通过接地环路而入地,不会对灵敏部件产生干扰。

6.3.3　线间窜扰的抑制

1. 线间窜扰问题

测控系统的输入、输出信号根据工艺要求,往往通过较长传输线与控制设备相接。由于导线很长,所处环境比较恶劣,导线成为引入干扰的主要渠道之一。长信号线的干扰主要包括长线反射干扰、线间窜扰、外部的电磁干扰、长线分布电容而导致的信号电平转换过程的过渡干扰。

线间窜扰是当两条或几条较长的导线相平行而又靠得很近时,其中任意一导线上的信号将对其他导线产生干扰。线间干扰大多发生在多芯电缆、束捆导线或印制电路板上平行的导线之间。窜扰的强弱与相邻两信号线间的互阻抗和信号线本身的阻抗有关。

线间窜扰是一种近场耦合干扰,受扰线上的影响来源于传输线间的分布电感引起的电磁耦合。假定有两条平行长线,由于每条线都存在着寄生电容和寄生电感,相互之间也存在着寄生电容和互感,于是两线之间就存在着互相耦合的可能性,一条线中的信号耦合到另一条线中去,就成为窜扰。

2. 线间窜扰的抑制

在测控系统中,广泛使用扁平电缆做连接导线。扁平电缆使用方便,但很容易产生线间窜扰。扁平电缆的各导线间均分布电容。一般来说,每 10cm 长的相邻导线间的分布电容约为 3pF。信号频率为 100MHz 时,传输线的耦合阻抗约为 0.5kΩ,就很容易发生窜扰。

另外,用扁平电缆传输的数字信号含有 100 倍左右的高次谐波,这些高频分量极易通过扁平电缆各导线间分布电容耦合到邻近导线。当微机的输入、输出接口为数字逻辑电路时,由于数字信号线离得很近,会形成电容耦合干扰。

抑制扁平电缆窜扰的措施如下:

① 用一条扁平电缆传输多种电平信号时,必须按电平级别分组,不同组的导线间要保持一定的距离。

② 由于高频成分都发生在脉冲的前、后沿,分组传送时应把前沿时间相近的同级电平信号划分为一组。

③ 信号组的导线用一空闲导线分开,并把该空闲导线接地。这就把两组相邻导线间的耦合电容转化为对地电容。

④ 在配线时,应力求扁平电缆贴近接地底板。必要时,可专门给扁平电缆设置接地底板,使导线之间的部分耦合电容转化为对地电容。

⑤ 如果干扰严重,可采用双绞线结构的扁平电缆,并把其中一线接地。这种电缆对抑制静电干扰和空间电磁干扰也有效果。

信号线除采用扁平电缆外,还可采用单股导线、双绞线和金属屏蔽电缆。为减少窜扰,应选用特性阻抗低的单股导线。金属屏蔽电缆的特性阻抗较低,窜扰最小,但成本高,只能应用于噪声严重的场合。双绞线则成本低,使用也方便。

为了预防窜扰,可以从以下几方面考虑:

① 用两点接地的双绞线做传输线,既可以显著降低窜扰,又能起到静电屏蔽作用,现场敷设也比较方便;

② 控制柜中的信号线,应尽量靠近接地底板,以增大对地电容而减少窜扰;

③ 设计印制电路板上的信号线时,应力求靠近地线,或用地线包围;

④ 尽量加大信号线与其他地线间的距离,可采用分散走线的方式,尤其是强电和弱电的传输线一定要分开布设。

6.4 智能仪器可靠性概述

目前智能仪器的使用条件已经从环境优良的机房向工厂、野外、水上、空中等复杂环境延伸,工作环境往往比较恶劣,而且系统组成日趋复杂,从而使智能仪器出现故障的概率增大。另一方面,人们对自动化设备的依赖程度也越来越高,如果仪器在运行中经常发生故障,轻则影响产品的质量和产量,重则发生事故,造成巨大的经济损失。因此,如何保证和提高智能仪器的可靠性和安全性,使其长期稳定、可靠地运行就成为一个非常突出的问题。

6.4.1 可靠性的基本概念

可靠性是描述产品或系统长期稳定、正常运行能力的一个通用概念,也是产品或系统质量在时间方面的特征表示。可靠性的定义是指产品或系统在规定条件下和规定时间内,完成规定功能的能力。相应地,产品或系统不能完成规定功能时,称之为失效。可靠性最集中反映了某种产品或系统的质量指标。

描述可靠性的定量指标常用可靠度、失效率、平均无故障时间等。

(1) 可靠度

可靠度是指产品或系统在规定条件下和规定时间内完成规定功能的成功概率,用 $R(t)$ 表示。这里的规定条件包括运行的环境条件、使用条件、维修条件和操作水平等。

对工作在同样条件下的 N 台相同的仪器,从它们开始运行到 t 时刻的时间内,如有 $F(t)$ 台仪器发生故障,其余 $S(t)$ 台仪器仍正常工作,则该仪器的可靠率可定义为

$$R(t) = S(t)/N \qquad (6-6)$$

相应地,不可靠度是产品或系统在规定条件下和规定时间内不能完成规定功能的概率,可以表示为

$$Q(t) = F(t)/N \qquad (6-7)$$

(2) 失效率

失效率又称故障率,是指工作到某一时刻尚未失效的产品,在该时刻后单位时间内发生失效

的概率,即产品工作到 t 时刻后,在单位时间内发生故障的产品数与在时刻 t 时仍在正常工作的产品数之比。

在电子产品的有效寿命期间内,如果失效率是由电子元器件、集成电路芯片的故障所引起的,则失效率为常数。这是因为电子元器件、集成电路芯片经过老化筛选后,就进入偶发故障期。在这一时期内,它们的故障是随机均匀分布的,失效率为一常数。智能仪器的失效率具有与电子元器件、集成电路芯片失效变化相同的规律。

(3) 平均寿命

平均寿命是指产品寿命的平均值。对于可修复的产品,平均寿命用平均故障间隔时间表征,指"一个或多个产品在它的使用寿命期内某个观察期间累积工作时间与故障次数之比"。对于不可修复的产品,平均寿命用平均无故障工作时间表征,当所有试验样品都观察到寿命终了的实际值时,平均无故障工作时间是指产品寿命的算术平均值。当不是所有试验样品都观测到寿命终了,试验就终止时,平均无故障工作时间是试验样品累积试验时间与失效数之比。

平均无故障工作时间是最常用的描述可靠性的特征量,有些厂商以下限值的方式给出,它比可靠度、失效率更直接形象地给出了一个产品的可靠性的参数指标。

6.4.2 影响可靠性的主要因素

1. 内部因素

导致智能仪器运行不稳定的内部因素主要有以下 3 点。

(1) 元器件本身的性能与可靠性

元器件是组成智能仪器的基本单元,其特性好坏与稳定性直接影响智能仪器的性能与可靠性。因此,在可靠性设计中,应使元器件在长期稳定性、精度等级方面满足要求。

(2) 系统结构设计

包括硬件电路结构设计和软件设计。元器件选定之后,根据系统运行原理与生产工艺要求将其连成整体,并编制相应软件。电路设计中,要求元器件或线路布局合理,以消除元器件之间的电磁耦合干扰;优化的电路设计也可以消除或削弱外部干扰对整个系统的影响,如去耦电路、平衡电路等;也可以采用冗余结构,当某些元器件发生故障时也不影响整个系统的运行。软件是智能仪器区别于其他通用电子设备的独特之处,通过合理编制软件,可以进一步提高系统运行的可靠性。

(3) 安装与调试

元器件和整个系统的安装与调试,是保证系统运行和可靠的重要措施。尽管元器件选择严格,系统整体设计合理,但安装工艺粗糙,调试不严格,仍然达不到预期的效果。

2. 外部因素

影响智能仪器可靠性的外部因素是指智能仪器所处工作环境中的外部设备或空间条件导致系统运行的不可靠因素,主要包括:

① 外部电气条件,如电源电压的稳定性、强电场与磁场等的影响;

② 外部空间条件,如温度、湿度、空气清洁度等;

③ 外部机械条件,如冲击、振动等。

6.5 智能仪器可靠性设计

智能仪器可靠性设计的目的是在设计过程中挖掘、分析和确定系统或设备中的薄弱环节及隐患,采取预防和改进措施,提高可靠性。针对影响智能仪器可靠性的各种因素的特点,必须采取相应的硬件或软件方面的措施,这是智能仪器可靠性设计的根本任务。

6.5.1 硬件可靠性设计

元器件的选择是根本,合理安装与调试是基础,系统结构设计是手段,外部环境是保证,这是硬件可靠性设计遵循的基本准则,并贯穿于系统设计、安装、运行的全过程。

1. 元器件级可靠性措施

元器件失效率的降低主要由元器件生产厂商来保证。为了保证所选用的元器件的质量或可靠性指标符合设计要求,必须采取下列措施。

(1) 元器件选择和筛选

① 元器件选择原则:在经济条件允许时,应尽可能选用失效率低的元器件;经济条件紧张时,要考虑满足可靠性指标的要求,尽量选用集成度高的元器件。

② 筛选的基本思想:选择若干典型环境因素,施加适当的热、电、机械和其他环境应力于元器件,把其中的所有缺陷尽可能彻底激发出来,然后再加以更换,同时又不使良好的元器件受到损伤或性能衰退。

(2) 降额技术

绝大部分元器件的失效率随环境应力的降低而下降,这是降额设计提高系统可靠性的依据。降额包括热、电、机械和其他环境应力,一般都取额定值的 60%~70%。

2. 部件及系统级的可靠性措施

部件及系统级的可靠性技术是指功能部件或整个系统在设计、制造、检验等环节所采取的可靠性措施。元器件的可靠性主要取决于元器件生产厂商,部件及系统的可靠性取决于设计者的精心设计。资料表明,影响系统可靠性的因素,有 40% 来自电路及系统设计。

(1) 环境保护

① 热设计:把热量输入降到最小,提供良好的热传导、热辐射和通风条件,最大限度地降低机内的温升;正确安排元器件,发热元器件的位置安排应尽可能分散;主要发热元器件远离电解电容、大规模 IC 芯片等。

② 防潮、防尘设计:潮湿和灰尘对系统可靠性的影响主要表现在使系统的绝缘性能降低、霉烂腐蚀和其他性能恶化或断路失效。

憎水处理:涂敷硅有机化合物以提高设备的憎水能力。

密封:对要求具有较强防潮能力的部件采用专门的箱体密封或充气密封。

防盐雾、腐蚀、霉菌设计:用"三防"涂料涂敷印制电路板。

③ 抗冲击、振动设计:为减少冲击、振动等机械应力的影响,在设计时应尽可能提高整个机箱或整机的固有频率。由于设备的固有频率与结构刚度成正比,与重量成反比,因此,在设计时应提高结构的刚度和减轻机箱或整机的重量。对于元器件,应注意防止在冲击下出现断线、断脚或拉脱焊点等故障。因此,对较重的元器件及印制电路板都应采用固定结构。可采用环氧树脂黏接、加卡或紧固螺钉;导线、线束及电缆应进行绑扎,分段固定。

④ 其他环境保护:对于防爆、防核辐射等,在对该类影响比较敏感或者需要进行该类保护时,遵循相关标准,采取相应的措施。

(2) 系统的简化和标准化

系统在性能设计之后,应对其进行简化和标准化,包括硬件简化、标准化以及软件优化和固化。系统的简化和标准化对于提高设备部件的互换性、可靠性和可维修度都是非常必要的。所以，尽量朝"单片"方向设计硬件系统，系统部件越多，部件之间相互干扰也越强，功耗也增大，不可避免地降低了系统的稳定性。

（3）电磁兼容性设计

电磁兼容性是指系统在电磁环境中的适应性，即能保持完成规定功能的能力。电磁兼容性设计的目的，使系统既不受外部电磁干扰的影响，也不对其他电子设备产生影响。

电磁兼容性设计依据的标准主要是国际电工委员会 IEC 801—1～6，IEC 1000—4—1～12 和国际无线电干扰特别委员会 CISPR11—23。

智能仪器常用的抗电磁干扰的硬件措施在 6.2 节、6.3 节中已经介绍。再次强调，系统的可靠性是由多种因素决定的，其中抗电磁干扰性能的好坏是影响系统可靠性的极其重要的因素。

（4）冗余技术

冗余技术也称容错技术或故障掩盖技术，它是通过增加完成同一功能的并联备用单元（包括硬件单元或软件单元）数目来提高系统可靠性的一种设计方法。如在电路设计中，对那些容易产生短路的部分，以串联形式复制；对那些容易产生开路的部分，以并联的形式复制。

冗余技术包括硬件冗余、软件冗余、信息冗余、时间冗余等。硬件冗余是用增加硬件设备的方法，当系统发生故障时，将备份硬件顶替上去，使系统仍能正常工作。信息冗余是将重要数据复制一份或多份，存放于不同空间。

冗余技术与系统的简化和标准化的要求并不冲突，系统的简化和标准化既针对整个系统，也针对模块、单元、部件。冗余技术所增加的单元，单独来看，也希望是简化的、标准化的。

（5）故障自动检测与诊断技术

对于复杂的系统，应设计系统在线测试与诊断模块。这样做的目的有两个：一是为了保证能及时检验出有故障装置或单元模块，以便尽快把有用单元替换上去，一般通过及时、正确地对各种异常状态或故障状态做出诊断，判定动作或功能的正常性以及及时指出故障部位来实现；二是通过检测监视、故障分析、性能评估等，为系统结构修改、优化设计、合理制造及生产过程提供数据和信息。

6.5.2　硬件故障自检

所谓自检，就是自动开始或人为触发开始执行事先编制好的检测程序的自我检验过程，能对系统出现的软硬件故障进行自动检测，并且给出相应指示。智能仪器通常编制了自动检测程序，能自动进行故障的检测和诊断。

1. 常见的自检方式

常见的自检有开机自检、周期性自检和键控自检 3 种方式。在自检过程中，当检查到系统已出现的某种故障时，一般采用系统本身的数字显示器，给出某种代码指示，同时伴随着灯光闪烁或声响报警信号。操作人员可根据代码指示查找故障类型，并提供故障发生的位置。自检功能主要依靠软件完成，力求最大限度地利用被检测仪器本身能提供的信号、电路等现有条件，使仪器能够简单且又方便地进行自检。

（1）开机自检

当仪器接通电源或复位后，仪器进行一次自检，在以后的运行过程中不再进行。开机自检的项目一般有面板显示装置自检、RAM 和 ROM 自检、输入/输出通道自检、总线自检，以及键盘自检等。

（2）周期性自检

如果只是在开机时进行一次性自检,而且自检项目中又不能包括仪器的所有关键部件,那么就难以保证在运行过程中仪器的可靠性。因此,大多数智能仪器在运行过程中,要不断地、周期性地插入自检操作。这种自检完全是自动进行的,并且是在测控工作的间歇期间完成的,不干扰正常测控任务。除非检查到故障,否则周期性自检不为操作人员所发觉。

（3）键控自检

对不能在正常运行中进行的自检项目或当用户对仪器的可信度产生怀疑时,可通过仪器面板上设置的"自检按键",由操作者控制,启动自检程序。这种自检方式简单方便,可以在仪器运行过程中寻找一个适当的时机进行自检,又不干扰正常测控工作的进行。

2. RAM自检

RAM是系统工作时中间结果或最终结果的存放单元。任何时候RAM都应该能进行正常的读/写操作,就其读/写的内容来讲,每个字节的每一位都能正确地读/写"0"或"1"。因此,对RAM的自检分两种情况。

① 在程序投入运行(投运)之前,无论RAM中的内容如何,都被视为空白区,RAM内无任何可用信息。检查其能否正确写入和读出数据,一般先将检查字"AAH"写入RAM单元,然后按所写的单元地址逐字节读出,检查是否全为"AAH";再写入检查字"55H",同样按所写单元地址逐字节读出,检查是否全为"55H"。检查字"AAH"和"55H"均为相邻位电平相反,且"AAH"和"55H"互为反码,循环一遍即可实现各位写"0"、读"0"和写"1"、读"1"的操作。其流程图如图6.14(a)所示。

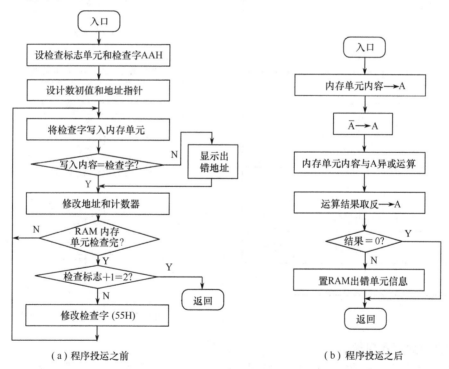

（a）程序投运之前 （b）程序投运之后

图6.14 RAM自检程序流程图

② 在程序投运之后,作为数据区的RAM已存放有一定的信息,检查程序不应该破坏原有的内容,因此上述方法不再适用。对已存放有一定信息的RAM自检时,先将其读出信息暂存在某寄存器,再将该内容重写入原单元后再次读出,与第一次读出的内容进行比较,若不相等则表

示该单元出错。也可采用"异或"的办法进行检查,即先从被检查的 RAM 单元中读出信息,求反后再与原单元内容进行一次异或运算,若其结果为全"1",则表明该单元工作正常,否则应给出错误指示。程序投运之后的 RAM 自检流程图如图 6.14(b)所示。

3. ROM 自检

ROM 中存放着系统工作的程序、各类常数及已知表格等信息。ROM 的内容是否正常与整个系统能否正常工作有着密切的关系,所以设计者和用户都非常重视对 ROM 的检查。检查ROM 最常用的方法是采用校验和法,其设计思想是:在将调试好的程序向 ROM 中固化时,保留一个单元(一般是程序结束后的后继单元)不写程序而写入检验字。校验字的状态应使 ROM 中每列具有奇数(或偶数)个 1,从而使校验和为全"1"(或全"0")。表 6.2 所示为 8 字节 ROM 的自检原理。这里根据前 7 字节的代码状态,为了能得到全"1"的校验和,所用校验字为 11001011B。在程序设计阶段,把上述有关内容设计好并固化。在程序投运后,每当使用该段程序之前,都应对其进行检查。

ROM 自检程序设计思想如下:给定该段程序的地址指针,并设置相应的计数单元,然后按字节读出 ROM 的内容并进行异或运算。此项工作直至包括校验字在内的所有字节都运算完,判断结果是否为全"1",或将其结果取反,判断是否为全"0"。当结果不为全"1"或全"0"时,表明ROM 内某单元出错,应给出故障指示。ROM 自检程序流程如图 6.15 所示。

表 6.2　ROM 自检数据

ROM 地址	ROM 中内容	备注
0	11111110	—
1	11000110	—
2	10101010	—
3	01111110	—
4	01010101	—
5	10001101	—
6	00000000	—
7	11001011	校验字
—	11111111	校验和

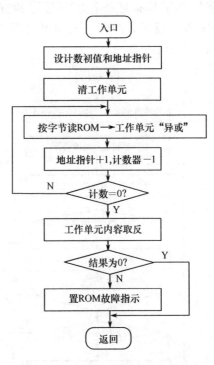

图 6.15　ROM 自检程序流程图

4. 键盘与显示器自检

键盘、显示器等属于数字 I/O 设备,如果每个 I/O 设备都要求自诊断,那么系统硬件 I/O 资源将被耗空,因此键盘、显示器等的诊断往往采用与操作人员合作的方式进行。诊断程序进行一系列预定的 I/O 操作,操作人员对这些 I/O 操作的结果进行验证,如果一切都与预定的结果一致,则认为功能正常。如果不能完成某些预定的 I/O 操作或有差错,则应对有关的 I/O 通道进行检修。

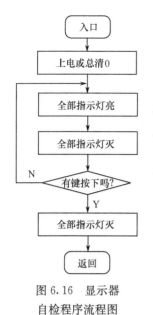

图 6.16 显示器
自检程序流程图

键盘的自检是在操作人员按下键后,CPU 如能获取此信息,并做出相应的反应,则说明键盘工作正常。常用的检测方法是:CPU 每取得一个按键闭合的信号,反馈一个信息(最常用的反馈信息是声光输出),如果反馈信息与预先设定的一致,认为功能正常;如果按下某键无反馈信息,往往是该键接触不良;如果按某排键均无反馈信号,则与对应的电路或扫描信号有关;如果按所有键均无反馈信息,则键盘扫描系统已经瘫痪或者监控程序已被破坏。

显示器是人机交互的输出设备,虽然它不参与系统的正常控制,但如果显示器不正常,就好像人失去了眼睛,操作人员无法知道现场的状态。因此,在程序中也应对显示器进行检查。显示器的自检一般在开机时进行,检查的形式有两种。一种是让显示器的所有字段都发光,然后再使所有字段都不发光,以检查显示器及相应接口电路是否处于正常工作状态,自检程序的流程如图 6.16 所示。如果工作正常,按下任何一个按键均应脱离初始自检方式,给出正常的工作符号或状态。另一种是显示某些特征字符,一般是控制系统的名称或代号,持续一段时间自动消失,进入其他初态或某种操作状态。

5. 输入通道自检

模拟量输入通道如图 6.17 所示,图中采用了 A/D 转换器(ADC),转换精度取决于 A/D 转换器的位数。模拟量输入通道自检采用直接参数判断法,即根据模拟量采样值的大小(取极限值)来判断模拟量输入通道是否正常,因此,模拟量输入通道的自检应包括检测元件、变送器、ADC 及接口电路的自检。为了简化,将模拟量输入通道分两部分自检:一是检测元件至变送器的自检,称为变送器自检;二是 ADC 至单片机的自检,称为 ADC 自检。

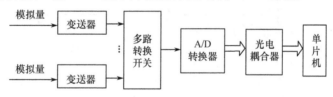

图 6.17 模拟量输入通道

变送器自检:目前电流输出型变送器有 0~10mA、0~20mA、4~20mA 这 3 种信号标准,分别串联 500Ω、250Ω、250Ω 精密电阻,将其转换成 0~5V、1~5V 的电压信号与 ADC 相连。变送器与 ADC 连接如图 6.18 所示。若变送器内部或接线盒端子短路,V_{in} 为 24V,则此时 ADC 转换的数字量为满量程(即数字量最大);若变送器内部或接线盒端子开路,V_{in} 为 0V,则此时 ADC 转换的数字量为最小(通常为零)。不管是电压输出型,还是电流输出型的变送器,可以得到相同的结论:当变送器内部或接线盒端子短路时,ADC 转换的数字量最大;当变送器内部或接线盒端子开路时,ADC 转换的数字量为零。因此,只要适当扩大变送器的测量范围,即可实现在不增加任何硬件的条件下对变送器自检。所谓"适当",是指被测量的数值在正常情况下绝对不会出现的量值。例如,工程上需要测量范围是 0~100℃,按范围两端各扩大 20% 计算,应为 −20~120℃。

ADC 自检:若任一路采样值在正常范围内,则表明 ADC 至单片机电路正常,否则 A/D 转换电路出现故障,或者在自校正的同时判断 ADC 状态。

模拟输入通道的自检程序流程如图 6.19 所示。内存设置两个计数单元,当超限条件满足时计数单元加1,否则清计数单元。当计数单元累计到 N 次时,给出故障信息。N 的设置目的是防

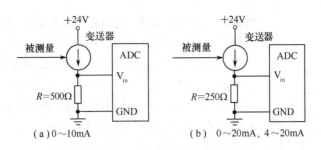

图 6.18　变送器与 ADC 连接图

止瞬间脉冲干扰,一般 N 取 4 即可,因为连续发生 4 次脉冲干扰的可能性极小。上限值 E_{max} 取 ADC 转换的最大值或略小,下限值 E_{min} 取 ADC 转换的最小值或略大。例如,12 位 ADC 的上限取 3F0H,下限取 0AH。

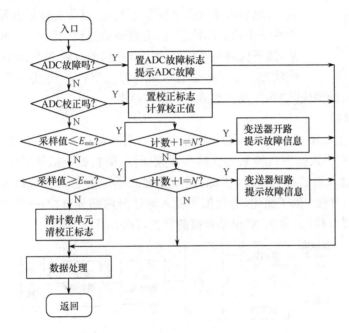

图 6.19　模拟输入通道的自检程序流程图

对于数字量输入外设的自检,可以通过随机按键执行自检程序,直接检测外设正常与否,并提示相应信息。

6. 输出通道自检

D/A 转换器(DAC)是输出通道的重要部件,DAC 的自检常与 ADC 配合进行。自检时,可由微处理器输出扫描电压信号(锯齿波)对应的数字量(预定值),该数字量输入 DAC,经 D/A 转换后的模拟量再经 A/D 转换后进入微处理器,微处理器将转换结果与预定值比较,若误差在允许的范围之内,认为 DAC 正常;否则,按上述方法判断 ADC 是否正常,若 ADC 工作正常,可断定 DAC 存在故障。

输出通道自检采用间接参数判断法。间接参数判断法是指根据模拟输入通道的采样值的变化情况来判断模拟输出通道或开关量输出通道是否正常。无论模拟型执行器还是开关型执行器,其工作状态势必影响到模拟量输入通道的采样值。因此,间接参数判断法是可行的,而且简单、可靠。间接参数(模拟输入量)的选择原则是它应与直接参数(执行器的输出量)有单值对应关系且灵敏度高。智能仪器的数字输出量用于控制电动阀、电磁阀、风机、泵类等设备的开/关和启/停,在控制过程中必然会影响到工艺管路或设备的介质流量、压力、温度等。例如,一个输出数字量控制泵的启/停,管路已安装流量检测装置,在流量检测回路没有故障的情况下,不仅可依据流量有无变化情况来判断开关、驱动电路、继电器、交流接触器、热继电器、电机、泵,以及现场连线是否正常,而且可以根据泵的流量特性在线判断泵的性能优劣。泵在运行状态下的自检程序流程如图 6.20 所示。"输出通道开路"故障通常是指负荷过大或者泵已损坏,导致热继电器开路。同理,可以得到风机、泵类等设备在停止状态下的自检程序。

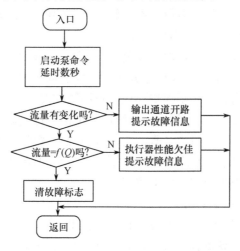

图 6.20　输出通道自检程序流程图

间接参数判断法不仅适用于数字量输出通道的自检,而且适用于模拟量输出通道的自检。两者区别在于,前者控制的设备是两位式执行器,后者控制的设备是连续变化的执行器(如调节阀、步进电机、伺服电机等)。

7. 总线自检

许多智能仪器中的微处理器总线都是经过缓冲器再与各 I/O 设备相连接的,总线自检的目的就是检查经过缓冲器的外部总线传递的信息是否正确。由于总线没有记忆能力,因此,需要设置两个锁存器(锁存器 1、锁存器 2),分别保持地址总线和数据总线上的信息。总线自检原理如图 6.21 所示,总线自检时,CPU 先对相应的锁存器执行一条输出命令,使地址总线和数据总线上的信息保存到锁存器中,再对锁存器进行读操作,让地址总线和数据总线上的信息重新读入CPU 中,与原来的输出信息进行比较。如果结果不一致,则说明总线出现故障。

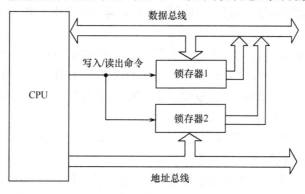

图 6.21　总线自检原理图

此外,自检程序检查总线时,要分别检查每条信号线。具体步骤是:使被检测的每条信号线依次为"1",即每次只令一根信号线为"1",其余为"0"。如果某条信号线停留在"0"或"1",则说明有故障存在。总线故障一般是由于印制电路板的工艺不佳,使两线相碰短路引起的。

6.5.3 软件可靠性设计及软件抗干扰措施

智能仪器运行软件是系统要实现的各项功能的具体反映,是设计人员脑力劳动的结晶。软件可靠性的主要标志是软件是否真实而准确地完成了要实现的各项功能,因此,对生产工艺的了解、熟悉程度直接关系到软件的编写质量。提高软件可靠性的前提条件是设计人员对生产工艺过程的深入了解,并使软件易读、易测和易修改。

为了提高软件的可靠性,应尽量将软件规范化、标准化和模块化,尽可能把复杂的问题化成若干较为简单明确的小任务。把一个大程序分成若干独立的小模块,这有助于及时发现设计中的不合理部分,而且检查和测试几个小模块要比检查和测试大程序方便得多。

软件抗干扰技术是当系统受到干扰后使系统恢复正常运行或输入信号受到干扰后去伪求真的一种辅助方法。在智能仪器中,只要认真分析系统所处环境的干扰源及耦合通道,采用硬件、软件相结合的抗干扰措施,就能保证长期稳定可靠地运行。但由于软件设计灵活,节省硬件资源,所以软件抗干扰技术越来越引起人们的重视。

软件抗干扰技术所研究的主要内容:一是采取软件的方法抑制叠加在模拟输入信号上噪声的影响,如数字滤波技术;二是用软件的方法对输入/输出的数字信号进行抗干扰处理;三是由于干扰而使运行程序发生混乱,导致程序乱飞或陷入死循环时,采取使程序纳入正轨的措施,如软件冗余、软件陷阱、"看门狗"技术。这些方法可以用软件实现,也可以采用软件、硬件相结合的方法实现。

1. 数字滤波

叠加在系统被测模拟输入信号上的噪声干扰,将导致较大的测量误差。由于噪声的随机性,可以通过数字滤波技术剔除虚假信号,求得真值。常见数字滤波算法见 5.2.2 节。

2. 数字信号输入/输出的软件抗干扰

在数字信号的输入/输出中,由于操作或外界等的干扰,会引起数字信号状态发生变化,从而造成误判。

对于输入的数字信号,可以通过重复检测的方法,将随机干扰引起的虚假信号滤除掉。干扰信号相对数字信号来说,多呈毛刺状,作用时间短。利用这一特点,在采集某一数字信号时,可多次重复采集,直到连续两次或两次以上采集结果完全一致为止。若多次采集后,信号总是变化不定,可停止采集,给出报警信号。对数字信号的采集不能采用多次平均方法,而要比较两次或多次采集结果是否相同。

对于输出的数字信号,可以通过重复输出及采用抗干扰编码的方法,减少干扰对输出信号的影响。由于干扰的影响,可能使计算机输出了正确的数字信号,在输出设备中得到的却是错误信号。在满足实时控制要求的前提下,重复输出同一数据,重复周期尽可能短一些。输出设备接收到一个被干扰的错误信号后,还来不及做出有效的反应,一个正确的输出信息又来到,就可及时防止错误动作的产生。采用抗干扰编码则是按一定规约,将需传输的数据进行编码,在接收端再按规约进行解码,并完成检错或纠错功能。

智能仪器的输入/输出信号根据工艺要求,往往通过较长传输线与控制设备相连接。当系统受到干扰后,可能使可编程的输出端状态发生变化,因此,可以通过反复向这些输出端定期重写控制字、输出状态字,来维持既定的输出端状态。由于干扰的作用,有可能改变芯片的编程方式。

为了确保输出功能正确实现,输出端在执行具体的数据输出之前,应先执行对芯片的初始化编程指令,再输出有关数据。

3. 软件程序的抗干扰

窜入智能仪器的干扰作用于 CPU 时,后果更加严重,将使系统失控。最典型的故障是破坏程序计数器的状态,导致程序从一个区域跳到另一个区域,或者程序在地址空间内"乱飞",或者陷入"死循环"。工业应用中,因程序计数器受到干扰而引起程序失控的后果是严重的,因此,必须尽可能早地发现并采取补救措施。

对于失控的 CPU,最简单的方法是使其复位,程序自动从头开始执行。为完成复位功能,在硬件电路上应设置复位电路。复位方式有上电复位、人工复位、自动复位 3 种。上电复位是指计算机在开机上电时自动复位,此时所有硬件都从其初始状态开始,程序从第一条指令开始执行;人工复位是指操作人员按下复位按钮时的复位;自动复位是指系统在需要复位的状态时,由特定的电路自动将 CPU 复位的一种方式。

在智能仪器运行时,有可能会发生电源意外掉电的情况。在软件设计中,应设置掉电保护中断服务程序,该中断为最高优先级的非屏蔽中断,使系统能对掉电做出及时的反应。系统应首先检测到电源的变化,通过切换电路把备用电池接入系统,迅速进行现场保护,把当时的重要状态参数、中间结果,甚至某些片内寄存器的内容——存入具有后备电池的 RAM 中。其次,对有关外设做出妥善处理,如关闭各 I/O 接口,使外设处于某一非工作状态等。最后,必须在片内 RAM 的某一个或两个单元存入特定标记的数字,作为掉电标记,然后进入掉电保护工作状态。当电源恢复正常时,CPU 重新复位,复位后应首先检查是否有掉电标记,如果有,则说明本次复位为掉电保护之后的复位,应按掉电中断服务程序相反的方式恢复现场,以一种合理的安全方式使系统继续未完成的工作。

(1) 时间冗余技术

为了提高智能仪器的可靠性,可以采用重复执行某一操作或某一程序,并将执行结果与前一次的结果进行比较来确认系统工作是否正常。只有当两次结果相同时,才被认可,并进行下一步操作。如果两次结果不一样,可以再重复一次,当第三次结果与前两次之中的一次相同时,则认为另一结果是偶然故障引起的,应当剔除。如果三次结果均不相同,则初步判定为硬件永久性故障,需进一步检查。

这种方法是用时间为代价来换取可靠性的技术,称为时间冗余技术,俗称重复检测技术。它的优点是不用增加设备的硬件投资、简单易行,其不足之处是减慢了运行速度,因而只能用在执行时间比较宽余、操作步骤又比较重要的情况。

(2) 指令冗余技术

CPU 取指令是指先取操作码,再取操作数。当 CPU 受到干扰,程序"乱飞"后,往往将一些操作数当作指令来执行,从而引起整个程序的混乱。采用指令冗余技术是使程序从"乱飞"状态恢复正常的一种有效措施。所谓的指令冗余,就是在程序的关键地方人为地加入一些单字节指令 NOP,或将有效单字节指令重写,当程序"乱飞"到某条单字节指令时,就不会发生将操作数当作指令来执行的错误。

① NOP 的使用

可在双字节指令和三字节指令之后插入两个单字节 NOP 指令,这可保证其后的指令不被拆散。因为"乱飞"的程序即使落在操作数上,由于两个空操作指令 NOP 的存在,不会将其后的指令当作操作数执行,从而使程序纳入正规。

在对程序流向起决定作用的指令(如 RET、RETI、ACALL、LCALL、LJMP、JZ、JNZ、JC、

JNC、DJNZ 等)和某些对系统工作状态起重要作用的指令(如 SETB、EA 等)之前插入两条 NOP 指令,可保证"乱飞"的程序迅速纳入正轨,从而确保这些指令正确执行。

② 重要指令冗余

在对程序流向起决定作用的指令(如 RET、RETI、ACALL、LCALL、LJMP、JZ、JNZ、JC、JNC、DJNZ 等)和某些对系统工作状态起重要作用的指令(如 SETB、EA 等)的后面,可重复写上这些指令,以确保这些指令的正确执行。

指令冗余会降低系统的效率,但确保了程序很快纳入正轨,避免程序混乱。适当的指令冗余不会对系统的实时性和功能产生明显的影响。

由以上可以看出,采用指令冗余技术使程序纳入正轨的条件是:"乱飞"的程序计数器必须指向程序运行区,并且必须执行到冗余指令。

(3) 软件陷阱技术

当"乱飞"的程序进入非程序区(如 EPROM 未使用的空间)或表格区时,采用冗余指令却无法做到使程序纳入正轨,此时可以设定软件陷阱拦截"乱飞"的程序。

① 软件陷阱

软件陷阱是在非程序区的特定地方设置一条引导指令(看作一个陷阱),程序正常运行,不会落入该引导指令的陷阱,当 CPU 受到干扰、程序"乱飞"时,如果落入指令陷阱,则将由引导指令将"乱飞"的程序强制跳转到出错处理程序,由该程序段进行出错处理和程序恢复。

软件陷阱可采用以下两种形式。

形式一:软件陷阱形式:　　　NOP
　　　　　　　　　　　　　　　NOP
　　　　　　　　　　　　　　　LJMP　　0000H
　　　对应入口形式:　　　　0000H:LJMP MAIN　　　　　;运行程序
　　　　　　　　　　　　　　　⋮
形式二:软件陷阱形式:　　　LJMP 0202H
　　　　　　　　　　　　　　　LJMP 0000H
　　　对应入口形式:　　　　0000H:LJMP MAIN　　　　　;运行主程序
　　　　　　　　　　　　　　　⋮
　　　　　　　　　　　　　0202H:LJMP 0000H
　　　　　　　　　　　　　　　⋮

在单片机中,形式一的机器码为:0000020000,形式二的机器码为:020202020000。

根据"乱飞"的程序落入陷阱区的位置不同,会出现执行空操作、转到 0000H 和直转 0202H 单元几种形式之一,都将使程序回到指定的运行位置。

② 软件陷阱的安排

● 未使用的中断向量区

在编程中,最好不要为节约 ROM 空间,将未使用的中断向量区用于存放正常工作程序指令。因为当干扰使未使用的中断开放,并激活这些中断时,会进一步引起混乱。如果在这些地方设置陷阱,就能及时捕捉到错误中断。在中断服务程序中,要注意返回指令用 RETI,也可以用 LJMP。

采用 LJMP 的中断服务程序形式为:

```
NOP
NOP
POP        direct1          ;将断点弹出堆栈区
```

```
POP          direct2
LJMP         0000H              ;转到 0000H 处
```

采用 RETI 的中断服务程序形式为：

```
NOP
NOP
POP          direct1            ;将原先断点弹出
POP          direct2
PUSH         00H                ;断点地址改为 0000H
PUSH         00H
RETI
```

中断服务程序中的 direct1、direct2 为主程序中非使用单元。

● 未使用的 EPROM 空间

现在一般很少全部用完 EPROM 空间，对于剩余的 EPROM 空间，一般均维持原状态（FFH）。FFH 是一条单字节指令（MOV R7,A），程序"乱飞"到这一区域后将顺序执行，只要每隔一段设置一个陷阱，就一定能捕捉到"乱飞"的程序。这样就可用 0000020000 或 020202020000 作为陷阱来填充 EPROM 中的未使用空间，或每隔一段设置一个陷阱 020000，其他单元保持 FFH 不变。注意，最后一条输入数据应为 020000。

● 运行程序区

前面曾指出，"乱飞"的程序在用户程序内部跳转时可用指令冗余技术加以解决，也可以设置一些软件陷阱，从而有效地抑制程序"乱飞"，使程序运行更加可靠。程序设计时，常采用模块化设计，按照程序的要求一个模块一个模块地执行，因此，可以将陷阱指令分散放置在用户程序各模块之间空余的单元里。在正常程序中不执行这些陷阱指令，以保证用户程序正常运行。但当程序"乱飞"，一旦落入这些陷阱区，便会迅速将"乱飞"的程序纳入正轨。这个方法很有效，陷阱的多少一般依据用户程序大小而定，一般每 1KB 有几个陷阱就够了。

● 中断服务程序区

举例如下，设用户主程序运行区间为 ADD1～ADD2，并设定时器 T0 产生 10ms 定时中断。当程序乱飞落入 ADD1～ADD2 区间外时，若在此用户程序区外发生了定时中断，可在中断服务程序中判定中断地址 ADDX。若 ADDX<ADD1 或 ADDX>ADD2，说明发生了程序乱飞，则应使程序返回到复位入口地址 0000H，使"乱飞"的程序纳入正轨。

假设 ADD1=0100H，ADD2=1000H，2FH 为断点地址高字节暂存单元，2EH 为断点地址低字节暂存单元，设置了陷阱的中断服务程序为：

```
POP          2FH               ;断点地址弹入 2FH,2EH
POP          2EH
PUSH         2EH               ;恢复断点
PUSH         2FH
CLR          C                 ;断点地址与下限地址 0100H 比较
MOV          A,2EH
SUBB         A,#00H
MOV          A,2FH
SUBB         A,#01H
JC           LOPN              ;断点小于 0100H,则转错误处理
MOV          A,#00H            ;断点地址与上限地址 1000H 比较
SUBB         A,2EH
```

```
        MOV        A,#10H
        SUBB       A,2FH
        JC         LOPN            ;断点大于 1000H,则转错误处理
         ⋮                         ;正常中断处理内容,略
        RETI                       ;正常返回
LOPN:   POP        2FH             ;修改断点地址
        POP        2EH
        PUSH       00H             ;故障断点为 0000H
        PUSH       00H
        RETI                       ;故障返回到复位入口
```

● RAM 数据保护的条件陷阱

智能仪器的外部 RAM 保存大量数据,这些数据的写入是使用"MOVX　@DPTR,A"指令来完成的。当 CPU 受到干扰而非法执行该指令时,就会改写 RAM 中的数据,导致数据丢失。为了减少 RAM 中数据丢失的可能性,可在 RAM 写操作之前加入条件陷阱,不满足条件时不允许写入,并进入陷阱,形成死循环。具体形式为:

```
        MOV        A,#NNH
        MOV        DPTR,#XXXXH
        MOV        6EH,#55H
        MOV        6FH,#0AAH
        LCALL      WRDP
        RET
WRDP:   NOP
        NOP
        NOP
        CJNE       6EH,#55H,XJ     ;6EH 中不为 55H 则落入死循环
        CJNE       6FH,#0AAH,XJ    ;6FH 中不为 AAH 则落入死循环
        MOVX       @DPTR,A         ;A 是数据写入 RAM XXXXH 中
        NOP
        NOP
        NOP
        MOV        6EH,#00H
        MOV        6FH,#00H
        RET
XJ:     NOP                        ;死循环
        NOP
        SJMP       XJ
```

落入死循环之后,可以通过"看门狗"技术使其摆脱困境。

(4)"看门狗"技术

程序计数器受到干扰而失控,引起程序"乱飞",也可能使程序陷入"死循环",造成系统完全瘫痪。指令冗余技术、软件陷阱技术不能使失控的程序摆脱"死循环"的困境,可通过采用程序监视技术,又称"看门狗"技术,使程序摆脱"死循环"。测控系统的应用程序往往采用循环运行方式,每次循环的时间基本固定。"看门狗"技术就是使用一个计数器来不断计数,监视程序循环运行时间,若发现时间超过已知的循环设定时间,则认为系统陷入了"死循环",这时计数器溢出,然后强迫系统复位,返回到复位入口 0000H,在 0000H 处安排一段出错处理程序,使系统运行纳入正轨。

软件"看门狗"技术的基本思路是:在主程序中对 T0 中断服务程序进行监视;在 T1 中断服务程序中对主程序进行监视;T0 中断监视 T1 中断。从概率观点,这种相互依存、相互制约的抗干扰措施将使系统运行的可能性大大提高。

系统软件中包括主程序、高级中断子程序和低级中断子程序 3 部分。假设将定时器 T0 设计成高级中断,定时器 T1 设计成低级中断,从而形成中断嵌套。现分析如下:

主程序完成系统测控功能的同时,还要监视 T0 中断因干扰而引起的中断关闭故障。A0 为 T0 中断服务程序运行状态观测单元,T0 中断运行时,每中断一次,A0 便自动加 1。在主程序入口处,先将 A0 的值暂存于 E0 单元。由于程序一般运行时间较长,设定在此期间 T0 产生定时中断,从而引起 A0 的变化。在主程序出口处,将 A0 的即时值与先前的暂存单元 E0 的值相比较,观察 A0 是否发生变化。若 A0 发生了变化,说明 T0 中断运行正常;若 A0 没有变化,说明 T0 中断关闭,则转到 0000H 处,进行出错处理。

T1 中断服务程序完成系统特定测控功能的同时,还监视主程序运行状态。在中断服务程序中设置一个主程序运行计数器 M,T1 每中断一次,M 便自动加 1。M 中的数值与 T1 定时溢出时间之积表示时间值。若时间值大于主程序运行时间 T,说明主程序陷入死循环,T1 中断服务程序便修改断点地址,返回 0000H,进行出错处理。若时间值小于 T,则中断正常返回。M 在主程序入口处循环清 0。

T0 中断服务程序的运行时间很短,受到干扰破坏的概率很小。A1 为 T1 中断运行状态观测单元。A1 的初始值为 00H,T1 每发生一次中断,A1 便自动加 1。在 T0 中断服务程序中,若检测 A1>0,说明 T1 中断正常;若 A1=0,说明 T1 中断失效,失效时间为 T0 定时溢出时间与 Q 值之积。Q 值的选取取决于 T1、T0 的定时溢出时间。由于 T0 中断的级别高于 T1 中断,所以 T1 的任何中断故障都会因 T0 的中断而被检测出来。

当系统受到干扰后,主程序可能发生死循环,而中断服务程序也可能陷入死循环后因中断方式字的破坏而关闭中断。主程序的死循环可由 T1 中断服务程序进行监视;T0 中断的故障关闭可由主程序进行监视;T1 中断服务程序的死循环和故障关闭可由 T0 中断服务程序进行监视。由于采用了多重软件监视方法,大大提高了系统运行的可靠性。

另外,T0 中断服务程序若因干扰而陷入死循环,应用主程序和 T1 中断服务程序无法检测出来。因此,编程时应尽量缩短 T0 中断服务程序的长度,使发生死循环的概率大大降低。

"看门狗"技术也可以用硬件电路实现。硬件"看门狗"电路可以看成一个相对独立于 CPU 的可复位定时系统,在软件程序的各主要运行点,必须编有向"看门狗"电路发出的复位信号指令。当系统运行时,"看门狗"电路与 CPU 同时工作。程序正常运行时,会在规定的时间内由程序向"看门狗"电路发出复位信号,使定时系统重新开始定时计数,"看门狗"电路没有输出信号发出;当程序"跑飞"并且其他措施没有发挥作用时,"看门狗"电路便不能在规定的时间内得到复位信号,其输出端会发出信号使 CPU 复位。

值得指出的是,硬件"看门狗"电路也不是绝对不会陷入死循环的。例如,程序陷入死循环,在该死循环中,恰好又有"看门狗"电路监视 I/O 接口上操作的指令,而该 I/O 接口仍有脉冲信号输出,"看门狗"电路检测不到这种异常情况,不会发出信号使 CPU 复位。或者,在程序"乱飞"陷入死循环后,"看门狗"电路虽然发出了复位脉冲,但程序刚刚正常还来不及发出一个脉冲信号,此时程序再次被干扰,而这时"看门狗"电路已处于稳态,不能再发出复位脉冲。

(5)编写软件的其他注意事项

提高智能仪器运行的可靠性,除采用指令冗余技术、软件陷阱技术、"看门狗"技术外,编写程序时还应注意以下几点。

① 尽量采用单字节指令,以减少因干扰而导致程序乱飞的概率。

② 慎用堆栈。程序运行中经常与堆栈打交道,但堆栈操作因干扰而出错的概率较大,堆栈操作次数越多,出错概率越大。因此,在使用堆栈操作指令时,一次不能使用太多,减少子程序的个数,特别注意不要使子程序嵌套层次太多。

③ 屏蔽中断受 CPU 内部中断允许控制寄存器的控制,不可屏蔽中断不受 CPU 内部中断允许控制寄存器的控制。系统受到干扰时,很有可能使中断允许控制寄存器失效,从而使中断关闭。因此,"看门狗"电路输出的故障信号应接入 CPU 的不可屏蔽中断输入端$\overline{NMI}$。MCS-51 单片机没有不可屏蔽中断控制方式,"看门狗"电路输出的故障信号应接复位端$\overline{RESET}$。

④ 智能仪器的微机系统所采用的可编程 I/O 芯片,如 8255、8251 等,原则上在上电启动后初始化一次即可。但工作模式控制字可能因噪声干扰等原因受到破坏,使系统输入/输出状态发生混乱。因此,在应用过程中,每次用到这种 I/O 芯片时,都要对其有关功能重新设定一次,确保可靠工作。

4. 干扰避开法

工业实际应用的智能仪器,有很多强干扰主要来自仪器本身。例如,大型感性负载的通断,特别是电源过电压、欠压、浪涌、下陷及产生尖峰干扰等,这些干扰可通过电源耦合窜入智能仪器。虽然这些干扰危害严重,但往往是可预知的,在软件设计时可采取适当措施避开。当智能仪器要接通或断开大功率负载时,应使 CPU 暂停工作,延时一段时间,待干扰过去后再恢复工作,系统出现故障的概率就大为减少,这比单纯在硬件上采取抗干扰措施要方便许多。

习 题 6

6.1 什么是干扰? 干扰进入智能仪器的渠道有哪些?

6.2 干扰传播的主要途径有哪几种? 从传播途径上抑制干扰的技术主要有哪些?

6.3 抑制扁平电缆串扰的主要措施有哪些?

6.4 什么是智能仪器的可靠性? 常用哪些定量指标描述智能仪器的可靠性?

6.5 导致智能仪器系统运行不稳定的内部因素和外部因素有哪些?

6.6 在硬件可靠性方面,主要有哪些部件及系统级的可靠性措施?

6.7 常见的自检方式有哪几种? 智能仪器常对哪些部件进行自检?

6.8 试说明 ROM 和 RAM 的自检过程并画出 ROM 和 RAM 的自检流程图。

6.9 举例说明输入通道和输出通道的自检如何实现。

6.10 什么是指令冗余技术? 为提高智能仪器的可靠性,可以采用的指令冗余措施有哪些?

6.11 "看门狗"是如何起到程序监视作用的?

6.12 为提高智能仪器可靠性,采用软件陷阱时,陷阱一般设置在哪些区域?

第7章　总线和数据通信技术

在实际的测量和控制过程中,智能仪器与智能仪器之间、智能仪器与计算机之间需要进行各种信息的交换和传输,这种信息的交换和传输通过通信接口按照一定的协议来实现。通信接口是各仪器之间或仪器与计算机之间进行信息交换和传输的联络装置,主要有并行通信接口、串行通信接口、现场总线接口和以太网接口等。本章介绍智能仪器较常用的 I^2C 总线、GPIB 总线、RS-232C、RS-422/485、USB、CAN 现场总线、短距离无线通信技术、工业 4.0 相关的数据通信技术等。

7.1　概　　述

智能仪器中的公共信息传输通道称为总线(Bus)。总线按其连接的范围通常分为内部总线(系统总线)和外部总线(通信总线)。内部总线主要用于芯片级的互连、系统与各种扩展插件板间的互连,外部总线主要用于仪器间的互连。

内部总线一般由芯片制造厂商定义,对外提供的连线均通过芯片的引脚实现,对智能仪器设计的影响不大。内部总线的种类相对较为统一,下节介绍的 I^2C 总线是其中的典型代表。外部总线的种类则比较多,由于涉及智能仪器与智能仪器之间、智能仪器与计算机之间通信的问题,根据通信性质、通信技术和通信距离的不同,有多种总线可供选择,如 GPIB 总线,RS-232C、RS-422/485 和 USB 等串行总线,CAN 现场总线。总线在多个领域应用广泛。

总线按数据的传输特点可分为并行总线和串行总线。并行总线指多个数据位同时传输或接收,可分为不同位数(宽度)的并行总线(如 8 位、16 位等),当设备距离较近且要求传输速率较高时,通常采用并行总线传输方式。串行总线中数据逐位传输,发送或接收数据最多只需两根线,分别用于发送和接收。当采用不同的工作方式时,还可将发送和接收两线合一,具有经济实用的特点。当设备距离较远时,通常采用串行总线传输方式。在相同条件下,串行传输比并行传输速度慢。

对于各种总线,很多厂商推出了相应的通信接口,有些接口已经直接在芯片级予以实现,使用非常方便。随着新技术、新的通信手段的发展,新的通信接口还会不断涌现。

7.2　内　部　总　线

内部总线(System Bus)又称系统总线,是系统内部各模块的公共信息传输通道。采用内部总线主要有以下优点:

- 各模块的设计可通用化;
- 具有互换性,损坏一部分时只需更换该部分即可;
- 只要留有足够的插口,就可随时扩展系统的功能。

智能仪器常用的内部总线有 I^2C 总线、SPI 总线、SCI 总线等。

SCI(Serial Communication Interface,串行通信接口)总线由 Motorola 公司推出,是一种通用异步通信接口(UART)总线,其功能与 MCS-51 单片机的异步通信功能基本相同。

SPI(Serial Peripheral Interface,串行外围设备接口)总线是 Motorola 公司推出的一种三线同步串行接口总线。Motorola 公司生产的绝大多数 MCU(微控制器)都配有 SPI 硬件接口,如 68 系列 MCU。其硬件功能很强,所以,与 SPI 有关的软件就相当简单,使 CPU 有更多的时间处理其他事务。SPI 总线主要应用在 EEPROM、Flash 存储器、实时时钟(RTC)、A/D 转换器、数字信号处理器(DSP)及数字信号解码器之间。在芯片中只占用 4 个引脚用于控制及数据传输,节约了芯片的引脚数目,同时为印制电路板在布局上节省了空间,具有简单易用的特性。现在越来越多的芯片上都集成 SPI 总线,SPI 总线具有如下特点。

(1) 采用主从模式(Master-Slave)的控制方式

SPI 协议规定了两个 SPI 设备之间的通信必须由主设备(Master)来控制从设备(Slave)。一个主设备可以通过提供时钟(Clock)及对从设备进行片选(Slave Select)来控制多个从设备。SPI 协议还规定从设备的 Clock 由主设备通过 SCK 引脚提供给从设备,从设备本身不能产生或控制 Clock,没有 Clock,则从设备不能正常工作。

(2) 采用同步方式(Synchronous)传输数据

主设备根据将要交换的数据产生相应的时钟脉冲(Clock Pulse),时钟脉冲组成了时钟信号(Clock Signal),时钟信号通过时钟极性(CPOL)和时钟相位(CPHA)控制两个 SPI 设备间何时进行数据交换以及何时对接收到的数据进行采样,保证数据在两个设备之间同步传输。

(3) 数据交换(Data Exchanges)

SPI 设备间的数据传输之所以又被称为数据交换,是因为 SPI 协议规定一个 SPI 设备不能在数据通信过程中仅充当一个“发送者(Transmitter)”或“接收者(Receiver)”。在每个 Clock 内,SPI 设备都会发送并接收 1 位的数据,相当于该设备交换了 1 位的数据。

7.2.1　I²C 总线概述

I²C(Inter-Integrated Circuit)总线是 Philips 公司于 20 世纪 80 年代推出的串行通信总线,通过串行数据线 SDA(Serial Data)和串行时钟线 SCL(Serial Clock)将多个具有 I²C 总线接口的器件连到总线上,使信息在 I²C 器件之间传递。总线上的数据传输速率在标准模式下可达到 100kbps,在快速模式下可达到 400kbps,在高速模式下可达到 3.4Mbps。在主从通信中,可以有多个 I²C 器件同时接到 I²C 总线上,通过地址来识别各器件。

I²C 总线具有下述特点。

① 二线制总线,通过 SDA 及 SCL 两条线在连接到总线上的器件之间传送信息,根据地址识别各器件。

② 无中心主机的多主机总线,可在主机和分机之间双向传送数据,各主机可任意同时发送而不破坏总线上的数据。

③ 同步通信总线,同步时钟允许器件通过总线以不同数据传输速率进行通信,同时还可用作开始和停止串行接口的应答信号。

④ 系统中所有外围器件及模块采用器件地址及引脚地址的编址方式。

⑤ 器件间总线简单、结构紧凑,总线上增加器件不影响系统的正常工作,系统的可修改性和可扩展性好。即使有不同时钟速度的器件连接到总线上,也能很方便地确定总线的时钟。

⑥ 支持 NMOS、COMS、HCMOS 等多种制造工艺,并可用于测试和错误诊断。

7.2.2　I²C 总线术语

I²C 总线由 SDA(串行数据线)及 SCL(串行时钟线)构成,总线上可以接若干个单片机和外围器件,每个器件可由唯一的地址确定,I²C 总线根据地址识别各器件。当某个器件向总线上发送信息时,它是发送器,而当它从总线上接收信息时,又成为接收器。I²C总线根据器件的功能通过软件编程使器件工作于发送或接收方式,发送或接收可根据数据的传送方向而改变。有些器件既可用作接收器又可用作发送器,如存储器;有些器件只能用作接收器,如LCD驱动器。当某个器件在SCL上产生时钟脉冲,在SDA上产生寻址信号、开始条件、结束条件、建立数据传输时,该器件为主器件(主机),此时任何被寻址选中的器件为从器件(从机)。I²C总线用到的术语见表7.1。单片机在I²C总线上既可用作主器件(主发送或主接收),也可用作从器件(从发送或从接收),外围器件一般只能用作从器件。

表7.1 I²C总线术语

术　语	描　　述
发送器	发送数据到总线的器件
接收器	从总线接收数据的器件
主机	初始化发送、产生时钟信号和终止发送的器件
从机	被主机寻址的器件
多主机	同时有多于一个主机尝试控制总线,但不破坏报文
仲裁	当有多个主机同时尝试控制总线时,只允许其中一个主机控制总线并使报文不被破坏的过程
同步	两个或多个器件同步时钟信号的过程

7.2.3 器件与I²C总线的连接

器件之间通过SDA及SCL两条线进行通信。连接到I²C总线上的器件的输出级必须是集电极或漏极开路的,通过上拉电阻接正电源,以便完成"线与"功能。器件与I²C总线的连接如图7.1所示。SDA和SCL均为双向I/O口线,当总线空闲时,两条线均为高电平。

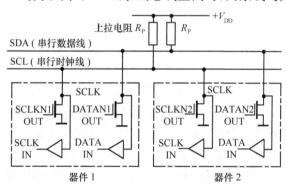

图7.1　器件与I²C总线的连接

7.2.4 I²C总线数据的传送

在数据传送过程中,必须确认数据传送的开始(启动)和结束(停止)。开始和结束信号由主器件产生。开始信号发出以后,总线被认为处于忙态;结束信号发出以后,总线被认为处于闲态。当SCL为高电平、SDA由高电平向低电平跳变时,为开始条件;当SCL为高电平、SDA由低电平跳变为高电平时,为结束条件,如图7.2所示。

在I²C总线上,每次发送的数据字节数不受限制,但每个字节必须为8位,而且每个字节后面必须跟一个应答位(ACK)(第9位),也称为认可位。数据的传送过程如图7.3所示。数据传送时由主器件发出开始信号,即在SCL为高电平的状态下,SDA线发生由高电平到低电平的跳变。然后,主器件发送第一字节数据用于选择从器件的地址,其中前7位为从器件的地址,由固

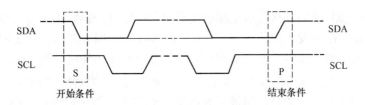

图 7.2　I²C总线开始和结束条件

定和可编程两部分组成,固定部分为器件的名称,由制造厂商规定;可编程部分决定系统中最多可连接此种器件的个数。假设某种器件的7位地址中有4位固定部分、3位可编程部分,则同一个I²C总线上最多可连接$8(2^3)$个该种器件。第8位(R/W)为方向位,规定从器件的数据传送方向。当方向位为"0"时,表示发送(写),即主器件作为发送器,从器件作为接收器,第一字节之后主器件继续将数据发送到所选择的从器件。当方向位为"1"时,表示接收(读),此时,主器件由发送器变成接收器,从器件由接收器变成发送器,主器件将从选择的从器件读数据。主器件发送地址后,系统中的其他器件都将自己的地址和主器件送到总线上的地址进行比较,如果与主器件发送到总线上的地址一致,则该器件即为被主器件寻址的器件。

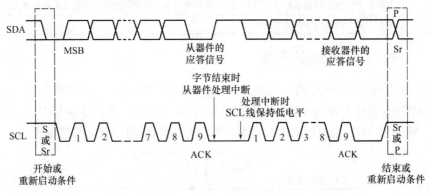

图 7.3　I²C总线数据的位定义

　　数据在SDA线上传送时,在SCL线为高电平期间必须保持稳定,只有在SCL线为低电平期间才允许改变,如图7.4所示。传送数据时,首先传输数据的最高有效位,主器件在传送每个字节后(包括第一个地址字节)都传送一个应答位。通常,接收器件在接收到每个字节后都会做出响应,即释放SCL线,使SCL线返回高电平,准备接收下一个数据字节。如果接收器件正在处理一个实时事件而不能接收数据(例如,正在处理一个内部中断,在这个中断处理完之前就不能接收I²C总线上的数据字节),则将使SCL线保持低电平,迫使发送器处于等待状态,如图7.3所示。当接收器件处理完毕后,为下一个数据字节做好准备时,释放SCL线,发送器件继续发送。

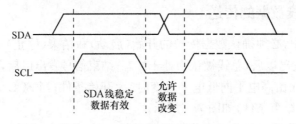

图 7.4　I²C总线数据的传送过程

　　当数据传送结束时,由主器件产生一个结束条件,即在SCL线为高电平时,SDA线产生正跳变。一次数据传送结束后,释放总线,使总线处于空闲状态。主器件只能在总线空闲时启动传输。例如，I^2C 总线上的器件 1（主器件）要与器件 2 通信，包含下面几个步骤。

① 器件等待总线处于空闲状态，即 SDA 线和 SCL 线处于高电平。

② 器件 1 发送开始信号，即 SCL 线处于高电平期间，SDA 线发生由高电平到低电平的跳变，使总线处于忙状态；总线上的其他器件处于听的状态，查看自己是否被寻址。

③ 器件 1 以串行方式发送器件 2 的地址。

④ 器件 1 发送方向位，告诉器件 2 是发送还是接收数据。

⑤ 器件 2 发送应答位，表示其是否识别出地址，是否准备好。

⑥ 若器件 2 准备好，则器件 1 发送/接收数据。每发送一字节数据后，器件 2 发送一个应答位，表示正常。

⑦ 当所有数据传送完成后，器件 1 发出停止信号，即 SCL 线为高电平、SDA 线由低电平跳变到高电平，释放总线，使总线再次处于空闲状态。

当 I^2C 总线接有多个微处理器时，多个微处理器可能在开始条件的最小持续时间内同时产生开始条件，即在 SCL 线为高电平期间，同时有多个主器件在 SDA 线上发生由高到低的跳变，使多个主器件发生争用总线的问题。这样，多个微处理器可能会同时开始数据传输，发生竞争。如图 7.5 所示，在 SCL 线为高电平期间，器件 1 的 SDA1 线和器件 2 的 SDA2 线都发生了由高到低的跳变，使总线的 SDA 线发生由高到低的跳变，满足开始条件，器件 1 和器件 2 可能同时开始数据传输，造成数据传输混乱。为避免竞争，I^2C 总线硬件中设置了竞争仲裁电路。

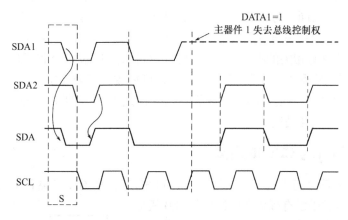

图 7.5　两个器件的竞争过程

当发生竞争时，SDA 线上的信号由所有主器件产生的数据信号进行"线与"仲裁。当一个主器件发送高电平而另一个主器件发送低电平时，发送高电平的主器件因为总线上的电平与自己的电平不同，将断开它的数据输出级，发送低电平的主器件取胜。竞争可以持续多位。器件竞争首先比较地址位。当多个主器件同时选中同一个从器件时，竞争继续比较数据位（如果主器件是发送器），或者比较应答位（如果主器件是接收器）。在图 7.5 中，主器件 1 和主器件 2 在第一次出现不同电平时，主器件 1 的 SDA1＝1，主器件 2 的 SDA2＝0。"线与"后，主器件 1 SDA 线的电平与总线 SDA 线的状态不同，所以断开其数据输出级，主器件 1 在竞争仲裁中失去总线的控制权，主器件 2 取胜。由于 I^2C 总线的地址和数据信息由取胜的主器件决定，所以在竞争过程中地址和数据信息不会丢失。而且，总线上的主器件既没有中心主器件，也没有任何优先级别。

如图 7.6 所示为发生竞争时的同步时钟形成机制。所有能在 I^2C 总线上传送信息的主器件都能产生自己的时钟信号，并传送到 SCL 线上。在图 7.6 中，器件 1 的时钟信号（CLK1）由高电平变为低电平，将使 SCL 线由高变低，SCL 线的电平变化会使连接在其上的器件 2 的时钟信号

(CLK2)发生由高到低的变化。当 CLK1 由低变高时,若 CLK2 还处于低电平,则 CLK1 由低到高的状态变化不会改变 SCL 线的低电平状态。即低电平周期短的器件的时钟由低到高的跳变不影响 SCL 线的状态,此时器件 1 将进入高电平等待状态。当 CLK2 上跳变为高电平时,SCL线结束低电平,被释放返回高电平。此时,器件 1 和器件 2 同时开始为高电平。之后,第一个由高电平变为低电平的器件又将 SCL 线拉回低电平,重复前面的过程。多个器件的竞争过程与此类同。

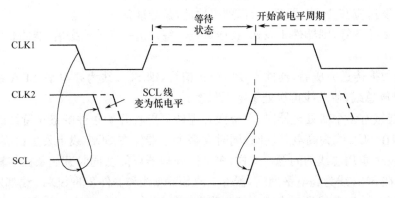

图 7.6　同步时钟的形成

这种连接方式能在 SCL 线上产生一个同步时钟,同步时钟的低电平时间由时钟信号低电平时间最长的器件确定,而同步时钟的高电平时间由时钟信号高电平时间最短的器件确定。当发生竞争时,SCL 线上的时钟信号由所有主器件产生的时钟信号"线与"决定。

在通信中,CPU 可对相关的特殊功能寄存器进行操作,通过指令将 I²C 接口电路挂靠或摘离总线,还可对其工作状况进行检测。I²C 接口电路可完成数据的移位、发送或接收,以及总线的忙、闲状态检测。对不带 I²C 接口的微处理器,只能以每个时钟周期 2 次的速率对 SDA 采样,以了解总线的忙、闲状态变化情况。

7.2.5　I²C 器件与 CPU 的连接

带有 I²C 总线的器件与带有 I²C 接口的单片机相连时,所有 I²C 器件对应连接到单片机的I²C 总线上即可。而对于没有提供 I²C 接口的单片机如MCS-51 系列,由前面对 I²C 协议的分析,可以通过软件模拟的方法实现 I²C 接口功能,从而实现与 I²C 器件之间的数据传输。此时,硬件连接非常简单,只需两条I/O 口线,在软件中分别定义成 SCL 线和 SDA 线。MCS-51 单片机实现 I²C 接口电路如图 7.7 所示,单片机的 $P_{1.0}$ 引脚作为 SCL 线,$P_{1.1}$ 引脚作为 SDA 线,通过程序模拟 I²C 总线的通信方式。I²C 总线适用于通信速率要求不高而体积要求较小的应用系统。

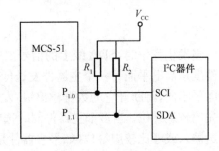

图 7.7　MCS-51 单片机实现 I²C 接口电路

7.2.6　I²C 总线应用实例

I²C 总线是具有自动寻址,多主机时钟同步和仲裁等功能很强的总线,广泛应用于系统内部模块或芯片之间,在智能仪器中应用广泛,并且有一系列具有 I²C 总线接口的外围器件可供选用。用带有 I²C 总线的器件,如 A/D 转换器、D/A 转换器、EEPROM、传感器、变送器及微处理器等设计的智能仪器十分方便、灵活,体积也小。

在需要对工作数据进行掉电保护时,如电子式电能表等智能化产品,若采用普通存储器,掉电时需要备用电池供电,并需要在硬件上增加掉电检测电路,但存在电池不可靠及扩展存储器芯片占用单片机过多 I/O 口线的缺点。采用具有 I²C 接口的 EEPROM 器件,可以很好地解决掉电数据保持问题,对所存数据保存 100 年,并可多次擦写,擦写次数可达 10 万次,且硬件电路简单。本节以 Atmel 公司的 AT24LC16B 芯片(存储容量为 2048×8 位)为例介绍具有 I²C 接口的 EEPROM 的具体应用。

AT24LC16B 为 8 脚双列直插式封装,如图 7.8(a)所示,各引脚功能如下。

SCL:串行时钟输入端。

SDA:串行数据输入/输出(或地址输入)端。

WP:写保护输入端,用于硬件数据保护。当为低电平时,可对存储器进行正常的读/写操作;当为高电平时,存储器具有写保护功能,但读操作不受影响。

A0、A1、A2:页面选择地址输入端。

V_{CC}:+5V 电源端。

V_{SS}:接地端。

AT24LC16B 与单片机连接如图 7.8(b)所示。单片机的 $P_{1.5}$ 引脚接 AT24LC16B 的 SDA,$P_{1.4}$ 引脚接 SCL,设发送数据缓冲区首地址为 20H,接收数据缓冲区首地址为 38H。将单片机内存中 21H～26H 中的数据发送到 AT24LC16B 中以 00H 为首地址的 6 个连续存储单元中,并将写入数据读回到单片机以 38H 为首地址的接收缓冲区中。程序如下:

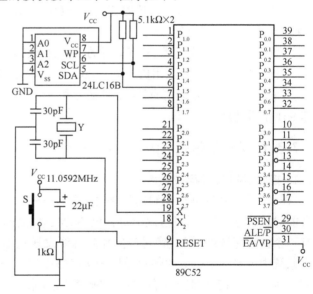

(a)24LC16B 引脚图　　　　　　(b)24LC16B 与单片机连接图

图 7.8　AT24LC16B 的引脚图及与单片机的连接图

```
SDA     BIT    P1.5              ;定义数据/地址引脚
SCL     BIT    P1.4              ;定义时钟引脚
SLAW    EQU    0A0H              ;定义器件写地址
SLAR    EQU    0A1H              ;定义器件读地址
SLA     EQU    30H               ;定义寻址字节(SLAW/R)存放单元
MTD     EQU    20H               ;定义发送数据缓冲区首地址
MRD     EQU    38H               ;定义接收数据缓冲区首地址
NUMBYT  EQU    10H               ;定义读/写字节数存放单元
```

```
MOV     SP, #50H                ;置堆栈指针
MOV     MTD,#00H                ;置 AT24LC16B 内读/写数据起始子地址
MOV     SLA, #SLAW              ;置器件写地址
MOV     NUMBYT, #07H            ;置写入字节数(1 个子地址字节,6 个数据字节)
CALL    WRNBYT                  ;写入数据
CALL    DELAY                   ;写入延时>10ms
MOV     SLA, #SLAW              ;置器件写地址
MOV     NUMBYT, #01H
CALL    WRNBYT                  ;写入读起始地址,即 MTD 中内容 00H
CALL    DELAY                   ;写入延时
MOV     SLA, #SLAR              ;置器件读地址
MOV     NUMBYT, #06H            ;置读出数据字节数
CALL    RDNBYT                  ;读出数据
END
```

7.3　GPIB 总线

目前大多数智能仪器都带有通用接口总线(General Purpose Interface Bus,GPIB),它最早由美国 HP 公司研制,称为 HP-IB 标准。1975 年 IEEE 将其改进,规范化为 IEEE-488 标准。1977 年 IEC 又将其命名为 IEC-625 国际标准,目前多称其为 GPIB 标准。该总线适应于有轻微干扰的实验室或现场,可用于智能检测、计算机、导航、通信等领域。其基本特性如下:

① 可通过一条总线将多台仪器互连,组成自动测试系统,系统中可以连接的仪器不超过 15 台,互连总线的长度不超过 20m;

② 数据传输采用位并行、字节串行的双向异步传输方式,最大传输速率不超过 1Mbps;

③ 总线上传输的消息采用负逻辑,即低电平(≤0.8V)为逻辑"1",高电平(≥2.0V)为逻辑"0";

④ 采用单字节地址时可有 31 个讲地址和 31 个听地址,采用双字节地址时可有 961 个讲地址和 961 个听地址。

7.3.1　GPIB 总线术语

1. 控者、讲者、听者

"控者"是对系统进行控制的设备,能发出各种命令、地址,也能接收其他仪器发来的信息。控者能对总线进行接口管理,规定每台仪器的具体操作。一个系统可有多个控者,但每个时刻只能有一个控者起作用。"讲者"是产生和向总线发送仪器消息(即测量数据和状态信息)的设备。一个系统中可有两个以上的讲者,但每个时刻只能有一个讲者起作用,若有多个讲者同时将数据放到总线上,会引起数据传输的混乱。"听者"是接收总线上传来的数据的设备,一个系统内可同时有多个听者工作,同时接收总线上的数据。

控者、讲者、听者是所有传输过程中必不可少的 3 个设备。在一个系统中,控者、讲者、听者的身份可根据系统的功能和所要完成的任务而改变。

2. 消息

消息是各台仪器之间通过 GPIB 总线传输的各种信息。仪器之间的通信就是发送和接收消息的过程。

消息按使用信号线的条数可分为单线消息和多线消息。单线消息指用一条信号线传送消息,多线消息指用两条以上的信号线传送消息。多线消息分为多线仪器消息和多线接口消息。多线仪器消息与仪器特性密切相关,由设计者选择;多线接口消息分为通用命令、寻址命令和地

址三大类。通用命令由控者发出，所有设备必须听并且执行；寻址命令由控者发出，只有被寻址的设备才能听；地址分为听地址、讲地址和副地址。

消息按来源可分为远地消息和本地消息。远地消息指经 GPIB 总线传送的消息，规定用三个大写字母表示；本地消息指由设备本身产生的只能在设备内部传递、不能传送到总线的消息，用小写字母表示。

消息按用途可分为接口消息和仪器消息。接口消息是用于管理系统接口的消息，只能在相关设备的接口部分和总线之间传送，被接口功能利用和处理，通过各种命令、地址使接口功能的状态发生变化，不允许传送到仪器功能部分。仪器消息是与仪器功能有关的消息，在仪器功能之间传送，由仪器功能利用和处理，不改变接口功能的状态，如测量数据等。接口消息和仪器消息如图7.9所示。

图 7.9　接口消息和仪器消息

7.3.2　仪器功能与接口功能

构成自动测试系统的某一仪器设备分为仪器和接口两部分。仪器部分的功能是把接收到的控制信息变成仪器的实际动作，如调节频率、调节信号的电平等，与常规仪器设备的功能相同。不同的测量仪器，其仪器功能相差很多。接口部分的功能是用以完成系统中各仪器设备之间的正确通信，确保系统正常工作。GPIB 标准规定了以下10种功能。

① 控者功能（Controller Function），简称控（C）功能。产生对系统的管理消息，发布各种通用命令，指定数据传输过程中的讲者和听者，进行串行或并行点名，接收其他仪器的服务请求和状态数据。

② 讲者功能（Talker Function），简称讲（T）功能。当由控者指定某仪器为讲者时，它才具有讲功能，将测量数据或状态信息等通过接口发送给其他仪器。

③ 听者功能（Listener Function），简称听（L）功能。所有仪器都必须设置听功能。当仪器被指定为听者时，具有听功能，此时从总线接收控者的命令和讲者的测量数据。

在自动测控系统中，为了进行有效的信息传递，一般控者功能、讲者功能和听者功能这3种基本功能是必不可少的。此外，为了使系统传送的信息准确、可靠，GPIB 标准中采用三线技术，设置了源挂钩功能和受者挂钩功能。

④ 源挂钩功能（Source Handshake Function），简称 SH 功能。讲者和控者必须配置源挂钩功能，为讲者和控者功能服务，用于在数据传输过程中源方与受方进行联络。

⑤ 受者挂钩功能（Accepter Handshake Function），简称 AH 功能。主要为听者服务，用于数据传输过程中受方与源方进行联络。

系统在正常工作过程中具有以上5种基本功能就可以了，但为了处理在传输过程中遇到的各种问题，GPIB 标准还配备了5种具有管理能力的接口功能。

⑥ 服务请求功能（Service Request Function），简称 SR 功能。当仪器在运行时遇到向总线输出测量数据请求，或者引擎出现故障需要请求控者处理时，向控者发出服务请求的信息。

⑦ 并行点名功能（Parallel Poll Function），简称 PP 功能。它是控者为快速查询请求服务的仪器而设置的点名功能。只有配备有 PP 功能的仪器，才能对控者的并行点名功能做出响应。

⑧ 远控/本控功能(Remote/Local Function),简称 R/L 功能。远控指仪器接收 GPIB 总线发来的命令,本控指仪器接收面板按键的人工操作命令。控者可通过 GPIB 总线使配有 R/L 功能的仪器在远控或本控功能之间选择其一。

⑨ 仪器触发功能(Device Trigger Function),简称 DT 功能。它使仪器可从 GPIB 总线接收触发消息,进行触发操作。

⑩ 仪器清除功能(Device Clear Function),简称 DC 功能。控者通过 GPIB 总线使配备有该功能的仪器同时或有选择地被清除,恢复到初始状态。

7.3.3 GPIB 接口系统结构

GPIB 接口系统包括接口和总线两部分。接口部分由各种逻辑电路组成,与各仪器设备安装在一起,用于对传输的信息进行发送、接收、编码和译码;总线部分是一条无源的 24 芯电缆,用于传输各种消息。GPIB 接口系统结构如图 7.10 所示。24 条线中包含 8 条数据线、3 条挂钩联络线及 5 条接口管理线,共 16 条信号线,其余为地线及屏蔽线。各信号线的定义如下。

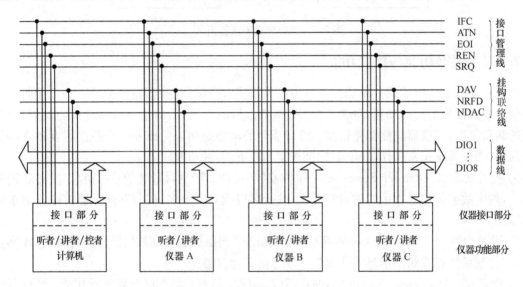

图 7.10 GPIB 接口系统结构

① 8 条数据线:DIO1～DIO8,传递数据、命令及地址。

② 3 条挂钩联络线:控制数据线的时序,保证数据线能正确传输信息。

● DAV(Data Valid)数据有效线,低电平表示有效。当数据线上出现有效数据时,讲者置其为低电平,示意听者从数据线上接收数据。

● NRFD(Not Ready For Data)数据未就绪线。被指定的听者中只要有一个未准备好接收数据,NRFD 就为低电平,示意讲者暂时不要发出信息。

● NDAC(Not Data Accepted)数据未收到线。被指定的听者中只要有一个听者未从数据线上收到数据,NDAC 就为低电平,示意讲者保持数据线上的信息。

③ 5 条接口管理线:控制 GPIB 接口的状态。

● ATN(Attention)注意线,由控者使用,指明数据线上的数据类型。ATN 为低电平时,表示数据线 DIO1～DIO8 上的信息是控者发出的接口消息;ATN 为高电平时,表示 DIO1～DIO8 为讲者发出的仪器消息。

● IFC(Interface Clear)接口清除线,由控者使用。IFC 为低电平时,GPIB 接口系统复位。

● REN(Remote Enable)远程控制线,由控者使用。REN 为低电平时,表示仪器处于远程工作状态,面板手工操作停用;REN 为高电平时,表示仪器处于本地工作方式。

● SRQ(Service Request)服务请求线,所有设备均可发出。SRQ 为低电平时,表示向控者申请服务。

● EOI(End Or Identify)结束或识别线,EOI 与 ATN 配合使用。当 EOI 为低电平、ATN 为高电平时,表示讲者已传完一组数据;当 EOI 为低电平、ATN 为低电平时,表示控者要进行识别操作,要求设备将其状态放到数据线上。

7.3.4 GPIB 接口的工作过程

当多个设备通过 GPIB 接口相连组成一个自动测试系统时,一般控者为带计算机的设备,控者规定讲者和听者。在控者的控制下,执行用户预先编好的程序,在数据线上通过接口消息协调各仪器的接口操作,从而完成仪器信息的传送。

如图 7.11 所示为 GPIB 总线应用举例——测量某放大器的幅频特性及打印测量结果的原理图。计算机(控者)命令信号发生器(听者)产生幅值固定、频率可在一定范围内变化的正弦信号,由频率计测出信号的频率,由数字电压表测出放大器的输出幅值,测量多次并将测量结果送给计算机,计算出幅频特性后送给打印机打印。

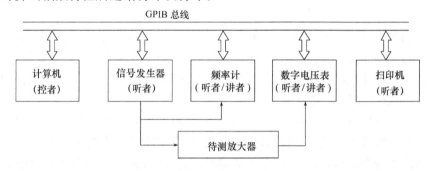

图 7.11　GPIB 总线应用举例

工作过程如下:

① 计算机通过 C 功能发出 REN 消息,使系统中所有仪器处于控者控制之下;

② 计算机通过 C 功能发出 IFC 消息,使系统中所有仪器都处于初始状态;

③ 计算机发出信号发生器的听地址,信号发生器接收地址后成为听者;

④ 计算机通过 T 功能向信号发生器发出程控命令,使信号发生器输出幅值固定的某一频率范围内的正弦信号;

⑤ 计算机取消信号发生器的听受命状态;

⑥ 计算机发出频率计的听地址,频率计成为听者后测量输入信号的频率;

⑦ 计算机发出频率计的讲地址,取消频率计的听受命状态,计算机使自己变为听者,接收由频率计发来的频率测量值;

⑧ 计算机发出数字电压表的听地址,数字电压表成为听者后测量输出信号的幅值;

⑨ 计算机发出数字电压表的讲地址,取消数字电压表的听受命状态,计算机使自己变为听者,接收由数字电压表发来的幅值测量值。

上述测量过程可完成一组测量值,不断重复步骤③~⑨,可得到多组测量值。计算机计算完幅频特性后,发出打印机的听地址,计算机作为讲者把数据发送给打印机,并命令打印机打印幅频特性。

7.3.5 GPIB 接口芯片

为了使仪器能够挂接在 GPIB 总线上，需要为其设计 GPIB 接口电路，采用专用接口芯片为设计带来了很大方便。有多家公司生产 GPIB 专用接口芯片，其中 NI 公司的 TNT4882，有 100 个引脚，包含 ISA 总线接口和完全的 GPIB 接口，只需外接 40MHz 时钟即可使用。Intel 公司生产的 8291A 接口芯片可实现除"控者功能"外的其他 9 种功能，无须 CPU 管理可实现 3 线挂钩时序。智能仪器的 CPU 通过访问 8291A 内部的寄存器组，可方便地完成接口功能设置和数据传送。8292 是实现控者功能的接口芯片，与 8291A 配合使用能完成通信过程。可将 8292 与 8291A 芯片做成 GPIB 接口卡，直接插入智能仪器插槽中。另外，为配合 8291A 和 8292 芯片的使用，增加总线上可以挂接设备的数目，还有实现总线收发器功能的 8293 芯片。利用该芯片，当需要向总线发送信息时，可提高总线的驱动能力；当需要从总线接收信息时，可减轻对负载的影响。这些集成芯片的使用为接口电路的设计带来了巨大方便。

近年来，串行通信速度不断提高，目前有的串行接口的通信速度已经远远超过了 GPIB，而且连接简单、成本低、传输距离远，GPIB 通信正受到串行通信的巨大挑战。

7.4 串 行 总 线

通信双方的数据沿一条或两条连线实现二进制数据序列的传输，称为串行通信。在串行通信中，将传输的数据分解成二进制位，用一条传输线将多个二进制数据位按一定的顺序逐位地由发送端传到接收端，连线数量少、成本低，而且只要增加调制解调器（MODEM），利用现有的通信信道（如电话线）就可实现远程通信。

在串行通信中，数据和联络信号使用同一条传输线传送，为了可靠传送数据，收、发双方必须事先约定发送和接收数据的速率、传输数据的格式、收发出错时的处理方式等。

根据数据的传送方向和发送/接收是否能同时进行，将数据的传送方式分为单工方式、半双工方式和全双工方式。

（1）单工方式（Simplex）

通信双方一方固定为发送方、另一方固定为接收方，数据只能由发送方传送到接收方。如图 7.12(a)所示，只能由 A 端发送到 B 端。

（2）半双工方式（Half-Duplex）

通信双方都具有发送和接收数据的能力，但发送和接收不能在同一时刻进行，发送或接收分时使用同一条传输线。如图 7.12(b)所示，A 端和 B 端公用一条传输线，在某一时刻，数据只能由 A 传送到 B 或由 B 传送到 A，但 A(或 B)在同一时刻不能既发送又接收。

（3）全双工方式（Full-Duplex）

通信双方收、发使用不同的传输线，在同一时刻，收、发双方既可发送又可接收。如图 7.12(c)所示，A(或 B)可同时发送和接收。

根据同步方式（时钟控制方式）的不同，串行通信分为同步串行通信和异步串行通信两种方式。

（1）同步串行通信（Synchronous Data Communication）

串行数据在发送端和接收端使用同步时钟，使发送和接收保持同步。如图 7.13 所示，收、发设备使用公共时钟，不可以有误差。通常在近距离（几百米至几千米）传输时，可在传输线中增加一条时钟信号线，用同一时钟发生器驱动收、发设备；当传输距离远时，时钟信息包含在信息块

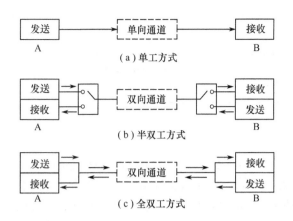

图 7.12　串行通信数据的传送方式

中,通过调制解调器从数据流中提取同步信号,用锁相技术得到与发送时钟频率相同的接收时钟信号。

图 7.13　同步串行通信方式

同步串行通信将数据顺序连接起来,控制信息也以字符形式表示,以数据块为传送单位。数据块开始有一个或两个同步字符(SYN),如图 7.14 所示,中间是需要传送的数据,最后为一个或两个校验字符。接收方接收到数据后,用校验字符对接收到的数据进行校验,以判断传输是否正确。这样构成的一组数据块称为一帧信息,一帧信息可包含成百上千个字符,具体可由用户设置。在同步通信数据块内,数据与数据之间不需要插入同步字符,没有间隙,因而传输速度较快,但要求有准确的时钟来实现收、发双方的严格同步,对硬件要求较高,适用于传送成批数据,一般用于高速通信。

图 7.14　同步串行通信的数据传输格式

(2)异步串行通信(Asynchronous Data Communication)

收、发双方使用独立的时钟,在信息传输过程中不必与数据一起发送同步脉冲。通信双方以字符为通信单位,每个字符由 1 个起始位(约定为逻辑 0 电平)、5～8 个数据位(先传送低位后传送高位)、1 个校验位(用于校验传送的数据是否正确)、1 个(1.5 个或 2 个)停止位(逻辑 1 电平)组成,如图 7.15 所示。因此,一个字符可由 10 位、10.5 位或 11 位组成,这样的一组字符称为一帧,字符一帧一帧地传送。每帧数据的传送依靠起始位来同步,发送方发送完一个字符的停止位后,可立即发送下一个字符的起始位,继续发送下一个字符;也可发送空闲位(逻辑 1 电平),表示不发送数据,通信双方不进行数据通信。当需要发送字符时,再用起始位进行同步。在通信中,为保证传输正确,线路上传输的所有信号都保持一致的信号持续时间,收、发双方必须保持相同的传输速率。异步串行通信对硬件要求较低,实现起来比较简单、灵活,但传输速率较同步串行通信低。

7.4.1　RS-232C 标准

RS-232C 是美国电子工业协会(Electronic Industries Association,EIA)在 1973 年公布的一

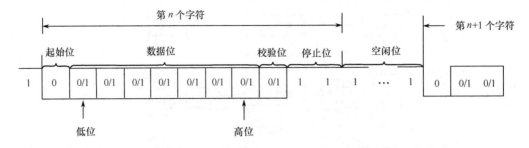

图 7.15 异步串行通信的数据传输格式

种串行数据通信标准。RS 是 Recommended Standard(推荐标准)的缩写,232 是识别代号,C 代表 RS-232 的最新一次修改。该标准定义了数据终端设备(Data Terminal Equipment,DTE)和数据通信设备(Data Communication Equipment,DCE)之间的接口信号特性,提供了一个利用公用电话网作为传输介质、通过调制解调器(MODEM)将远程设备连接起来的技术规定,是一种在低速率串行通信中增加通信距离的单端标准,应用较广泛。

两个远程设备利用 RS-232C 进行数据传输的典型连接电路如图 7.16 所示。在通信线路的一端,调制解调器将一系列用"1""0"表示高、低电平的数字信号转换为相应的能与公用电话网相容的模拟频率信号;在另一端,另一个调制解调器将模拟频率信号变回一系列用"1""0"表示高、低电平的数字信号。一般计算机、外设、显示终端等为 DTE,而调制解调器等为 DCE。

图 7.16 利用 RS-232C 进行数据传输的典型连接电路

1. RS-232C 的电气特性

(1) 逻辑电平

RS-232C 采用不平衡传输方式,负逻辑电平。在发送数据时,发送端驱动器输出 +5 ~ +15V,表示逻辑"0";输出 -15~-5V,表示逻辑"1"。在接收数据时,接收端接收 +3~+15V,表示逻辑"0";接收 -15 ~ -3V,表示逻辑"1"。RS-232C 的噪声容限是 2V(因发送电平和接收电平的差为 2V),共模抑制能力较差。

可见,电路可以有效地检查出传输电平的绝对值大于 3V 的信号,而介于 -3~+3V 之间的电压信号和低于 -15V 或高于 +15V 的电压信号被认为无意义。因此,在实际工作时,应保证电平的绝对值在 3~15V 之间。

(2) 传输距离和传输速率

传输距离最大约为 15m,通信介质可选同轴电缆、双绞线、光纤等,最高传输速率为 20kbps。

2. RS-232C 接口信号线的定义

RS-232C 标准规定在进行连接时采用一对物理连接器。在实际应用中,有 25 针和 9 针两种 D 型连接器。由于 9 针连接器节省空间,故应用较多。RS-232C 接口信号线的定义见表 7.2,接口信号线大致分为如下几类(此处的"发送/输出"和"接收/输入"都从数据终端设备的角度定义)。

表 7.2　RS-232C 接口信号线定义

9针	25针	简称	名称(传输方向)	功　能
1	8	DCD	数据载波检测(DTE←DCE)	DCE 接收到远程载波信号
2	3	RxD	接收(DTE←DCE)	DTE 接收串行数据
3	2	TxD	发送(DTE→DCE)	DTE 发送串行数据
4	20	DTR	数据终端设备就绪(DTE→DCE)	DTE 准备就绪
5	7	SG	信号地	信号接地端
6	6	DSR	数据通信设备就绪(DTE←DCE)	DCE 准备就绪
7	4	RTS	请求发送(DTE→DCE)	DTE 请求发送
8	5	CTS	允许发送(DTE←DCE)	DCE 已准备好接收
9	22	RI	振铃指示(DTE←DCE)	DCE 与线路接通,出现振铃

（1）状态线

DSR(Data Set Ready),数据通信设备准备就绪,输入信号。通常表示 MODEM 已接通电源并连到通信线路上,处于数据传送方式。DSR 可用作数据通信设备 MODEM 响应数据终端设备的联络信号。

DTR(Data Terminal Ready),数据终端设备准备就绪,输出信号。通常当数据终端设备加电时,该信号有效,表明数据终端设备准备就绪。DTR 可用作数据终端设备发给数据通信设备 MODEM 的联络信号。

这两个设备状态信号有效,只表示设备本身可用,并不说明通信线路可以开始进行通信,能否开始通信要由联络信号决定。当这两个信号连接到电源上时,表示上电立即有效。

（2）联络线

RTS(Request To Send),请求发送。当 DTE 准备好,要发送数据时,该信号有效,通知 DCE 准备接收数据。

CTS (Clear To Send),允许发送,输入信号。当 DCE 已准备好接收 DTE 传来的数据时,该信号有效,是对发送信号 RTS 的响应信号,通知 DTE 开始发送数据。RTS 和 CTS 是一对用于发送和接收数据的联络信号。

（3）数据线

TxD(Transmitted Data),数据发送端。DTE 通过 TxD 将串行数据发送到 DCE。

RxD(Received Data),数据接收端。DTE 通过 RxD 从 DCE 接收数据。

（4）地线

SG (Signal Ground),信号地。所有信号都要通过信号地线构成回路。

（5）其余

DCD(Data Carrier Detection),数据载波检测。用来表示 DCE 已接通通信线路,告知 DTE 准备接收数据。

RI(Ring Indicator),振铃指示。当 DCE 收到交换台送来的振铃呼叫信号时,使该信号有效,通知 DTE 已被呼叫。

3. RS-232C 的连接

（1）近程连接

在通常的应用系统中,往往是配有 RS-232C 串行接口的 CPU 和 I/O 设备之间传送信息,两者都作为 DTE。例如,PC 和单片机之间的通信,双方都能发送和接收,在通信距离小于15m 时,可省去 MODEM,直接用 RS-232C 信号线相连,也称为"零 MODEM"连接方式。图 7.17 所示为 RS-232C 近程连接的几种方式。图 7.17(a)两端设备的串行接口只连接 TxD、RxD、GND 3 条线。TxD 和 RxD 交叉相连,这是最简单的只用三线实现的连接方式,称为三线方式,应用最为广泛,如监控主机与采集器及大部分智能设备之间的相连。图 7.17(b)所示为带握手信号的连接方式,RTS 和 CTS 互连,用请求发送 RTS 产生允许发送 CTS,表明请求传送总是允许的,满足全双工通信的联络控制要求;DTR 和 DSR 互连,用数据终端设备准备就绪信号产生数据通信设备准备就绪信号。图 7.17(c)所示为另一种带握手信号的连接方式,所用连线更多,速度快,但通信更加可靠。

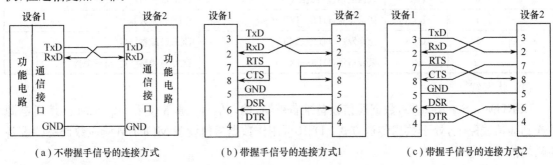

图 7.17　RS-232C 近程连接方式

（2）远程连接

当通信距离超过 15m 时,需要采用远程连接方式,图 7.18 所示为一种常见的远程连接方式。远距离通信靠两个 MODEM 之间的通信介质完成,通信距离取决于介质的性能和波特率的高低。

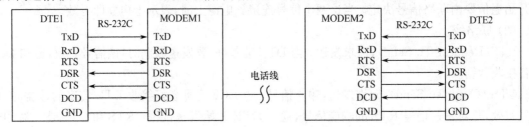

图 7.18　RS-232C 远程连接方式

若某设备(如 DTE1)要发送数据至对方(如 DTE2),DTE1 首先通过接口电路发出 RTS(请求发送)信号。此时,若 DCE1(MODEM1)允许传送,则向 DTE1 回答 CTS(允许发送)信号(一般可直接将 RTS/CTS 接高电平,即只要通信线路已建立,就可传送信号)。当 DTE1 获得 CTS 信号后,通过 TxD 向 DCE1 发出串行信号,DCE1 将这些数字信号调制成模拟信号(又称为载波信号),传给对方的 DCE2(MODEM2)。

当 DCE2(MODEM2)收到载波信号后,向 DTE2 发出 DCD 信号(数据载波检测),通知 DTE2 准备接收。同时,将载波信号解调为数据信号,从 RxD 传给 DTE2,DTE2 通过串行接收移位寄存器对接收到的位流进行移位。当收到一个字符的全部位流后,把该字符的数据位送到数据输入寄存器,CPU 可以从数据输入寄存器读取字符。

4. 单片机与 RS-232C 接口

在计算机和智能仪器内,通用的信号逻辑电平是 TTL 电平,与 RS-232C 的逻辑电平不兼容,当计算机和单片机通过 RS-232C 通信时必须进行电平转换。MC1488 发送器和 MC1489 接收器可实现 TTL 电平和 RS-232C 电平转换。MC1488 采用±15V 工作电源,可将 TTL 电平转换为 RS-232C 电平;MC1489 采用 5V 工作电源,可将 RS-232C 电平转换为 TTL 电平。由于

MC1488/1489分别是功能单一的发送/接收器,所以在双向数据传输中,接口两侧都要同时使用两个器件,而且必须同时具备两组正、负电源,这将增加接口的体积和成本。

美国 MAXIM 公司生产的 MAX220/232/232A 系列芯片将发送器和接收器集成在一起,完成 TTL 和 RS-232C 电平互换,并且包含+5V 电源转±10V 电源的电路。图 7.19 所示为 MAX232 内部结构及基本连接电路。一片 MAX232 芯片可连接两对接收/发送线,外接电容$C_1 \sim C_5$ 分别取 $1\mu F$。这种方法连线简单,应用广泛。

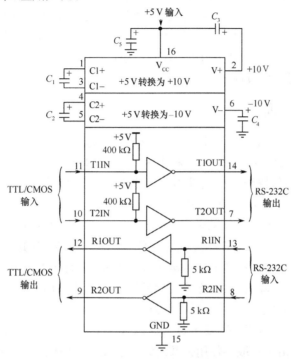

图 7.19　MAX232 内部结构与基本连接电路

PC 和单片机通过 RS-232C 通信的电路如图 7.20 所示。MAX232 外围的 4 个电解电容 C_1、C_2、C_3、C_4,是内部电源转换所需电容,其取值均为 $1\mu F/25V$,C_5 为 $0.1\mu F$ 的去耦电容。MAX232 的引脚 T1IN、T2IN、R1OUT、R2OUT 为接 TTL/CMOS 电平的引脚,引脚 T1OUT、T2OUT、R1IN、R2IN 为接 RS-232C 电平的引脚。所以,T1IN、T2IN 引脚应与单片机 8051 的串行发送引脚 TxD 相连接,R1OUT、R2OUT 应与串行接收引脚 RxD 相连接;T1OUT、T2OUT 应与 PC 的接收端 RD 相连接,R1IN、R2IN 应与 PC 的发送端 TD 相连接。

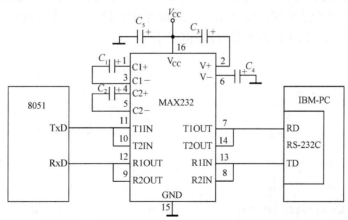

图 7.20　计算机和单片机通过 RS-232C 通信的电路

5. RS-232C 的不足

尽管 RS-232C 接口标准应用广泛，但由于出现较早，存在以下方面的不足。

① 接口信号电平值较高，易损坏接口电路芯片，且与 TTL 电平不兼容，需使用电平转换电路才能与 TTL 电路连接。

② 采用单端驱动、单端接收的单端双极性电路标准，一条线路传输一种信号。发送器和接收器之间具有公共信号地，共模信号会耦合到系统中。对于多条信号线来说，这种共地传输方式的抗共模干扰能力很差，尤其在传输距离较长时会在传输电缆上产生较大压降损耗，压缩了有用信号范围，在干扰较大时通信可能无法进行，故传输速率和通信距离不可能较高。

③ 传输速率较低，在异步传输时，波特率最大为 19200bps。

④ 传输距离有限，最大传输距离只有 15m 左右。

7.4.2 RS-422 标准

为弥补 RS-232C 的不足，EIA 于 1980 年公布了适于远距离传输的 RS-422 标准，有 RS-422A 和 RS-422B 等版本。RS-422A 采用平衡差分传输技术，同一信号使用一对以地为参考、电平相反的两条平衡传输线传送，当其中一条为逻辑"1"时，另一条为逻辑"0"。如图 7.21 所示，当发送驱动器的两条输出线 A、B 中的一条向高电平跳变时，另一条必然向低电平跳变，二者的差值作为驱动信号。当 A、B 之间的电平为 +2～+6V 时，表示逻辑"1"；当 A、B 之间的电平为 −6～−2V 时，表示逻辑"0"。接收器接收的也是差分输入电压，平衡线 A′、B′ 上的电平范围通常为 −6～+6V，当 A′、B′ 之间的差分输入电压大于 200mV 时输出逻辑"1"，小于 −200mV 时输出逻辑"0"。采用此种差分输入方式，当干扰信号作为共模信号出现时，只要接收器有足够的抗共模电压范围，就能识别并正确接收传送的信息。

典型的 RS-422 接口包含 TxA（发送端 A）、TxB（发送端 B）、RxA（接收端 A）、RxB（接收端 B）和信号地共 5 条线。由于一般不使用公共地线，收、发双方因地电位不同而产生的共模干扰会降至最小，所以传输距离和速度都有明显提高。最远传输距离约为 1200m，最大传输速率达 10Mbps，传输距离与传输速率成反比。当采用双绞线传输时，在传输速率为 100kbps 以下时可达到最大传输距离，在很短的传输距离内才能获得最大传输速率。通常传输距离在 200m 以内时，传输速率可达 200kbps 以上。RS-422A 采用全双工传输方式，当两点之间远程通信时，使用单独的发送和接收通道，需要两对平衡差动电路（至少 4 条线）。又由于接收器采用高输入阻抗，比 RS-232C 具有更强的驱动能力，所以符合 RS-422 标准的发送驱动器在一个主设备（Master）的相同传输线上可连接最多 10 个从设备（Salve），即一个驱动器发送数据，总线上可有多至 10 个接收器接收数据，但从设备之间不能通信。也就是说，RS-422 标准支持点对多的双向通信。如图 7.22 所示为一个主设备连接两个从设备的原理图。

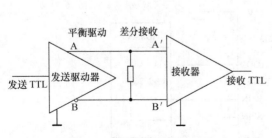

图 7.21　RS-422 的电气结构图

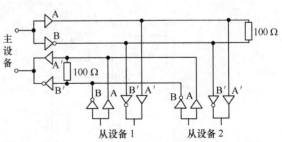

图 7.22　一个主设备连接两个从设备的原理图

在高速传送信号时,为使通信线路阻抗匹配,减小反射波,应在传输电缆的最远接收端接终端电阻以吸收反射波,终端电阻的值约等于传输电缆的特性阻抗,习惯上终端电阻取100Ω,如图 7.22 中的 100Ω 电阻。当传输距离在 300m 以内时,不需要接终端电阻。

MAX488/490 是常用的 RS-422 收发器,图 7.23 所示为 MAX488/490 的引脚图,图 7.24 所示为用 MAX488/490 组成的 RS-422 通信连接图。

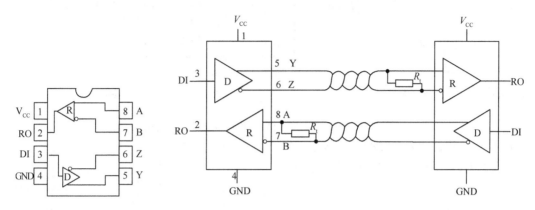

图 7.23　MAX488/490 引脚图　　　　图 7.24　用 MAX488/490 组成的 RS-422 通信连接图

7.4.3　RS-485 标准

在 RS-422 标准的基础上加以改进,EIA 于 1983 年制定了 RS-485 标准。RS-485 是 RS-422 的变形,许多电气规定与 RS-422 相近,如传输距离和传输速率相同(最大传输距离约为 1200m,最大传输速率为 10Mbps),都采用平衡差分传输方式(只是 RS-422 的传输电平为 $-7\sim+7V$,而 RS-485 的传输电平为 $-7\sim+12V$),远距离传送时每台设备都应接终端电阻等。改进之处是 RS-485 标准的一个发送器可驱动 32 个接收器,总线上可连接多至 32 个接收器,并且可采用二线与四线工作方式。当采用四线工作方式时,与 RS-422 标准一样,可实现全双工通信,实现点对多的通信(只能有一个主设备,其余为从设备)。当采用二线工作方式时,可有多个驱动器和接收器连接至总线,并且其中任何一个设备均可发送或接收数据。由于发送和接收公用一条线路,通信采用半双工工作方式,所以此方式可实现真正的多点总线结构,即通过程序的协调,每台设备都可以实现接收或发送功能。但在同一时刻,发送和接收不可以同时进行,设备在接收时应将自己的发送端关闭,在发送时将自己的接收端关闭。而且在总线上,同一时刻只有一个发送器发送数据,其他发送器处于关闭状态。发送器是否可以发送数据由芯片上的发送允许端(使能端)控制。RS-485 的二线工作方式连线简单、成本低,因此在工业控制及通信系统中使用普遍。

MAX481/483/485/487 是常见的 RS-485 收发器,图 7.25(a)所示为其引脚图,图 7.25(b)所示为利用 MAX485 实现多个设备连接的原理图。

各引脚含义如下。

RO:接收器输出端。若 A 端高于 B 端 200mV 以上,则 RO 为高电平,否则 RO 为低电平。

$\overline{\text{RE}}$:接收器输出使能端。当 $\overline{\text{RE}}$ 为低电平时,RO 有效,否则 RO 为高阻态。

DE:驱动器输出使能端。若 DE 为高电平,则驱动器输出 A 和 B 有效,器件用作驱动器(发送);若 DE 为低电平,则 A 和 B 呈高阻态,器件用作接收器(接收)。

DI:驱动器输入端。DI 为低电平,将迫使输出为低电平;DI 高电平,将迫使输出为高电平。

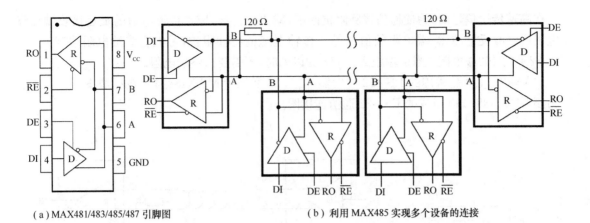

（a）MAX481/483/485/487 引脚图　　　　　　　（b）利用 MAX485 实现多个设备的连接

图 7.25　MAX485 引脚图及与多个设备的连接

B:反相接收器输入和反相驱动器输出。

A:同相接收器输入和同相驱动器输出。

GND:接地。

V_{CC}:电源正极。

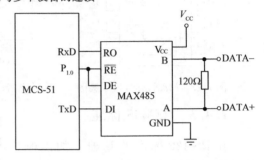

MAX485 与单片机系统的连接如图 7.26 所示。RO 与 DI 是标准的 TTL 电平,与 MCS-51 的 TxD 和 RxD 直接连接即可。由于 RS-485 采用半双工工作方式,$P_{1.0}$ 引脚用于控制 MAX485 工作于接收或发送数据状态,为低电平时是接收数据状态。

图 7.26　MAX485 与单片机系统连接图

7.4.4　通用串行总线(USB)

通用串行总线(Universal Serial Bus,USB)协议最早是 Intel、IBM、Microsoft、NEC 等 7 家公司于 1994 年共同制定并推出的串行接口总线标准。USB1.0 于 1996 年 1 月推出,传输速率只有 1.5Mbps,最大输出电流 5V/500mA;两年后升级为 USB1.1,传输速率提高到 12Mbps,在部分旧设备上还能看到这种标准的接口。USB2.0 于 2000 年 4 月推出,传输速率达到 480Mbps。USB3.0 于 2008 年 11 月由 Intel、Microsoft、HP、TI、NEC 等组成的 USB3.0 领导小组(Promoter Group)发布,最大传输速率 5.0Gbps,最大输出电流 5V/900mA,向下兼容 USB2.0,支持全双工数据传输(USB2.0 支持半双工),拥有更强的电源管理能力。USB3.0 采用 9 针脚的设计,前面 4 个针脚与 USB2.0 一样,后面 5 个针脚为 USB3.0 所特有。区别 USB2.0 和 USB3.0,可以通过针脚判断。USB3.1 于 2013 年 12 月发布,传输速率提升到 10Gbps,供电允许标准最高提高到 20V/5A,即 100W。USB3.2 于 2017 年 9 月发布,在 USB Type-C 下支持双 10Gbps 通道传输数据,传输速率可达 20Gbps,最大供电允许标准 20V/5A。2019 年 9 月初正式发布了 USB4。USB4 支持双通道传输,理论最大传输速率 40Gbps;动态分配带宽资源,如使用 USB4 接口同时传输视频和数据,该接口将根据情况给视频和数据分配相应的带宽(在 USB3.2 及之前版本都不能动态分配)。USB4 设备仅可使用 USB Type-C 接口,支持目前主流的电力传输(USB Power Deliver,USB PD)快充协议,实现更高的电压和电流,输送的功率最高可达 100W,并可以自由地改变输送方向。USB4 可以向后兼容 USB3 和 USB2,但不支持 USB1.0 和 USB1.1。

USB 有多种规范和版本,USB 标准化组织 USB 开发者论坛(Implementers Forum,USB-IF)给出最新的 USB 命名规范,将 USB3.x 都称为 USB3.2,考虑到兼容性,原来的 USB3.0、

USB3.1 和 USB3.2 分别被称为 USB3.2 Gen 1、USB3.2 Gen 2 和 USB3.2 Gen 2 * 2。同时，在制定 USB 标准时，USB-IF 使用一个速率称号，如 USB1.0 称为 Low-Speed，USB1.1 称为 Full-Speed，USB2.0 称为 High-Speed，USB3.2 Gen 1 称为 SuperSpeed，USB3.2 Gen 2 称为 Super-Speed＋，USB3.2 Gen 2 * 2 称为 SuperSpeed＋＋，见表 7.3。

表 7.3 **USB 版本说明**

USB 版本	推出时间	最大传输速率	最大输出电压/电流	速率称号
USB1.0	1996 年 1 月	1.5Mbps	5V/500mA	Low-Speed
USB1.1	1998 年 9 月	12Mbps	5V/500mA	Full-Speed
USB2.0	2000 年 4 月	480Mbps	5V/500mA	High-Speed
USB3.0(USB3.2 Gen 1)	2008 年 11 月	5Gbps	5V/900mA	SuperSpeed
USB3.1(USB3.2 Gen 2)	2013 年 12 月	10Gbps	20V/5A	SuperSpeed＋
USB3.2(USB3.2 Gen2 * 2)	2017 年 9 月	20Gbps	20V/5A	SuperSpeed＋＋
USB4	2019 年 9 月	40Gbps	20V/5A	

USB 凭借其高速度和高通用性正在逐步取代串行接口、并行接口，成为个人计算机与外设相连的标准接口。目前大部分的 PC 都还是 USB2.0/3.0 的接口，只有部分高端笔记本电脑采用了 USB3.1 Gen2 以上的协议。大部分的中低端手机仍然使用的是 USB2.0 协议。本节将以智能仪器常用的 USB2.0 为主介绍 USB 协议的特点、结构、传输类型、工作方式等。

1. USB 协议的特点

① 使用方便。允许设备"即插即用"(Plug & Play)，即 USB 允许外设在主机和其他外设工作时进行连接、配置、使用和移除。同时，USB 的应用可以清除 PC 上过多的 I/O 接口而以一个串行通道取代，支持动态接入和动态配置，也称为"热插拔"，这使系统与外设之间的连接更容易。

② 速度快。USB1.1 支持全速 12Mbps 和低速 1.5Mbps 的传输方式。USB2.0 支持 480Mbps 的高速传输方式。USB3.0 支持 5.0Gbps，USB3.1 的传输速率提升到 10Gbps，USB3.2 支持 20Gbps。USB 4 的传输速率可达 40Gbps。

③ 连接灵活。一个 USB 接口理论上支持的"热插拔"设备可达 127 个，既可以串行连接，也可以用集线器连接。

④ 供电方式灵活。可以采用自供电，也可以由总线供电，并具有电源保护功能。如果连续 3ms 没有总线活动，USB 会自动进入挂起状态，处于挂起状态的设备消耗的电流小于 $500\mu A$。

⑤ 支持的最大电缆长度为 5m，USB2.0 下通过 USB 集线器级联可达 30m。

⑥ 成本低廉，易于扩展。

⑦ 容错性能好。具有事务处理错误检测机制，可以对有缺陷的设备进行认定，对错误的数据进行恢复或报告。

⑧ 支持多种传输类型，可满足不同设备的需求。如等待传输方式(适用于音频、视频等设备，无纠错)、块传输(适用于打印机、扫描仪、数码相机等)、中断传输(适用于键盘、鼠标、游戏杆等)和控制传输。

2. USB 的系统结构

一个 USB 系统由 USB 主机(USB Host)、USB 设备(USB Device)和 USB 互连 3 个基本部分组成。USB 主机一般制作在主板上，包含主控制器和一个嵌入的集线器(称为根集线器)(Root Hub)，根集线器连接在主控制器上。通过根集线器，主机可以提供一个或多个接入点(端口，Port)，USB 设备通过端口与主机相连。USB 设备按照功能可分为集线器(Hub)和功能设备,即集线器可接入下行集线器和功能设备。在一个 USB 系统中,有且仅有一个 USB 主机,它在系统中处于中心地位,对 USB 接口及其连接的设备进行管理、控制数据和信息的流动。集线器是 USB 系统的关键部件,集线器通过端口的电气变化可检测出连接在总线上的设备的插、拔操作,并可通过响应 USB 主机的数据包将端口状态告知 USB 主机。功能设备是能够通过 USB 总线发送和接收数据并可实现某种功能的设备。USB 互连是指 USB 设备与主机之间进行连接和通信的操作。

一个 USB 系统为分层星形拓扑结构,如图 7.27 所示,中心是主机的根集线器,可以连接下层集线器(Hub$n$)和功能设备(Func),允许的最大层数为 7 层(包括根层)。在主机与任何功能设备之间的一个通信通道中,支持最多 5 个非根(non-root)集线器。一个复合设备(有多个端口的设备)占两层,因此,第七层只能出现功能设备,不能出现集线器。一般而言,USB 设备与 USB 集线器间的连线长度不超过 5m,通过根集线器连接的设备不超过 127 个。

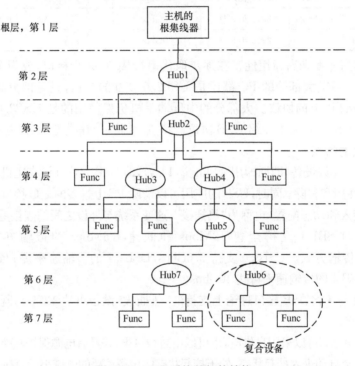

图 7.27 USB 系统的拓扑结构

3. USB 的物理接口

USB 通过一个四线电缆传输信号与电源,如图 7.28 所示。其中,D+和 D−是互相缠绕的一对数据线,用于传输差分信号,而 V_{Bus} 和 GND 分别为电源和地,可以给外设提供 5V、最大 500mA 的电源,功率不大的外设可以直接使用 USB 电源供电,不必外接电源。USB 支持节约能源的挂机和唤醒模式。

对于不同的外设,USB2.0 可根据速度要求在电缆上采取 3 种速率模式传输数据。

① 低速模式(Low-Speed),传输速率为 10～100kbps,主要适用于键盘、鼠标、输入笔、游戏杆等外设,具有费用低、易用、动态连接、动态分离、可连接多个外设的特点。

② 全速模式(Full-Speed),传输速率为 500kbps～10Mbps,主要适合于如电话、压缩视频设备、宽带设备、音频设备、麦克风等中速外设。它除具备低速模式的特点外,还具有保障带宽和反应时间的优点。

③ 高速模式(High-Speed),传输速率为 25～480Mbps,主要适用于视频设备、外部存储设

备、图像设备、宽带设备等具有高速特征的外设。它具有更高的带宽、更短的反应时间，是前面两种速率模式无法比拟的。

USB 信号线在高速模式下必须使用带有屏蔽的双绞线，而且最长不能超过 5m，而在低速模式时，可以使用不带屏蔽或不是双绞的连线，但最长不能超过 3m。

4. USB 数据格式和传输类型

USB 数据的最小单位是域，域构成包，包构成事务，事务最后构成传输。传输是指一次发出请求到该请求被完整地处理结束的整个过程。事务是传输中的一个基本元素，每次传输由一个或多个事务组成。事务由包组成，包又由同步域、标识域（PID）等域组成。传输、事务、包和域的关系如图 7.29 所示。

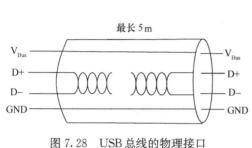

图 7.28　USB 总线的物理接口

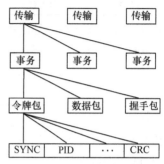

图 7.29　传输、事务、包和域的关系

（1）域（field）

域是 USB 数据的最小单位，由若干个二进制位组成，不同域的二进制位数不同，共有 7 种域。

● 同步域（SYNC），8 位，值固定为 0000 0001，用于本地时钟与输入同步。

● 标识域（PID），由 4 位标识符和 4 位标识符反码构成。USB 的标识码有 16 种，表明包的类型和格式。

● 地址域（ADDR），7 位，表示设备在主机上的地址。地址 000 0000 被命名为零地址，是任何一个设备第一次连接到主机时被主机配置前的默认地址。由此可知，一个 USB 主机只能寻址 127 个设备。

● 端点域（ENDP），4 位，由此可知，一个 USB 设备端点数量最大为 16 个。

● 帧号域（FRAM），11 位，每个帧都有一个特定的帧号，帧号域最大容量为 2048。

● 数据域（DATA），长度为 0～1023 字节，不同的传输类型，数据域的长度各不相同，但必须为字节的整数倍。

● 校验域（CRC），对令牌包和数据包中的非标识域进行校验。

（2）包（packet）

包由域构成，是 USB 传输的基本单位，单向传送，从主机发出或发回给主机。USB 完成一次传输至少需要 3 个包。包有 4 种类型，分别是令牌包、数据包、握手包和特殊包。数据交换时，首先由主机发出令牌包，然后数据源向数据目的地发送数据包或无数据传送的指示信息。最后数据接收方向发送方发送握手包，提供数据是否正常发送出去的反馈信息，如果有错将重发。不同的包，其域结构不同。不同目标的包可组合在一起共享总线，不占用系统中断和输入/输出地址空间，节约系统资源。

● 令牌包（token）：所有交换都以令牌包为首部，令牌包定义了要传输交换的类型。令牌包有输入包、输出包、设置包和帧起始包 4 种类型。输入包用于设置输入命令，输出包用于设置输出命令。令牌包的格式见表 7.4。

表 7.4　令牌包的格式

SYNC(8 位)	PID(8 位)	ADDR(7 位)	ENDP(4 位)	CRC(5 位)

● 数据包(data)：若主机请求设备发送数据，则发送输入令牌包到设备的某一端点，设备以数据包的形式加以响应。若主机请求目标设备接收数据，则发送输出令牌包到目标设备的某一端点，设备将接收数据包。数据包有 DATA 0 包和 DATA 1 包两种形式，USB 发送数据时，当一次发送的数据长度大于相应端点的容量时，把数据包分为几个包分批发送，DATA 0 包和 DATA 1 包交替发送，在同步传输时所有的数据包都为 DATA 0。数据包的格式见表 7.5。

表 7.5　数据包的格式

SYNC(8 位)	PID(8 位)	DATA(0~1023 字节)	CRC(5 位)

● 握手包(handshake)：设备使用握手包报告交换的状态，由数据的接收方发送到数据的发送方。握手包有应答包、无应答包、挂起包、接收设备还没有响应包 4 种类型，不同类型的握手包传送不同的状态结果。表 7.6 所示为握手包的格式。

表 7.6　握手的包格式

SYNC(8 位)	PID(8 位)

● 特殊包(special)：当主机希望在低速模式下与低速设备通信时，主机将发送特殊包作为开始包，然后与低速设备通信。

（3）事务(Transaction)

按照事务的目的和数据流的方向可以分为设置(SETUP)事务、输入(IN)事务和输出(OUT)事务 3 种类型。IN 事务是从一个设备接收数据，OUT 事务和 SETUP 事务是主机发送数据给某个设备。它们都由一个令牌包阶段、一个数据包阶段和一个握手包阶段组成。用"阶段"的意思是因为这些包的发送有一定的时间先后顺序。在令牌包阶段启动一个输入、输出或设置事务，在数据包阶段按输入、输出发送相应的数据，在握手包阶段返回数据接收情况。只有控制传输可以使用 SETUP 事务。在同步传输的 IN 和 OUT 事务中没有握手包阶段。

（4）传输(Transfer)

传输由事务构成，有中断传输、批量传输、同步传输、控制传输 4 种传输类型。其中，中断传输和批量转输的结构一样，同步传输结构最简单，控制传输是最复杂也是最重要的传输。

① 中断传输

中断传输由 OUT 事务和 IN 事务构成，用于数据量少但数据需要及时处理的情况，适合低速设备数据传输，如键盘、鼠标等外设。USB 的中断是查询(polling)类型，主机需要频繁地请求端点输入。

② 批量传输

批量传输由 OUT 事务和 IN 事务构成，用于传输连续的、批量的、非实时的、要求正确无误的数据。没有固定的传输速率，也不占用带宽，当总线忙时，USB 会优先进行其他类型的数据传输，暂时停止批量转输。例如，打印机、扫描仪等以此种方式与主机进行大量数据的传输。

③ 同步传输

同步传输由 OUT 事务和 IN 事务构成，适于传输连续的、实时的、对正确性要求不高而对时间敏感的数据。如电话、麦克风等外设的数据传输。该方式以固定的传输速率连续不断地在主机与设备之间传输数据，当传输过程中发生错误时，不进行处理，继续传输数据。

④ 控制传输

控制传输用于处理主机到设备的数据传输，包括对设备的控制命令、设备状态查询和确认命令,也可用于传送用户自定义的命令。当设备收到数据和命令后,将依据先进先出的原则处理到达的数据,使主机识别设备,安装相应的驱动程序。这种传输方式不会丢失数据。

5. USB 总线的通信流

USB 通信可分为配置通信和应用通信。在配置通信中,主机通知设备,使设备准备好交换数据,这类通信主要发生在上电或连接时主机检测到外设时。应用通信出现在主机的应用程序与一个检测到的外设交换数据时,是实现设备目的的通信。例如,对于键盘,应用通信是发送按键数据给主机,告诉一个应用程序显示一个特性或执行某种动作,主机上的软件通过一系列的通信流与设备进行通信。

（1）设备端点

每个 USB 设备内有一个或多个逻辑连接点,称为端点(Endpoint),端点是 USB 系统用来交换数据的特定逻辑地址,每个端点都有自己的特性和用途。对主机来说,不同的端点实际上对应不同的数据缓冲区;对设备来说,不同的端点对应不同的硬件电路,每个端点在设备出厂时已定义好。主机只能通过端点与设备进行通信。在 USB 协议规范中用 4 位地址标识端点地址,每个端点都有唯一的地址,每个设备最多有 16 个端点。每个端点都有一定的特性,包括端点号、传输方式、总线访问频率、带宽、数据包的最大容量等。每个端点指定一种传输类型。所有设备都有一个端点 0,通常为控制端点,用于配置和控制各设备。其他端点在设备配置后才能生效。

（2）管道

管道(Pipe)是 USB 系统通信驱动程序和端点组成的通信通道,其中传输的数据称为通信流,可实现主机的一个内存缓冲区和设备端点之间的数据传输。主机 USB 系统软件和设备的端点 0 之间的连接称为默认管道。管道只有在主机和设备连接配置生效后才能形成。管道的序列号是主机临时给定的,当设备从主机移去时,管道同时被取消。

管道分为流管道(Stream Pipe)和消息管道(Message Pipe)。流管道在传输数据时对数据分组没有结构要求,数据在管道中以顺序(先进先出)方式单向传输,支持批量、同步和中断传输方式。消息管道通常以双向方式与端点进行数据传输,通信流具有一定的结构,以便命令可靠地被识别和传输。传输时由主机向 USB 设备发出请求,然后在适当的方向上传输数据,端点在后来的某个时刻返回一个状态作为响应。默认管道总是消息管道,消息管道支持控制传输类型。USB 通信流的示意图如图 7.30 所示。

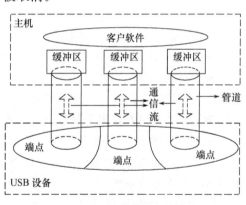

图 7.30　USB 通信流示意图

6. USB 工作过程

USB 设备可以即插即用,但在使用之前必须对设备进行配置,一旦设备连接到某个 USB 端口上,就会产生一系列的操作来完成对设备的配置,这种操作称为总线枚举(Enumeration)过程。只有枚举成功了,接口才能正常工作。USB 的基本工作过程如下:

① USB 设备接入主机后(无源设备插入主机或有源设备重新供电),主机通过检测信号线上的电平变化发现设备的接入;

② 主机通过询问设备获取确切的信息;

③ 主机得知设备连接到哪个端口上并向这个端口发出复位命令;

④ 设备上电,所有的寄存器复位并且以默认地址 0 和端点 0 响应命令;

⑤ 主机通过默认地址与端点 0 进行通信并赋予设备空闲的地址,以供设备对该地址进行响应;

⑥ 主机读取设备状态,确认设备的属性;

⑦ 主机按照读取的 USB 状态进行配置,如果设备所需的 USB 资源得以满足,就发送配置命令给设备,该设备就可以使用了,总线枚举过程结束;

⑧ 当通信任务完成后,该设备被移走时(无源设备拔出主机端口或有源设备断电),设备向主机报告,主机关闭端口,释放相应资源。

基于 USB 接口的诸多优点,越来越多的智能仪器需要设置 USB 接口。目前已有厂商推出具有 USB 接口的微处理器,如 Silabs 公司的 C8051F360/1 带有一个 USB 接口,这类产品只要按照其使用手册编程即可实现 USB 接口功能。对于不具备 USB 接口的微处理器,可通过专用芯片实现 USB 接口功能,有多家公司推出了 USB 接口专用芯片。

7.5 现 场 总 线

1984 年,美国仪表协会(ISA)下属的标准与实施工作组中的 ISA/SP50 开始制定现场总线标准;1986 年,德国开始制定过程现场总线(Process Field Bus)标准,简称为 PROFIBUS,由此拉开了现场总线标准制定及其产品开发的序幕。1994 年,ISP(Interoperable System Protocol)和 World FIP(Factory Instrumentation Protocol)北美部分合并,成立了现场总线基金会,推动了现场总线标准的制定和产品开发。2003 年 4 月,IEC61158 Ed.3 现场总线标准第 3 版正式成为国际标准,规定了 10 种类型的现场总线。

7.5.1 现场总线概述

现场总线系统打破了传统控制系统的结构形式。传统控制系统采用一对一的设备连线,按控制回路分别进行连线。现场总线系统由于采用了智能设备,能够把原先 DCS(Distributed Control System)系统中处于控制室的控制模块、各输入/输出模块置入现场设备,加上现场设备具有通信功能,现场的测量变送仪表可以与阀门等执行机构直接传送信号,因而控制系统的功能能够不依赖控制室的计算机或控制仪表,直接在现场完成,实现了彻底的分散控制。

现场总线系统在技术上具有以下特点。

① 系统的开放性。现场总线开发者就是要致力于建立统一的工厂底层网络的开放系统。用户可按自己的需要,把来自不同供应商的产品组成大小随意的系统,通过现场总线构建自动化领域的开放互连系统。

② 互可操作性和互用性。互可操作性是指实现互连设备间、系统间的信息传送与沟通,而互用性则意味着不同生产厂家的、性能类似的产品可相互替换。

③ 现场设备的智能化和功能自治性。将传感测量、补偿计算、工程量处理与控制等功能分散到现场设备中完成,仅靠现场设备即可完成自动控制的基本功能,并可随时诊断设备的运行状态。

④ 系统结构的高度分散性。现场总线已构成一种新的全分散控制系统体系结构,从根本上改变了 DCS 集中与分散相结合的控制系统体系结构,简化了系统结构,提高了可靠性。

⑤ 对现场环境的适应性。作为工作网络底层的现场总线,是专为现场环境而设计的,具有较强的抗干扰能力,能采用两线制实现供电与通信,可满足本质安全防爆要求等。

由于现场总线的以上特点,特别是现场总线系统结构的简化,使控制系统从设计、安装、投放到正常生产运行及其检修维护,都体现出优越性。

① 节省硬件数量与投资。由于现场总线系统中分散在现场的智能设备能直接执行多种控

制、报警和计算功能,因而可减少变送器的数量,不再需要单独的调制器、计算单元等,也不需要DCS 系统的信号调理、转换、隔离等功能单元及复杂连线,还可以用工控机作为操作站,从而节省一大笔硬件投资,并可减小控制室的占地面积。

② 节省安装费用。现场总线系统的接线十分简单,一对双绞线或一条电缆通常可挂接多个设备,因而电缆、端子、槽盒、桥架的用量大大减少,连线设计与校对的工作量也大大减少。当需要增加现场设备时,不需要增设新的电缆,可就近连接在原有的电缆上,既节省了投资,又减少了设计、安装的工作量。

③ 节省维护开销。由于现场控制设备具有自诊断和简单故障处理能力,并通过数字通信将相应的诊断、维护信息送往控制室,用户可以查询所有设备的运行、诊断、维护信息,以便早期分析故障原因并及时排除,缩短了维护停工时间。同时由于系统结构简单化,连线简单,从而减少了维护工作量。

④ 提高了系统的准确性与可靠性。由于现场总线设备的智能化、数字化,从根本上提高了测量与控制的精确度,减小了传送误差。同时,由于系统结构简单化,设备的连线减少,现场仪表内部功能加强,减少了信号的往返运输过程,提高了系统的可靠性。

现场总线能同时满足过程控制和制造业自动化的需要,因而已成为工业数据总线领域中比较活跃的一个领域。IEC61158 Ed. 3 现场总线标准所规定的现场总线包括基金会总线 FF(Foundation Fieldbus)、CAN 总线、PROFIBUS 总线、Lonworks 总线等。

7.5.2 CAN 总线特点

CAN 是控制器局部网(Controller Area Network,CAN)的简称,是以研发和生产汽车、电子产品著称的德国 BOSCH 公司开发的,并最终成为国际标准(ISO11898),是国际上应用最广泛的现场总线之一。由于其性能卓越,现已广泛应用于工业自动化、多种控制设备、交通工具、医疗仪器,以及建筑、环境控制等众多领域。

由于 CAN 总线采用了许多新技术及独特的设计,与一般的通信总线相比,CAN 总线的数据通信具有突出的可靠性、实时性和灵活性。其特点可概括如下。

● 多主方式工作,网络上任一节点均可在任一时刻主动地向网络上其他节点发送信息,而不分主从,通信方式灵活。

● CAN 上的节点数取决于总线驱动电路,目前可达 110 个;节点信息分成不同的优先级,可满足不同的实时要求,高优先级的数据最多可在 $134\mu s$ 内得到传输。

● 采用非破坏性总线仲裁技术,当多个节点同时向总线发出信息时,优先级较低的节点会主动退出发送,而最高优先级的节点可不受影响地传输数据,从而大大节省了总线冲突仲裁时间。

● 直接通信距离最远可达 10km(速率在 5kbps 以下),通信速率最高可达 1Mbps(此时通信距离最长为 40m)。

● 采用短帧结构,传输时间短,受干扰概率低,具有极好的检错效果。

● CAN 的通信介质可为双绞线、同轴电缆或光纤,选择灵活。

● CAN 节点在错误严重时具有自动关闭输出功能,以使总线上其他节点的操作不受影响。

由于 CAN 总线为愈来愈多不同的领域采用和推广,因此要求对各种应用领域通信报文予以标准化。1991 年 9 月,CAN 技术规范 V2.0 制订并发布。该技术规范包括 A 和 B 两部分,2.0A 给出了曾在 CAN 技术规范 V1.2 中定义的 CAN 报文格式,2.0B 给出了标准的和扩展的两种报文格式。1993 年 11 月,ISO 正式颁布了道路交通运载工具—数字信息交换—高速通信控制器局部网(CAN)国际标准(ISO11898),为 CAN 的标准化、规范化推广铺平了道路。

7.5.3 CAN 总线的分层结构

CAN 总线按照 OSI 基本模型的原则划分为两层：数据链路层和物理层，如图 7.31 所示。按照 IEEE 802.2 和 IEEE 802.3 标准，数据链路层又划分为逻辑链路控制（Logic Link Control，LLC）子层和介质访问控制（Medium Access Control，MAC）子层。当 CAN 总线的网络结构确定后，网络的性能将主要取决于 MAC 子层。

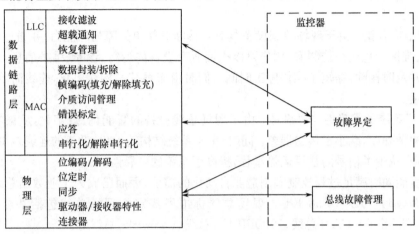

图 7.31 CAN 总线的分层结构和功能图

1. 逻辑链路控制(LLC)子层

(1) LLC 子层功能

① 接收滤波：帧由标识符命名。标识符并不指明帧的目的地，但描述数据的含义。每个接收器通过帧接收滤波，确定此帧与其是否有关。如果相关则接收，并通知应用层。

② 超载通知：如果接收器内部条件要求延迟下一个 LLC 数据帧或 LLC 远程帧，则通过 LLC 层开始发送超载帧，最多可产生两个超载帧，以延迟下一个数据帧或远程帧。

③ 恢复管理：发送期间，对于丢失仲裁或被错误干扰的帧具有自动重发送功能。在发送成功完成前，帧发送服务不被应用层认可。

(2) LLC 帧结构

① LLC 数据帧：由 3 个位场，即标识符场、数据长度码（Data Length Code，DLC）场和 LLC 数据场组成，如图 7.32 所示。

② LLC 远程帧：由两个位场（标识符场和 DLC 场）组成，标识符格式与数据帧标识符格式相同，如图 7.33 所示。

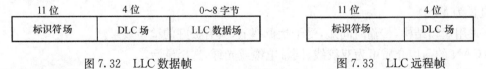

图 7.32 LLC 数据帧　　　　　　　图 7.33 LLC 远程帧

2. 介质访问控制(MAC)子层

(1) MAC 子层功能

MAC 子层可划分为相对独立工作的两个部分，即发送部分和接收部分。

发送部分功能分为发送数据封装和发送介质访问管理。发送数据封装包括接收 LLC 帧及控制信息，进行 CRC 校验计算，在 LLC 帧的基础上附加 MAC 特定信息构造 MAC 帧。发送介质访问管理是在确认总线空闲后开始发送并应答,包括 MAC 帧串行化,插入填充位(位填充),在丢失仲裁的情况下退出仲裁并转入接收方式,错误检测(监控、格式校验),应答校检,确认超载条件,构造超载帧、出错帧,输出串行位流至物理层。

接收部分功能分为接收数据卸载和接收介质访问管理。接收数据卸载包括由接收帧中去除 MAC 特定信息、输出 LLC 帧和控制信息至 LLC 子层。接收介质访问管理包括由物理层接收串行位流,解除串行结构并重新构筑帧结构,检测填充位(解除位填充),错误检测,发送应答,构造错误帧并开始发送,确认超载条件,重激活超载帧结构并开始发送。

(2) MAC 帧的类型与结构

在 CAN 总线中,数据在节点间发送和接收 4 种不同类型的帧。下面以 CAN 2.0A 为例论述 MAC 子层的帧类型。

① MAC 数据帧

数据帧将数据由发送器传至接收器,MAC 数据帧由 7 个不同位场构成,如图 7.34 所示。它们是:帧起始(Start Of Frame,SOF)、仲裁场、控制场(两位保留 DLC 扩展)、数据场、CRC 场、ACK 场和帧结束(End Of Frame,EOF)。

帧起始 (SOF)	标识符	RTR	控制场	数据场	CRC 场	ACK 场	帧结束 (EOF)
	仲裁场						

图 7.34　MAC 数据帧结构

② MAC 远程帧

MAC 远程帧用来请示发送具有相同标识符的数据帧。远程帧由 6 个位场构成:帧起始(SOF)、仲裁场、控制场、CRC 场、ACK 场和帧结束(EOF),如图 7.35 所示。

图 7.35　MAC 远程帧结构

③ 出错帧

CAN 是广播式发送。总线上的每个节点都对帧接收和校验,如果发现错误,就向总线发出错帧。出错帧由错误标志、错误界定符两个不同场构成,如图 7.36 所示。

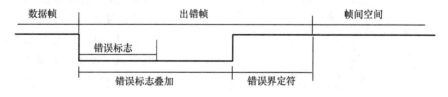

图 7.36　出错帧结构

④ 超载帧

超载帧为相邻的数据帧或远程帧之间提供附加延时。超载帧包括两个位场:超载标志和超载界定符,如图 7.37 所示。

⑤ 帧间空间

数据帧和远程帧同前述的任何帧(数据帧、远程帧、超载帧)以“帧间空间”隔开。但超载帧之间无帧间空间分隔。超载帧和错误帧前面不存在帧间空间。

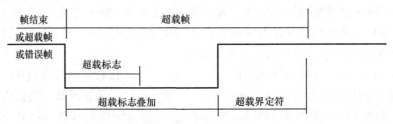

图 7.37　超载帧结构

（3）MAC 帧的编码和发送/接收

帧起始、仲裁场、控制场、数据场和 CRC 场均以位填充方法进行编码。当发送器在发送位流中检测到 5 个数值相同的连续位（包括填充位）时，则在实际发送位流中，自动插入一个补码，如下所示：

未填充位流	100000abc	0111111abc
填充位流	1000001abc	0111110abc

其中，a,b,c∈{0,1}

数据帧或远程帧的其余位场（CRC 场、ACK 场和帧结束）为固定格式，不进行位填充。错误帧和超载帧也为固定格式，同样不使用位填充方法进行编码。发送器和接收器对帧的有效时点是不同的。对于发送器，若在帧结束完成前不存在错误，则该帧为有效。对于接收器，若在帧结束最后一位前不存在错误，则该帧为有效。

（4）介质访问和仲裁

在帧间空间中未检测到"显性"位，即认为总线被所有节点释放，允许节点访问总线，帧可以开始发送。在发送期间，发送数据帧或远程帧的节点为总线主站。当许多节点一起开始发送时，会产生冲突。解决冲突的机制是非破坏性的优先级逐位仲裁规则。数据帧和远程帧的优先权标注于帧的仲裁字段中。较高优先级的标识符具有较低的二进制数值。若具有相同标识符的数据帧和远程帧同时被发送，则按照 RTR 位，数据帧较远程帧具有较高优先级。

（5）错误检测和 CAN 节点的状态

在 CAN 总线上任何一个节点可能处于下列 3 种状态：错误激活（Error Active）、错误认可（Error Passive）和总线关闭。

在每个节点的 MAC 子层，都有两个错误计数器，"发送错误计数器"（TEC）和"接收错误计数器"（REC）。根据计数器的值决定节点的状态和变化。如图 7.38 所示，节点初始化后，REC 和 TEC 为 0，节点是"错误激活"状态。当检测到发送错误，TEC 增加；当检测到接收错误，REC 增加。如果发送成功，则 TEC 减少；如果接收成功，则 REC 减少。计数器采用非比例计数的方法，出错计数的比例大于成功计数的比例。错误计数器的内容反

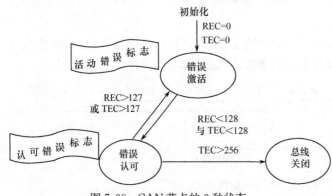

图 7.38　CAN 节点的 3 种状态

映了总线干扰的相对程度。当 REC 或 TEC 大于 127，则由"错误激活"状态变为"错误认可"状态。当 TEC 大于 256，节点由"错误认可"状态变为"总线关闭"状态。其他的变化如图 7.38 所示。

允许"错误认可"、"错误激活"状态的节点继续参加总线通信。当它们检测到错误时，不同的是："错误认可"状态节点发送具有"认可错误标志"的出错帧，"错误激活"状态节点发送具有"活动错误标志"的出错帧。

不允许"总线关闭"状态的节点参与通信,既不发送也不接收。只有因用户的干预或其他节点的请求,才能恢复通信。

3. 物理层

从实际应用的角度,CAN 的物理层主要包括接口的连接方式、总线电平和传输速率等内容。CAN 总线的电气连接为对称差分驱动,总线末端均应接入电阻以抑制反射。CAN 总线中的数值为"显性"(Dominant)或"隐性"(Recessive),显性表示逻辑"0",隐性表示逻辑"1"。CAN 总线具有"线与"的能力,"显性"和"隐性"位同时发送,总线数值是"显性"。CAN 总线节点之间的距离与传输速率有关,在没有中继的情况下,它们的关系如图 7.39 所示。

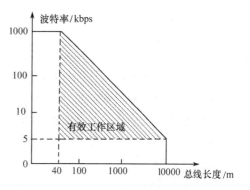

图 7.39　CAN 总线节点之间的
距离与传输速率的关系

SJA1000 是 Philips 公司生产的一种独立的 CAN 控制器,它是 PCA82C200 CAN 控制器(BasicCAN)的替代产品,有 28 个引脚,时钟频率为 24MHz,与 PCA82C200 控制器兼容。为了实现软件兼容,SJA1000 提供了两种模式。BasicCAN 模式与 PCA82C200 兼容,PeliCAN 是新增加的操作模式,支持具有很多新特性的 CAN 2.0B 协议。

PCA82C200 中双接收缓冲器的概念被 Peli CAN 中的接收 FIFO 所代替,这一变化对软件运行,除会增加数据溢出的可能性外,不会产生应用上的影响。在数据溢出之前,缓冲器可以接收两条以上信息,最多 64 字节。

7.6　短距离无线通信技术

由于无线通信相较于有线通信的诸多便利,众多应用领域对无线通信的需求越来越大。无论是远程无线通信还是短距离无线通信,都处于蓬勃发展阶段。通常认为,只要通信的收发双方通过无线电波传输信息,并且传输距离限制在较短的范围内(一般几十米以内,不超过数百米),就可以称为短距离无线通信。由于短距离无线通信的通信距离短,各种通信终端的发射功率普遍都很低,通常在毫瓦级,低功耗成为短距离无线通信的一大特点。对等通信是短距离无线通信的重要特征,终端之间对等通信,无须网络设备进行中转,因此空中接口设计和高层协议都相对比较简单。短距离无线通信技术的范围很广,本节主要针对蓝牙技术、ZigBee 技术、Wi-Fi 技术这 3 种典型的短距离无线通信技术进行介绍。

7.6.1　蓝牙技术概述

1994 年,爱立信(Ericsson)公司倡导建立一种低功耗、低成本的无线连接接口,以解决互连设备间的电缆问题。后来将这项技术正式命名为"蓝牙"。蓝牙技术作为一个全球公开的无线应用标准,通过把数据设备用无线链路连接起来,使人们能随时随地进行数据信息的交换和传输。

蓝牙技术有如下特点。

① 使用 2.4GHz 的工业科学医疗(ISM)公用频段,无须向各国的无线电资源管理部门申请许可证。

② 业务分配灵活,可以支持一个异步数据通道,或者 3 个并发的同步语音通道,或者一个同时传送异步数据和同步话音的通道,同时可传输语音和数据。

③ 可以建立临时性的对等连接。根据蓝牙设备在网络中的角色,可分为主设备(Master)与从设备(Slave)。主设备是组网连接时主动发起连接请求的蓝牙设备。一个主设备和一个从设备组成的点对点的通信连接是蓝牙最基本的一种网络形式。

④ 具有很好的抗干扰能力。工作在 ISM 频段的无线电设备有很多种,为了很好地抵抗来自这些设备的干扰,蓝牙技术采用了跳频方式来扩展频谱,将 2.402~2.48GHz 频段分成 79 个频点,相邻频点间隔 1MHz。蓝牙设备在某个频点发送数据之后,再跳到另一个频点发送,而频点的排列顺序则是伪随机的,每秒频率改变 1600 次,每个频率持续 625μs。

⑤ 低功耗。蓝牙设备在通信连接状态下,有 4 种工作模式:激活(Active)模式、呼吸(Sniff)模式、保持(Hold)模式、休眠(Park)模式。激活模式是正常的工作状态,另外 3 种模式是为了节能所规定的低功耗模式。

⑥ 开放的接口标准。蓝牙的技术标准全部公开,全世界范围内的任何单位和个人都可以进行蓝牙产品的开发,只要最终通过 SIG(Special Interest Group)组织的蓝牙产品兼容性测试,就可以推向市场。

自 2001 年起,蓝牙 1.1 版本正式列入 IEEE 802.15.1 标准,该标准只定义了物理层(PHY)和介质访问控制层(MAC),用于设备间的无线连接。2004 年发布的蓝牙 2.0 版本,传输速率大幅提高,在耳机、音箱等产品上广泛应用。但为人诟病的耗电问题,限制了其在应用上的进一步推广,因此 2010 年发布的蓝牙 4.0 版本加入了低耗电的新标准 BLE(Bluetooth Low Energy),适应了物联网的发展趋势。2016 年发布的蓝牙 5.0 版本,针对物联网进行底层优化,力求以更低的功耗和更高的性能为物联网领域服务,SIG 组织并已分步弃用、撤销原先的蓝牙版本。

7.6.2 蓝牙技术原理

1. 蓝牙协议栈的体系结构

蓝牙协议栈的体系结构由底层硬件模块、中间协议层和高端应用层三大部分组成,如图 7.40 所示。

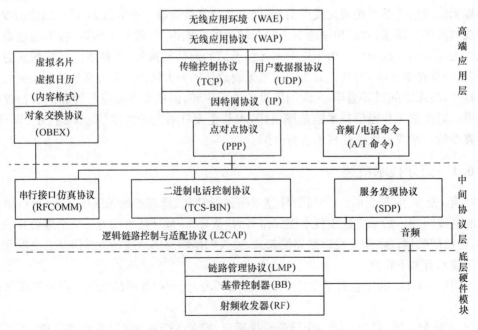

图 7.40 蓝牙协议栈的体系结构

（1）底层硬件模块

底层硬件模块是蓝牙技术的核心模块，所有嵌入蓝牙技术的设备都必须包括该模块。它主要由链路管理协议（Link Manager Protocol，LMP）、基带控制器（Base Band，BB）和射频收发器（Radio Frequency，RF）组成。其功能是：RF 通过 2.4GHz 的 ISM 频段，实现数据流的过滤和传输，它主要定义了工作在此频段的蓝牙接收器应满足的要求；BB 提供了两种不同的物理链路——同步面向连接链路（Synchronous Connection Oriented，SCO）和异步无连接链路（Asynchronous Connection Less，ACL），负责跳频和蓝牙数据及信息帧的传输；LMP 负责两个或多个设备链路的建立和拆除，以及链路的安全和控制，如鉴权和加密、控制和协商基带包的大小等，它为上层软件模块提供了不同的访问入口。

蓝牙主机控制器接口（Host Controller Interface，HCI）由基带控制器、连接管理器、控制和事件寄存器等组成。它是蓝牙协议中软、硬件之间的接口，提供了一个调用下层硬件的统一命令，上、下两个模块接口之间的消息和数据的传递必须通过 HCI 的解释才能进行。HCI 以上的协议软件实体运行在主机上，而 HCI 以下的功能由蓝牙设备来完成，二者之间通过传输层进行交换。

（2）中间协议层

中间协议层由逻辑链路控制与适配协议（Logical Link Control and Adaptation Protocol，L2CAP）、服务发现协议（Service Discovery Protocol，SDP）、串行接口仿真协议（或称线缆替换协议，RFCOMM）和二进制电话控制协议（TCS-BIN）组成。

L2CAP 是蓝牙协议栈的核心组成部分，也是其他协议实现的基础。它位于基带之上，向上层提供面向连接和无连接的数据服务，主要完成数据的拆装、服务质量控制、协议的复用、分组的分割和重组及组提取等功能。L2CAP 允许高达64KB的数据分组。SDP 是一个基于客户机-服务器结构的协议。它工作在 L2CAP 之上，为上层应用程序提供一种机制来发现可用的服务及其属性，而服务的属性包括服务的类型及该服务所需的机制或协议信息。RFCOMM 是一个仿真有线链路的无线数据仿真协议，它在蓝牙基带上仿真 RS-232C 的控制和数据信号，为原先使用串行连接的上层业务提供传输能力。TCS-BIN 是一个基于 ITU_TQ.931 标准的采用面向比特的协议，它定义了用于蓝牙设备之间建立语音和数据呼叫的控制信令，并负责处理蓝牙设备组的移动管理过程。

（3）高端应用层

高端应用层属于完整的蓝牙协议栈中的选用协议层。选用协议层中的点对点协议（Point-to-Point Protocol，PPP）由封装、链路控制协议、网络控制协议组成，定义了串行点到点链路应如何传输因特网协议数据，它主要用于 LAN 接入、拨号网络及传真等应用。TCP/IP（传输控制协议/因特网协议）和 UDP（用户数据报协议）定义了因特网与网络相关的通信。这样，既可提高效率，又可在一定程度上保证蓝牙技术和其他通信技术的互操作性。对象交换协议 OBEX（Object Exchange Protocol）支持设备间的数据交换，采用客户机-服务器模式提供与 HTTP（超文本传输协议）相同的基本功能。该协议作为一个开放性标准，还定义了可用于交换的电子商务卡、个人日志表、消费和便条等格式。无线应用协议 WAP（Wireless Application Protocol）的目的是在移动电话和其他小型无线设备上实现因特网业务，它支持移动电话浏览网页、收取电子邮件和其他基于因特网的协议。无线应用环境 WAE（Wireless Application Environment）提供用于 WAP 电话和个人数字助理（PDA）所需的各种应用软件。

2. 蓝牙系统的框架结构

除保证两个蓝牙设备之间可以互相通信的协议外，蓝牙技术标准中还定义了 4 个主要的框架结构，其目的是为了描述如何实现用户模块，以及如何将应用映射为蓝牙设备。框架与具体的应用有关，它详细说明了对于某一具体应用，协议中的哪些部分是必须包括的。

(1) 通用接入框架(Generic Access Profile,GAP)

GAP定义了一个蓝牙设备如何发现另一个设备并与之建立连接,主要处理未连接的设备之间发现对方及建立连接的问题。这个框架定义的是通用的操作,保证任意厂商生产的两个蓝牙设备之间可以交换信息,并知道另一设备可以提供什么类型的服务。一个蓝牙设备必须遵守GAP框架,以保证基本的互用和共存。

(2) 服务发现应用框架(Service Discovery Application Profile,SDAP)

SDAP定义了发现一个蓝牙设备可用服务的方法,主要处理对已有服务的搜索。SDAP框架依赖于GAP框架。

(3) 串行接口框架(Serial Port Profile,SPP)

串行接口框架定义了如何在两个蓝牙设备上建立虚拟的串行接口,然后将这两个串行接口连接起来。采用这个框架,可以为蓝牙设备提供一个使用RS-232C控制信令的虚拟串行接口。

(4) 通用的对象交换框架(Generic Object Exchange Profile,GOEP)

GOEP定义了一套用于对象交换的协议和过程。例如,将数据从一个蓝牙设备如何传送到另一个蓝牙设备,以及如何从另一个蓝牙设备接收数据等。一些用户模块,如文件传输和同步等都基于这个框架。个人计算机、移动电话等使用蓝牙进行文件传输就应用了这个框架。

3. 蓝牙技术的安全机制

蓝牙技术同其他无线技术一样,无线传输特性使它非常容易受到攻击,因此安全机制在蓝牙技术中显得尤为重要。虽然蓝牙系统所采用的跳频技术已经提供了一定的安全保障,但是蓝牙系统仍然需要数据链路层和应用层的安全管理。

蓝牙安全架构可以实现对业务的选择性访问,蓝牙安全架构建立在L2CAP层之上,特别是RFCOMM层。蓝牙安全架构提供了一个灵活的安全框架,此框架指出了何时涉及用户的操作、下层协议层需要哪些动作来支持所需的安全检查等。

安全管理器是蓝牙安全架构中最重要的部分,负责存储与业务和设备安全有关的信息,响应来自协议或应用程序的访问要求,连接到应用程序前加强鉴权和加密,初始化或处理来自用户或者外部安全控制实体的输入,在设备级建立信任连接等。

蓝牙技术标准为蓝牙设备和业务定义了安全等级,其中,设备定义了3个级别的信任等级:可信任设备、不可信任设备、未知设备;业务定义了3种安全级别:需要授权与鉴权的业务、仅需鉴权的业务以及对所有设备开放的业务。具体信息保存在蓝牙安全架构的设备数据库中,由安全管理器维护。

蓝牙技术在应用层和数据链路层上提供了安全措施,数据链路层采用4种不同实体来保证安全。所有链路级的安全功能都是基于链路密钥的概念实现的,链路密钥是对应每对设备单独存储的一些128位随机数。加密密钥可以由链路密钥推算出来,这将确保数据包的安全,而且每次传输都会重新生成。

两个设备第一次通信时,要进行"结对",结对过程要求用户输入16字节PIN码到两个设备,根据蓝牙技术标准,结对过程如下:

① 根据用户输入的PIN码生成一个公用随机数作为初始化密钥,此密钥只用一次,然后即被丢弃。

② 在整个鉴权过程中,始终检查PIN码是否与结对设备相符。

③ 生成一个普通的128位随机数链路密钥,暂时存储在结对的设备中。只要该链路密钥存储在双方设备中,就不再需要重复结对过程,只需实现鉴权过程。

④ 基带连接加密不需要用户的输入,当成功鉴权并检索到当前链路密钥后,链路密钥会为每个通信会话生成一个新的加密密钥。

因此,通过"结对"初始化过程,两个蓝牙设备生成了一个公用的链路密钥,确保后续传输的安全。

蓝牙芯片市场以前被 CSR 公司(已被高通公司收购)所占据,该公司提供了多种蓝牙解决方案,所生产的芯片大量应用在蓝牙耳机、蓝牙键盘、蓝牙鼠标等为手机、计算机配套的设备上。目前 Nordic 公司是蓝牙领域的第一大厂商,同时引领着蓝牙技术的发展,其蓝牙 5.0 芯片几乎与蓝牙 5.0 正式标准同时发布。在使用中,建议直接采购相应模块,无须从芯片级进行电路制作。

7.6.3 ZigBee 技术概述

ZigBee 联盟成立于 2001 年 8 月,2004 年 12 月 ZigBee 1.0 标准(又称为 ZigBee2004)确定,2006 年 12 月进行标准修订,推出 ZigBee 1.1 版(又称为 ZigBee2006)。ZigBee 标准于 2007 年10 月完成再次修订(称为 ZigBee2007),推出 ZigBee 及 ZigBee Pro Feature Set 两个指令集。

ZigBee 的基础是 IEEE 802.15.4 标准,IEEE 802.15.4 是 IEEE 无线个人区域网(Wireless Personal Area Network,WPAN)工作组的一项标准。WPAN 为近距离范围内的设备建立无线连接,把几米到几十米范围内的多个设备通过无线方式连接在一起,使它们可以相互通信甚至接入局域网或因特网。

ZigBee 是一个由可多达 65535 个无线数据传输模块组成的一个无线数据传输网络平台,类似现有的 CDMA 或 GSM,每个 ZigBee 数据传输模块类似移动网络的一个基站,在整个网络范围内,它们之间可以进行相互通信;每个网络节点间的距离可以从标准的 75m,到扩展后的几百米,甚至几千米。

ZigBee 技术的主要特点如下。

① 低功耗:由于 ZigBee 的传输速率低,发射功率仅为 1mW,而且采用了休眠模式,功耗低,因此 ZigBee 设备非常省电。据估算,ZigBee 设备仅靠两节 5 号电池就可以维持长达 6 个月到 2年的使用时间。

② 可靠:采用了碰撞避免机制,同时为需要固定带宽的通信业务预留了专用时隙,避免了发送数据时的竞争和冲突;节点模块之间具有自动动态组网的功能,信息在整个 ZigBee 网络中通过自动路由的方式进行传输,从而保证了信息传输的可靠性。

③ 时延短:针对时延敏感的应用进行了优化,通信时延和从休眠状态激活的时延都非常短。因此,ZigBee 技术适用于对时延要求苛刻的无线控制(如工业控制场合等)应用。

④ 网络容量大:一个星形结构的 ZigBee 网络最多可容纳 254 个从设备和 1 个主设备,一个区域内可以同时存在最多 100 个 ZigBee 网络,而且网络组成灵活,可支持达 65535 个节点。

⑤ 安全:ZigBee 提供了数据完整性检查和鉴权功能,加密算法采用通用的增强加密标准AES-128算法。

7.6.4 ZigBee 技术原理

1. ZigBee 的网络架构和协议框架

IEEE 802.15.4 标准的架构是在 OSI 七层模型的基础上,根据市场和应用的实际需要定义的。该标准只定义了两个底层:物理层(PHY)和介质访问控制层(MAC)。ZigBee 联盟在此基础上定义了网络层(Network Layer)和应用层(Application Layer)架构。

(1) ZigBee 网络的组成

在 WPAN 中有 3 种网络角色:协调器、路由器和终端设备。这 3 种角色在 IEEE 802.15.4 标准中分别对应 ZigBee 协调器 ZC(ZigBee Coordinator)、ZigBee 路由器 ZR(ZigBee Router)和终端设备 ZED(ZigBee End Device)。典型的由 3 种角色构成的 ZigBee 网络如图 7.41 所示。

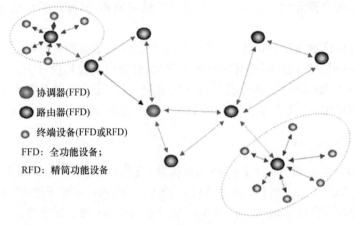

● 协调器(FFD)
● 路由器(FFD)
· 终端设备(FFD或RFD)
FFD: 全功能设备；
RFD: 精简功能设备

图 7.41　ZigBee 网络的组成

协调器和路由器只能是全功能器件 FFD(Full Function Device)。在一个 ZigBee 网络中,至少要有一个全功能器件成为网络的协调器。协调器可以看作一个 ZigBee 的网关节点,它是网络建立的起点,负责 ZigBee 网络的初始化、充当信任中心和存储安全密钥、与其他网络的连接等。协调器在加入网络之后,获得一定的短地址空间。这个空间内,它有能力允许其他节点加入网络,并分配短地址。当然,协调器还具备路由和数据转发的功能。

路由器可以只运行一个存放有路由协议的精简协议栈,负责网络数据的路由,实现数据中转功能。在网络中最基本的节点就是终端设备 ZED,一个终端设备可以是全功能器件 FFD 或精简功能器件 RFD(Reduced Function Device)。RFD 具有部分的通信能力,RFD 之间不能直接通信,只能与 FFD 通信,或者通过一个 FFD 向外传输数据。

（2）物理层和介质访问控制层

IEEE 802.15.4 定义了两个物理层 PHY:868/915 MHz 和 2.4GHz 频段,都工作在工业科学医疗(ISM)公用频段。这两个物理层都基于直接序列扩频 DSSS(Direct Sequence Spread Spectrum),使用相同的物理层数据格式。物理层的作用主要是利用物理介质为数据链路层提供物理连接,负责处理数据传输速率并监控数据出错率,以便透明地传送比特流。

IEEE 802.15.4 的 MAC 层沿用了无线局域网中的带冲突避免的载波多路侦听访问技术 CSMA/CA (Carrier Sense Multiple Access with Collision Avoidance),以提高系统的兼容性。这种设计不但使多种网络拓扑结构的应用变得简单,还可以实现非常有效的功耗管理。在 MAC 层中引入了超帧结构和信标帧的概念,这两个概念的引入极大地方便了网络管理,可以选用以超帧为周期组织 ZigBee 网络内设备间的通信。每个超帧都以协调器发出信标帧为起始,在这个信标帧中包含超帧将持续的时间及对这段时间的分配等信息。网络中的普通设备接收到超帧开始时的信标帧后,就可以根据其中的内容安排自己的任务。MAC 层提供两种服务:数据服务和管理服务。

（3）网络层和应用层

为了向应用层提供接口,ZigBee 网络层提供了两个功能服务实体,分别为数据服务实体 NLDE 和管理服务实体 NLME。NLDE 为应用层提供数据传输服务,NLME 为应用层提供网络管理服务,并且 NLME 还完成对网络信息库 NIB 的维护和管理。

ZigBee 应用层包括应用支持子层 APS(Application Support Sub-Layer)、应用框架 AF (Application Framework)、ZigBee 设备对象 ZDO(ZigBee Device Objects)。它们共同为各应用开发者提供统一的接口,以便对 ZigBee 技术的开发应用。其中,应用框架主要为 ZigBee 技术的实际应用提供一些应用框架模型,为各个用户自定义的应用对象提供模板式的活动空间,为每个应用对象提供了键值对 KVP 服务和报文 MSG 服务两种服务,供数据传输使用。在不同的应用场合,其开发应用框架不同,每个应用都对应一个配置文件(Profile)。配置文件包括设备 ID(Device ID)、事务集群 ID(Cluster ID)、属性 ID(Attribute ID)等。应用框架可以通过这些信息来决定服务类型。

ZigBee 联盟还开发了可以选用的安全层,以保证便携设备不会意外泄露其标识,而且这种利用网络的远距离传输不会被其他节点获得。

2. ZigBee 组网技术分析

ZigBee 网络支持多种网络拓扑结构,最典型的网络结构是星形网络。对于星形网络,由一个协调器和多个终端设备(节点)组成,所有的通信都通过协调器转发,节点间不能直接通信,中心节点的能量消耗大。这样的网络结构有 3 个缺点:一是会增加协调器的负载,对协调器的性能要求很高;二是协调协作都通过协调器转发,会极大地增加系统的延时,使系统的实时性受到影响;三是单一节点的破坏会造成整个网络的瘫痪,降低了网络的鲁棒性。因此,星形网络适合于网络节点较少、网络结构简单、小范围的网络应用。

ZigBee 还支持树状(Tree)和网状(Mesh)等对等网络。在对等网络中,也存在一个协调器,但是它已经不是网络的主控制器,而是主要起到发起网络和组网的作用。在对等网络中,一个设备在另一个设备的通信范围之内,它们就可以互相通信。对等网络主要在工业检测和控制、无线传感网络、供应物资跟踪、农业智能化及安全监控方面都有广泛的应用。

(1)地址分配

在 ZigBee 网络中,使用两种地址:一种是 64 位全球唯一的 IEEE 地址,作为设备的终身地址被分配;另一种是 16 位网络地址(也可以叫逻辑地址或短地址),在设备加入网络时由这个网络自动分配。

(2)组网的路由协议

在 ZigBee 网络中,各个设备之间发送消息时,使用了多跳传输,以增大网络的覆盖范围。其中,组网的路由协议采用了 Cluster-Tree 与无线自组网按需距离矢量 AODV 路由协议(Ad Hoc On Demand Distance Vector Routing)相结合的路由算法。节点可以按照父子关系(当网络中的节点允许一个新节点通过它加入网络时,它们之间就形成了父子关系)使用 Cluster-Tree 算法选择路径,即当一个节点接收到分组后发现该分组不是给自己的,则只能转发给它的父节点或子节点。显然,这并不一定是最优的路径。为了提高路由效率,ZigBee 网络中也让具有路由功能的节点使用 AODV 发现路由,即具有路由功能的节点可以不按照父子关系而直接发送信息到其通信范围内的其他具有路由功能的节点,而不具有路由功能的节点仍然使用 Cluster-Tree 路由发送数据分组和控制分组。

有多家公司生产 ZigBee 专用芯片,其中 TI 公司生产的 CC2530 很常用。CC2530 集成了 8051 微处理器和高性能 2.4GHz 的 RF 收发器,其中 CC2530F256 高配置芯片,内置 8KB 的 RAM、256KB 闪存,接收灵敏度高,发送距离远。CC2530 提供 101dB 的链路质量及 10dBm 的发送功率;片内外设相当丰富,包括 8 位、16 位定时器各 2 个,1 个看门狗定时器,1 个睡眠定时器,DMA 控制器,随机数生成器,AES 硬件加/解密内核,2 个 UART(可配置 SPI),I^2C 总线及 21 个通用 GPIO;模拟信号处理方面包括 12 位 ADC,运算放大器,比较器,内置了温度传感器、电池电压测量等功能,为设计 ZigBee 网络带来了极大的方便。CC2530 还可以配备 TI 的一个标准兼容或专有的网络协议栈(RemoTI,Z-Stack 或 SimpliciTI)来简化开发。

7.6.5 Wi-Fi 技术概述

1999 年,为了统一兼容 IEEE 802.11 标准的设备,各厂商结成了一个标准联盟——Wi-Fi

联盟。Wi-Fi 全称为 Wireless-Fidelity。Wi-Fi 一定程度上成了 WLAN、IEEE 802.11 系列标准的代名词。

Wi-Fi 技术使用 2.4GHz 和 5GHz 周围频段,将有线网络外接一个无线路由器,就可以把有线信号转换成 Wi-Fi 信号,有效达到了网络延伸的目的,极大地扩展了无线上网的多样性,因而,Wi-Fi 技术在掌上设备上应用极其广泛,智能手机、平板电脑是其中的突出代表,而传统计算机中,笔记本电脑全部支持 Wi-Fi 功能,新型的台式计算机也越来越多地具备了 Wi-Fi 无线上网功能。

Wi-Fi 技术有如下特点。

① 其无线电波覆盖范围广,适宜单位楼层及办公室内部运用。

② 速度不仅快,而且可靠性高。以 IEEE 802.11b 的无线网络为例,最高带宽是 11Mbps,在信号有干扰或比较弱的情况下,带宽可以调整到 1Mbps、5.5Mbps 及 2Mbps,带宽自动调整,有效保障了网络的可靠性和稳定性。

③ 无须布线。Wi-Fi 的优势主要在不需要布线,可不受布线条件的限制,所以十分适宜移动办公用户需求。

④ 健康安全。IEEE 802.11 系列标准所设定的发射功率不可以超过 100mW,实际发射功率约 60~70mW。

2016 年,Wi-Fi 联盟公布 IEEE 802.11ah Wi-Fi 标准——Wi-Fi HaLow,HaLow 采用 900MHz 频段,低于 2.4GHz 和 5GHz 频段,功耗更低,而且提供了睡眠模式这一新功能,可以有效延长电池的使用寿命。同时,HaLow 的覆盖范围可以达到 1km,信号更强,且不容易被干扰。这些特点使得 Wi-Fi 可以被运用到更多领域,如:小尺寸、电池供电的可穿戴设备,同时也适用于工业设施内的部署,更加顺应物联网时代的发展要求。

7.6.6　Wi-Fi 技术原理

在局域网广泛采用的 IEEE 802.3 标准中,以太网使用集线器或者交换器将帧从发出地传送到目的地。一台集线器或交换器上有多个端口(Port),每个端口都可以连接一台计算机(或其他设备)。

集线器像一个广播电台。一台计算机将帧发送到集线器,集线器会将帧转发到所有其他的端口。每台计算机检查自己的 MAC 地址是不是符合目的地址,如果不是则保持沉默。集线器是比较早期的以太网设备,它有明显的缺陷。

① 任意两台计算机之间的通信在同一个以太网上是公开的。所有连接在同一个集线器上的设备都能收听到其他设备在传输什么,这样很不安全。

② 不允许多路同时通信。如果两台计算机同时向集线器送信息,集线器会向所有设备发出"冲突"信息,提醒发生冲突。

交换器克服了集线器的缺陷。交换器记录各个设备的 MAC 地址。当帧发送到交换器时,交换器会检查目的地址,然后将该帧只发送到对应端口。交换器允许多路同时通信。由于交换器的优越性,交换器基本上取代了集线器。

Wi-Fi 的工作方式与集线器连接下的以太网类似。由于 Wi-Fi 技术采用无线电信号,因此很难像交换器一样定向发送,更像内置无线发射器的集线器,称为无线接入点 AP(Access Point)。一个 Wi-Fi 设备会向所有的 Wi-Fi 设备发送帧,其他 Wi-Fi 设备检查自己是否符合目的地址。与以太网的 CSMA/CD 机制(冲突检测)相对,802.11 Wi-Fi 采用 CSMA/CA 机制,可以保证每次通信所需要传输的多种不同类型的帧之间没有夹杂其他通信的帧的干扰。

高通 Qualcomm、博通 Broadcom、TI、乐鑫等公司都生产 Wi-Fi 芯片,Intel 公司有芯片组,中国台湾联发科 MTK 等公司更有系统单芯片解决方案。由于使用量庞大,多种 Wi-Fi 模块物美价廉,可以按具体需求进行选用。

7.7　工业 4.0 相关的数据通信技术

工业 4.0 这个概念最早于 2011 年出现在德国,随后由德国政府列入《德国 2020 高技术战略》中所提出的十大未来项目之一。该项目旨在提升制造业的智能化水平,建立具有适应性、资源效率及基因工程学的智慧工厂,在商业流程及价值流程中整合客户及商业伙伴。其技术基础是网络实体系统及物联网。美国 5 家行业龙头企业也于 2012 年联手组建了工业互联网联盟(IIC),大力推广"工业互联网"这一概念。无论是"工业互联网"还是"工业 4.0",其核心都是通过数字化的转型,提高制造业的水平。

互联是工业 4.0 的重要特点之一,本质上是建立工厂与设备、客户与产品之间的连接。工业通信是工业 4.0 的重要组成部分,在智能化工厂中,工业通信起着很重要的作用,它是整个工厂交流的重要方式。对于工业制造而言,如果直接使用互联网成熟的 TCP/IP 协议及相应的通信方式,速度太慢,精准度不够,安全性能不好。工业 4.0 中的工业通信是比较复杂的,在工业制造中往往会同时采用具有多种标准的工业有线通信、短距离无线通信、远程无线通信等通信技术,现场总线技术、短距离无线通信都是工业 4.0 中的重要通信手段,前面已有介绍,本节介绍其他的相关通信技术。

7.7.1　工业以太网

1. 工业以太网协议简介

所谓工业以太网,一般来讲在技术上与商用以太网兼容,但产品设计时,在实时性、材质的选用、产品的强度及适用性等方面要能满足工业现场的需要。

工业以太网除完成数据传输外,往往还需要依靠所传输的数据和指令,执行某些控制计算与操作功能,由多个网络节点协调完成控制任务。因而,它需要在应用层、用户层等高层协议上满足开放系统的要求,满足互操作条件。

对应于 ISO/OSI 的七层参考模型,以太网规范只映射为其中的物理层和数据链路层,而在其之上的网络层和运输层,TCP/IP 协议已成为以太网中事实上的标准。更高的层次如会话层、表示层、应用层等,没有做技术规定。目前商用计算机设备之间是通过 FTP、Telnet、SMTP、HTTP 等应用层协议进行信息透明访问的,但这些协议所定义的数据结构等特性不适合应用于工业控制领域中现场设备之间的实时通信。为满足工业控制系统的应用要求,必须在以太网和 TCP/IP 协议之上,制定有效的实时通信服务机制,协调好工业控制系统中实时和非实时信息的传输服务,形成为广大生产厂商和用户所接受的应用层、用户层协议,进而形成开放的标准。

为此,各现场总线组织纷纷将以太网引入其现场总线体系中的高速部分,利用以太网和 TCP/IP 技术,以及原有的低速现场总线应用层协议,构成了所谓的工业以太网协议。已经发布的工业以太网协议主要有以下几种。

(1) HSE(High Speed Ethernet)

HSE 是现场总线基金会摒弃了原有的高速总线 H2 之后推出的基于以太网的协议,也是第一个成为国际标准的工业以太网协议。现场总线基金会明确将 HSE 定位于实现控制网络与Internet 的集成。由 HSE 链接设备将 H1 网段信息传送到以太网的主干上,并进一步送到企业的

ERP 和管理系统。操作员在主控室可以直接使用网络浏览器查看现场运行情况,现场设备同样也可以从网络获得控制信息。

HSE 在应用层和用户层直接采用 FF H1 的应用层服务和功能块应用进程规范,并通过链接设备将 FF H1 网络连接到 HSE 网段上。HSE 链接设备同时也具有网桥和网关的功能,其网桥可以连接多个 H1 总线网段,使不同 H1 网段上的 H1 设备之间能够进行对等通信而不需要主机的干预。HSE 主机可以与所有的链接设备和链接设备上挂接的 H1 设备进行通信,使操作数据能传送到远程的现场设备,并接收来自现场设备的数据信息。

(2) PROFInet

PROFIBUS 国际组织针对工业控制要求和 PROFIBUS 技术特点,提出了基于以太网的 PROFInet。它主要包含 3 方面的技术:基于通用对象模型(COM)的分布式自动化系统,规定了 PROFIBUS 和标准以太网之间的开放、透明通信,提供了一个包括设备层和系统层、独立于制造商的系统模型。

PROFInet 采用 TCP/IP 协议加上应用层的 RPC/DCOM 来完成节点之间的通信和网络寻址。它可以同时挂接传统 PROFIBUS 系统和新型的智能现场设备。现有的 PROFIBUS 网段可以通过一个代理设备连接到 PROFInet 网络中,使整套 PROFIBUS 设备和协议能够原封不动地在 PROFInet 中使用。传统的 PROFIBUS 设备可通过代理与 PROFInet 上面的 COM 对象进行通信,并通过 OLE 自动化接口实现 COM 对象之间的调用。

(3) Ethernet/IP

Ethernet/IP 是 Rockwell 公司发布的工业以太网规范,IP 代表 Industrial Protocol,与 TCP/IP 中 IP 的含义不同。Ethernet/IP 协议由 IEEE 802.3 物理层和数据链路层标准、TCP/IP 协议、控制与信息协议 CIP(Control Information Protocol)3 部分组成。CIP 是一个端到端的面向对象并提供了工业设备和高级设备之间连接的协议。Ethernet/IP 采用生产者/消费者(Producer/Consumer)的通信模式,允许网络上的不同节点同时存取同一个源的数据。Ethernet/IP 将信息分为显式和隐式两种,应用 TCP/IP 发送显式消息,采用 UDP/IP 发送隐式信息。显式信息的数据段既包括协议信息,又包括行为指令。隐式信息的数据段没有协议信息,仅包括实时 I/O 数据。隐式信息用于规则地重复传递数据的场合,如 I/O 模块和 PLC 之间的数据传递。

(4) Modbus TCP/IP

Schneider 公司于 1999 年公布了 Modbus TCP/IP 协议。Modbus TCP/IP 并没有对 Modbus 协议本身进行修改,但是为了满足通信实时性的需要,改变了数据的传输方法和通信速率。

Modbus TCP/IP 协议以一种非常简单的方式将 Modbus 帧嵌入 TCP 帧中。这是一种面向连接的方式,每个请求都要求一个应答。这种请求/应答的机制与 Modbus 的主从机制相互配合,使交换式以太网具有很高的确定性。利用 TCP/IP 协议,通过网页的形式可以使用户界面更加友好,利用网络浏览器可以查看企业网内部设备的运行情况。Schneider 公司已经为Modbus 注册了 502 端口,这样就可以将实时数据嵌入网页中。通过在设备中嵌入 Web 服务器,就可以将 Web 浏览器作为设备的操作终端。

以上这些协议目前还仅用于企业综合自动化网络的中、上层通信,是各种现场总线与以太网集成的一种手段。从发展趋势看,这些组织也正在研究如何将以太网直接应用于现场设备层通信。

2. 工业以太网的发展

当前工业以太网的发展体现在以下几个方面。

（1）通信实时性

以太网的发展给解决以太网的实时性问题带来了新的契机。首先，以太网通信速率的提高意味着网络负荷的减轻和网络传输延时的减小，同时发生冲突的概率大大下降。其次，交换式以太网减少或者消除了网络上的冲突域，全双工通信使得端口间能够同时接收和发送信息，避免了冲突的发生，使以太网的实时性得到很大提高。再次，采用星形网络拓扑结构，以太网交换机将网络划分为若干个网段，对网络上传输的数据进行过滤，使每个网段内数据的传输只限在本网段内进行，而不需经过主干网，也不占用其他网段的带宽，从而降低了所有网段和主干网的网络负荷。这些都有助于提高以太网的实时性。

（2）工业环境适应性和可靠性

在工业以太网的工业环境适应性和可靠性方面，国外一些公司积极开发了适用于工业环境的网络设备和连接器件，专门开发和生产了导轨式集线器、交换机等产品，安装在标准 DIN 导轨上，并有冗余电源供电，插接件采用牢固的 DB-9 结构。在 IEEE 802.3af 标准中，对以太网的总线供电规范也进行了定义。此外，在实际应用中，主干网可采用光纤传输，现场设备的连接则可采用屏蔽双绞线，对于重要的网段还可采用冗余技术，以提高网络的抗干扰能力和可靠性。

（3）工业以太网与现场总线相结合

工业以太网的研究还只是近几年才引起国内外的关注。而现场总线经过多年的发展，在技术上日渐成熟，并且形成了一定的市场。就目前而言，工业以太网全面代替现场总线还存在一些问题，需要进一步深入研究基于工业以太网的全新控制系统的体系结构，开发出基于工业以太网的系列产品。

（4）工业以太网直接应用于现场设备层通信

以太网通信速率的提高，以及全双工通信、交换技术等的发展，为以太网通信实时性的解决提供了技术可能，工业以太网直接应用于现场设备层通信成为趋势。

7.7.2　电力线载波通信

电力线载波（Power Line Carrier，PLC）通信是指利用现有电线，通过载波方式将模拟或数字信号进行高速传输的技术。其最大特点是不需要重新架设网络，只要有电线，就能进行数据传输。

但是电力线载波通信因为有以下缺点，导致其主要应用——"电力上网"始终未能大规模应用。

① 配电变压器对电力载波信号有阻隔作用，所以电力载波信号只能在一个配电变压器区域范围内传输。

② 三相电力线间有很大的信号损失（10～30dB）。通信距离很近时，不同相间可能会收到信号。一般电力载波信号只能在单相电力线上传输。

③ 不同信号的耦合方式对电力载波信号的损失不同，耦合方式有线-地耦合和线-中线耦合。线-地耦合方式与线-中线耦合方式相比，电力载波信号少损失十几 dB，但线-地耦合方式不是所有地区的电力系统都适用的。

④ 电力线存在本身固有的脉冲干扰。目前使用的交流电有 50Hz 和 60Hz，其周期为 20ms 和 16.7ms，在每个交流周期中，出现两次峰值，两次峰值会带来两次脉冲干扰，即电力线上有固定的 100Hz 或 120Hz 脉冲干扰，干扰时间约为 2ms，因此干扰必须加以处理。有一种利用波形过零点的短时间内进行数据传输的方法，但由于过零点时间短，实际应用与交流波形同步不易控制，现代通信数据帧又比较长，所以难以应用。

⑤ 电力线对载波信号造成高削减。当电力线上负荷很重时,线路阻抗可达 1Ω 以下,造成对载波信号的高削减。在实际应用中,当电力线空载时,点对点载波信号可传输几千米。但当电力线上负荷很重时,只能传输几十米。

随着上网手段的多样化和便利性,电力线载波通信除在远程抄表上有所应用外,不再是地区网、省网的主要通信手段。随着家庭智能系统的兴起,又给电力线载波通信技术的发展带来了一个新的舞台。在目前的家庭智能系统中,以 PC 为核心的家庭智能系统是最受人热捧的。该系统的设计理念就是,随着 PC 的普及,可以将所有家用电器需要处理的数据都交给 PC 来完成,这样就需要在家电电器与 PC 间构建一个数据传送网络。现在人们都看好无线网络,但是在家庭这个环境中,"墙多"这一特征严重影响着无线传输的质量,特别是在别墅和跃层式住宅中这一缺陷更加明显。如果架设专用有线网络,除增加成本外,在以后的日常生活中要更改家用电器的位置也显得十分困难和烦琐,这就给无须重新架线的电力线载波通信带来了机遇。

由于"不需要重新架设网络,只要有电线,就能进行数据传递"的最大特点,电力线载波通信无疑成为了解决智能家居数据传输的最佳方案之一。同时因为数据仅在家庭这个范围中传输,束缚电力线载波通信应用的 5 大缺点将在很大程度上减弱,远程对家电的控制也能通过传统网络先连接到 PC 然后再控制家电方式实现,电力线载波通信调制解调模块的成本也远低于无线模块。

随着扩频技术的不断发展,数字化技术的日益成熟及新的载波芯片的研究,电力线载波通信技术也将得到迅速的发展,其应用将越来越广泛。目前电力线载波通信的应用领域主要集中在家庭智能化、公用设施智能化(如远程抄表系统、路灯远程监控系统等)及工业智能化(如各类设备的数据采集)等。

7.7.3 低功耗远程无线通信技术

物联网的快速发展对无线通信技术提出了更高的要求,专为低带宽、低功耗、远距离、大量连接的物联网应用而设计的低功耗广域网(Low-Power Wide-Area Network,LPWAN)也快速兴起。目前 LPWAN 主要可分为两类:一类是工作于未授权频段的 LoRa 技术;另一类是工作于授权频段下的窄带物联网(Narrow Band-Internet of Things,NB-IoT)技术。

LoRa 模块是指基于美国 Semtech 公司 SX12xx 系列芯片研发的工业级射频无线产品,相比传统的窄带调制技术,LoRa 模块采用了扩频调制技术,在抑制同频干扰方面具有明显优势,解决了传统设计方案无法同时兼顾距离、抗干扰和功耗的弊端。LoRa 技术主要有以下优点:更易以较低功耗远距离通信,可以使用电池供电或其他能量收集的方式供电;LoRa 信号的波长较长,决定了它的穿透力与避障能力更佳;大大改善了接收的灵敏度,超过 −148dBm 的接收灵敏度使其可视通信距离可达 15km;降低了功耗,其接收电流仅 14mA,待机电流为 1.7mA,这大大延迟了电池的使用寿命;基于终端和集中器/网关的系统可以支持测距和定位。LoRa 技术对距离的测量基于信号的空中传输时间,其定位精度可达 5m(假设 10km 的范围)。

NB-IoT 是工作在电信运营商授权频段的技术,核心是面向低端物联网终端,适合广泛部署在智能家居、智慧城市、智能制造等领域,对长距离、低速率、低功耗、多终端的物联网应用具有较大优势。NB-IoT 技术为各运营商所青睐,其主要特点为:广覆盖,将提供改进的室内覆盖,在同样的频段下,NB-IoT 比现有的网络覆盖面积扩大 100 倍;具备支撑海量连接的能力,NB-IoT 一个扇区能够支持 10 万个连接,支持低延时敏感度、超低的设备成本、低设备功耗和优化的网络架构;更低功耗,NB-IoT 终端模块的待机时间可长达 10 年。

以下针对几个应用场景,对两种技术的适应性做一对比,使读者对发展中的低功耗广域网有直观的了解。

1. 智能三表

能够进行远程采集的水、电、气表统称智能三表,该类应用需要低速率的数据传输、频繁的通信和低延迟。由于智能三表目前主要由电池供电,因此对超低功耗和长使用寿命的电池的需求比较重视。并且还需要对网络进行实时监控,以便发现隐患时及时处理。LoRa 技术的 ClassC 可以实现低延迟,且适合低传输速率和频繁通信的需求。

2. 智慧农业

对农业来说,低功耗、低成本的传感器是迫切需要的。温/湿度、二氧化碳、盐碱度等传感器的应用对于农业提高产量、减少水资源的消耗等有重要的意义,这些传感器需要定期上传数据。LoRa 技术非常适用于这样的场景。目前,很多偏远的农场或耕地并没有覆盖蜂窝网络,更不用说 4G/LTE 了,所以 NB-IoT 技术并不如 LoRa 技术适合于智慧农业。

3. 智能制造

工厂机器的运行需要实时监控,不仅可以保证生产效率,而且通过远程监控可以提高人工效率。在工厂的自动化制造和生产中,有许多不同类型的传感器和设备。一些场景需要频繁通信并且确保良好的服务质量,这时 NB-IoT 技术是较为合适的选择。而一些场景需要低成本的传感器配以低功耗和长使用寿命的电池来追踪设备、监控状态,这时 LoRa 技术便是合理的选择。所以对于智能制造的多样性来说,NB-IoT 技术和 LoRa 技术都有用武之地。

4. 智能建筑

对于建筑的改造,加入温/湿度、安全、有害气体、水流监测等传感器并且定时将监测的信息上传,方便管理者监管的同时,更方便了用户。通常来说,这些传感器的通信不需要特别频繁或特别好的服务质量,所以该场景 LoRa 技术是比较合适的选择。

5. 物流追踪

物流追踪的一个重要需求就是终端的电池使用寿命。物流企业可以根据定位的需要在需要场所布网,可以是仓库或者运输车辆上,这时便携式的基站便派上了用场。LoRa 技术可以提供这样的部署方案,而对于 NB-IoT 技术来说,追踪范围过大,基站的铺设是很大的问题。同时 Lo-Ra 技术有一个特点,在高速移动时通信相对于 NB-IoT 技术更稳定。出于以上的考虑,LoRa 技术更适合于物流追踪。

习 题 7

7.1 什么是串行通信? 什么是并行通信? 它们各有什么特点?

7.2 串行通信有哪两种基本工作方式? 各有什么特点?

7.3 GPIB 总线的基本特性有哪些? 简述"讲者"、"听者"和"控者"的主要功能。

7.4 什么是仪器功能和接口功能? 二者有什么不同?

7.5 何为波特率? 简述异步串行通信的数据传输格式,并说明各部分的作用。

7.6 调制解调器(MODEM)在通信中的作用是什么? 在什么情况下使用调制解调器?

7.7 RS-232C 标准有什么特点? 其逻辑电平是如何定义的? 使用 RS-232C 标准应注意什么问题?

7.8 简述 RS-422 标准和 RS-485 标准的特点。

7.9 USB 总线有什么特点?

7.10 USB 总线中域、包、事务、传输的关系是什么?

7.11 USB 总线支持几种传输方式? 各有什么特点?

7.12 CAN 总线按照 OSI 模型的原则如何划分层次?

7.13 蓝牙协议栈的体系结构包括几大部分? 分别是什么?

第8章 智能仪器设计及案例

智能仪器应用广泛,为解决实际问题而设计的智能仪器多种多样,其中数据采集和温度控制是智能仪器的典型功能。本章介绍智能仪器的设计要求、原则和步骤,以及通用数据采集系统的组成、结构及设计中需要考虑的问题,并以心电数据采集系统、温度控制器、双通道电子皮带秤为例介绍智能仪器的设计过程。

8.1 智能仪器的设计要求、原则及步骤

智能仪器的研制开发是一个较为复杂的过程。为完成仪器的功能,实现仪器的指标,提高研制效率,并取得一定的研制效益,应遵循正确的设计原则,按照科学的设计步骤开发智能仪器。

8.1.1 智能仪器的设计要求

无论智能仪器的规模大小,基本设计要求大体相同,主要考虑以下几个方面。

1. 功能及技术指标要求

智能仪器应具备的功能包括输出形式、人机对话、通信、报警提示、仪器状态的自动调整等。智能仪器的主要技术指标包括精度、测量范围、工作环境条件、稳定性等。

2. 可靠性要求

仪器的故障将造成整个生产过程混乱,甚至引起严重后果,所以仪器能否正常可靠地工作,将直接影响测量结果,也将影响工作效率和仪器的信誉。为保证仪器能长时间稳定可靠地工作,应采取各种措施提高仪器的可靠性。

在硬件方面,应合理选择元器件,即在设计时,对元器件的负载、速度、功耗、工作环境等技术参数留有一定的余量,并对元器件进行老化试验和筛选。另外,在极限情况下进行试验,即在研制过程中,让样机承受低温、高温、冲击、振动、干扰、烟雾等试验,以保证其对环境的适应性。在软件方面,采用模块化设计方法,并对软件进行全面测试,以降低软件故障率,提高软件的可靠性。

3. 便于操作和维护

在仪器设计过程中,应考虑操作的方便性,控制开关或按钮不要太多、太复杂,尽量降低对操作人员专业知识的要求,从而使操作人员无须专门训练,便能掌握仪器的使用方法,这便于产品的推广应用。另外,仪器结构要尽量规范化、模块化,并配有现场故障诊断程序,一旦发生故障,能保证有效地对故障进行定位,以便更换相应的模块,使仪器具有良好的可维护性。

4. 仪器工艺结构与造型设计要求

工艺结构是影响仪器可靠性的重要因素之一。依据仪器的工作环境条件,确定是否需要防水、防尘、密封,是否需要抗冲击、抗振动、抗腐蚀等工艺结构;认真考虑仪器的总体结构、部件间的连接关系、面板的美化等,使产品造型优美、色泽柔和、轮廓整齐、美观大方。

8.1.2 智能仪器的设计原则

1. 从整体到局部(自上而下)的设计原则

设计人员根据仪器功能和设计要求提出仪器设计的总任务,绘制硬件和软件总框图(总体设计)。然后,将任务分解成一批可独立表征的子任务,直到每个子任务足够简单,可以直接且容易实现为止。子任务可采用某些通用模块,并可作为单独的实体进行设计和调试。这种模块化的系统设计方式不仅简化设计过程,缩短设计周期,而且结构灵活,维修方便快捷,便于扩充和更新,增强了系统的适应性,从而以最低的难度和最高的可靠性组成系统。

2. 较高的性价比原则

智能仪器在设计时不应盲目追求复杂、高级的方案。在满足性能指标的前提下,尽可能采用简单成熟的方案。就第一台样机而言,样机的硬件成本不是考虑的主要因素,系统设计、调试和软件开发等研制费用才是主要的。当样机投入生产时,仪器硬件成本成为产品成本的重要因素。生产数量越大,每台产品的平均研制费用越低。当仪器投入使用时,应考虑维护费、备件费、运转费、管理费、培训费等。在综合考虑各种因素后,正确选用合理的设计方案。

3. 开放式设计原则

当前科学技术飞速发展,智能仪器产品更新换代快、市场竞争激烈,设计时采用开放式设计原则,留下容纳未来新技术的余地,同时向系统的不同配套档次开放、向用户不断变化的特殊要求开放,兼顾通用和专用设计,以便满足用户不同层次的需求。

8.1.3 智能仪器的设计步骤

1. 确定设计任务

全面了解设计的内容,清楚要解决的问题,必要时到用户方调研,根据仪器最终要实现的设计目标,做出详细的设计任务说明书,明确仪器的功能和应达到的技术指标。

2. 制定总体设计方案

根据设计任务说明书制定设计方案。最好提出几种可能的方案,每种方案包括仪器的工作原理、采用的技术路线等,然后对各方案进行可行性论证,包括理论分析、计算及必要的模拟实验,验证方案是否可达到设计要求,最后从总体的先进性、可靠性、成本、制作周期、可维护性等方面比较、择优,综合制定设计方案。

3. 方案实施步骤

根据总体设计方案,确定系统的核心部件和软、硬件的分配,采用自上而下的设计方法,把仪器划分成便于实现的功能模块,绘制各模块软、硬件的工作流程图,并分别进行调试。各模块调试通过之后,再进行统调,完成智能仪器的设计。

(1)根据仪器的总体设计方案,确定仪器的核心部件

具有智能控制作用的部件对仪器整体性能、价格、研制周期等起决定性作用,直接影响软、硬件的设计,是整个仪器的核心。智能仪器中的智能控制部件通常可选单片机、数字信号处理器、可编程逻辑控制器或微型计算机等。大型的智能仪器可能包括多种智能控制部件,小型的智能仪器一般只用其中之一,应用时应根据具体情况选择。

(2)设计和调试仪器

首先是硬件电路和软件的设计及调试。硬件电路和软件设计可分开进行,但由于智能仪器软、硬件密切相关,也可交叉进行。硬件电路的设计过程是根据硬件框图按模块分别对各单元电路进行设计,然后进行硬件合成,构成一个完整的硬件电路图。完成设计之后,绘制印制电路板

(PCB),然后进行装配与调试。软件设计可先设计总体结构图,再将总体结构按"自上而下"的原则划分为多个子模块,采用结构化程序设计方法,画出每个子模块的详细流程图,选择合适的语言编写程序并调试。对于既可用硬件又可用软件实现的功能模块,应仔细权衡哪些模块用硬件完成、哪些模块用软件完成。一般而言,硬件速度快、可减少软件设计工作量,但成本高、灵活性差、可扩展性弱;软件成本低、灵活性大,只要修改软件就可改变模块功能,但增加了编程的复杂性。要从仪器的功能、成本、研制周期和费用等方面综合考虑,合理分配软、硬件比例,使系统达到较高的性价比。

其次是硬件和软件联合调试。硬件、软件分别调试合格后,需要软、硬件联合调试。调试中出现问题,若属于硬件故障,可修改硬件电路;若属于软件问题,则修改程序;若属于系统问题,则对软、硬件同时修改,直至符合性能指标。

智能仪器的设计步骤如图 8.1 所示。

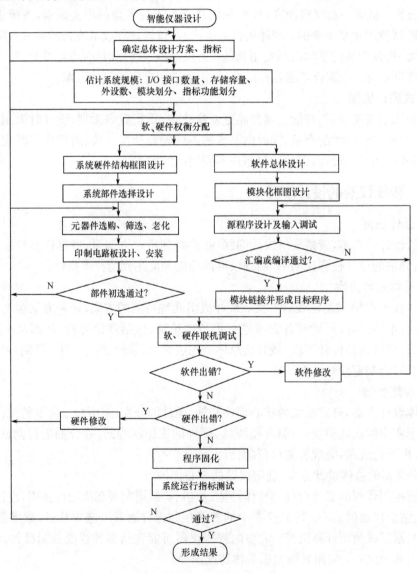

图 8.1　智能仪器的设计步骤

智能仪器是人工智能、数字信号处理、计算机科学、电子学、VLSI 等新兴技术与传统仪器仪表的结合。随着专用集成电路、个人仪器等相关技术的发展,各种功能的智能仪器将会在各个领域得到更加广泛的应用。

8.2　数据采集系统设计

随着计算机技术及大规模集成电路的发展,特别是微处理器及高速 A/D 转换器的出现,数据采集系统的结构发生了重大变革。原来由小规模集成的数字逻辑电路及硬件程序控制器组成的数据采集系统被微处理器控制的数据采集系统所代替。

数据采集技术是信息科学的重要分支,它不仅应用在智能仪器中,而且在现代工业生产、国防军事及科学研究等方面都得到了广泛应用,无论是过程控制、状态监测,还是故障诊断、质量检测,都离不开数据采集系统。

数据采集系统的核心是微处理器,它对整个系统进行控制和数据处理。在任何计算机测控系统中,都是从尽量快速、正确、完整地获得数字形式的数据开始的。因此,数据采集系统是沟通模拟域与数字域的必不可少的桥梁。

8.2.1　数据采集系统的组成与结构

数据采集系统的一般组成框图如图 8.2 所示。其中,前置放大器、滤波电路、主放大器及相关电路通常合称为信号调理电路。

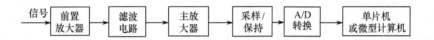

图 8.2　数据采集系统的一般组成框图

被测信号多数可能是比较微弱的信号,因此先送入前置放大器初步放大到后续电路的工作范围内。对于幅度比较大的被测信号,也可以通过衰减手段将其调整到相应的工作范围内。在此环节放大或衰减的同时,会考虑尽量减小干扰信号的影响,一般会设计对干扰信号进行一定抑制的电路。随后,信号送入滤波电路,以滤除信号主要频率范围以外的干扰信号,一般滤波电路采用带通滤波或低通滤波电路。如果信号的主要频率范围明确,则可以设计带通滤波电路,使只有这一频率范围的信号通过;如果信号的频率范围不是特别明确,一般以滤除高次谐波、高频杂波为主,采用低通滤波电路。

主放大器可将滤波后的信号进一步放大到合适范围,便于后续 A/D 转换器的工作。采样/保持电路指采样/保持放大器(SHA)与跟踪/保持放大器(THA),是实现对信号采样并在一定的时间间隔内保持该采样值的电路。一般情况下,往往对二者不加以严格的区分,习惯称为采样/保持电路。

A/D 转换后的信号已经被转换为数字量,可以送到计算机中进行处理。计算机可以是单片机,也可以是通用的微型计算机。单片机中除微处理器外,一般还集成了 RAM、ROM、I/O 接口,可能还包括定时/计数器、串行接口及 A/D 转换器等,而且通过 I/O 接口可以外接显示驱动电路、脉宽调制电路、网络模块等,构成一个小型的计算机系统。这些电路能在软件控制下准确、迅速、高效地完成设计者事先规定的任务,完成现代工业控制所要求的智能化控制功能。通用的微型计算机则功能更加完备,计算、显示、输入/输出等功能更加强大。因此,送到计算机中的数字信号可以进行进一步的数据处理,并按照设计者希望的方式进行各种直观、方便的显示。

8.2.2　数据采集系统设计考虑的因素

在上述的数据采集系统的基本组成中,各个组成模块及它们之间的互相关系是数据采集系统设计中要考虑的主要因素。

对于放大电路,如果是简单信号,则采用一级放大或衰减电路将信号调整到适合后续电路工作的电压范围内即可。在这种情况下,放大或衰减的倍数根据信号的自身特点很容易计算得到,可以直接将电路的参数调整到设计值。而实际的工作信号情况一般会复杂一些,往往由于考虑抗干扰等因素,将其设计成多级放大电路,同时在各级放大电路之间加入必要的滤波电路进行信号调理。对于多级放大电路,需要将放大倍数分解到各级当中,由于运算放大器的种类较多,根据信号的特点,一般需要对其工作频带、动态范围、放大倍数进行选择。如果是比较微弱的信号,还要求运算放大器具有低噪声、低漂移、低输入偏置电流、非线性小等特点,避免在放大过程中引入干扰。这样,在各级放大电路中,根据情况的不同往往采用不同的放大器。分配不同级的放大倍数时,主要按照误差分配原则进行分配,不要因某一级的误差过大而影响整体误差,也不要对某一级提出过于苛刻难以达到的要求。

A/D转换器负责将原始的模拟信号(多数信号属于模拟信号)转换成为计算机能够处理的数字信号。为了保证数据采集系统的精度,首先需要选择A/D转换器的位数,位数高意味着转换分辨率高,能够更好地辨识原始信号;其次要考虑转换速率,转换速率快才能提高整个数据采集系统的采样速度,同时较快的转换速率有利于系统保持对原始信号的跟踪。如果希望在后续计算机处理中使用多次采样取平均值之类的数据处理算法,则更加希望采集系统有较快的采样速度。但是,A/D转换器的位数和转换速率一般是互为矛盾的参数,即较低的位数容易实现较高的转换速率,而较低的转换速率容易达到较高的转换位数,因此需要综合考虑两者的关系,选取合适的A/D转换器。

采样/保持电路主要是配合A/D转换器工作的。如果A/D转换器芯片内部包括这部分电路,就无须进行其他考虑。如果需要外接配套,则主要考虑选择合适的控制逻辑,使采样/保持电路的工作时序与A/D转换器的转换时间相对应。为了更好地做到这一点,往往采用同一控制逻辑控制采样/保持电路和A/D转换器同步工作。

放大电路将原始信号放大到适应所选择A/D转换器的电压范围之内,但被放大的不仅有原始信号,还有各种噪声、干扰、耦合信号等。为了消除或削弱这些因素的影响,需要采用信号调理电路进行必要的处理。信号调理电路经常采用各类滤波器对这些影响因素进行滤除,高频干扰多就采用低通滤波器,低频干扰多就采用高通滤波器,有效信号有明确的频带范围可以采用带通滤波器,干扰信号的频率很明确则可以采用陷波电路。因此,设计信号调理电路的关键是首先清楚原始信号的一些基本参数,其次了解主要干扰源的特点,据此有的放矢地进行设计。另外,数据采集系统一般对工作速度有一定的要求,信号调理电路有助于提高信号质量,但也要注意不要对整体工作速度带来太大影响,一般不宜采用过于复杂、低速的滤波电路。

8.2.3　心电数据采集系统设计

心电图是临床疾病诊断中常用的辅助手段,心电数据采集系统是心电图检测仪的关键部件。人体心电信号的主要频率范围为 $0.05\sim100Hz$,幅度为 $0\sim4mV$。由于心电信号属于低频、微弱信号,而且干扰较大,因此系统抗干扰能力及安全可靠性至关重要。另外,心电信号中通常混杂有各种生物电信号,加之体外以 $50Hz$ 工频干扰为主的电磁场干扰,使得心电噪声背景较强,测量条件比较复杂。为了不失真地检测出有临床价值的干净心电信号,必须要求心电数据采集系统具有高精度、高稳定性、高输入阻抗、高共模抑制比、低噪声及强抗干扰能力等性能。

参考数据采集系统的一般组成框图,心电数据采集系统硬件设计框图如图8.3所示。图中,信号调理部分专指50Hz及35Hz陷波电路,滤除50Hz的工频干扰和人体生物电产生的35Hz肌电干扰。

图8.3　心电数据采集系统硬件设计框图

心电信号由专用电极(电极放在人体各个部位,如心脏、左右手、头部等)拾取后送入前置放大电路初步放大,并在对各干扰信号进行一定抑制后送入带通滤波器,以滤除心电信号主要频率范围以外的干扰信号。

而主放大电路可将带通滤波器滤波后的信号进一步放大到合适范围后,再经50Hz和35Hz陷波器分别滤除工频和肌电干扰,然后将符合要求的心电模拟信号由模拟输入端送入ADC,进行高精度A/D转换,最后送入单片机进行数据的采集存储处理。

1. 信号放大电路

信号的放大采用了两级放大电路,其中包括前置放大电路和主放大电路。在两级放大电路之间又接入了一个带通滤波器,以使心电信号主要频率0.05～100Hz通过后再进一步放大。

采用两级放大的原因如下。

● 由于心电信号相当微弱,而干扰相对很强,所以有必要在初步放大时抑制一部分来自共模信号的工频干扰,同时通过电路设计消除分布电容的影响,并克服专用电极带来的极化电压差对信号的影响,这样既能提高共模抑制比,也能稳定输入信号。

● 初步放大后需要通过带通滤波器选出心电信号的主要频率(0.05～100Hz),然后再对这个有用频率范围的心电信号进一步放大,则能有效地得到干净的心电信号。

(1) 前置放大电路

前置放大电路的主要功能是初步放大心电信号,并对各干扰信号进行一定抑制后送入带通滤波电路,以滤除心电信号主要频率范围以外的干扰信号。

前置放大电路是心电数据采集的关键环节。由于人体心电信号十分微弱,噪声背景强且信号源阻抗较大,加之电极引入的极化电压差值较大(比心电差值幅度大几百倍),因此,通常要求前置放大器具有高输入阻抗、高共模抑制比、低噪声、低漂移、非线性度小、合适的频带和动态范围等性能。设计时,选用仪用放大器AD620作为前置放大器,采用差分放大电路。AD620的输入端采用超β处理技术,具有低输入偏置电流、低噪声、高精度、建立时间短、低功耗等特性,共模抑制比可达130dB,非常适合作为医疗仪器前置放大器使用,而且其增益可调(范围为1～1000倍)。

(2) 带通滤波器

带通滤波器由双运放集成电路OP2177为主构成。OP2177具有高精度、低偏置、低功耗等特性,片内集成了两个运放,可灵活组成各类放大和滤波电路。采用OP2177的两个运放分别设计成高通和低通滤波器,并组合成带通滤波器。

如图8.4所示,其中,U1A(OP2177之中的一个运放)、C_1、C_2、R_1、R_2构成高通滤波器,其截止频率设计为

$$f = 1/2\pi \sqrt{C_1 C_2 R_1 R_2} = 0.03\text{Hz}$$

U1B(OP2177之中的另一个运放)、R_3、R_4、C_3、C_4构成低通滤波器,截止频率设计为

$$f = 1/2\pi \sqrt{C_3 C_4 R_3 R_4} = 130\text{Hz}$$

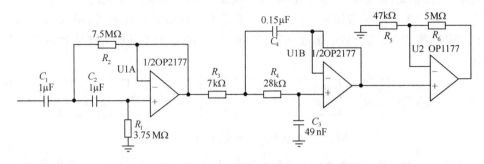

图 8.4 心电数据采集系统信号放大部分原理图

为了不损失心电信号的低频成分,高通滤波器的截止频率设计为 $f=0.03\mathrm{Hz}<0.05\mathrm{Hz}$(心电信号的最低频率)。同样,为了不损失高频成分,低通滤波器的截止频率设计为 $f=130\mathrm{Hz}>100\mathrm{Hz}$(心电信号的最高频率),从而很好地做到了使所有的心电信号主要频率(0.05~100Hz)通过,完整地保留了心电信号。

主放大电路由 OP1177(U2)、R_5、R_6 构成。考虑到心电信号幅度为 0~4mV,而 A/D 转换输入信号要求 1V 左右,因此,整个信号放大电路的放大倍数约为 1000。前置放大电路为 10 倍左右,所以本级放大倍数设计为 100 倍左右。

2. 信号调理电路

由于心电信号的特殊性(极其微弱),信号调理电路的设计对于整个系统来说至关重要。信号调理采用 50Hz 和 35Hz 陷波电路,滤除 50Hz 的工频干扰和人体生物电产生的 35Hz 肌电干扰。

工频干扰是心电信号的主要干扰,虽然前置放大电路对共模干扰具有较强的抑制作用,但有部分工频干扰是以差模信号方式进入电路的,且频率处于心电信号的频带之内,加上电极和输入回路不稳定等因素,前置放大电路输出的心电信号仍存在较强的工频干扰,所以必须专门滤除。常规有源陷波器的频率特性对电路元件的参数比较敏感,因此难以精确调试,且电路稳定性不高。而开关电容集成滤波器无须外接决定频率的电阻或电容,滤波频率仅由外接或片内时钟频率决定,且其频率特性对时钟和外围电路的参数不敏感,因而性能较稳定。集成开关电容滤波器 LTC1068-50 内部集成了 4 个独立的二阶开关电容滤波器,时钟与中心频率之比为 50:1,误差为 ±0.3%,可采用 +5V、−5V 供电。因此,配合厂家提供的滤波器设计软件FilterCAD,可灵活配置成各类滤波器(低通、高通、带通等)。为较好地滤除工频干扰,设计中利用 LTC1068-50 的优点专门设计了一个巴特沃斯 50Hz 陷波器,采用的时钟信号频率为 2.5kHz,设计电路如图 8.5 所示。

(1)开关电容滤波器

开关电容电路由受时钟脉冲信号控制的模拟开关、电容器和运算放大电路 3 部分组成。这种电路的特性与电容器的精度无关,而仅与各电容器电容量之比的准确性有关。在集成电路中,通过均匀地控制硅片上氧化层的介电常数及其厚度,使电容量之比主要取决于每个电容器电极的面积,从而获得准确性很高的电容量比。

开关电容电路广泛应用于滤波器、振荡器等模拟信号处理电路中。在实际电路中,常常需要在开关电容滤波器电路的后面加一个电压跟随器或同相比例运算电路。

本电路在开关电容滤波器电路后加了一个电压跟随器,主要起稳定作用。电压跟随器由图8.5 中的 U1 和 R_{22} 构成。

(2)开关电容集成滤波器

使用开关电容集成滤波器的优势如下。

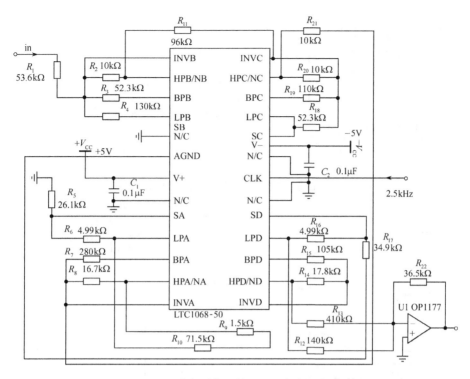

图 8.5 心电数据采集系统 50Hz 陷波电路原理图

① 克服了常规有源陷波器的频率特性对电路元件的参数比较敏感,电路稳定性不高的缺点。

② 开关电容集成滤波器无须外接决定频率的电阻或电容,滤波频率仅由外接或片内时钟频率决定,因而性能稳定。

③ 可以精确调试。

④ 采用 LTC1068-50 集成开关电容滤波器,时钟与中心频率之比为 50∶1,因此要滤除 50Hz 的工频干扰信号,其时钟频率为

$$f(中心频率)=50×50Hz=2500Hz=2.5kHz$$

所以时钟频率为 2.5kHz。本系统采用外接时钟信号,该时钟信号来自单片机 C8051F206。

⑤ 陷波深度可达 50dB,可衰减 100 倍左右。即将 50Hz 工频干扰信号衰减了近 100 倍,从而达到精确、有效滤除工频干扰的目的。

(3) 陷波电路

人体肌电随个体的差异也会对心电信号造成不同程度的干扰,有时甚至淹没心电信号,因而有必要加以抑制。研究表明,肌电干扰主要集中在 35Hz 左右,为此,本系统还设计了如图 8.6 所示的 35Hz 的无限增益多路反馈型二阶陷波器。该陷波器由 U1A、U1B 构成,其截止频率约为 35Hz,$Q≈7$,符合实际要求。

3. 单片机电路

本系统采用了一个内部含有 12 位 A/D 转换器的单片机 C8051F206。在单片机内部即可进行 A/D 转换和数据存储,不需要外接 A/D 转换电路。图 8.7 所示为单片机与信号调理电路连接框图。

其中,C8051F206 内含与 8051 完全兼容的高速微控制器内核、8KB Flash ROM、32 个 I/O 接口、硬件 UART 和 SPI 总线、12 位高精度 ADC 和 32 通道的模拟输入多路选择器。每个 I/O 接口均可用软件配置成模拟输入接口,其转换速率可达 100ksps。这些特点使得 C8051F206 非常适合作为数据采集系统的控制器。根据系统需要,可将其 $P_{1.0}～P_{1.7}$、$P_{3.0}～P_{3.3}$ 配置成 12 路

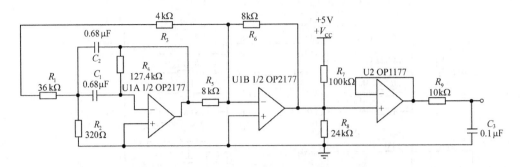

图 8.6 心电数据采集系统 35 Hz 陷波电路原理图

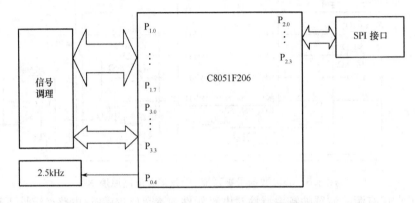

图 8.7 单片机与信号调理电路连接框图

心电模拟信号的输入端。此外, C8051F206 还为 50 Hz 陷波器提供了 2.5 kHz 的时钟信号。

将 12 路来自信号调理部分的信号依次接入 C8051F206 的 $P_{1.0} \sim P_{1.7}$、$P_{3.0} \sim P_{3.3}$。当系统启动 A/D 转换后, 模拟信号就被转换成所要求的数字信号, A/D 转换后的数据被存入数据存储器。C8051F206 的 SPI 总线也可将数据传送给其他器件进行数据的后续分析和处理。

4. 数据采集系统的软件设计

本系统对 C8051F206 的特殊功能寄存器的要求如下:

● $P_{1.0} \sim P_{1.7}$、$P_{3.0} \sim P_{3.3}$ 设置为模拟输入端, $P_{2.0} \sim P_{2.3}$ 与 SPI 总线接口连接, $P_{0.4}$ 为前向通道提供 2.5 kHz 的信号;

● 选择内部时钟源;

● 采用内部基准电压;

● 启动方式采用定时器 2 溢出;

● 转换采用查询方式, 并通过读控制寄存器 ADCOCON 的 ADBUSY 位来判断一次 A/D 转换完成与否;

● 转换结果采用右对齐;

● 复位方式采用软件强制复位。

主程序先对特殊功能寄存器进行初始化, 再启动定时器 2 进行 5 ms 定时, 定时器 2 溢出时启动 A/D 转换。主程序的流程图如图 8.8 所示。子程序还包括按键扫描处理程序、数字滤波程序、显示程序等。

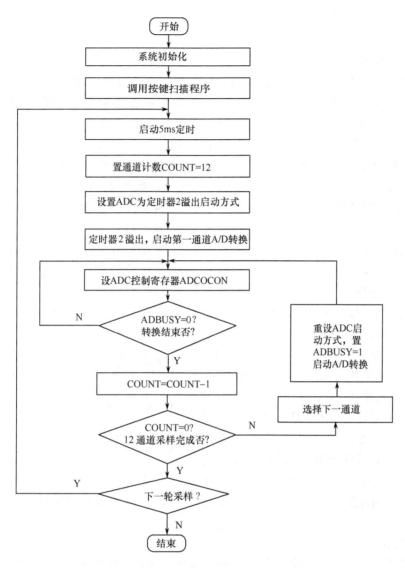

图 8.8　心电数据采集系统主程序流程图

8.3　简易单回路温度控制器

温度控制器又称为温度调节器,有单回路、双回路和多回路之分。单回路温度调节器只能控制一个回路,双回路温度调节器可以控制两个回路,多回路温度调节器可以控制两个以上的回路。在我国使用比较广泛的单回路温度调节器主要有美国 Honeywell 的 UDC6000,日本 Shimaden 的 FP系列和 SR 系列,Yokogawa 的 μPD550/750,以及 Omron 和 RKC 推出的系列温控仪表等。我国的各大仪表公司推出的系列温度调节器也获得了比较广泛的应用,因此研究和开发温度调节器具有重要的工程意义。

8.3.1 功能需求和总体思路

1. 功能需求

单回路温度控制器实际上是以单片机控制为核心，根据设定目标温度值进行自动或手动调节的单回路温度控制系统，主要包括温度控制、温度检测、参数显示、报警指示、通信等部分。根据模式值，可查看相应的参数，如设定温度值、温度上限报警值等，并根据需要可对参数进行修改、保存等。同时温度控制器能与上位机通信，可以由上位机修改设定温度值，并实时显示温度值和趋势曲线。上位机与温度控制器配合可构成一套完整的温度监控系统。主要功能如下：

- 设定温度、实时温度显示；
- 温度上、下限报警；
- 温度上、下限报警值设定；
- 目标温度值设定；
- 放大电路的放大倍数设定；
- PID 控制参数设定；
- 手动加热设定值；
- 手动/自动设定；
- 温度零点标定；
- 参数保存；
- 上位机目标温度值设定；
- 上位机实时温度波形曲线图显示。

2. 总体设计思路

单回路温度控制器包括实现温度控制的单片机 ADuC812、信号处理电路、温度参数显示（数码管显示）、SSR 输出控制电路、通信电路等部分。整个系统硬件结构如图 8.9 所示。数码管用来显示模式值及相应的参数，通过按键可改变模式值和修改相应的参数值。单片机根据检测的温度值对上、下限报警值进行比较，控制报警灯的状态。K 分度热电偶作为温度传感器，是检测电路的关键部件。传感器信号通过放大、滤波等处理，可直接由单片机 ADuC812 进行 A/D 转换，换算为相应的温度测量值。根据测量值和设定值之差，进行 PID 运算，本系统采用周波控制方式，通过控制 SSR 来控制加热炉的温度。通信电路实现上位机和温度控制器之间的数据传输。

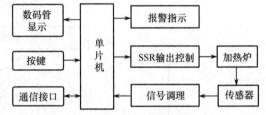

图 8.9　单回路温度控制器硬件结构

3. 操作模式

基于数码管的单回路温度控制器，往往使用菜单模式来切换所有的显示参数，只有在当前模式下才能修改和显示其对应的参数。本系统可用 3 个按键实现模式切换和参数修改操作，所以这 3 个键分别定义为模式键、数值增加键和数值减少键；用 8 个数码管显示模式和对应的参数，左边 4 个数码管显示模式值，右边 4 个数码管显示相应模式对应的参数值。根据系统的功能需求，应该设计 11 种模式，各模式的定义如下。

- 模式 0：温度设定值和温度实时值显示（前 4 个数码管显示温度设定值，后 4 个显示实时温度值）。
- 模式 1：设置和显示温度上限报警值（0～1200）。
- 模式 2：设置和显示温度下限报警值（0～1200）。
- 模式 3：设置和显示温度设定值（0～1200）。
- 模式 4：设置实时温度采集放大电路的放大倍数。
- 模式 5：设置和显示 PID 算法中的比例系数（0.00～50.00）。
- 模式 6：设置和显示 PID 算法中的积分系数（0.00～50.00）。
- 模式 7：设置和显示 PID 算法中的微分系数（0.00～50.00）。
- 模式 8：设置和显示手动输出值（0～100）。

- 模式 9:手动/自动切换(1,手动;0,自动)。
- 模式 10:标定和显示实时温度的零点。

8.3.2 温度测控电路设计

1. 温度检测电路

本系统采用镍铬-镍硅(K 分度)热电偶作为温度传感器,由此构成的检测电路如图 8.10 所示。由热电偶的特性可知,进入放大器的电压信号实为热电偶冷热端温差引起的热电势信号。冷端处于室温,热端为加热炉温度,单片机的 A/D 通道可以直接采集热电偶信号,经冷端温度补偿后,再查 K 分度表则可以得到热端温度值。室温的测量可以通过 AD590 将室温变化为电压信号,经放大后直接送给单片机的 A/D 通道,单片机程序自动完成热电偶信号的采集和冷端信号的采集,计算出实际的温度测量值。

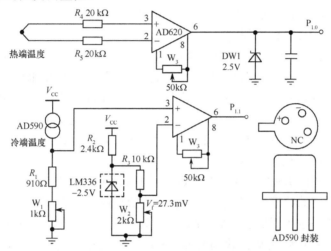

图 8.10　热电偶温度检测电路

2. 温度控制电路

对于加热炉的温度控制可以采用移相控制或周波控制方式。移相控制方式是通过改变晶闸管的导通角来控制输出电压,从而控制加热对象的温度,控制电路相对复杂,但控制精度比较高。周波控制方式的输出电路如图 8.11 所示,它实际上是通过调节一定时间周期内的供电时间比例(即交流周波数)来控制加热对象在本周期内获得的电能,从而控制其温度。由于控制加温的时间比例实现起来相对简单,因此周波控制方式在温度控制系统中获得了比较广泛的应用。本系统采用周波控制方式。

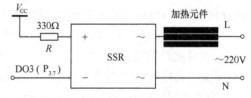

图 8.11　周波控制方式的输出电路

由图 8.11 可知,单片机的 $P_{3.7}$ 引脚输出低电平时,控制 SSR 使加热元件接通 220V 交流电源,加热元件获得电能,温度升高;$P_{3.7}$ 引脚输出高电平时,SSR 开路,加热元件两端无电压,停止加热,加热元件的温度开始下降。

采用控制时间比例的具体方法如下。

① 设定一个标准的加温周期 T,以 T 为周期对温度进行采样,获得温度测量值。

② 根据设定值和测量值的偏差,进行 PID 运算。

③ 将 PID 的输出转换为 SSR 的通断时间。如果 PID 的输出为 0%,则 SSR 接通时间为 0,

即本周期无输出;如果 PID 输出为 100%,则 SSR 接通时间为 T,即本周期为全输出;如果 PID 的输出为 MV(百分数表示),则 SSR 的接通时间为 $T \times MV$,断开时间为 $T - T \times MV$。

例如,$T = 120s$,PID 计算结果为 1min30s,则本次 2min 内应加温 90s、停 30s;又如 $T = 120s$,PID 的计算结果为 1min25s,则本周期应加温 85s、停 35s。

8.3.3　PID 控制算法的实现

PID 算法有位置式和增量式两种。增量式 PID 算法得到的结果是增量,也就是说,在上一次的控制量的基础上需要增加(负值意味着减少)的控制量。例如,在晶闸管电动机调速系统中,控制量的增量意味着晶闸管的触发相位在原有的基础上需要提前或滞后的量。位置式 PID 算法则表现为当前的触发相位应该在什么位置。又如在温度控制系统中,增量式 PID 算法表现为在上次通电时间比例的基础上,还需要增加或减少的通电时间比例;位置式 PID 算法则直接指明本周期内要通电多长时间。本系统采用位置式 PID 算法。

位置式 PID 算法的计算公式为

$$P_{out}(t) = K_p \times e(t) + K_i \times Sum\_e(t) + K_d \times [e(t) - e(t-1)]$$

式中,$e(t)$ 为基本偏差,表示当前测量值与设定目标值之间的差值,结果可以是正或负。当设定目标作为被减数时,正数表示还没有达到设定值,负数表示已经超过了设定值。

累计偏差 $Sum\_e(t) = e(t) + e(t-1) + e(t-2) + \cdots + e(1)$,它是每次偏差的代数和。

基本偏差的相对偏差 $e(t) - e(t-1)$ 是用本次的基本偏差减去上一次的基本偏差,以考察当前被控量的变化趋势,有利于快速反应。

K_p、K_i 和 K_d 是 PID 算法的 3 个控制参数,分别称为比例常数、积分常数和微分常数,对不同的控制对象选择不同的数值,需要经过现场整定才能获得较好的效果。

比例调节的作用是按比例反映系统的偏差,系统一旦出现了偏差,比例调节立即产生调节作用以减小偏差。比例作用大,可以加快调节,减小误差,但是过大的比例作用会使系统的稳定性下降,甚至造成系统不稳定。积分调节的作用是使系统消除稳态误差,因为一旦有误差,积分调节就起作用,直至无误差,积分调节的输出维持常量。微分调节的作用是反映系统偏差信号的变化率,具有预见性,能预见偏差变化的趋势,因此能产生超前的控制作用,使偏差还没有形成即被微分作用消除,可以改善系统的动态性能。

为了程序处理上的方便,可在程序内部设一个 PID 调节时钟(20ms)。PID 计算周期为 2min,这样就对周期进行 100 等分。经 PID 计算后的输出值(0~100)对应加热时间。加热时间到,则关闭加热的 I/O 引脚,直到下一个 2min 到了,再进行新一轮 PID 计算和加热控制。

为了达到比较好的控制效果,同时减轻单片机的运算量,K_p、K_i 和 K_d 这 3 个参数采用整数,放大 100 倍进行计算,3 个参数采用相同的放大比例。

运算中往往出现数据溢出的情况,注意考虑符号,为此对输出值有一约定界限(0~100),当结果超出约定界限时,不再增加(或减少)。加温的整个过程没有必要全程 PID 控制,一般可以在设定目标值的前一个温度区域才进行 PID 控制。例如,设定目标温度为 300℃,则可以在 250℃ 以前全速加温,当达到 250℃ 以后才开始进行 PID 计算并控制,这样可以加快加温速度又不影响温度控制。在不产生过大的超调的情况下,尽可能把起控点抬高,有利于后面控制部分的进一步细化。在进入控制之前,应将积分项清零。

8.3.4　控制器和 PC 之间的数据通信

为了提高通信的可靠性,便于上位机程序员灵活编程,有必要设计一个简单的通信格式。

表 8.1 所示为一种参考设计,但这种格式没有考虑校验和问题,读者可以自行改善此功能。

表 8.1　单回路温度控制器 RS-232C 简易数据通信命令与返回数据格式

命令	字节数	字节 1	字节 2	字节 3	字节 4	传送方向
启动通信	2	0xaa	0x01			PC→控制器
停止通信	2	0xaa	0x02			PC→控制器
改设定值	4	0xaa	0x03	dataL	dataH	PC→控制器
返回数据	3	0xaa	dataL	dataH		PC←控制器

字节 1 的数据 0xaa 为通信起始标志,dataL 和 dataH 为十六进制数,其中 dataL 为低 8 位数据,dataH 为高 8 位数据。如果要进行数据通信,首先由上位机发启动通信命令;如果要停止数据通信,则由上位机发停止通信命令。控制器在收到启动通信命令后,先将设定值发送给上位机,而后每秒发送一次实时温度值(温度测量值)给上位机。如果上位机要修改控制器中的设定值,则发送修改设定值命令,命令中附带控制器的设定值。

8.3.5　温度控制器软件设计

温度控制器的全部软件部分由主控制模块、显示按键处理模块和头文件模块 3 个模块组成。主控制模块主要包括 PID 计算、控制和温度采集等部分,对应的函数有主程序 main( )、室温采集函数 adcdi( )、实时炉温采集函数 adcgao( )、PID 算法 pid( )、与上位机数据通信函数(主要是发送温度测量值给上位机)Tongxun( )、接收上位机命令函数(中断服务程序)R_command( )、20ms 定时器中断服务程序(用于 PID 精确时间控制)timer1( )等。显示按键处理模块主要包括按键扫描、按键处理、显示刷新等部分,包括的主要函数有按键处理函数 key_chuli( )、显示缓冲区刷新函数 Buffer( )、用于键盘扫描及段码显示的定时函数 timer0( )、参数存储函数 Write( )、参数读取函数 Read( )、延时函数 delay( )等。头文件模块主要用于全局变量声明,在其他模块可以直接调用此模块内声明的变量。主要变量包括显示用的变量和控制用的变量,以及相关的位标志等。

主控制模块的流程图如图 8.12 所示。实时温度每 1s 采集一次,室温每 2s 采集一次,因为室温的变化不会太快,因此比实时温度的采集速度要慢。为了提高测温的准确性,往往需要进行多次测量,然后剔除测得结果中的最大值和最小值,把剩余的数值相加再计算其平均值,这样可以增强抗干扰能力。室温是连续采集 10 次,再用去极值平均滤波法进行数据处理;实时温度则采用递推平均滤波法进行数据处理。在本系统中,温度测量工作和 PID 计算安排在一个输出周期的最后阶段进行,温度采集程序流程图如图 8.13 所示。定时器 1 用作 PID 采集和实时温度采集的参考时钟,每 20ms 中断一次,中断 50 次则采集一次实时温度,实时温度每 1s 采集一次,并显示在数码管上。室温采集、PID 计算和周波控制输出每隔 2s 进行一次。上位机通过串行接口向单片机发送命令,单片机根据命令进行相应的处理。

简易单回路温度控制器电路如图 8.14 所示。

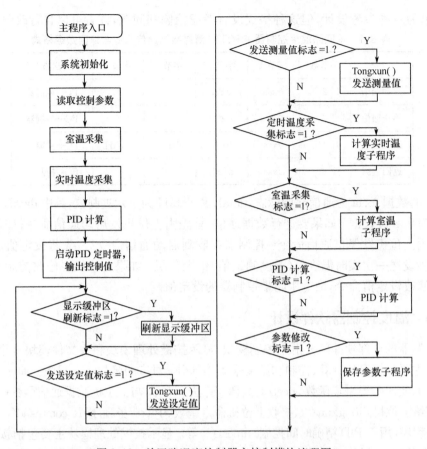

图 8.12　单回路温度控制器主控制模块流程图

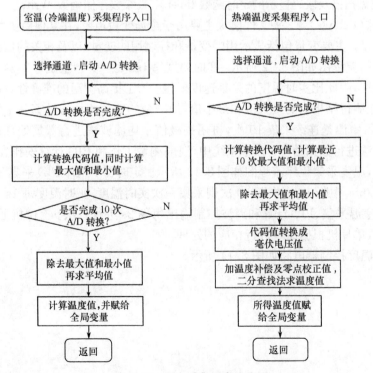

图 8.13　温度采集程序流程图

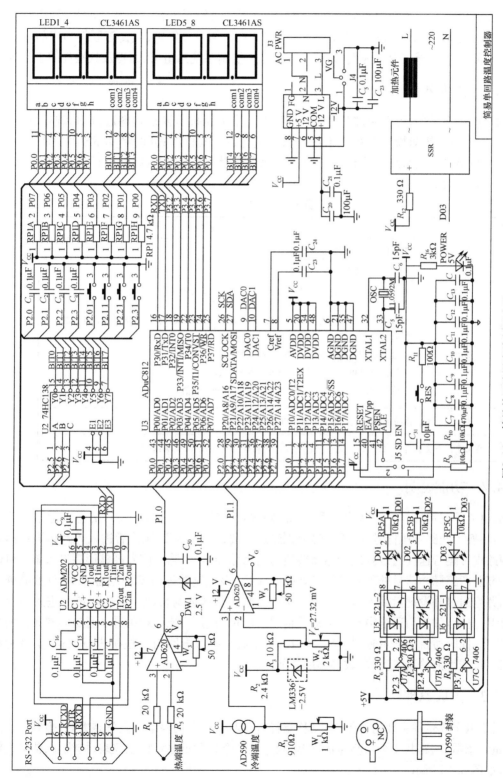

图8.14 简易单回路温度控制器电路

8.4 双通道电子皮带秤

电子皮带秤是在皮带运输机运送散状物料的过程中对物料进行动态计量的装置,广泛应用于煤矿、冶金、建材、化工、港口、仓库等工矿企业,对原煤、矿石、焦炭、粮食等原料和产品进行计量。本节以双通道电子皮带秤为例,介绍皮带秤称重控制系统的组成、原理及软硬件的设计等。

8.4.1 需求分析

双通道电子皮带秤,可以通过两个输入通道对皮带运输机所输送物料进行动态连续计量与显示,并且可以通过键盘操作对控制系统的参数进行设置与修改;同时利用 RS-232/RS-485 通信接口将上位机与控制系统连接起来,实现远程数据采集、远程性能诊断、远程参数调整。该系统的需求分析见表 8.2。

表 8.2 需求分析

名称	双通道电子皮带秤
目的	对皮带运输机所输送物料进行动态连续计量
输入	皮带上物料重量与皮带运行速度,触摸式按键
输出	LCD 液晶屏,两路数字量输出,两路 4~20mA 模拟量输出
功能	① 接收来自重量和速度传感器的信号,进行 A/D 转换、滤波、放大并送入单片机 ② 对重量和速度信号进行分析、运算和处理 ③ 处理得到的结果通过 LCD 液晶屏进行显示 ④ 通过键盘可以读取或修改系统的某些参数 ⑤ 通过 RS-232/RS-485 通信接口与上位机进行通信
性能	系统准确度达到Ⅲ级要求,实时性高
物理尺寸和质量	外形尺寸(长×宽×高):144mm×144mm×200mm;质量:约 1.7kg

8.4.2 功能说明

双通道电子皮带秤具有两路称重系统和两路皮带测速系统,皮带上物料的重量通过两路称重传感器转换为两路电压信号,电压信号分别经过滤波、放大、A/D 转换后进入单片机进行运算处理;两路皮带运行速度通过测速传感器转换为两路脉冲信号,脉冲信号经整形后进入单片机进行运算处理,两路脉冲信号处理的结果诸如瞬时流量、累计流量等信息可以通过 LCD 液晶屏进行显示,并且通过外设键盘输入等对系统的某些参数进行读取与修改。两通道信号进入单片机进行处理后显示,如果两通道中有一个称重传感器出现问题,系统可利用另一通道实现无误的显示并且报警,同时所得信号可通过 RS-232/RS-485 通信接口电路与上位机进行通信,实现远程数据采集、远程性能诊断、远程参数调整的功能。

8.4.3 组成原理

双通道电子皮带秤主要由秤架(包括称重托辊、固定架、浮动秤架和限位装置等,也叫作承载器)、称重传感器(两路共 4 个)、测速传感器(两路共 2 个)、称重显示控制仪表、接线盒、传输电缆等组成,如图 8.15 所示。

双通道电子皮带秤一般安装在皮带运输机的中部,用秤架上的托辊代替皮带机的 2~4 组托

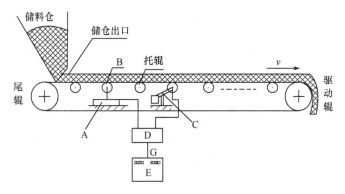

A—秤架及称重传感器；B—称重托辊；C—测速传感器；

D—接线盒；E—称重显示控制仪表；G—传输电缆

图 8.15　双通道电子皮带秤的组成

辊,称重传感器安装在固定秤架上,将悬浮秤架吊起,皮带上的物料重量通过托辊、秤架压到称重传感器上。电子皮带秤计量时,称重传感器可实时测出有效称量段 l(m)上的物料重量 G_i(kg)和皮带的运行速度 v_i(m/s)。某一时刻 t_i 的瞬时流量 $q_i = v_i G_i / l$(kg/s)累计流量为

$$Q = \int_0^t q_i \mathrm{d}t = \int_0^t v_i G_i / l \, \mathrm{d}t \text{(kg)}$$

$$Q = \sum_{i=0}^n q_i \Delta t = \sum_{i=0}^n v_i G_i / l \, \Delta t \text{(kg)}$$

　　计量时,悬浮秤架将有效称量段皮带上的物料重量准确地传递到 4 个称重传感器上,称重传感器将所受重力成比例转换成电压(mV)信号输出,并由传输电缆传入接线盒,在接线盒内经并联电路叠加处理后,分两路传入称重显示控制仪表,在仪表内经滤波、放大、A/D 转换后输入单片机;测速传感器安装在皮带下方,其滚轮与皮带接触,皮带运行时带动滚轮转动,测速传感器输出与皮带运行速度成比例的电脉冲信号,该信号由传输电缆经接线盒后传入称重显示控制仪表,在仪表内经放大、整形后输入单片机。单片机将转变为数字量的重量信号和速度信号进行运算处理及标度变换后,得到皮带秤的计量瞬时流量 q_i 和累计流量 Q,并分别在仪表的显示窗口上显示,根据需要可传至打印机输出或传至上位机处理应用。

8.4.4　硬件设计

1. 硬件体系结构设计

　　双通道电子皮带秤主要用来对运行的皮带进行动态监控。通过两个通道的称重传感器和速度传感器测得皮带上物料的重量及皮带运行的速度,然后将这些信号滤波、转换,最后单片机对信号进行处理、显示。一般来说,皮带秤称重控制系统由以下几部分构成:称重传感部分、信号处理部分、控制部分(单片机)、输入/输出单元、通信模块。一个完整的皮带秤称重控制系统组成如图 8.16 所示。

　　(1)称重传感部分

　　包括两路 4 个称重传感器、2 个测速传感器和秤架部分,称重传感器和测速传感器固定在秤架上。称重传感器将皮带上物料的重量转换为电压信号,测速传感器将皮带的速度转换为脉冲信号。两组信号经处理后同时送往控制部分(单片机)进行运算处理,然后进行显示。

　　称重传感器一般选择电阻应变片式传感器,它适用于静态、动态条件下力或重量的测量。在本系统中,当物料通过皮带秤秤体时,其受力作用于称重传感器,称重传感器的弹性体在外力作

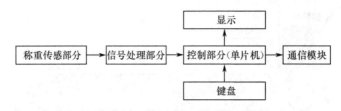

图 8.16　皮带秤称重控制系统组成图

用下产生弹性变形,使粘贴在它表面的电阻应变片也随同产生变形,电阻应变片变形后,它的阻值将发生变化(增大或减小),再经相应的检测电路,把这一阻值变化转换为电信号(电压或电流)输出,从而将皮带上物料的重量转换为电压信号。

测速传感器一般选择光电式测速传感器,它把光强度的变化转化为脉冲信号。在本系统中,将测速传感器安装在上皮带的下面,测速齿轮在转动过程中,间断地挡住测速传感器内的发光管,使得内部电路间断导通,从而产生脉冲信号。

(2) 信号处理部分

包括接线盒电路、两路滤波电路和两路 A/D 转换电路。接线盒电路将传感器输出的重量信号和速度信号进行分组叠加,然后经滤波电路进行滤波,滤波后的两路速度信号直接进入单片机进行运算,处理后的两路重量信号通过 A/D 转换为单片机可以接收的信号后,进入单片机进行运算。

本设计选用的 A/D 转换芯片为美国 Cirrus Logic 公司推出的 CS5532。

(3) 控制部分(单片机)

单片机是控制系统的核心。通过对两路重量和两路速度信号进行运算、分析和处理,可以得到皮带上物料的瞬时流量和累计流量。

本设计选用带有数据采集功能的微处理器芯片 C8051F020,将经过滤波后的电压信号送入CS5532 进行 A/D 转换,转换后的信号与脉冲信号通过 C8051F020 进行运算处理,从而得到流量值。

C8051F020 是由 Silicon 公司推出的基于 CIP-51 内核的高速单片机,与 MCS-51 指令集完全兼容,其主要特点有:

① 高速、流水线结构的 CIP-51 内核,70% 的指令执行时间为一个或两个系统时钟周期。

② 4352 字节内部数据 RAM(4KB + 256B),128KB 或 64KB 分区 Flash ROM,可以在系统编程,扇区大小为 1024 字节。

③ 时钟源:内部精确振荡器,24.5MHz;支持外部振荡器。

④ 供电电压:电压范围 3.0～3.6V。

⑤ 片内 JTAG 调试和边界扫描:片内调试电路提供全速、非侵入式的在片/在系统调试;支持断点、单步、观察点、堆栈监视器;可观察、修改存储器和寄存器;符合 IEEE 1149.1 边界扫描标准。

⑥ 5 个通用的 16 位定时/计数器(定时/计数器 0、1、2、3、4)。

⑦ 一个片内可编程定时/计数器阵列(PCA),包括一个专用的 16 位定时/计数器时间基准和 5 个可编程的捕捉/比较模块。

该芯片体积小,资源丰富,节省了大量的空间和附加资源,可靠性高,非常适用于工业智能仪表。

(4) 输入/输出单元

主要包括键盘与显示单元。通过键盘可以设置或修改系统的某些参数,通过显示单元可以对外实时显示皮带的各种状态及物料的流量等。

本设计选用 LCM192642 液晶显示模块,键盘采用定制薄膜轻触式 PVC 按键键盘。

系统输出主要包括开关量输出和模拟量输出。开关量输出作为单位流量统计输出,计量时、日、月和年的总流量。4～20mA 模拟量输出可控制电机转速,用于流量调节;还可给其他设备传输信号,将流量信号传送给 PLC 或变频器等设备。

（5）通信模块

通过串行通信、红外线技术等实现信息传送,便于上位机对系统进行远程监控、调整参数,同时也可以实现多个系统相互之间进行数据传输。

在双通道电子皮带秤称重控制系统中,要求能够把控制系统得到的相关数据传送到上位机,同时接收上位机的控制命令,以实现远程数据采集等功能,这就需要控制系统与上位机之间进行通信。目前常用的通信方式有 RS-232、RS-422、RS-485、以太网、CAN 总线等。本设计采用 RS-232/RS-485 通信,RS-232/RS-485 通过跳线进行通信方式的切换,连接简单,价格低廉,可以满足系统的通信要求。

电子皮带秤称重控制系统的硬件结构如图 8.17 所示。

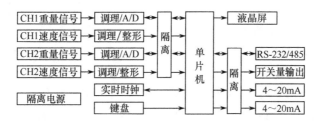

图 8.17　电子皮带秤称重控制系统的硬件结构图

2. 硬件电路设计

硬件电路分为单片机最小系统、信号调理电路、A/D 转换电路、速度脉冲整形电路、模拟输出控制电路、键盘与显示接口电路、串行通信电路等。

（1）单片机 C8051F020 最小系统设计

由于单片机性能的提高,内存和外围功能电路都包括在单片机芯片内,因此设计单片机最小系统的硬件电路越来越简单。对于 C8051F020 单片机,由于内部带有"看门狗"电路,所以设计最小系统时只需要设计时钟电路、基准电压产生电路、串行通信电路和电源系统。

（2）信号调理电路设计

信号调理电路包括传感器电路和滤波电路。传感器电路使用电阻应变片式称重传感器和光电式测速传感器,将皮带上物料重量和皮带速度转换为电压和脉冲信号;滤波电路主要用于滤去信号中的噪声,然后进行 A/D 转换。

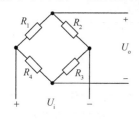

图 8.18　惠斯通电桥

① 传感器电路

传感器电路采用电阻应变片式称重传感器,其检测电路是惠斯通电桥,如图 8.18 所示。物料通过皮带秤秤体时,其受力作用于称重传感器,使得弹性体产生变形,从而使粘贴在其表面的电阻应变片产生变形,导致阻值大小发生变化,最终传感器输出一个电压信号。设 $R_1=R_3=R_2=R_4=R$,当受到重力作用后,传感器的应变片电阻发生变化,假设各桥臂阻值变化相同,变量为 ΔR,即 R_1 和 R_3 分别减小 ΔR,R_2 和 R_4 分别增大 ΔR 时,可以推导出传感器的输出电压为

$$U_o=\frac{\Delta R}{R}U_i$$

② 滤波电路

滤波电路采用 RC 滤波,包括低通滤波和高通滤波,滤波时间常数 τ 的计算公式为:$\tau=RC$。假

设 R 选 $10\text{k}\Omega$，C 选 10^5pF，构成串联低通滤波电路，则时间常数 $\tau=RC=10\times10^3\times10^5\times10^{-12}=1\text{ms}$，所以截止频率为 1kHz，大于 1kHz 的信号通过 RC 进入模拟地，而小于 1kHz 的信号直接送往 A/D 进行模数转换。

（3）A/D 转换电路设计

称重传感器输出的信号为 mV 级电压信号，经滤波后进行 A/D 转换。A/D 转换采用美国 Cirrus Logic 公司推出的 CS5532 芯片。

① 主要性能特点

● 斩波稳定增益可编程仪用放大器，放大增益范围可配置为 1、2、4、8、16、32 和 64 倍。

● Δ-Σ 型结构，线性误差：$0.0007\%\text{FS}$，无噪声分辨率：最大 23 位。

● 两个复用差分输入通道，校准后可选输入范围：$-5\text{mV}\sim5\text{V}$；每个通道都有可读/写的校准寄存器；采样速率可配置为：$6.25\sim3840\text{sps}$。

● 片内保护驱动输出缓冲器。

● 带有三线串行 SPI 接口。

② 内部结构及引脚的功能

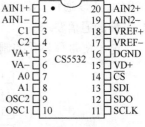

图 8.19　CS5532 引脚图

CS5532 芯片的封装形式有 20 脚双列直插式和贴片式，引脚排列如图 8.19 所示。C1、C2 端为增益放大器连接电容端，常接 22nF 电容，SCLK 为串行时钟输入端，SDO 为串行数据输出端，SDI 为串行数据输入端。CS5532 的内部结构如图 8.20 所示。CS5532 的前端包括一个多路转换开关和一个增益放大器，多路转换开关可分时检测差分输入信号，增益放大器可放大输入信号；增益放大器后接差动 4 阶 Δ-Σ 调制器和可编程数字滤波器，进行模数转换和数字滤波；控制命令和转换数字通过串行 SPI 接口与外设相连。

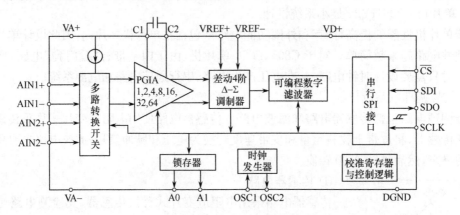

图 8.20　CS5532 的内部结构

③ 命令寄存器

对寄存器操作时，必须先向 CS5532 的命令寄存器写入相应的命令，然后再操作 32 位数据。例如，要向物理通道的某个寄存器写入 0x80000000H，用户必须首先向命令寄存器输入相应的命令，然后输入数据 0x80000000H。同样，要读某个寄存器的内容时，用户也应首先输入相应的读指令，再获取 32 位数据。一旦寄存器的读或写指令完成，串行接口将回到指令模式。

● 设置寄存器

D7(MSB)	D6	D5	D4	D3	D2	D1	D0(LSB)
0	ARA	CS1	CS0	R/W	RSB2	RSB1	RSB0

ARA:是否以阵列方式访问寄存器,0 表示单个访问寄存器(偏移、增益、配置、通道设置寄存器),1 表示以阵列方式访问寄存器(偏移、增益和通道设置寄存器)。

CS1、CS0:访问各偏移寄存器时解码被访问的偏移寄存器通道,见表 8.3。

R/W:读/写选择,指出下次对寄存器的操作是读还是写,0 表示下一次是写操作,1 表示下一次是读操作。

RSB2、RSB1、RSB0:寄存器选择位。用于选择下次操作要访问的寄存器,见表 8.4。

<table>
<tr><td colspan="3">表 8.3 偏移寄存器通道选择</td></tr>
<tr><td>CS1</td><td>CS0</td><td>偏移寄存器通道</td></tr>
<tr><td>0</td><td>0</td><td>偏移寄存器 1</td></tr>
<tr><td>0</td><td>1</td><td>偏移寄存器 2</td></tr>
</table>

表 8.4 寄存器的选择

RSB2	RSB1	RSB0	寄存器	寄存器功能
0	0	0	保留	保留
0	0	1	偏移寄存器	访问偏移寄存器
0	1	0	增益寄存器	访问增益寄存器
0	1	1	配置寄存器	配置寄存器写入或读取数据
1	0	1	通道设置寄存器	访问通道设置寄存器

● 读转换数据寄存器

D7(MSB)	D6	D5	D4	D3	D2	D1	D0(LSB)
0	0	0	0	1	1	0	0

功能:该命令用于从转换数据寄存器读转换数据。

● 执行转换校准寄存器

D7(MSB)	D6	D5	D4	D3	D2	D1	D0(LSB)
1	MC	CSRP2	CSRP1	CSRP0	CC2	CC1	CC0

功能:该命令指示 CS5532 在通道设置寄存器指针位(CSRP2~CSRP0)指向的通道设置寄存器所规定的物理通道执行校准。

MC:多功能转换位,0 表示执行完全稳定的单次转换,1 表示执行连续转换。

CSRP2~CSRP0:通道设置寄存器指针位,编码为 000~111 分别代表设置寄存器 1~设置寄存器 8。

CC2、CC1、CC0:校准控制,CS5532 对设置的物理通道执行校准,见表 8.5。

表 8.5 校准选择

CC2	CC1	CC0	校准选择	CC2	CC1	CC0	校准选择
0	0	0	保留	1	0	0	保留
0	0	1	自偏移校准	1	0	1	系统偏移校准
0	1	0	自增益校准	1	1	0	系统增益校准
0	1	1	保留	1	1	1	保留

④ 串行接口及时序

CS5532 的串行接口包括 4 条控制线:$\overline{CS}$、SDI、SDO、SCLK。

$\overline{CS}$:片选,低电平有效,是允许访问串行接口的控制线,当 $\overline{CS}$ 接地时,串行接口可作为三线接口来访问。

SDI:串行数据输入,用于将数据串行输入到 CS5532。

SDO:串行数据输出,用于将数据从 CS5532 串行输出,当 $\overline{CS}=1$ 时,SDO 为高阻态。

SCLK:串行时钟,是数据位移入或移出 CS5532 串行接口的控制时钟。只有当 $\overline{CS}=0$ 时,串行时钟才能被接口逻辑识别。为了和光电耦合器相匹配,SCLK 端集成了一个施密特触发器,以允许使用上升和下降时间较长的光电耦合器直接驱动该引脚。

对 CS5532 的操作是按照标准 SPI 总线协议来操作的,在主器件的移位脉冲下,数据按位传输,高位在前、低位在后,为全双工通信。写命令时,SDI 线在 SCLK 时钟上升沿有效,即在写数据时,片选信号 $\overline{CS}$ 先拉低,然后在 SCLK 的每个上升沿向 SDI 线上写数据,数据按从高位到低位一位一位地输出到总线上;读数据时,SDO 线在 SCLK 时钟下降沿有效,即在读数据时,片选信号 $\overline{CS}$ 先拉低,然后先向转换器写入 8 位控制命令再读取,读取是在 SCLK 的每个下降沿从 SDO 线上读数据,数据按从高位到低位一位一位地从总线上读取。CS5532 读/写操作时序如图 8.21 所示。

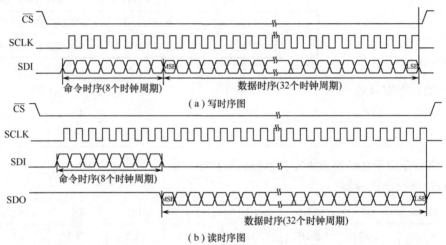

图 8.21 CS5532 读/写操作时序

⑤ A/D 转换电路

A/D 转换电路如图 8.22 所示,ADR425AR 芯片(电压基准芯片)提供 2.5V 基准电压,连接至 CS5532 的参考电压 VREF＋和 VREF－端,CS5532 的电源端接到 5V 直流电源上,模拟电源 VA＋端和数字电源 VD＋端使用磁珠(BLM21PG331SN1,等效于电阻和电感串联,用于抑制信号线、电源线上的高频噪声和尖峰干扰,还具有吸收静电脉冲的能力)隔离开来;外接 4.9152MHz 晶振作为 CS5532 的振荡源。

CS5532 芯片通过调整内部放大增益直接将 mV 级的信号转换为单片机可以接收的数字信号,芯片的输出通过 SPI 总线与单片机相连。重量信号(SIG1＋、SIG1－)经过 RC 低通滤波器后进入 A/D 转换器的差分输入端 AIN1＋和 AIN1－进行 A/D 转换,转换完成后进入单片机进行处理显示。

(4)速度脉冲整形电路设计

速度脉冲整形电路如图 8.23 所示,整形电路的核心部分是由 LM2903M 单电源供电的运算放大器组成的振荡电路,振荡电路的激励源由测速传感器输出的脉冲信号通过高通和低通滤波器后提供。其中,D210 模块为电压钳位电路,保证输入电压不超过振荡电路要求的输入电压范围。该整形电路的目的是将传感器输出的脉冲信号电平转换为单片机可以接受的 CMOS 电平。为了进一步增加电路的抗干扰能力,可以在输出级级联光电耦合器进行隔离。

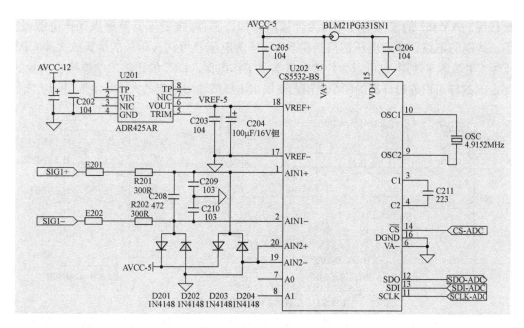

图 8.22　A/D 转换电路图

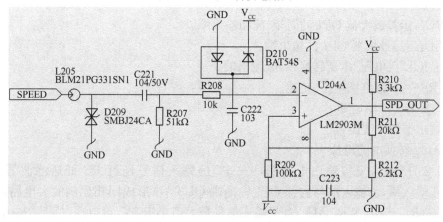

图 8.23　速度脉冲整形电路图

（5）模拟输出电路设计

工业上通常用电压 0～5(10)V 或电流 0(4)～20mA 作为标准模拟信号，所以在电磁干扰较强或传输较远距离的情况下，一般采用标准的电流信号来传输，故需将电压信号转换为标准电流信号。本设计选用 Analog Microelectronics（AMG 公司）生产的一款电压/电流（V/I）转换芯片 AM462，该芯片可以将 0～5V 输入电压转换为 0(4)～20mA 电流输出；输入为 PWM 控制波或者 DAC 输出电压，输出为 4～20mA 电流；该芯片可驱动 0～600Ω 负载，工作电源最大可达 35V。

① AM462 内部结构及引脚功能

AM462 的内部结构及引脚排列如图 8.24 所示，由一个多级放大电路、保护电路及一些其他功能电路组成，它们都可以任意选用。这些以模块形式组成的电路，如运算放大器、电压/电流转换、参考电压源、参考电流源等，可以通过外面电路连接组合使用，也可以单独使用。运算放大器 OP1 用来放大单端接地电压信号（正信号），放大倍数可通过外接电阻调整。电压/电流转换模块提供一个电压控制的电流信号到集成电路的输出端，该信号直接控制外置的三极管并最终输出工业标准的电流信号。由于功耗的原因将三极管外置，在极性反接时，一个附加的二极管将起到保护作用。AM462 的参考电压源可为外接电路如传感器、微处理器等提供工作电源,这样也简化了二线制的电路。参考电压源可提供 5～10V 的电压且可调。附加的运算放大器 OP2 可作为电压源或电流源来使用,也可以为外接电路提供工作电源。OP2 的正输入端连接在内置的固定电位 V_{BG} 上,这样可以通过外面的两个电阻调整输出电压或输出电流的大小。主要引脚功能如下:

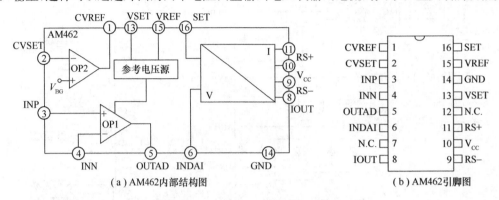

图 8.24　AM462 内部结构及引脚图

CVREF、CVSET:运算放大器 OP2 作为参考电流源或电压源使用时,分别向外界提供或输入参考电流或电压。

INP、INN:运算放大器 OP1 的同相、反相输入端。

OUTAD:运算放大器 OP1 的输出端。

INDAI、IOUT:电压/电流转换输入、输出端。

RS+、RS−:灵敏度调整正、负端。

VSET:参考电压源设置。

SET:输出偏置电流设置。

② AM462 转换电路设计

如图 8.25 所示为模拟输出电路图,0～5V 的输入信号经过 RC 低通滤波器后连接至 AM462 的正输入端,负输入端与内部 OP1 输出端 OUTAD 形成同相比例放大电路,放大倍数为:$V_o=(1+(R_{401}+R_{403})/R_{402})V_{in}$,如果输入信号最大值小于 5V,可以通过调整 R_{P401} 进行调整放大;输出端 OUTAD 连接 V/I 转换模块的输入端 INDAI 进行 V/I 转换,将 0～5V 信号变为 4～20mA 输出。为了增加 AM462 的电流输出端的带负载能力,增加由 NPN 三极管 S8050LTI 构成电流驱动电路。

(6) 键盘与显示接口电路设计

在本设计中,单片机的 P4、P5 和 P7 口直接与键盘和显示电路连接,其中 P4、P5 口分别与 LCD 的数据线和控制线相连,P7 口则连接键盘电路。按键采用薄膜式独立按键,用于对称重显示控制系统的参数设置和修改,系统中的相关信息可以通过 LCM19264(详细用法见本书 4.4.3 节)实时显示出来。本设计中键盘与显示接口电路如图 8.26 所示。

(7) 串行通信电路设计

本设计中采用 RS-232/RS-485 标准实现称重控制系统与上位机之间的通信,两种通信方式均可采用,视信号传输距离远近而定。RS-232 通信电路图如图 8.27 所示。SP3220EEA(电平转换芯片)的供电采用 IB0505LS-W75(DC/DC,直流转直流)芯片进行隔离。由于长距离的信号传输可能使信号衰减,本设计采用 ISO7221A(双通道数字隔离器)作为驱动隔离芯片,防止信号在传输电缆上过度衰减。与上位机通信接口采用 SMCJ15CA(瞬态抑制稳压二极管)进行信号的钳位保护,保证信号范围不超过 SP3220EEA 所允许的信号范围。

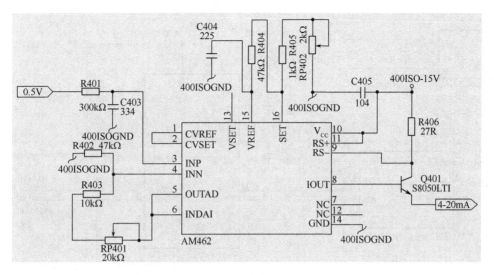

图 8.25　模拟输出电路图

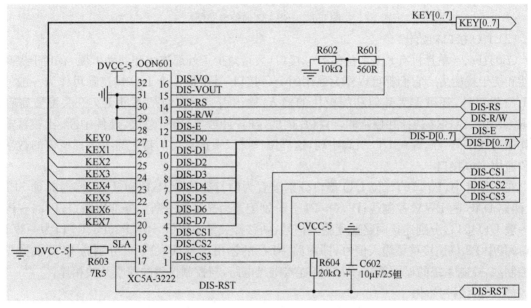

图 8.26　键盘与显示接口电路图

8.4.5　软件设计

称重控制系统硬件设计完成之后,还需要有软件的配合才能正常工作,因此软件的设计至关重要。

1. 初始化

要使单片机正常工作,首先要对单片机进行初始化。初始化之后,单片机内部各部件才能处于正常工作状态,这样系统才可以执行所要求的应用程序。本设计中系统上电时需要对C8051F020 的时钟、I/O 接口、定时/计数器、串行接口、PCA 等进行初始化,外围接口的设置通过交叉开关进行。

（1）时钟初始化

时钟初始化主要是为单片机提供一个合适的工作时钟。本设计中将系统时钟切换到外部22.1184MHz 晶振,供给单片机使用,内部振荡器被禁止。

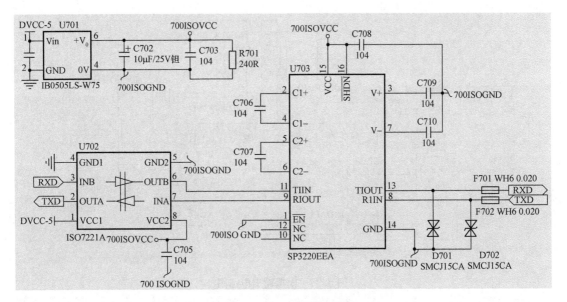

图 8.27 RS-232 通信电路图

（2）I/O 接口初始化

C8051F020 单片机有 8 个 8 位的 I/O 接口，大量减少了外部连线和器件扩展，有利于提高可靠性和抗干扰能力。它们都可以作为通用的 I/O 接口，其中低 4 个 I/O 接口除可作为一般的通用 I/O 接口外，还可作为其他功能模块的输入/输出引脚。它们是通过交叉开关配置寄存器 XBR0、XBR1、XBR2 选择并控制的，可将片内的定时/计数器、串行总线、硬件中断、比较器输出及其他的数字信号配置在 I/O 引脚出现，这样用户可以根据自己的特定需要选择所需的数字资源和通用 I/O 接口。

在本设计中，P0 口的 8 位 I/O 接口分别配置为串行通信的 RxD 和 TxD、实时时钟 SPI 接口、两路 DAC 的 PWM 控制线；P1.0～P1.3 分别配置为显示器中断和外部中断口；P1.4～P1.7 为一般 I/O 接口，分别连接两路速度输入信号、两路开关量输出信号等；P2、P3、P6 口为一般 I/O 接口，其中 P2 口连接重量输入信号，即两路 ADC 的输出信号；P4、P5 口分别为 LCD 的数据线和控制线，控制系统的显示部分；P7 口则连接键盘电路，与控制仪表的薄膜开关相连。

（3）定时器初始化

C8051F020 内部有 5 个定时/计数器，其中 3 个 16 位定时/计数器与标准 8051 中的定时/计数器兼容，还有两个 16 位自动重装载定时器，可用于 ADC、SMBus、UART1 或作为通用定时器使用。这些定时/计数器可以用于测量时间间隔，对外部事件计数或产生周期性的中断请求。

定时器初始化主要是设置定时器的工作方式，本设计对定时器 1、2、3、4 进行了初始化。通过设置定时器方式寄存器 TMOD 和时钟控制寄存器 CKCON，使定时器 1(T1) 为自动重装载的 8 位定时器，使用系统时钟的 12 分频为时钟源，T1 被设置为 UART0 波特率发生器。通过设置定时器 2(T2) 控制寄存器 T2CON，使 T2 使用外部引脚为时钟源，设置 TR2(定时器允许控制位) 启动 T2，将其设置为第二通道速度信号计数器。通过设置定时器 3(T3) 控制寄存器 TMR3CN，使 T3 使用系统时钟为时钟源，且为 16 位自动重装载定时器，在时钟为 22.1184MHz 时溢出时间 1ms，启动 T3 并设置 T3 中断为高优先级。通过设置定时器 4(T4) 控制寄存器 T4CON，使 T4 使用外部引脚为时钟源，并启动 T4，且将其设置为第一通道速度信号计数器。

（4）串行接口初始化

C8051F020 具有两个全双工 UART：UART0 和 UART1，均是具有帧错误检测和地址识别硬件的增强型串行接口,均可以工作在全双工异步方式或半双工同步方式,并且支持多处理器通信。接收数据被暂存于一个保持寄存器中,这就允许 UART0 和 UART1 在软件尚未读取前一个数据字节的情况下开始接收第二个输入数据字节。一个接收覆盖位用于指示新的接收数据已被锁存到接收缓冲器而前一个接收数据尚未被读取。

串行接口初始化主要是设置串行接口 0 的工作方式和波特率。在本设计中,通过写串行接口控制寄存器 SCON0 设置串行接口 0 工作于方式 1、8 位 UART,波特率可变,允许接收中断。通过写电源控制寄存器 PCON 设置波特率加倍。由于 T1 被设置为波特率发生器,通过设置不同的 T1 初值来获得不同的波特率。

(5) PCA 初始化

除 5 个 16 位的通用定时/计数器外,C8051F020 还有一个片内可编程定时/计数器阵列 (PCA)。PCA 包括一个专用的 16 位定时/计数器时间基准和 5 个可编程的捕捉/比较模块。

C8051F020 的 16 位 PCA 定时/计数器由两个 8 位的 SFR 组成:PCA0L 和 PCA0H。PCA0H 是 16 位定时/计数器的高字节(MSB),而 PCA0L 是低字节(LSB)。在读 PCA0L 的同时自动锁存 PCA0H 的值。先读 PCA0L 寄存器,将使 PCA0H 的值得到保持(在读 PCA0L 的同时),直到用户读 PCA0H 寄存器为止。读 PCA0H 或 PCA0L 不影响定时/计数器工作。

PCA 初始化主要是设置 PCA0 的时钟及工作方式。通过设置 PCA0MD 寄存器(PCA 方式寄存器),使 PCA0 时钟源为系统时钟,禁止 PCA0 定时器溢出中断;通过设置 PCA0CPM0 寄存器(PCA 模块 0 方式寄存器),使捕捉/比较模块 0 为 16 位 PWM,使能匹配功能,允许该模块中断,该模块被设置为第 1 路 4~20mA;通过设置 PCA0CPM1 寄存器(PCA 模块 1 方式寄存器),使捕捉/比较模块 1 为 16 位 PWM,使能匹配功能,允许该模块中断,该模块被设置为第 2 路 4~20mA,然后将两模块的初始输出调至最小,打开 PCA 中断。

2. 软件模块设计

(1) 主程序

在本设计中,主函数实现的功能首先是对系统进行初始化,然后进入循环体,实现"看门狗"任务、例行常规任务、流量计算、校验和标定任务、键盘任务、显示任务、通信任务、对应流量的4~20mA 输出任务。系统主程序流程图如图 8.28 所示。主函数如下:

```
void main(void)
{
  disable_internal_watchdog();          //禁止片上看门狗
  init_MCU();
  sys_init();
  beep_set(50);
  TI0 = 1;
  while(1)
    {
    # ifdef DEBUG
    test_pin1 = ! test_pin1;
    # endif
    feed_dog();                         //看门狗
    re_task();                          //例行常规任务
    flowrate();                         //流量计算、校验和标定等任务
    flowrate_tune();                    //流量调节
    dac2();                             //对应流量的 4~20mA 信号
    key_task();                         //键盘任务
```

```
    beep();                                    //蜂鸣器
    (unsigned char)read_para(COMM_MODE) ? timing_send() : comm_task();
    send_task();                               //通信任务
    alarm_task();                              //超差报警检测
    io_control();                              //定量脉冲控制
    check_team_time();                         //交接时间检查
    if (gui_dis_timer == 0)
      {
      display_task();
      gui_dis_timer = 100;                     //100ms,显示刷新率
      }                                        //显示
    display_timing_update();
      }
  }
```

(2) 初始化程序

在主函数中,要对系统进行初始化,以设置 C8051F020 的时钟、I/O 接口、存储区、PCA、定时器、串行接口工作方式等。初始化程序流程图如图 8.29 所示。初始化编程如下:

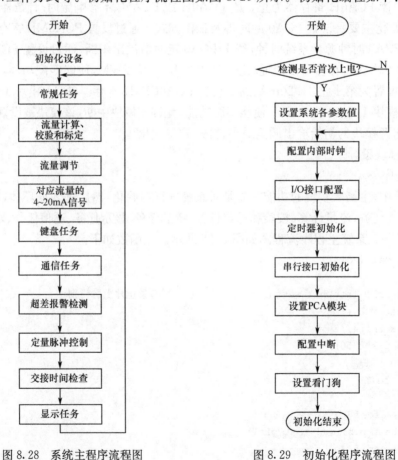

图 8.28　系统主程序流程图　　　　图 8.29　初始化程序流程图

```
void init_MCU(void)
{
    oscillator_init();                         //时钟初始化
    Port_IO_Init();                            //I/O 接口初始化
    timer_init();                              //定时器初始化
```

```
    uart_init();                                //串行接口工作方式初始化
    PCA_init();                                 //PCA初始化
    interrupts_init();                          //中断初始化
}
```

(3) 中断子程序

本系统主要有3个中断子程序:A/D转换中断、串行接口中断和PCA中断。A/D转换中断主要是为了获得A/D转换结果;串行接口中断主要执行串行接口的接收;PCA主要用来产生PWM脉冲。A/D转换中断流程图如图8.30所示,串行接口中断流程图如图8.31所示,PCA中断流程图如图8.32所示,软件编程如下:

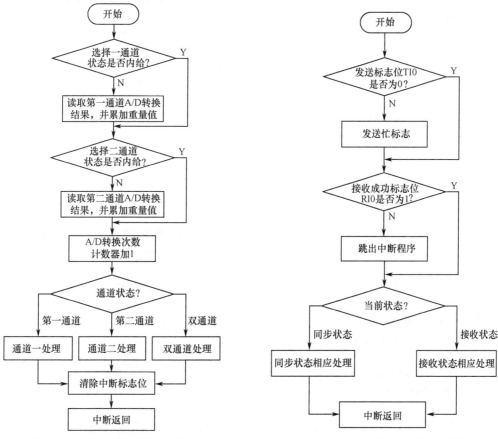

图 8.30 A/D 转换中断流程图   图 8.31 串行接口中断流程图

① A/D转换中断

```
void CS5532_isr (void) interrupt 2
{
    unsigned long data u32_temp;
    DESELECT_ADC2();                            //第一通道
    SELECT_ADC1();
    if (gb_inter_weigh1 = = 0)                   //非内给
    {
        read_cs5532_result(0,&u32_temp);
        gui_weigh1_ad = ((INT16U* ) &u32_temp)[0];
    }
    gb_ADC0 = 1;
```

```
        gul_weigh1_add + =  gui_weigh1_ad;
        DESELECT_ADC1();                              //第二通道
        SELECT_ADC2();
        if (gb_inter_weigh2 = =  0)                   //非内给
        {
            read_cs5532_result(0,&u32_temp);
            gui_weigh2_ad =  ((INT16U* )&u32_temp)[0];
        }
        gb_ADC1 =  1;
        gul_weigh2_add + =  gui_weigh2_ad;
        gul_ADC_cnt + + ;                             //A/D转换次数计数器
        //----------速度脉冲累加计算--------------------------
        if (guc_channel = =  1)                       //选择了第一通道
        {
            gul_speed_add_aux + =  gui_speed1_ad;
            gul_speed_add =  (float)gul_speed_add_aux / F_ADC;
        }
        else if (guc_channel = =  2)                  //选择了第二通道
        {
            gul_speed_add_aux + =  gui_speed2_ad;
            gul_speed_add =  (float)gul_speed_add_aux / F_ADC;
        }
        else                                          //选择了双通道
        {
            gul_speed_add_aux + =  gui_speed1_ad; //第一通道速度值为速度脉冲累加
            gul_speed_add =  (float)gul_speed_add_aux / F_ADC;
        }
        CLEAR_CS5532_INT;
    }
```

② 串行接口中断

```
    void uart0_ISR () interrupt 4
    {
    unsigned char uc_temp1;
    if (_testbit_(TI0))
        {
        gb_tran_busy =  0;
        }
    if (_testbit_(RI0))
        {
        uc_temp1 =  SBUF0;
        if (gb_tran_task) return;
        gui_out_timer =  OUT_TIME;                     //启动接收超时判断
      switch (guc_comm_state)
          {
          case COMM_SYN:
              if (uc_temp1 = =  SYN_VAL)    //收到同步字节
                  {
                  guca_recv_buff[0] =  uc_temp1;
                  guc_comm_state =  COMM_RCV;  //置通信状态为接收
                  guc_recv_ptr =  1;    //接收缓存区索引置初值
                  }
```

```
                break;
        case COMM_RCV:
            if (uc_temp1 ! = EOF_VAL)
                {
                if (guc_recv_ptr > = 20)
                    {
                    //在第 21 个字节时仍未收到帧结束符,复位通信状态
                    guc_recv_ptr = 0;
                    guc_comm_state = COMM_SYN;
                    break;
                    }
                guca_recv_buff[guc_recv_ptr] = uc_temp1;
                guc_recv_ptr + + ;
                }
            else
                {
                guca_recv_buff[guc_recv_ptr] = uc_temp1;
                guca_recv_buff[guc_recv_ptr + 1] = '\0';
                guc_recv_ptr = 0;
                guc_comm_state = COMM_SYN;
                gb_recv_cmp = 1;   //接收完成
                }
            break;
        default:
            guc_recv_ptr = 0;
            guc_comm_state = COMM_SYN;
        }
    }
}
```

③ PCA 中断

```
void PCA_isr(void) interrupt 9
{
    # ifdef DEBUG_PCA                           //是否在 DEBUG 调试命令下?
    static INT16U i;
    i+ = 0x10;
    if(_testbit_(CCF0))                         //是否为 PCA 模块 1 产生中断
    {
        PCA0CPL0 = i;
        PCA0CPH0 = i > > 8;                     //给 PCA 模块 1 的定时器赋值
    }
    if(_testbit_(CCF1))                         //是否为 PCA 模块 2 产生中断
    {
        PCA0CPL1 = 0xffff - i;
        PCA0CPH1 = (0xffff - i) > > 8;          //给 PCA 模块 2 的定时器赋值
    }
    # else
    if(_testbit_(CF))
    {
    }
    if(_testbit_(CCF0))                         //是否为 PCA 模块 1 产生中断
    {
```

```
          PCA0CPL0 =  ((unsigned char * )&g16u_PWM0)[1];  //PWM0 输出频率设置
          PCA0CPH0 =  ((unsigned char * )&g16u_PWM0)[0];
     }
     if(_testbit_(CCF1)) //是否为 PCA 模块 2 产生中断
     {
          PCA0CPL1 =  ((unsigned char * )&g16u_PWM1)[1];  //PWM1 输出频率设置
          PCA0CPH1 =  ((unsigned char * )&g16u_PWM1)[0];
     }
  # endif
  }
```

（4）通信模块程序

通信模块主要用于数据的接收和发送，即仪表主动定时通过 UART 发送当前状态和流量值。定时发送流程图如图 8.33 所示。仪表通过串行接口中断程序执行数据和状态信号的接收。以下程序为定时发送程序代码。

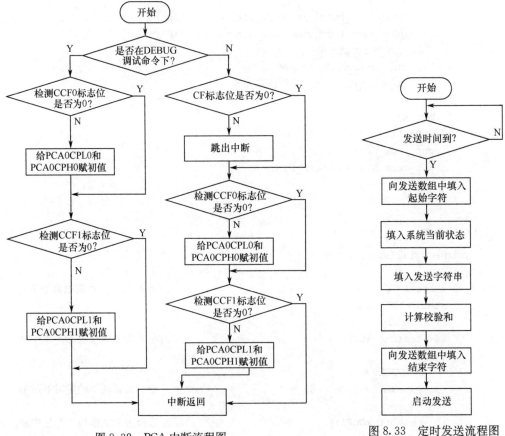

图 8.32　PCA 中断流程图　　　　图 8.33　定时发送流程图

```
void timing_send(void)
{
unsigned char uc_i;
unsigned char uc_temp1;
if (gui_send_timer ! = 0)
     {
return;
     }
```

```
guca_tran_buff[0] = SYN_VAL;                          //同步字节
uc_temp1 = read_para(ADDRESS);                        //地址
sprintf(guca_tran_buff + ADD_BYTE,"% 02bd",uc_temp1);
switch(guc_dis_state & 0x0F)                          //当前状态
  {
      case 0:
      case 1:
      gb_running ?
(guca_tran_buff[CMD_BYTE] = IN_WORK) :                //计量状态
(guca_tran_buff[CMD_BYTE] = IN_IDLE);                 //停止状态
          break;
      case 2:
          guca_tran_buff[CMD_BYTE] = IN_MANU_ZERO;    //调零状态
          break;
      case 3:
          guca_tran_buff[CMD_BYTE] = IN_POISE_CHK;    //实物校验中
          break;
      case 4:
          guca_tran_buff[CMD_BYTE] = IN_REAL_CHK;     //挂码校验中
          break;
      default:;
    }
guca_tran_buff[PARA_BYTE] = '6';                      //参数号
guca_tran_buff[PARA_BYTE + 1] = '1';
uc_temp1 = sprintf(guca_tran_buff + DATA_BYTE,"% ld",gl_flowrate_h_avg);   //参数值
guca_tran_buff[DATA_BYTE + uc_temp1] = EOT_VAL;       //报文结束字节值
uc_temp1 = 0;                                         //校验和
uc_i = 1;
while(guca_tran_buff[uc_i] ! = EOT_VAL)
  {
      uc_temp1 + = guca_tran_buff[uc_i];
      uc_i + + ;
  }
uc_temp1 + = EOT_VAL;
sprintf(guca_tran_buff + uc_i + 1,"% x",uc_temp1);
guca_tran_buff[uc_i + 3] = EOF_VAL;                   //帧结束字节值
guca_tran_buff[uc_i + 4] = '\0';
guc_tran_ptr = 0;                                     //启动发送
gb_tran_task = 1;
gui_send_timer = SEND_TIME;                           //置定时发送定时器
}
```

8.4.6 系统调试

当完成了皮带秤称重控制系统的硬件设计、软件设计和硬件组装后,便可进入皮带秤称重控制系统的调试阶段。系统调试的目的是检查出硬件和软件设计中存在的错误及可能出现的不协调问题。

首先,对称重显示控制仪表的外观及基本功能的检测,仪表外壳无划痕、无异物,显示窗口平整;上电时无异常点,能显示各种字符和数字;无笔画缺失、显示不稳定等现象。重量通道与速度通道在有输入时,系统相应有输出。将仪表与计算机相连,用相应软件测试串行接口通信是否正常。

在动态调试中,除了单片机模块的调试和串行通信模块的调试,还有键盘与显示模块的调试。键盘模块应与显示模块结合起来进行调试,调试时根据执行按键的功能进行相应的操作,看显示模块显示的内容是否正确。如果不正确,再修改相应的功能键程序或修改显示屏的显示方式程序。

样机调试通过后,要到现场安装使用。在使用过程中,如发现问题,要及时返回实验室修改调试后,再到现场使用。如此反复,直至完全符合客户需求。

图 8.34 所示为皮带秤称重控制系统的整体硬件原理图(见插页)。

习 题 8

8.1 简述智能仪器的设计、调试步骤,并画出智能仪器设计调试流程图。

8.2 设计一个多路巡检仪,能够对 8 路模拟输入信号进行巡回检测和显示,各路输入信号为 0~5V 的电压信号,测量精度为 ±(0.2%FS+1)个字,具有指定通道显示和自动轮流显示的功能,能够存储现场数据,掉电后不丢失信息。

8.3 设计一个超声波测距仪,测量距离≤6m,精度要求优于 1%,显示方式为数码管显示,具有 RS-232 通信能力,具有较强的抗干扰能力。

第 9 章　智能仪器新发展

仪器仪表技术经历了模拟仪器、数字化仪器、智能仪器以及单台仪器、叠架式仪器系统、虚拟仪器这样两条发展主线。随着测试技术、计算机技术、网络技术等的飞速发展,在仪器领域中出现了很多新概念、新理论、新技术。本章简要介绍 VXI 总线仪器、虚拟仪器、网络化仪器及多传感器数据融合技术等内容,同时简要介绍信息化带来的新发展机遇。

9.1　VXI 总线仪器

在 20 世纪 80 年代中期,某些仪器厂家研制的单卡仪器(Instrument-on-A-Card, IAC)或个人计算机仪器(PCI)就是最早的内部总线计算机仪器或测试系统。然而,由于没有统一的标准,不同厂家的产品互不兼容,这使得用户在组建仪器系统时难以选配不同厂家的产品,影响了仪器技术的进一步发展。1987 年 4 月,由美国的几家著名仪器公司率先在国际上成立的 VXI 总线联合体,表示用基于当时国际上公认的一种比较完善的开放式计算机总线 VMEbus,同时吸取 GPIB 总线易于组合的优点,来开发开放式模块化仪器系统的总线标准,并于 7 月宣布了 VXI 总线技术规范草案初稿,开创了 VXI 的新纪元。VXI 总线标准对基于 VXI 总线的虚拟仪器系统没有提出详细的规范,特别是对系统软件结构几乎没有做任何的规定。为了使 VXI 仪器更易于使用,并在系统级上使其成为一个真正的开放性系统结构,1993 年 9 月 22 日,National Instruments、Tektronix 等 5 家公司联合成立了 VXI 即插即用系统联盟(VXI Plug&Play System Alliance,VPP)。该组织的宗旨是通过制定一系列的 VXI 仪器软件(系统级)标准来提供一个开放性的系统结构,真正实现 VXI 仪器的即插即用,解决多厂家的 VXI 系统的易操作性与互操作性问题,并为最终用户提供进行系统维护、支持与再开发的能力。VXI 即插即用仪器或模块的主要特征在于,它必须随机提供包括仪器软面板、仪器驱动、安装程序和文本说明在内的一套标准化软件。

VXI 总线联合体主要负责 VXI 总线硬件(仪器级)标准规范的制定;而 VPP 联盟则主要通过制定一系列的 VXI 总线软件(系统级)标准来提供一个开放的系统结构,使其更容易集成和使用。所谓 VXI 总线标准体系就是由这两套标准构成的。

9.1.1　VXI 总线仪器系统概述

VXI 总线是 VMEbus eXtension for Instrumentation 的缩写,即 VME 总线在测量仪器领域的扩展。符合 VXI 总线规范标准的仪器及系统称为 VXI 总线仪器及 VXI 总线系统。VXI 总线仪器是一种模块化的卡式仪器,没有传统意义上的操作面板,对 VXI 总线仪器的操作需要借助计算机来进行。VXI 总线系统具有标准化、通用化、系列化、模块化的显著优点,集测量、计算、通信功能于一体,它不仅继承了 GPIB 和 VME 总线的特点,还有多功能、高密度、高效率、高性能、模块化等优势。VXI 总线首先在军事、航空、航天、兵器系统,继而在工业上得到了广泛的应用。其主要优点如下。

① 开放标准。VXI 总线是一种真正的开放标准,得到世界上众多仪器厂家的支持,用户可以选择不同厂家的仪器模块组建仪器系统。

② 模块化结构。采用公用电源、公用冷却、高密度紧凑的结构设计,有利于减小尺寸。

③ 较高的测试系统吞吐量。采用背板结构,数据传输速率最高可达 40MBps,数据吞吐量大。在共享存储器体系结构的基础上,可以在背板上安装多个微处理器。可以设定多个优先级别,提供严格的中断处理。

④ 单机箱多模块。VXI 总线系统由传统的"多机箱堆放"式发展成"单机箱多模块"式,具有安装密度高、体积小、重量轻、易于携带等优点。因其外形尺寸小,故可提高被测信号的保真度,能减小仪器与被测装置的引线长度,降低系统噪声和改善屏蔽效果。此外,VXI 系统也易于与机架层叠式仪器结构相连。

⑤ 容易实现系统网络控制。VXI 规范定义了仪器系统与计算机网络系统的连接,使仪器系统不仅可以实现本地局域网控制,也可以实现远程广域网控制。

VXI 总线系统或者其子系统由一个 VXI 总线主机箱、若干 VXI 总线器件、一个 VXI 总线资源管理器和主控制器组成。资源管理器在系统上电或复位时对系统进行配置,以使用户能够从一个确定的状态开始系统操作。在系统正常工作后,资源管理器就不再起作用。

1. VXI 总线系统的机械结构

VXI 总线系统的最小物理单元是 VXI 模块,由带电子元件和连接器的组件板、前面板和任选的屏蔽壳组成。VXI 规范定义了 4 种尺寸的 VXI 模块,如图 9.1 所示。每个模块都必须有规定的边沿导轨机构,以便能顺利插入机箱。

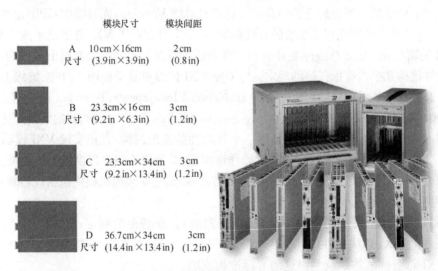

图 9.1　4 种尺寸的 VXI 模块

VXI 模块的机械载体是主机箱。与模块尺寸类型相适应,主机箱也有 A、B、C、D 4 种尺寸可供选择。如图 9.2 所示为一个 D 尺寸的 VXI 标准主机箱。模块的互连载体是主机箱的背板,背板与模块之间通过总线连接器连接。VXI 总线系统允许较大尺寸机箱使用较小尺寸模块,但必须有附加的安装装置。一个机箱最多有 13 个槽位,其中 0 号槽比较特殊,位于机箱的最左边或最底部。一个模块一般占一个槽位,但 VXI 总线系统允许设计和使用多槽位的、更厚的模块。

VXI 总线系统的全部总线都印制在主机箱内的背板上,并通过 P1、P2、P3 连接器与各模块连接。其中,P1 是各种尺寸模块都必须配备的,B 和 C 尺寸模块可选择使用 P2,D 尺寸模块可选择 P2,也可以选择 P3。模块和背板上的连接器都是 96 个引脚,分成 A、B、C 三行,每行 32 个引脚。

VXI 主机箱也为系统提供仪器工作所要求的公用电源、冷却和电磁屏蔽环境条件。

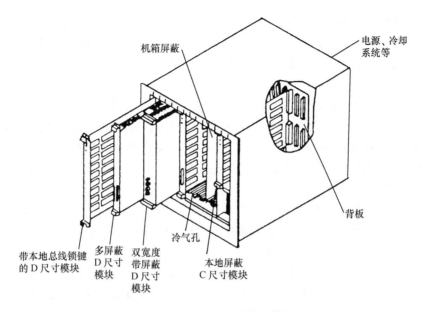

图 9.2　D 尺寸的 VXI 标准主机箱

2. VXI 总线系统的总线结构

VXI 总线完全支持 32 位 VME 计算机总线,并在此基础上增加了用于模拟供电和 ECL 供电的额外电源线、用于测量同步和触发的仪器总线、模拟相加总线,以及用于模块之间通信的本地总线,以适应高速、高性能仪器模块的需要。VXI 总线系统结构如图 9.3 所示。

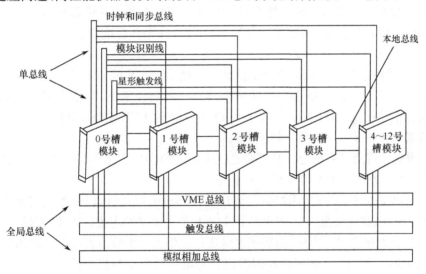

图 9.3　VXI 总线系统结构

关于 VXI 总线系统涉及的总线,简述如下。

① VME 总线。包括数据传输总线(Data Transfer Bus,DTB)、DTB 仲裁总线(Data Transfer Bus Arbitration)、优先级中断总线(Priority Interrupt Bus)、公用总线(Common Bus)。

② 时钟和同步总线。包括一个通过 P2 连接器提供的 10MHz 时钟 CLK10,一个通过 P3 连接器提供的 100MHz 时钟 CLK100,以及一个位于 P3 连接器上与 CLK100 上升沿同步的同步信号 SYNC100。这 3 个信号都是从 0 号槽模块发出的。其中,CLK10 时钟线用于模块之间的精确同步,CLK100 和 SYNC100 用于系统中更高精度的定时和触发。从 0 号槽模块传至其他任何槽的绝对延迟时间不超过 8ns。

③ 模块识别线（MODID）。用于检测特定位置上的模块存在与否，或者识别一个特定器件的物理槽位。这些线自 0 号槽分别送至 1～12 号槽。系统自动配置时，必须用到 MODID 线。

④ 触发总线。为适应仪器的触发、定时和消息传递的要求，VXI 总线系统增加了 3 种触发线，分别是 TTL、ECL 和星形触发线。

TTL 触发线共 8 条，即 TTLTRG0～TTLTRG7，是一组用于模块间通信的、集电极开路的 TTL 信号线，分布在 P2 连接器上。包括 0 号槽在内的所有模块都可以驱动这些线或者从这些线上接收信息。这是一组通用线，可用于触发、挂钩、时钟或逻辑状态的传送。数据传输速率最高可达 125Mbps。VXI 总线规范定义了同步触发、时钟传送、数据传送、启/停和外部触发缓冲等 7 种标准工作方式。

ECL 触发线共 6 条，即 ECLTRG0～ECLTRG5，同 TTL 触发线一样，是一组用于模块之间通信和定时的信号线，但具有更高的工作速度，分布在 P2、P3 连接器上。VXI 总线规范定义了 7 种与 TTL 触发线类似的标准工作方式。

星形触发线 STARX 和 STARY 分布在 P3 连接器上，用于模块间的异步通信。两条星形触发线连接在各模块插槽和 0 号槽之间。0 号槽可提供一个交叉矩阵开关，通过对该开关进行编程，可以确定任何两条 STARX 和 STARY 线之间的信号路径。

⑤ 本地总线（Local Bus，LBUS）。采用菊花链路连接，分布在 P2 和 P3 连接器上，是一条专用的相邻模块间的通信总线。本地总线可以为不同模块提供不同的通信方式，数据传输速率可分别高达 250Mbps 和 1Gbps。VXI 总线规范规定了使用 LBUS 传送 TTL、ECL、模拟低、模拟中和模拟高 5 种信号的标准。

⑥ 模拟相加总线（SUMBUS）。是 VXI 总线系统背板上的一条模拟相加节点。每个模块都可以用一个模拟电流源驱动器来驱动这条线，或者通过一个高阻抗接收器（如一个高阻抗模拟放大器）接收来自该总线的信息。

此外，VXI 总线系统的电源可为每个仪器模块提供 268W 的功率，通过 VXI 背板提供 7 种不同的电压。+5V、±12V 是 VME 标准规定的，其余 4 种电压是 VXI 规范增加的。其中，±24V 是为模拟电路设计的，−5.2V 和 −2V 是为高速 ECL 电路设计的。

3. VXI 总线系统的电磁兼容、冷却和电源

VXI 总线规范规定了系统传导及辐射电磁兼容（EMC）的上限值。EMC 的限定保证了包含敏感电路的模块具有各自的灵敏度且互不干扰。

在 VXI 总线系统中，必须采用严格的方法确保环境的冷却性，以使系统正常工作。每个仪器模块的功率消耗、空气流量，以及机柜空间和冷却能力都必须考虑。VXI 总线的电源特性为用户组建 VXI 总线系统提供了方便，每种供电电压都提供了一个峰值直流电源输出值和一个峰值动态电流输出值，以便用户在选择模块时对电压和电流的要求与机箱的指标进行对比。动态电流特性确保了被选择的模块不会在机箱的供电线路上产生超过其他模块可以承受的纹波噪声。

为了方便系统集成，VXI 总线规范要求机箱制造商和模块制造商在其产品规范中给出机箱供电和冷却能力，以及模块的电源需求和冷却指标。系统集成者可以根据这些指标选择合适的机箱和模块。

4. VXI 总线系统的器件

器件是 VXI 总线系统的基本逻辑单元。通常，一个器件占有一个模块，但也允许有多个模块器件或多器件模块存在。一个 VXI 子系统最多可有 256 个器件，每个器件必须具有 0～255（00H～FFH）中唯一的逻辑地址。一些器件的逻辑地址可以通过逻辑地址选择器设定或改变，系统启动后不能对其进行编程，这类器件称为静态组态器件。还有一些器件的逻辑地址初始值

总为 FFH,系统启动后由程序赋予新值,这类器件称为动态组态器件。与逻辑地址一一对应,每个 VXI 器件都有一块 64 字节的标准组态/操作寄存器。

器件之间的基本操作就是信息传输。VXI 器件根据通信能力,可分为寄存器器件、存储器器件、消息器件和扩展器件 4 类。寄存器器件是仅具有最基本能力的 VXI 器件,只支持寄存器的直接读/写,一般只配置 VME 的从模块功能。一些极少智能或根本不需要智能的模块,如简单的开关、数字 I/O 和简单的串行接口卡都属于寄存器器件。存储器器件是指包含一定的存储器特征的、类似于寄存器器件的 VXI 器件,如 RAM、ROM 等存储器卡。消息器件是具有较高级通信能力的器件,这类器件在组态/操作寄存器区设置了一组可由其他模块访问的"通信寄存器",使该器件可通过某种特定的通信协议(如 VXI 总线字串行协议)与系统中的其他器件进行通信,例如数字多用表、频谱分析仪、IEEE 488-VXI 接口器件等。扩展器件是为 VXI 未来发展而定义的,以便将来设计更新种类的器件和支持更高级的通信协议。

VXI 总线器件间的通信是基于一种器件的分层关系进行的,即相互通信的两个器件,一个是命令者,一个是响应者或从者。命令者启动一次命令或数据的传递,是 VXI 总线命令的发出者,属于消息器件。从者只能响应命令者启动的数据传递,并以事件状态响应 VXI 总线命令。从者通常是寄存器器件或存储器器件,某些消息器件(如智能仪器)也可能充当从者。由于 VXI 总线规范允许命令者/从者的分层结构嵌套,所以一个消息器件可能在本层中是命令者,而在上层则是从者。命令者必须配置 VME 总线的主模块功能,从者必须配置从模块功能。

5. VXI 总线系统的通信

VXI 总线系统的通信分为若干层次,由器件的不同硬件和软件提供支持,如图 9.4 所示。

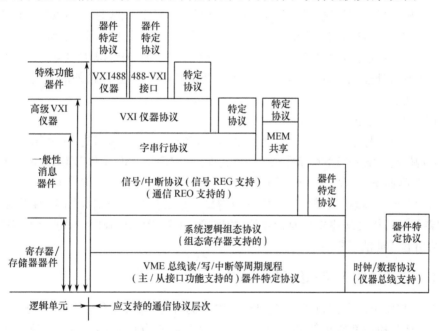

图 9.4　VXI 总线系统的通信层次

VXI 总线规范定义了几种器件类型和通信协议,但是没有规定 VXI 主机箱和器件的控制方式,这样厂商可以灵活定义并与高速发展的计算机技术同步。

6. VXI 总线系统的总线控制

VXI 标准允许不同厂家生产的仪器、接口卡和计算机等以模块的形式共存于一个 VXI 主机箱内,同时为保证产品的兼容性,VXI 标准对系统结构和总线控制方式都有严格规定。一般而言,VXI 总线控制器可分为嵌入式和外挂式两类,而外挂式控制器又有很多不同的方案可供选择,常用的有 GPIB 总线控制器、MXI 总线控制器和 IEEE 1394 总线控制器等。

嵌入式 VXI 控制器就是在 VXI 主机箱的 0 号槽内插入直接与背板相连的嵌入式计算机,由计算机直接驱动 VXI 总线。这种配置方式的物理尺寸最小,而且嵌入式 VXI 控制器能够直接访问 VXI 背板信号,并直接读/写 VXI 器件的寄存器,因此具有很高的数据传输性能。

外挂式控制器是一种比较灵活而且性价比很高的控制方案,得到了十分广泛的应用。采用这种方式,计算机不直接驱动 VXI 总线,而是驱动适于通信传输的总线,间接驱动 VXI 总线。通信总线的一端提供总线适配器,连接到计算机的扩展槽,另一端连到 VXI 主机箱的 0 号槽控制器上。连接计算机和 VXI 总线的通信总线最为常用的有 GPIB 总线、MXI 总线和 IEEE 1394 总线等,下面分别进行介绍。

（1）GPIB 总线

GPIB 总线方式是将配置有 GPIB 接口板的计算机通过 GPIB 电缆与 VXI 主机箱相连,主机箱的 0 号槽插入 GPIB-VXI/C 模块。计算机通过 GPIB 和 GPIB-VXI 转换器向 VXI 仪器发送命令串,其他 GPIB 仪器与 VXI 主机箱相连。这种方式的优点是可以充分利用已有的 GPIB 仪器及其系统,但由于要在 GPIB 协议和 VXI 协议之间进行转换,这使得系统随机读/写速率严重下降。使用 GPIB-VXI 的 0 号槽模块的 VXI 系统,最大吞吐率只有 580Bps（随机写）到 300KBps（块传递）。

（2）MXI 总线

MXI 总线（Multi-system Extension Bus，多系统扩展总线）是 NI 公司在 1989 年提出的一种开放式总线结构,它采用高速 MXI 总线将外部计算机接入 VXI 背板总线,使外部计算机可以像嵌入式计算机一样直接控制 VXI 总线上的仪器模块。MXI 总线是一种以柔性电缆相连的高速并行通信总线。采用这种控制方式,计算机与 VXI 仪器的距离可以达到 20m,可以与 8 个 VXI 或 VME 主机箱连接,可以完成数据传输、仲裁、中断、错误检测等功能,数据传输速率较高。这种控制方式既有外挂式的灵活性,又可将计算机安置在 VXI 主机箱外的其他地方,还便于控制机升级和多机箱扩展。

（3）IEEE 1394 总线

IEEE 1394 是一种通用串行总线,最初由 Apple 公司提出并命名为 FireWire（火线）。IEEE 在 1995 年将其定为 IEEE 1394 标准,2001 年又推出了 IEEE 1394a 和 IEEE 1394b 规范。IEEE 1394 总线具有高速率、开放式标准、即插即用、支持热插拔、同时支持同步和异步两种数据传输模式等优点,在众多领域特别是数字成像领域得到了广泛应用。采用 VXI-1394 连接方式,可以在 VXI 仪器与计算机之间建立高速、不间断的连接,而且在 IEEE 1394 总线上可以串联使用 4 个设备而不会引起性能的下降。

9.1.2　VXI 总线系统的组建

运用 VXI 技术可以方便地实现多功能、多参数的自动测试,适合组建大、中规模的自动测试系统,以及对速度和精度要求较高的场合。VXI 系统要求有机箱、0 号槽管理器及嵌入式控制器,造价比较高。

组建 VXI 总线系统涉及测试需求、测试成本、研发时间与风险、硬件平台、软件等诸多方面。

首先,需要对测控对象进行分析,用术语和指标加以描述,以确定测控内容和技术指标,如信号的物理特性、测量精度、数据量、数据传输速率、工作环境条件等。

其次,要根据测试需求确定仪器的功能模块,如 VXI 主机箱 0 号槽模块、接口、转换器等,然后选择合适的机箱,计算需要的槽数以确定是否需要多机箱。机箱电源和冷却能力也是不可忽视的。

最为重要的是,确定 VXI 总线系统的体系结构,这是组建 VXI 总线系统的核心,主要包括测试系统结构、硬件平台和软件框架等内容。

硬件设计需采用国际上先进的、成熟的工业标准,以保证功能模块的兼容性,硬件平台的选择是由测试系统结构所决定的。具体而言,系统结构主要包括控制方式、总线系统配置、通信网络结构、分布式多机箱结构、多总线复合结构等。多机箱结构和多总线复合结构主要用于比较分散的中型或大型系统。

将若干模块插入 VXI 主机箱,就可构成 VXI 总线系统。在 VXI 总线规范中,没有规定某种特定的系统层次或拓扑结构,也没有指定系统中所使用的微处理器的类型、操作系统及主控计算机接口方式,但还是推荐了几种典型的用户测试系统的构成方式。VXI 总线系统是指组建系统时根据测试要求完成系统拓扑结构及系统层次的设计,在总线标准化、模块化的基础上灵活组建的测试系统。它可以采用单 CPU 的集中控制,也可以采用多 CPU 的分布式控制;可以在主机箱内嵌入计算机,以内部总线构成一个独立系统,也可以外接计算机,通过外部总线进行控制;通信中的命令者/从者分层关系可以只有一级,也可以是多级嵌套。

在 VXI 总线系统中,主控计算机负责运行测试程序,控制系统的总线操作、测试操作和数据处理。主控计算机(控制器)分为嵌入式和外挂式两种。嵌入式是将按照 VXI 总线规范设计的计算机嵌入主机箱的 0 号槽,直接对系统进行控制。外挂式可以通过多种方式与 VXI 系统相连,如 GPIB-VXI 转换器、VXI-MXI 接口、VXI-1394 接口、VXI-USB 接口等。这些转换器或接口必须沟通两种总线,使外接计算机总线能与 VXI 总线进行可靠的信息交换。嵌入式的优点是速度快、设备紧凑、体积小、使用方便,但价格较高,不易更新换代;外挂式的优点是灵活性大、成本低、容易更新换代,但往往体积较大,数据吞吐量相对较小。

软件框架是指系统驱动程序、软面板设计、运行环境等。VXI 总线系统没有物理意义上的面板,仪器的操作与控制依赖于驱动程序,一般由生产厂家提供。为了使各不同厂家的 VXI 部件能更容易集成,VPP 规范定义了虚拟仪器软件体系结构(Virtual Instrumentation Software Architecture,VISA),为 VXI 总线系统提供了系统级的规则。用户可根据自己的需要设计开发应用程序,操作系统可以选择 DOS、Windows、GWIN 等,开发工具和编程语言可以利用 LabVIEW、LabWindows/CVI、C/C++、VB、VC 等。

9.2 虚 拟 仪 器

随着信息技术,特别是计算机技术的发展,传统仪器开始向计算机方向发展。虚拟仪器(Virtual Instrument,VI)是 20 世纪 80 年代提出的概念,是计算机技术和仪器技术,以及其他新技术深层次结合的产物,是计算机硬件资源、仪器与测控系统硬件资源和虚拟仪器软件资源的有效结合。

1986 年,美国国家仪器公司(National Instruments,NI)首先提出了"软件就是仪器"的概念。这一概念为用户定义自己的仪器系统提供了完善的解决途径。

虚拟仪器完全采用新的检测理念、新的仪器结构、新的检测方法和新的开发手段,使测量仪器的功能和作用发生了质的变化。虚拟仪器是电子测量与自动测试领域的一次技术飞跃。虚拟仪器通过各种和测量技术相关的软、硬件与通用计算机相结合,来代替传统概念的仪器设备,或利用软、硬件与传统仪器设备相连接,通过通信方式采集、分析、显示数据,监视和控制测试过程、生产过程等。

到目前为止,关于虚拟仪器的明确定义和国际标准还未建立。一般认为,虚拟仪器就是在以通用计算机为核心的硬件基础上,由用户设计定义,具有虚拟面板、测试功能,由测试软件实现的一种计算机仪器系统。它利用计算机显示器模拟传统仪器的控制面板,通过 I/O 接口设备完成信号的采集与测量,使用软件对检测信号进行数据运算、分析和处理,并以多种形式表示和输出检测结果,从而实现测试测量功能。用户通过鼠标单击虚拟面板上的按钮进行操作,如同使用一台专用的电子测量仪器。简单地说,虚拟仪器就是充分利用计算机技术,并可由用户自己设计、自己定义的仪器,或者也可以说,虚拟仪器就是一种概念性仪器。

在虚拟仪器中,"虚拟"的含义体现在两个方面。其一,虚拟仪器的面板是虚拟的。传统仪器的控制面板是实物,由手动或触摸进行操作;虚拟仪器的面板是通过在显示器的屏幕上模拟传统仪器的控制面板,用外形与实物类似的图形表示,对应不同的软件程序,用户通过鼠标单击进行操作。通常,虚拟仪器大多提供了软件开发工具,如 LabVIEW、LabWindows/CVI、VEE 等。其二,虚拟仪器的测试功能由软件来完成。传统仪器通过硬件实现测试功能;而虚拟仪器是在以计算机为核心的硬件基础平台的支持下通过软件实现仪器测试功能的,而且可以通过不同测试功能软件的组合来实现多种测试功能。

虚拟仪器通常由计算机、仪器模块和软件 3 部分组成。仪器模块的功能主要靠软件实现,通过编程在显示屏上构成波形发生器、示波器或数字万用表等传统仪器的软面板,而波形发生器产生的波形、频率、占空比、幅值、偏置等,或者示波器的测量通道、标尺比例、时基、极性、触发信号等都可用鼠标或按键进行设置,如同常规仪器一样使用,但虚拟仪器具有更强的分析处理能力。计算机在虚拟仪器中处于核心地位,仪器的各种功能和面板控件均由计算机软件来完成,任何一个用户均可以在现有硬件条件下通过修改软件来改变仪器的功能,因此,软件是虚拟仪器的关键,即"软件就是仪器"。

随着计算机技术和虚拟仪器技术的发展,用户只能使用制造商提供的仪器功能的传统观念正在改变,而用户自己设计、定义的功能范围进一步扩大。同一台虚拟仪器可在更多场合应用,例如,既可在电量测量中应用,又可在振动、运动和图像等非电量测量中应用,甚至可以在网络测控中应用。

9.2.1 虚拟仪器的特点与构成

独立的传统仪器,如示波器和波形发生器,性能强大,但是价格昂贵,并且被厂家限定了功能,只能完成一件或几件具体的工作,因此,用户通常都不能对其加以扩展或自定义其功能。仪器的旋钮和开关、内置电路及用户所能使用的功能对这台仪器来说都是固定的。另外,开发这些仪器还必须使用专门的技术和高成本的元器件,造价高且不易更新。

虚拟仪器在发展过程中不断吸取了最新的计算机技术、测试技术(如 VXI/PXI 功能模块仪器)、网络技术、软件技术和传统仪器的优点,因此,虚拟仪器与传统仪器的应用领域既有交叉又有补充。虽然传统仪器在对速度和带宽要求较高的专业领域具有较大的优势,但是,虚拟仪器具有更强大的运算和数据处理能力,既能适应复杂环境下的测试,也能完成对复杂过程的测试。

相比较于传统仪器,虚拟仪器的特点主要有:

- 在通用硬件平台确定后,由软件取代传统仪器中的硬件来完成仪器的功能;
- 允许用户根据需要通过软件自定义仪器的功能,而不是事先由厂商定义好;
- 仪器功能的改进和扩展只需要通过相关软件设计更新,而无须购买新的仪器设备;
- 研制周期较传统仪器大为缩短;
- 功能强大,有更高的数据采样速率、测量准确度和精度,以及更好的信号隔离功能;
- 具有更大的灵活性和开放性,可与计算机同步发展,可与网络及周边设备互连;

- 硬件扩展非常便捷,可以利用计算机插入式硬件及网络化硬件;
- 性价比高,可以大幅度降低资金投入、系统开发成本和系统维护成本;
- 操作性强,仪器面板可由用户定义,针对不同应用可以设计不同的操作显示界面;
- 良好的便携性,可以在笔记本电脑上运行,而传统仪器往往不便随身携带。

此外,虚拟仪器还具有强大的显示功能、可扩展的工程函数库、自动化的测试过程、方便的数据存储与交换、庞大的数据记录容量、可自动生成测试报告、高品质的打印功能等特点。

一般而言,虚拟仪器所用的计算机是通用的计算机,虚拟仪器根据其仪器模块的不同有多种构成方式。虚拟仪器的基本构成框图如图9.5所示。

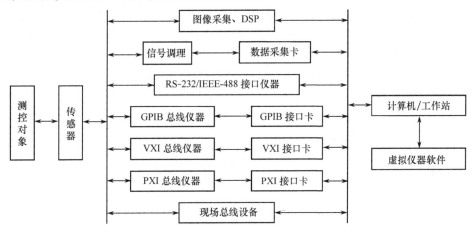

图 9.5　虚拟仪器的基本构成框图

① PC-DAQ测试系统:是以数据采集卡、信号调理电路及计算机为仪器硬件平台组成的测试系统。

② GPIB测试系统:是以GPIB总线仪器与计算机为硬件平台组成的测试系统。

③ VXI测试系统:是以VXI总线仪器与计算机为硬件平台组成的测试系统。

④ 串行接口测试系统:是以RS-232C串行总线仪器与计算机为硬件平台组成的测试系统。

⑤ PXI测试系统:是以PXI总线仪器与计算机为硬件平台组成的测试系统。

⑥ 现场总线测试系统:是以现场总线仪器与计算机为硬件平台组成的测试系统。

无论上述哪种形式的虚拟仪器系统,都是通过应用软件将仪器模块与各类计算机相结合的,其中PC-DAQ测试系统是构成虚拟仪器最常用的、最基本的方式,也是最廉价的方式。

9.2.2　虚拟仪器的硬件结构

目前,虚拟仪器主要有两类:一类是基于PC的仪器,由PC、能插入PC机箱的插卡或模块,以及相关测试软件(如LabVIEW、LabWindows/CVI、VEE等)构成,如基于PC的示波器、任意波形发生器、波形分析仪、函数发生器、逻辑分析仪、电压表和数据采集卡等;另一类是基于VXI和CompactPCI/PXI模块的测试系统,如用于测试的高性能专用测试系统、数据采集系统和自动测试设备(ATE)等。

虚拟仪器的硬件系统一般分为计算机硬件平台和测控功能硬件,如图9.6所示。

虚拟仪器的计算机硬件平台可以是各种类型的计算机,如台式计算机、便携式计算机、嵌入式计算机、工作站和工控机等。计算机管理虚拟仪器的软、硬件资源,是虚拟仪器的硬件基础。计算机技术在显示技术、存储能力、处理性能、网络和总线标准等方面的发展,促进了虚拟仪器系统的快速发展。

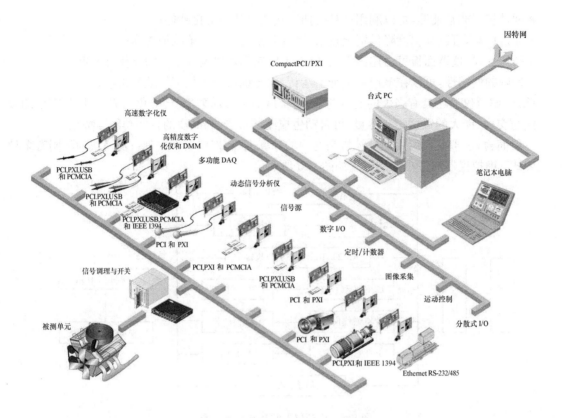

图 9.6 虚拟仪器的硬件结构示意图

虚拟仪器的测控功能硬件主要完成被测信号的采集、放大、模数转换,具体测量仪器的硬件模块是指各种传感器、信号调理器、A/D 转换器(ADC)、D/A 转换器(DAC)、数据采集卡,同时还包括外置测试设备。按照接口硬件的不同,可以分为 GPIB、VXI、PXI 和 DAQ 等标准接口总线。

(1) GPIB(General Purpose Interface Bus)总线

典型的 GPIB 虚拟测试系统包括一台计算机、一块 GPIB 接口控制器卡和若干台 GPIB 仪器。各 GPIB 仪器通过 GPIB 接口和 GPIB 电缆相互连接,GPIB 仪器之间的通信通过接口发送设备选通信号和接口消息来进行。连接方式通常有串行连接、并行连接和混合连接 3 种方式。一般地,各 GPIB 仪器均可单独使用,但只有当它们配置了接口功能后,才能接入基于计算机控制的自动测试系统。每台 GPIB 仪器有单独的地址,由计算机控制。系统中的仪器可以增加、减少或更换,只需对计算机的控制软件进行相应改动即可。

GPIB 总线适用于实时性要求不高,并在系统中集成较多 GPIB 仪器的场合。系统中的 GPIB 电缆的长度一般不应超过 20m,过长的传输距离会导致信噪比下降,电缆中的电抗性分布参数也会对信号的波形和传输质量产生不利的影响。GPIB 总线的数据传输速率一般低于 500kbps,不适合于系统速度要求较高的应用场合。为了达到实际工程应用对测试系统的实时性要求,现在高速的 GPIB 接口电缆(如 NI 的 HS488)的传输速率可达 8Mbps。

(2) VXI(VMEbus eXtension for Instrumentation)总线

VXI 总线系统的有关内容详见 9.1 节,在此不再赘述。

(3) PXI(PCI eXtension for Instrumentation)总线

PXI 是 PCI 在仪器领域的扩展,是 NI 公司于 1997 年发布的一种新的开放性、模块化仪器总线规范,它是为了满足日益增加的对复杂仪器系统的需求而推出的一种开放式工业标准。其核心是 CompactPCI 结构和 Microsoft Windows 软件。PXI 是在 PCI 内核技术上增加了成熟的技术规范和要求形成的。PXI 增加了用于多板同步的触发总线和参考时钟、用于精确定时的星形触发总线,以及用于相邻模块之间高速通信的局部总线等,以此来满足试验和测量用户的要求。PXI 兼容 CompactPCI 机械规范,并增加了主动冷却、环境测试(温度、湿度、振动和冲击试验)等要求,这样就保证了多厂商产品的互操作性和系统的易集成性。PXI 具有高度的可扩展性,提供了 8 个 PXI 扩展槽,而台式 PCI 系统只有 3~4 个扩展槽。通过 PCI-PCI 桥接器,还可以扩展到 256 个扩展槽,这使它成为测量和自动化系统的高性能、低成本平台。PXI 系统可用于诸如制造测试、军事和航空、机器监控、汽车生产和工业测试等领域中。

目前,PXI 标准由 PXI 系统联盟(PXISA)管理。该联盟由 60 多家公司组成,共同推广 PXI 标准,确保 PXI 的互换性,并维护 PXI 规范。

(4) DAQ(Data AcQuisition,数据采集)接口

DAQ 是指基于计算机标准总线(如 ISA、PCI、PC/104 等)的内置功能插卡,它更加充分地利用了计算机资源,大大增加了测试系统的灵活性和扩展性。利用 DAQ,可方便快速地组建虚拟仪器,实现"一机多型"和"一机多用"。在性能上,随着 A/D 转换技术、仪器放大技术、抗混叠滤波技术与信号调理技术的迅速发展,DAQ 的采样速率已达到 1Gbps,精度高达 24 位,通道数高达 64 个,并能任意结合数字 I/O、模拟 I/O、定时/计数器等通道。仪器厂家生产了大量的 DAQ 功能模块可供用户选择,如示波器、数字万用表、串行数据分析仪、动态信号分析仪、任意波形发生器等。在 PC 上挂接若干 DAQ 功能模块,配合相应的软件,就可构成一台具有若干功能的虚拟仪器。DAQ 虚拟仪器具有高档仪器的测量种类,又能满足测量需求的多样性,实用性好,性价比高。

此外,针对一些大型系统数据采集点多、地理分散的特点,如果采用上述方式组建虚拟仪器测试系统,则代价非常大。现场总线技术的发展及其在测控领域的广泛应用使得采用现场总线方式构建虚拟仪器测试系统成为可能。

近年来,虚拟仪器厂家又将 USB 和 IEEE 1394 串行总线用于虚拟仪器的开发与生产。一是因为虚拟仪器系统的主机通常采用 PC,而 PC 几乎都配置了 USB 接口,并且配置 IEEE 1394 总线接口的计算机也越来越多;二是因为具有 USB 接口的产品越来越多,并且几乎所有的操作系统都对 USB 总线提供了广泛的支持。但是,USB 总线目前只限于用在较简单的测试系统中。当采用虚拟仪器组建自动测试系统时,更具前途的则是 IEEE 1394 串行总线,因为 IEEE 1394 串行总线是一种高速串行总线,能够以 100Mbps、200Mbps 或 400Mbps 等高速率传送数据。

9.2.3 虚拟仪器的软件结构

以 VXI 总线系统为代表的开放式模块化系统在硬件方面为虚拟仪器系统的组成提供了极大的方便。然而,虚拟仪器的实现离不开软件的支持。为了与硬件在世界范围内的开放性及标准化相适应,VPP 联盟制定了即插即用规范,解决了 VXI 总线规范中未包含的系统级软件结构的问题。

根据 VPP 系统规范的定义,虚拟仪器系统的软件结构从底层到顶层包括 3 部分:VISA、仪器驱动程序和应用软件,如图 9.7 所示。

VISA 的实质是标准的 I/O 函数库及其相关规范的总称。通常,这个 I/O 函数库称为 VISA 库。它驻留在计算机系统中,实现仪器总线的特殊功能,是计算机与仪器之间的软件层连接。VISA 能够适应不同的处理器结构,如单处理器结构、多处理器结构及分布式网络系统结构等,并独立于操作系统、编程语言及网络机制,可以实现仪器系统的兼容性。在 VISA 中,仪器类型

的不同体现在资源名称的不同上，而对用户而言，不同类型仪器的使用在形式和方法上都是一样的。VISA 实现了各种库的统一，是一组函数集，通过它可以直接访问计算机的硬件设备。VISA 本身不具有编程的能力，只是一个应用软件的开发接口，为仪器驱动程序开发提供了可调用的函数集。

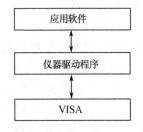

图 9.7 虚拟仪器的软件结构

I/O 接口软件存在于仪器与仪器驱动程序之间，是一个完成对仪器内部寄存器单元进行直接存取数据、对 VXI 总线背板与器件进行测试与控制、为仪器与仪器驱动程序提供信息传递的底层软件，是实现开放统一的虚拟仪器系统的基础与核心。VPP 系统规范详细规定了虚拟仪器系统 I/O 接口软件的特点、组成、内部结构与实现规范，并将符合 VPP 规范的虚拟仪器系统 I/O 接口软件定义为 VISA。

仪器驱动程序是完成对某一特定仪器控制与通信的软件程序集，是连接上层应用程序和底层 I/O 接口软件的纽带和桥梁。通常，生产厂家都为其仪器模块或仪器提供了仪器驱动程序，用户可在此基础上编写适合自己的应用程序。对于应用程序而言，它对仪器的操作是通过仪器驱动程序实现的，而仪器驱动程序对于仪器的操作与管理又是通过调用 I/O 接口软件所提供的 VISA 来实现的。对于应用程序设计人员而言，一旦有了仪器驱动程序，就算还不十分了解仪器的内部操作过程，也可以进行虚拟仪器系统的设计工作。传统仪器的功能是由生产厂家而非用户来规定的，VPP 规范明确定义了仪器驱动程序的源程序文件与动态链接库（DLL）文件。并且，由于仪器驱动程序的编写是建立在 VISA 基础上的，因此，仪器驱动程序之间具有很大的互参考性，仪器驱动程序的源代码也容易理解，从而给予了用户修改仪器驱动程序的权利和能力，使用户可以方便地对仪器的功能进行扩展，以满足特殊要求。另外，标准化的仪器驱动程序还可以在不同的系统和配置中重复使用，节省了大量的开发费用。

应用软件建立在仪器驱动程序之上，直接面对操作用户，通过提供友好的操作界面、丰富的数据分析与处理功能来完成测试任务。应用软件开发环境有多种选择，一般取决于开发人员的喜好。目前，主要有两类虚拟仪器系统的应用软件开发环境。

① 通用编程语言的开发环境，如 VC、VB、Java、Delphi 等。这些软件都为用户提供了图形化的开发环境，但大都缺少针对虚拟仪器的专用类库。采用通用编程语言开发虚拟仪器系统应用软件非常不便，对用户的编程能力要求比较高，开发周期也比较长。

② 虚拟仪器专用软件开发平台，如 LabVIEW、LabWindows/CVI、VEE 等。这些专用的开发软件都为用户提供了丰富的软件包，其中包含大量可重用的函数库、过程程序包、宏、类、库等，使得用户的开发更为容易。在这些平台中，几乎所有用于测量、控制和通信模块的代码均已具备，可供用户随时调用。用户只需在平台上以图形方式调出相应的仪器功能模块和数据处理模块，进行连接组合，就可构成一个具体的仪器，大大节省了开发时间，降低了开发成本。

用户应用程序开发主要包括仪器硬件的高级接口和虚拟仪器的软面板。如果对仪器硬件的高级接口按功能划分，可以分为采集模块、分析模块、显示模块等；如果对软面板进行划分，则包括各种开关、旋钮、波形显示窗口、结果显示窗口等。

此外，应用软件还包括通用数字处理软件。这些软件包括用于数字信号处理的各种功能函数，如频域分析的功率谱估计、FFT、逆 FFT 和细化分析等，时域分析的相关分析、卷积运算、反卷积运算、均方根估计、差分积分运算和排序等，以及数字滤波等，这些功能函数为用户进一步扩展虚拟仪器的功能提供了基础。

9.2.4　虚拟仪器的软件开发平台

组建一个虚拟仪器系统,在基本硬件确定后,就可以通过不同的软件技术实现不同的功能。软件是虚拟仪器的关键。一个好的虚拟仪器系统软件开发平台能够缩短系统开发周期,统一设计标准,提高系统性能,降低开发费用。为此,一些著名的仪器公司相继推出了一些专用的开发平台,如 NI 公司的 LabVIEW 和 LabWindows/CVI,HP 公司的 VEE 等,为简化应用软件开发提供了极大的便利。下面简要介绍 NI 的 LabVIEW 软件开发平台。

LabVIEW 是 Laboratory Virtual Instrument Engineering Workbench(实验室虚拟仪器集成环境)的简称,是目前应用最广、发展最快、功能最强的面向虚拟仪器的图形化软件集成开发环境。LabVIEW 是一种图形化编程语言(Graphics Language),又称为 G 语言,它具有以下特点。

① 图形化编程环境。LabVIEW 采用图形化编程语言,尽可能利用了技术人员所熟悉的术语、图标和概念。在开发过程中,设计人员基本上很少编写代码,更多的是采用图形化符号。

② 功能强大的函数库。LabVIEW 提供了数百个用于 I/O、控制、分析和数据显示的内置函数,用户可以直接调用这些函数,大大提高了效率。

③ 内置 32 位程序编译器,保证用户数据采集及测试方案能高效执行。此外,可以利用 LabVIEW 生成可脱离 LabVIEW 环境独立运行的可执行文件。

④ 灵活的程序调试手段。可以通过设置断点、单步运行、高亮执行及设置探针等调试手段来检查程序中的错误。

⑤ 开放式的开发平台。LabVIEW 提供了大量与外部代码或应用程序进行链接的机制,如动态链接库、动态数据交换、ActiveX 控件等。

⑥ 适用于多种操作系统。LabVIEW 提供了对 Windows、UNIX、Linux、Mac OS 等操作系统的支持,并且在不同操作系统开发的 LabVIEW 应用程序可以直接移植。

⑦ 强大的网络功能。LabVIEW 支持常用的网络协议,方便用户构建各种网络、远程虚拟仪器系统。

⑧ 同通用编程语言相比,LabVIEW 可以节省大约 80% 的程序开发时间,但其运行速度几乎不受影响。

使用 LabVIEW 开发的程序称为虚拟仪器(VI),以".VI"为后缀。LabVIEW 通过应用库函数来处理用户界面的输入,VI 是 LabVIEW 的基本程序单位。结构简单的测试任务可由一个 VI 来完成,复杂任务由多个 VI 实现,通过 VI 之间的层次调用结构来完成。高层的 VI 可以调用一个或多个低层的特殊功能的 VI。

VI 包括 3 部分:前面板(Front Panel)、框图程序(Block Diagram)和图标/连接器(Icon/Connector)。

前面板用于设置输入数值和观察输出量,以模拟真实仪表的前面板。在前面板上,输入量称为控制,输出量称为显示。控制和显示以各种图标的形式出现在前面板上,如旋钮、开关、按钮、图表、图形等,如图 9.8 所示。

每个前面板对应一段框图程序。框图程序是用 LabVIEW 编写的,由端口、节点、图框和连线构成。其中,端口用来同前面板的控制与显示进行数据传递,节点用来实现函数和功能调用,图框用来实现结构化程序控制命令,连线代表程序执行过程中的数据流,它定义了数据流动方向,如图 9.9 所示。

图标/连接器是子 VI 被其他 VI 调用的接口。图标是子 VI 在其他框图程序中被调用的节点表现形式,连接器则表示节点数据的输入/输出端口。用户必须指定连接器端口与前面板的控制

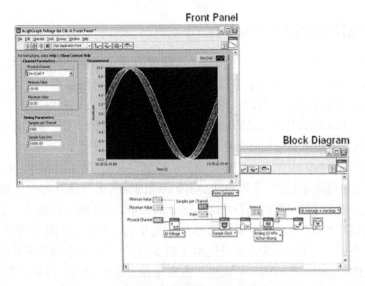

图 9.8 LabVIEW 的前面板和框图程序示意图

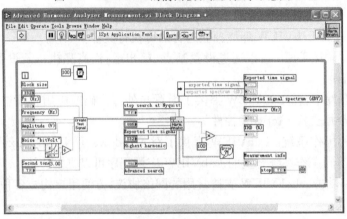

图 9.9 LabVIEW 的框图程序示意图

和显示一一对应。连接器一般是隐含不显示的,除非用户选择打开观察它。

通常,采用 LabVIEW 设计一个虚拟仪器的步骤如下:

① 在前面板设计窗口设置控件,并创建"流程图"中的端口;

② 在流程图编辑窗口中放置节点、图框,并创建前面板中的控件;

③ 使用连线工具设计数据流;

④ 文件存盘、调试和保存。

9.2.5 虚拟仪器的发展与应用

虚拟仪器技术的发展虽然只有 30 多年的历史,但其发展速度惊人,原因在于它具有极大的灵活性、较高的测试自动化程度和较低的成本。

虚拟仪器从概念的提出到目前技术的日趋成熟,可以大致分为 4 个阶段。

1. 初级虚拟仪器

通过利用计算机以增强传统仪器的功能。借助于 GPIB 总线标准,传统仪器通过 GPIB 或 RS-232C 总线与计算机连接,从而使用户可利用计算机控制仪器。随着计算机技术的迅速发展与普及,这一阶段虚拟仪器的发展几乎是直线式前进的。

2. 开放式的虚拟仪器

仪器硬件上出现了两大技术进步：一是插入式计算机数据采集卡（Plug-in PC-DAQ），二是 VXI 总线标准的确立。该阶段消除了前一阶段内在的由用户定义和由供应商定义仪器功能的区别，从而使得虚拟仪器进入了开放式的时代。

3. 虚拟仪器框架

在第二阶段的基础上，软件领域的面向对象技术把离硬件较近的接口程序、高级应用程序和专门仪器的转换驱动程序封装起来，方便用户直接使用。同时，用户也可以根据需要任意取用软件中的某一程序。许多行业标准在硬件和软件本身得到体现，几个虚拟仪器平台已经得到认可并逐渐成为虚拟仪器行业的标准工具。到了这一阶段，软件成为数据采集和仪器控制系统实现自动化的关键。

4. 网络化虚拟仪器

随着远程、复杂、大范围测控任务需求的不断增加，网络化虚拟仪器应运而生。以 PC 和工作站为基础，通过网络实现远程测控，不仅可以充分利用仪器资源，降低检测成本，而且也可以提高测控系统的功能，拓展其应用范围。

虚拟仪器在测量和控制方面具有无与伦比的强大功能和灵活性，可广泛应用于电子测量、振动分析、声学分析、故障诊断、航天航空、军事工程、电力工程、机械工程、建筑工程、铁路交通、地质勘探、生物医疗、农业工程、教学及科研等诸多方面。

虚拟仪器的发展是随着信息技术的发展而迅速发展起来的一项技术，今后将朝着更加规范和灵活、组建更加方便、可构成的仪器更加丰富的方向发展。以下几个方面将是虚拟仪器技术的发展前沿和重点：

● 硬件方面的小型化、智能化、多样化，以及各种标准的、功能更强的、面向行业应用的虚拟仪器专用硬件模块；

● 软件方面的标准化、模块化、专业化、系列化和网络化；

● 智能虚拟仪器系统的研究与开发；

● 各种嵌入式虚拟仪器系统的研发；

● 网络化虚拟仪器系统的开发与应用；

● 新概念仪器的提出与实现等。

9.3　网络化仪器

计算机和仪器仪表的日益紧密结合，使测量的方式方法日趋多样化，以 Internet 为代表的网络技术的高速发展，更是给测量和控制带来了不可估量的发展空间。

9.3.1　网络化仪器概述

计算机网络特别是 Internet 的高速发展使人们认识到，接入 Internet 的不应仅限于狭义上的计算机，工业中的各种测量控制装置、生活中的各种家用电器、社会不同领域不同层面的各种公众设备等，都应该且必将成为 Internet 的客户端。

网络化仪器的概念是对传统测量仪器概念的突破，是虚拟仪器与网络技术相结合的产物。网络化仪器包括基于计算机总线技术的分布式测控仪器、基于 Web 的虚拟仪器、嵌入式 Internet 的网络化仪器、基于 IEEE 1451 标准的智能传感系统，以及基于无线通信网络的网络化仪器系统等。它们在智能交通、信息家电、家庭自动化、工业自动化、环境监测和远程医疗等众多领域得到越来越广泛的应用。

网络化仪器是电工电子、计算机软硬件和网络、通信等多方面技术的有机组合体，以智能化、网络化、交互性为特征，结构比较复杂，多采用体系结构来表示其总体框架和系统特点。网络化仪器的体系结构，包括基本网络系统硬件、应用软件和各种协议。

由于网络本身的灵活性，故可以组建多种形式的测试系统，如单用户测试系统、多用户测试系统、局域网测试系统、远程测试系统、无线网络测试系统等。现在使用的大部分仪器只是与计算机相连，无法直接接入网络，还需要通过服务器接入网络。根据实际需要，可以利用计算机作为服务器，也可以采用专用的转换装置作为服务器。

仪器仪表和现代化测量技术的发展及其相应传统概念的突破及延拓，是网络化仪器概念产生的必然和前提。网络化仪器的概念并非建立在虚幻之上，而已经在现实广泛的测量与测控领域初见端倪。以下是几个现有网络化仪器的典型例子。

① 网络化流量计。流量计是用来检测流动物体流量的仪表，它能记录各个时段的流量，并在流量过大或过小时报警。现在已有商品化的、具有连网能力的流量计。按照上述定义，它也可称为网络化流量计。用户可以在安装过程中通过网络浏览器对网络化流量计的若干参数进行远程配置。在嵌入 FTP 服务器后，网络化流量计就可将流量数据传送到指定计算机的指定文件中；基于 SMTP 协议，电子邮件服务器可将报警信息发送到设定的信箱。技术人员收到报警信息后，可利用该网络化流量计的互联网地址进行远程登录，运行适当的诊断程序、重新进行配置或下载新的固件，以排除障碍，而无须离开办公室赶赴现场。

② 网络化传感器。网络化传感器是在智能传感器的基础上，把 TCP/IP 协议作为一种嵌入式应用，嵌入现场智能传感器的 ROM 中，从而使信号的收、发都以 TCP/IP 方式进行。网络化传感器像计算机一样成为了测控网络上的节点，并具有网络节点的组态性和互操作性。利用局域网和广域网，处在测控点的网络传感器将测控参数信息加以必要的处理后发送到网络，连网的其他设备便可获取这些参数，进而再进行相应的分析和处理。例如，在广袤地域的水文监测中，对江河从源头到入海口，在关键测控点用传感器对水位乃至流量、雨量进行实时在线监测，网络化传感器就近接入网络，组成分布式流域水文监控系统，可对全流域及水文动向进行在线监控。

③ 网络化示波器和网络化逻辑分析仪。例如，安捷伦公司将连网功能作为其 Infinium 系列数字存储示波器的标准性能，后来又研制出了具有网络功能的 16700B 型逻辑分析仪——网络化逻辑分析仪。这种网络化逻辑分析仪可实现在任意时间、任何地点对系统的远程访问，实时获得仪器的工作状态；通过友好的用户界面，可对远程仪器的功能加以控制，对其状态进行检测；还能将远程仪器测得的数据经网络迅速传送给本地计算机。

使用网络化仪器，人们可以从任何地点、在任意时间获取到测量信息（或数据）。利用现有的 Internet 网络设施，网络化传感器已应用到分布式测控系统中，简化了系统建设和设备维护成本，降低了费用并提高了系统的功能。随着测控网络的发展，测控网络和信息网络的互连技术也将日臻完善，最终实现大规模的网络互连是一种必然趋势。利用网络技术，远程数据采集、测量、故障诊断、医疗等也一定会以更快的速度发展，测量技术与仪器也必将在网络时代发生革命性变化。

9.3.2 基于 Web 的虚拟仪器

基于 Web 的虚拟仪器是虚拟仪器技术的延伸与扩展。简单地说，它是把虚拟仪器技术和面向 Internet 的 Web 技术二者有机结合起来而产生的新的虚拟仪器技术。形象地说，虚拟仪器的主要工作是把传统仪器的前面板移植到普通计算机上，利用计算机的资源处理相关的测试需求；

而基于 Web 的虚拟仪器则更进一步,它是把仪器的前面板移植到 Web 页面上,通过 Web 服务器处理相关的测试需求。

基于 Web 的虚拟仪器软件技术包括 ActiveX 技术、DataSocket 服务器和 Web 服务器。

① ActiveX 是由 Microsoft 公司定义并发布的一种开放性标准。它能够让软件开发者很方便、快速地在网络环境里制作生动活泼的内容与服务、编写功能强大的应用程序。ActiveX 的优点主要有:利用现成的 ActiveX 控件可以很容易地开发出基于网络的应用程序;可以开发出能够充分发挥硬件与操作系统功能的应用程序与服务;跨操作系统平台,支持 Windows、Macintosh 和 UNIX 等。目前支持 ActiveX 开发的工具语言主要有 VB、VC、Java 和 Delphi 等。

② DataSocket 是 NI 提供的一种编程工具,用于在不同的应用程序和数据源之间共享数据。DataSocket 服务器可以访问本地文件,也可以访问 Web 服务器和 FTP 服务器上的数据,为底层通信协议提供一致的应用程序接口,编程人员无须为不同的数据格式和通信协议编写具体的程序代码,而且通常这些数据源分布在不同的计算机上。DataSocket 使用一种增强数据类型来交换仪器类型的数据,这种数据类型包括数据特性(如采样率、操作者姓名、时间及采样精度等)和实际测试数据。DataSocket 用类似于 Web 中的统一资源定位器(URL)来定位数据源,URL 不同的前缀表示了不同的数据类型。NI 的 ComponentWorks 软件包中提供的 DataSocket 包括 3 个工具:DataSocket ActiveX 控件、DataSocket 服务器和 DataSocket 服务器管理程序。

③ Web 服务器支持标准的 HTTP 协议。通过调用内置的 Monitor 和 Snap 函数,可以使虚拟仪器的前面板显现在浏览器中;支持 CGI,可实现对虚拟仪器的远程交互式访问;支持 SMTP,可使虚拟仪器中消息和文件的发送以邮件方式进行;支持 FTP,可以实现文件的自动上传和下载。

国内(如吉林大学)开发了基于 CORBA 的网络化仪器开发平台,为基于 Web 的虚拟仪器开发应用提供了一种有效的支持工具。

基于 Web 的虚拟仪器可为用户进行远程访问提供更快捷、更方便的服务,用户可以通过 HTTP 协议远程访问和控制测量仪器系统,可以进行远程故障诊断、修复和监控测试等。例如,虚拟实验室(Virtual Lab,VLab)是近几年随着 Internet 的迅速发展而提出来的,人们希望通过虚拟现实(Virtual Reality,VR)技术来操作和控制远程实验室内的科学仪器,科学家可以通过虚拟实验室进行科学研究,大学生们也可以通过虚拟实验室来共享资源有限的实验室。

综上所述,利用网络技术实现的测试与控制是对传统测控方式的革命,能够充分利用现有资源和网络,实现各种资源有效合理的配置。

9.3.3 嵌入式 Internet 的网络化智能传感器

传感器是获取信息的工具。传统传感器的结构尺寸较大,时间(频率)响应特性差,输入/输出存在非线性并随时间漂移,参数易受环境条件变化的影响而发生漂移,信噪比低并易受噪声干扰,此外还存在交叉灵敏度、选择性、分辨率不高等问题。这些不足或缺陷导致了传统传感器性能不稳定、可靠性差、精度低、成本高等问题。另外,自动化测控领域的不断发展、需要测量的参量日益增加、一些特殊环境的要求等,都对传统传感器提出了挑战。因此,传统传感器不断向数字化、智能化和标准化方向发展。

所谓智能传感器,就是指带微处理器,兼有信息检测和信息处理功能的传感器。智能传感器的最大特点就是将传感器检测信息的功能与微处理器的信息处理功能有机地融合在一起。这里提到的"带微处理器"包含两种情况:一种是将传感器与微处理器集成在一个芯片上构成所谓的"单片智能传感器",另一种是指传感器能够配微处理器。显然,后者的定义范围更宽,但二者均属于智能传感器的范畴。关于智能传感器的中、英文称谓,目前尚未完全统一。英国人将智能传感器称为"Intelligent Sensor";美国人则习惯于称为"Smart Sensor"。

智能传感器主要有以下功能:

- 具有自校准、自标定、自校正功能;
- 具有自动补偿功能;
- 具有自动采集数据并进行预处理的功能;
- 能够自动检验、自选量程、自寻故障;
- 具有数据存储、逻辑判断和信息处理功能;
- 具有双向通信、标准化数字输出或符号输出功能;
- 具有判断、决策处理功能;
- 具有组态功能,可设置多种模块化的硬件和软件,完成不同的测量功能。

与传统传感器相比,智能传感器的主要特点有高精度、宽量程、多功能、强自适应性、高可靠性与稳定性、高信噪比、高灵敏度和分辨率等。智能传感器的出现给传统工业测控带来了巨大的进步,在工业生产、国防建设和其他科技领域发挥着重要的作用。进入 21 世纪后,智能传感器正朝着单片集成化、网络化、系统化、高精度、多功能、高可靠性与安全性的方向发展。

例如,国外已提出了所谓"单片传感器解决方案"(Sensor Solution On Chip,SSOC)的新概念,就是要把一个复杂的智能传感器系统集成在一个芯片上。MAX1458 型数字式压力信号调理器,内含 EEPROM,能自成系统,几乎不用外围元件就可实现压阻式压力传感器的最优化校准与补偿。MAX1458 适合构成压力变送器/发送器和压力传感器系统,可应用于工业自动化仪表、液压传动系统和汽车测控系统等领域。

智能微尘(Smart Micro Dust)是一种具有计算机功能的超微型传感器。用肉眼来看,它和一颗沙粒没有多大区别,但内部却包含了从信息采集、信息处理到信息发送所必需的全部部件。目前,直径约为 5mm 的智能微尘已经问世,未来的智能微尘甚至可以悬浮在空中几个小时,搜集、处理并无线发射信息。智能微尘还可以"永久"使用,因为它不仅自带微型薄膜电池,还有一个微型的太阳能电池为它充电。智能微尘的应用范围很广,最主要的是军事侦察、森林灭火、海底板块调查、行星探测等。

虚拟传感器是基于软件开发而成的智能传感器。它是在硬件的基础上通过软件来实现测试功能的,利用软件还可完成传感器的校准及标定,使之达到最佳性能指标。因此,其智能化程度也取决于软件的开发水平。目前,世界著名的一些芯片厂家都推出了基于软件的智能传感器。例如,Maxim 公司不仅研制出高精度硅压阻式压力信号调理器芯片 MAX1457,还专门给用户提供了一套工具软件(EV Kit)和通信软件,供用户下载使用,为用户开发基于传感器的测试系统创造了便利条件。Sensirion 公司专门为 SHT15 型湿/温度传感器提供测量露点用的 SHT1xdp.bsx 软件。Atmel 公司和 Veridicom 公司都向用户提供开发指纹传感器的应用程序,如在 Insta-MatchTM 软件包中就包含着指纹识别算法。

智能传感器的另一重要发展方向就是网络传感器。网络传感器是包含数字传感器、网络接口和处理单元的新一代智能传感器。数字传感器首先把被测模拟量转换成数字量,再送给微处理器进行数据处理,最后将测量结果传输给网络,以便实现各传感器之间、传感器与执行器之间、传感器与系统之间的数据交换及资源共享,在更换传感器时无须进行标定和校准,可做到"即插即用"。美国 Honeywell 公司开发的 PPT 系列、PPTR 系列和 PPTE 系列智能精密压力传感器就属于网络传感器。这种传感器将压敏电阻传感器、A/D 转换器、微处理器、存储器(RAM、EE-PROM)和接口电路集于一身,在构成网络时,能确定每个传感器的全局地址、组地址和设备识别号 ID 地址。用户通过网络就能获取任何一只传感器的数据并对该传感器的参数进行设置。

具有 Internet/Intranet 功能的网络化智能传感器是在智能传感器的基础上实现网络化和信息化,其核心是使传感器本身实现 TCP/IP 协议。目前,智能传感器连入 Internet 的方式主要有两种:一是直接在智能传感器上实现 TCP/IP 协议,使之直接连入 Internet;二是智能传感器通过公共的 TCP/IP 转接口(或称网关)与 Internet 相连。

直接在智能传感器上实现 TCP/IP 的典型代表是 HP 公司设计的一个测量流量的信息传感器模型。该传感器模型是采用 BFOOT-66051(一种带有定制 Web 页的嵌入式以太网控制器)来设计的,STIM(Smart Transducer Interface Module,智能变送器接口模块)用以连接传感器,NCAP(Network Capable Application Processor,网络适配器)用以连接 Ethernet 或 Internet。

STIM 内含一个支持 IEEE P1451 数字接口的微处理器,NCAP 通过相应的 IEEE P1451.2 接口访问 STIM,每个 NCAP 网页中的内容通过 PC 上的浏览器可以在 Internet 上读取。STIM 和 NCAP 接口已经有专用的集成模块问世,如 EDI1520 和 PLCC-44,可以在芯片上实现具有 Internet/Intranet 功能的网络化智能传感器。

通过公共的 TCP/IP 转接口与 Internet 相连的典型代表是 NI 公司的 GPIB-ENET 控制器模块,它包含一个 16 位微处理器和一个可以将数据流的 GPIB 格式与 Ethernet 格式相互转换的软件,将这个控制器模块安装上传感器或数据采集仪器上,就可以和 Internet 互连互通了。

目前,包括 Siemens、Infineon、Philips 和 Motorola 等在内的数十家公司联合成立了嵌入式 Internet 联盟(ETI),共同推动着嵌入式 Internet 技术和市场的发展。

具有 Internet/Intranet 功能的网络化智能传感器技术已经不再停留在论证阶段或实验室阶段,越来越多的成本低廉且具备 Internet/Intranet 网络化功能的智能传感器不断地涌向市场并获得了大量应用,如智能交通系统、虚拟现实应用、信息家电、家庭自动化、工业自动化、POS 网络、电子商务、环境监测和远程医疗等。网络化智能传感器的推广应用,必将对工业测控、远程医疗、环境监测、农业信息化、航空航天等领域产生深远的影响。

9.3.4　IEEE 1451 网络化智能变送器标准

继模拟仪表控制系统、集中式数字控制系统、分布式控制系统之后,基于各种现场总线标准的分布式测量和控制系统得到了广泛的应用。这些系统所采用的控制总线多种多样、千差万别,其内部结构、通信接口、通信协议等各不相同。目前市场上在通信方面所遵循的标准主要有 IEEE 803.2、IEEE 802.4、IEEE FDDI、TCP/IP 等,以此来连接各种变送器(包括传感器和执行器),要求所选的变送器必须符合上述标准总线的有关规定。

基于现场总线的测控系统存在如下不足之处:

① 各种总线标准协议格式不同,相互之间互不兼容,不利于系统的扩展与维护;

② 对变送器的生产厂家而言,既要花费很大精力了解和熟悉这些标准,同时又要在硬件的接口上符合每种标准的要求,这无疑将增加制造的成本;

③ 对于系统集成开发商而言,必须提供符合相应标准规范的产品,选择合适的生产厂家提供的变送器使之与系统相匹配;

④ 对于用户而言,扩展系统功能的需求在很多情况下很难得到满足,因为大多数厂家都无法提供满足各种网络协议要求的产品,如果更新系统,又将给用户的投资利益带来很大的损失。

为此,IEEE 组织制定并通过了智能网络化传感器接口内部标准和软、硬件结构标准,即 IEEE 1451 标准。IEEE 1451 标准的目的是开发一种软、硬件的连接方案,将智能变送器连接到网络或者用以支持现有的各种网络技术,包括各种现场总线及 Internet/Intranet。通过定义一整套通用的通信接口,使变送器在现场级采用有线或无线的方式实现网络连接,大大简化由变送器构成的各种网络控制系统,解决不同网络之间的兼容性问题,并能够最终实现各个厂家产品的互换性与互操作性。

IEEE 1451 是一个连接变送器和网络的系列标准,所有的 IEEE 1451 标准都能单独或相互使用,见表 9.1。

表 9.1　IEEE 1451 智能变送器标准体系

代　　号	名称与描述	状　　态
IEEE P1451.0	智能变送器接口标准	提议标准
IEEE 1451.1-1999	网络适配器信息模型	颁布标准
IEEE 1451.2-1997	变送器与微处理器通信协议和 TEDS 格式	颁布标准(修订中)
IEEE 1451.3-2003	分布式多点系统数字通信与 TEDS 格式	颁布标准
IEEE 1451.4-2004	混合模式通信协议与 TEDS 格式	颁布标准
IEEE P1451.5	无线通信协议与 TEDS 格式	待颁布
IEEE P1451.6	CANopen 协议变送器网络接口	开发中

注:标准代号中的字母"P"(Proposed)表示该标准目前的状态是提议标准,还没有颁布和执行。

IEEE 1451 标准的技术特征主要有:
- 变送器接口与网络和厂商无关;
- 定义了 TEDS(Transducer Electronic Data Sheet,变送器电子数据表);
- 支持变送器数据、控制、时序、配置和校正的通用模型;
- "即插即用"的功能;
- 以最小的代价安装、升级和维护变送器;
- 在世界上任意地点的主机系统和网络都可以以有线或无线的方式无缝获得数据和信息。

9.3.5　物联网概述

随着通信需求的不断增加和信息网络技术的不断发展,物联网(Internet of Things)应运而生。物联网是在互联网基础上,实现人与物之间、物与物之间信息交换和通信的一种网络概念,是互联网发展的延伸。互联网是物联网的基础,物联网的发展又将极大地促进互联网的发展。

物联网作为一种全新的信息传播方式,已经受到越来越多的重视。人们可以让尽可能多的物品与网络实现任何时间、地点的连接,从而对物体进行识别、定位、追踪、监控,进而形成智能化的解决方案,这就是物联网带给人们的生活方式。

1. 物联网的概念

物联网的概念,最初于 1999 年由麻省理工学院 Auto-ID 研究中心提出,它是指把所有物品通过射频识别等信息传感设备与互联网连接起来,实现智能化的识别和管理。2005 年,国际电信联盟 ITU-T 发布的《ITU 互联网报告 2005:物联网》对"物联网"含义进行了扩展,报告提出:任何人、任何物体,都能够在任何时间、任何地点以多种多样的形式连接起来,从而创建出一个新的动态的网络——物联网。并分别从物联网的概念、涉及的技术、潜在的市场、面临的挑战、世界的发展机遇和未来的生活展望等六大方面进行了阐述。

目前,对于物联网的定义和认识还不尽统一,较为普遍接受的物联网概念是指通过信息传感设备,运用射频识别(RFID)、红外感应、全球定位系统(GPS)、激光扫描等信息传感设备及其技术,按照约定的协议,把任何物品与互联网连接起来,进行信息交换和通信,以实现智能化识别、定位、跟踪、监控和管理的一种网络。它是在互联网基础上延伸和扩展的网络,其中,全面感知、可靠传递、智能处理是物联网的三大特征。

2. 物联网的发展

自从 2005 年 ITU 正式提出物联网的概念以来,世界上许多国家和地区就从国家战略高度方面给予了重视和关注。

美国政府在其国家情报委员会发表的《2025 年对美国利益有潜在影响的关键技术》报告中把物联网列为六种关键技术之一。IBM 于 2008 年提出的"智慧地球"概念已经上升为国家战略,要把新一代 IT 技术应用到各行各业,即把传感器嵌入和装备到电网、铁路、桥梁、隧道、公路、建筑、供水系统、大坝、油气管道等各种物体中,并且被普遍连接形成物联网。

欧盟于 2007 年启动"环境感知项目",并于 2009 年制订"欧盟物联网行动计划",涉及管理、隐私与数据保护、潜在危险、关键资源、标准化、国际对话、环境问题、统计数据和进展监督等 14 项内容,强调 RFID 广泛应用,注重信息安全,认为物体与网络的连接将成倍增加并加深通信对社会的影响,希望欧洲通过构建新型物联网框架来引领世界物联网的发展。

日本从 2004 年起,通过"U-Japan"和"i-Japan"战略大力推广物联网在电网、远程监控、智能家居、汽车联网和灾难应付等方面的应用,并提出"泛在城镇""泛在绿色 ICT""不撞车的下一代智能交通系统"等项目,希望将日本建成一个"实现任何时间、任何地点、任何物体、任何人均可连接的泛在网络社会"。

韩国于 2004 年开始通过"U-Korea""IT839 计划""新 IT 战略"等一系列措施,积极推动物联网的建设与商业化,并于 2009 年通过了《物联网基础设施构建基本规划》,目的是构建智能型网络和最新技术应用等的最先进信息基础设施,打造未来广播通信融合领域超一流 ICT 强国。

中国曾把物联网称之为"传感网",中国科学院早在 1999 年就启动了传感网的研究,并已建立了一些实用的传感网。自 2009 年 8 月"感知中国"提出以来,物联网被正式列为国家五大新兴战略性产业之一,写入"政府工作报告",物联网在中国掀起了新的高潮,受到了全社会的极大关注。

3. 物联网的关键技术

物联网的关键技术主要包括射频识别技术、传感器技术、网络与通信技术和数据融合与云计算等。

① 射频识别(RFID)技术。该技术利用射频信号及其空间耦合传输特性,实现对静态或移动待识别物体的无接触自动识别、跟踪与管理。RFID 技术最初用于军事、动物跟踪和车辆管理等领域。鉴于 RFID 技术全天候、识别穿透能力强、无接触磨损、可同时实现对多个物品的自动识别等诸多特点,将这一技术应用到物联网领域,使其与互联网、通信技术相结合,可实现全球范围内物品的跟踪与信息的共享。借助于电子产品码(EPC)和对象命名服务(ONS),RFID 技术目前主要应用于货物跟踪和移动支付。其中,EPC 用于描述产品的信息,ONS 主要处理电子产品码与对应的 EPCIS 信息服务器地址的查询与映射管理。

② 传感器技术。信息采集是物联网的基础,主要通过传感器、传感节点和电子标签等方式完成。传感器作为一种检测装置,作为摄取信息的关键器件,由于其所在的环境通常比较恶劣,因此物联网对传感器技术提出了较高的要求:一是其感受信息的能力;二是传感器的智能化和网络化。

③ 网络和通信技术。物联网的实现涉及近距离通信和远程通信技术,重点是解决信息的传输。近距离通信技术包括 RFID、Wi-Fi、蓝牙、ZigBee 等,远程通信技术主要包括网络结构、网关、路由、通信协议等内容,此外还包括互联网、2G/3G/4G/5G 移动通信、卫星通信、以 IPv6 为核心的下一代互联网等技术。

④ 数据融合与云计算。从物联网的感知层到应用层,信息的种类和数量都成倍或成级数倍增加,同时还涉及各种异构网络或多个系统之间数据的融合问题,如何从海量数据中及时挖掘出

隐藏信息和有效数据的问题,给数据处理带来了巨大的挑战,因此合理有效地整合、挖掘和处理海量数据也是物联网的难题之一。云计算作为一种新的高效率计算和服务模式,兼有互联网的便利、廉价和大型机的能力,通过分布式计算和虚拟化技术建设数据中心或超级计算机,以租赁或免费方式向用户提供数据存储、分析及科学计算等服务,节约信息化成本、降低能耗、减轻用户信息化的负担,提高数据中心的效率,可以为物联网提供后端处理能力与应用平台,将成为解决以上难题的一种途径或方法。

4. 物联网的应用

我国物联网的研究和应用与国际同步,发展前景广阔。早在 2008 年北京奥运会期间,物联网技术就在视频联网监控、智能交通指挥、食品安全追溯、环境动态监测等方面都发挥了作用。2010 年上海世博会期间,物联网也已应用于交通、安防、食品卫生、医疗、物流、餐饮等领域。

目前,物联网已经在工业、金融、物流、交通、安防、能源、医疗、建筑、制造、家居、零售和农业等领域得到了比较广泛的应用。例如,在智能交通领域,已经实现智能公交车、共享单车、车联网、充电桩监测、智能红绿灯及智慧停车等。在智能医疗领域,可以有效地对人的生理状态(如心跳频率、体力消耗、血压等)进行监测,借助医疗可穿戴设备,将获取的数据记录到电子健康文件中,方便个人或医生查阅;通过 RFID 技术还能对医疗设备、物品进行监控与管理,实现医疗设备、用品可视化。在智能制造领域,主要体现在数字化及智能化的工厂改造上,包括工厂机械设备监控和工厂的环境监控。在智能家居领域,能够对家居家电的位置、状态、变化进行监测、分析与反馈,以住宅为平台,兼备建筑设备、网络通信、信息家电和设备自动化,构筑集系统、结构、服务、管理为一体的高效、舒适、安全、便利、环保的居住环境。

随着物联网技术、标准和模式的不断成熟和完善,应用领域的不断扩大,物联网必将对人们的工作、学习和生活方式带来巨大的影响。

9.4 多传感器数据融合技术

9.4.1 概述

多传感器数据融合(Multi-sensor Data Fusion)是 20 世纪 70 年代初期提出的,军事应用是其诞生的源泉。1973 年,美国研究机构就在国防部资助下开展了声呐信号解释系统的研究。后来,美国又投入大量人力、财力相继研究开发了几十个军用信息融合系统。在早期开发的系统中,最典型的是战场管理和目标检测系统(BETA),它的开发进一步证实了信息融合的可行性和有效性。进入 20 世纪 80 年代,美国在战略和战术监视系统的开发中采用信息融合技术进行目标跟踪、目标识别、态势评估和威胁估计,并研制出已广泛应用于大型战略系统、海洋监视系统和小型战术系统的第一代信息融合系统。20 世纪 80 年代以来,发达国家相继开始了相应研究,数据融合也由此发展成为一项专门的技术。

目前,在 C³I(Command, Control, Communication and Intelligence)系统中都在采用多传感器数据融合技术,在工业测量、机器人、空中交通管制、海洋监视和管理等领域也朝着这一方向发展。多传感器数据融合技术已经在工业、农业、航天、目标跟踪和惯性导航等领域得到普遍关注和应用。然而,对于这样一个新概念,目前还没有一个统一的、全面的定义。目前被大多数研究者接受的定义是由美国国防部组织实验室理事联合会(Joint Directors of Laboratories,JDL)提出的。JDL 从军事应用角度把数据融合定义为一种多层次、多方面的处理过程,包括对多源数据进行检测、相关、组合和估计,从而提高状态和身份估计,以及对战场态势和威胁的重要程度进行实时完整的评价。这一定义强调数据融合是在几个层次上完成对多源信息处理的过程,其中每个层次都表示不同级别的信息抽象。随着多传感器数据融合技术研究的深入和应用领域的不断扩展,多传感器数据融合比较确切的定义可以概括为:充分利用时间序列和空间序列获得的若干传感器信息,采用计算机技术在一定准则下进行自动分析与综合,实现所需决策和估计,获得比系统的各个组成部分都更充分的信息。在多传感器数据融合技术中,多传感器是硬件基础,来自多传感器的多源信息是加工对象,对多源信息的协调优化和综合处理是核心功能。

目前,数据融合有多种分类方法。按照融合的方法,可以分为统计方法、人工智能方法等;按信号处理的域,可以分为时域、空域和频域;按融合的层次和实质,可分为像素级、特征级和决策级。

多传感器数据融合系统主要有全局式和局部式数据融合两种形式。全局式也称为区域式,这种系统组合和相关来自空间及时间上各不相同的多平台、多个传感器的数据。大型军事防御系统、多参数或参数间交叉影响的智能检测系统采用这种方式。局部式也称自备式,这种系统收集来自单个平台上的多个传感器的数据,形成诸如舰艇或战斗机的信息显示,也可以用于检测对象相对单一的智能检测系统。

同单传感器处理相比,尽管多传感器数据融合系统的复杂性大大增加,但是在解决探测、跟踪和识别等方面,具有以下一些显著特点。

① 系统的生存能力强。由于多个传感器的冗余,当有若干传感器不能被利用或受到干扰时,一般总会有一个传感器可以提供信息。

② 空间覆盖范围广。通过多个传感器的区域交叠覆盖,扩展了空间的覆盖范围,总有一种传感器可能探测到其他传感器不能探测到的地方。

③ 时间覆盖范围长。利用多个传感器的协同作用可以提高检测概率,某个传感器可以探测到其他传感器在某时间段内不能顾及到的目标或事件。

④ 可信度高。一种或多种传感器对同一目标或事件加以确认。

⑤ 信息模糊度低。多传感器的联合信息降低了目标或事件的不确定性。

⑥ 探测性能优良。对目标或事件的多种测量的有效融合大大提高了探测的有效性。

⑦ 空间分辨率和测量维数高。多传感器合成可获得比任何一种单一传感器更高的分辨率,而且系统不易受到人为或自然现象的破坏。

9.4.2 数据融合的原理和结构

多传感器数据融合的基本原理就是充分利用多传感器资源的冗余和互补性,采取一定的准则对这些传感器及其所观测的信息进行分析综合,以获得对被测对象的一致性解释或描述,使得该系统所提供的信息比它的各个组成部分单独提供的信息更具有优越性。多传感器数据融合的目的就是通过组合单个传感器的信息得到更多的信息,得到最佳协同作用的结果。

在多传感器数据融合系统中,各传感器的数据可以具有不同的特征,可能是实时的或非实时的、模糊的或确定的、互相支持的或互补的,也可能是互相矛盾的或竞争的。与单个传感器数据处理或低层次的多传感器数据处理方式相比,多传感器数据融合可以消除单个或少量传感器的局限性,更有效地利用多传感器的信息资源。多传感器数据融合与经典的信号处理方法在本质上也是不同的,多传感器数据融合系统所处理的多传感器数据具有更加复杂的形式,而且可以在不同的信息层次上出现,包括数据层(像素层)、特征层和决策层(证据层)。

多传感器数据融合的过程主要包括多传感器信号获取、数据预处理、数据融合中心(特征提取、数据融合计算)和结果输出等环节。多传感器信号获取的方法根据情况采取不同的方法,例如,对图形图像信息的获取一般是通过电视摄像系统或电荷耦合器件(CCD)等进行的。数据预处理是指尽可能消除信号中的各种噪声,提高信噪比,主要方法有信号的取均值、滤波、消除趋势项、野点剔除等。特征提取是指对来自传感器的原始信息进行特征提取,特征可以是被测对象的各种物理量。融合计算方法较多,主要有数据相关技术、估计理论和识别技术等。

从传感器和融合中心信息流的关系,以及综合处理的层次来看,多传感器数据融合的结构主要有集中式、分布式、混合式和多级式 4 种基本形式,如图 9.10 所示。

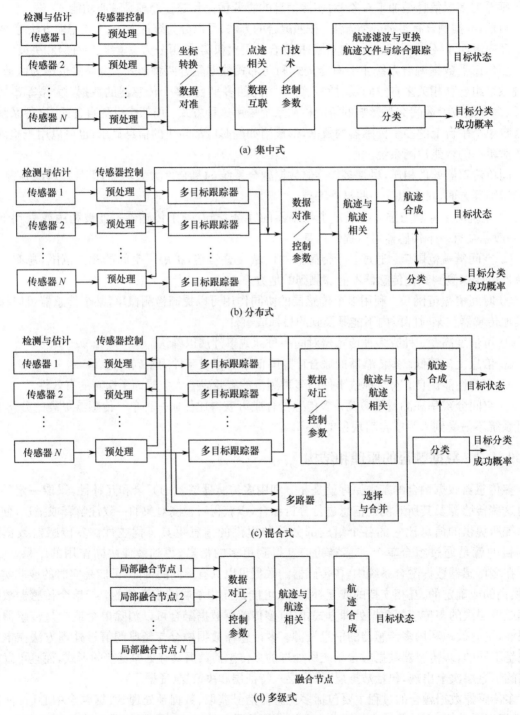

图 9.10 多传感器数据融合的 4 种基本形式

集中式结构将传感器获取的检测报告传递到融合中心进行数据对准、点迹相关、数据互联、航迹滤波、综合跟踪等。这种结构的最大优点是信息损失最小，但数据互连比较困难，并且要求系统必须具备大容量的能力，计算负担重，系统的生存能力较差。

分布式结构的特点是：每个传感器的检测报告在进入融合以前，先由它自己的数据处理器产生局部多目标跟踪航迹，然后把处理过的信息送至融合中心，中心根据各节点的航迹数据完成航迹相关与合成。这类系统应用很普遍，特别是在 C^3I 系统，它不仅具有局部独立跟踪能力，而且还有全局监视和评估特性，其造价也可限制在一定的范围内。

混合式结构同时传输探测报告和经过局部节点处理过的航迹信息，它保留了上述两类系统的优点，但在通信和计算上要付出昂贵的代价。对于安装在同一平台上的不同类型传感器，如雷达、IRST（红外搜索与跟踪）、IFF（敌我识别器）、EO（光电传感器）、ESM 组成的传感器群，用混合式结构更合适。例如，机载多传感器数据融合系统。

在多级式结构中，各局部融合节点可以同时或分别是集中式、分布式或混合式的融合中心，它们将接收和处理来自多个传感器的数据或来自多个跟踪器的航迹，而系统的融合节点要再次对各局部融合节点传送来的航迹数据进行相关和合成。也就是说，目标的检测报告要经过两级以上的位置融合处理，因而把它称为多级式系统。典型的多级式系统有海上多平台系统、岸基或陆基 C^3I 系统等。

9.4.3　数据融合的基本方法

多传感器数据融合是对多源信息的综合处理过程，具有本质的复杂性。传统的估计理论和识别算法为数据融合技术奠定了不可或缺的理论基础。

近年来，一些新的基于统计推断、人工智能和信息论的方法，正在成为数据融合技术向前发展的重要力量。

① 信号处理与估计理论。包括小波变换、加权平均、最小二乘法、卡尔曼滤波等线性估计技术，以及扩展卡尔曼滤波、高斯和滤波等非线性滤波技术。此外，还有基于随机采样的粒子滤波、马尔可夫链等非线性估计技术也受到很多学者的关注。

② 统计推断方法。包括经典推理、Bayes 推理、证据推理、随机集理论、支持向量机理论等。

③ 信息论方法。包括信息熵方法、最小描述长度方法等。

④ 决策论方法。多用于高级别的决策融合。

⑤ 人工智能方法。包括模糊逻辑、神经网络、遗传算法、专家系统等。

无论在像素级、特征级还是在决策级进行信息融合，其最终目的都是要完成某种跟踪、识别、分类或决策任务。在进行融合处理之前，必须先对信息进行关联，以保证所融合的信息是同一目标或事件的信息，即保证信息的一致性。然而，在多传感器信息系统中，产生信息不一致性的原因很多，因此，确立信息可融合性的判断准则、降低关联的二义性，已成为信息融合领域正待解决的问题。另外，多传感器数据融合需要解决的关键问题还涉及数据校准、数据的同类或异类、数据的不确定性、数据的不完整、数据的不一致、虚假数据、数据关联、粒度、态势数据库等内容。

9.4.4　数据融合技术在智能仪器中的应用

军事应用是多传感器数据融合技术产生的原因，主要的应用是进行目标（如舰艇、飞机、导弹等）的探测、定位、跟踪和识别，以及海洋监视、空对空防御系统、地对空防御系统等。在现代工业生产中得到广泛应用的智能仪表，由于长期处于不间断工作状态，而且工作环境较为恶劣，各种干扰给智能仪表的测量带来极大困难，如何提高测量精度是整个控制系统的关键。数据融合技术为解决这类问题提供了广阔的途径。

近年来，多传感器数据融合技术在工业生产、机器人、智能制造、智能交通、医疗诊断、遥感等领域得到了较快的发展与应用。

① 工业过程监控系统。在工业生产过程监测系统中，特别是在现代复杂、大型的生产过程监测系统中，采用众多的传感器及仪器仪表是一个显著特点。例如，在智能仪器中采用多个同质或异质传感器共同联合工作来获得对象和环境的信息，以监测和控制生产过程。对象信息包括系统中有关物理量、生产过程中的工艺参数、设备情况、原料和成品的性能参数等。环境信息包括环境特征、干扰、污染等。此外，还包括识别引起系统状态超出正常运行范围的故障，并触发相应的报警器。

② 工业机器人。工业机器人使用视频图像、声音、电磁等数据的融合来进行环境感知和推理，监视其周围的环境，完成物料搬运、零件制造、检验和装配等工作。在复杂环境下，在机器人手臂上安装视觉传感器、触觉传感器、距离传感器等多种传感器，并通过对这些多源信息的处理，使机器人能够灵活地完成抓取、触摸等操作。

③ 空中交通管制。随着空中交通量的增加，可以运用数据融合技术，利用雷达、无线电等提供的各种信息，进行全方位的管理。

④ 智能交通系统。采用多传感器数据融合技术，实现无人驾驶交通工具的自主道路识别、速度控制及定位。

⑤ 图像融合。运用数据融合技术，通过综合不同空间分辨率、时间分辨率、波谱分辨率等的图像，增强影像的信息透明度，获得对目标更细致、准确、完整的描述与分析。在医疗诊断中，利用图像融合技术将超声波成像、核磁共振成像和 X 射线成像等多传感器的数据进行融合，以更准确地进行医疗诊断，如肿瘤的定位与识别。

⑥ 遥感。遥感在军事和民用领域都有相当广泛的应用，如监测部队调动、天气变化、矿产资源分布、农作物收成等。多传感器数据融合技术在遥感中的应用主要是通过高空间分辨率全色图像和低光谱分辨率图像的融合，得到高空间分辨率和高光谱分辨率的图像，融合多波段和多时段的遥感图像，从而提高分类的准确性。

⑦ 刑侦。数据融合技术在刑侦中的应用主要是利用红外、微波等传感设备进行隐匿武器、毒品等的检查。将人体的各种生物特征（如人脸、指纹、声音、虹膜等）进行适当的融合，能大幅提高对人的身份识别与认证，提高安全保卫能力。

9.5 信息化带来新的发展机遇

当今世界，以数字化、网络化、智能化为特征的信息化浪潮正蓬勃兴起。信息服务模式和产品不断涌现，全球信息化进入全面渗透、跨界融合、加速创新、引领发展的新阶段。谁在信息化上占据制高点，谁就能够掌握先机、赢得优势、赢得安全、赢得未来。

世界范围内的新一轮科技革命和产业变革蓄势待发，物联网、云计算、大数据、人工智能、5G、VR、区块链等日新月异，信息技术必将对智能仪器产生深远影响，并在智能仪器的体系结构、软硬件设计、工作方式、测试技术、应用领域等诸多方面带来变革。

9.5.1 工业互联网

互联网的应用不断渗透到工业领域，进入生产过程，促进了工业互联网的产生和发展。工业互联网将人、数据和机器连接起来，新一代信息通信技术与现代工业技术深度融合的产物，是制造业数字化、网络化、智能化的重要载体，是全球新一轮产业竞争的制高点。工业互联网最早由美国通用电气公司 2012 年提出,随后美国五家行业龙头企业联手组建了工业互联网联盟(IIC),利用新一代信息通信技术的通用标准将内涵扩展到整个工业领域。

工业互联网已经引起了制造大国在国家战略上的高度重视。2012 年以来,美国将先进制造业的核心竞争力提升为国家战略,先后发布了《先进制造业国家战略计划》《高端制造业合作伙伴计划》等一系列的纲领性文件,旨在建立创新网络、促进制造技术的创新与升级。德国在 2013 年 4 月提出"工业 4.0"战略,旨在通过大力发展智能制造,构建信息物理系统,进一步提高德国制造业的竞争力,在新一轮工业革命中占领先机。日本在《2014 制造业白皮书》中提出重点发展机器人产业。

工业互联网首先是全面互联,在此基础上,通过数据流动和分析,形成智能化变革,形成新的模式和新的业态。其本质和核心是通过工业互联网平台把原材料、设备、生产线、生产商、供应商、产品和客户紧密连接融合起来。

工业互联网已经形成包含总体技术、基础技术和应用技术等的技术体系。其中,总体技术涉及工业互联网的体系架构、标准体系、产业模式;基础技术主要包括物联网、网络通信、大数据、云计算等;应用技术主要有网络化协同制造技术、智能制造技术和智慧云制造技术等。

工业互联网将人、机器和数据连接起来,并以智能的方式利用数据。数据分析与应用离不开数据采集和传输,数据采集离不开各种各样的仪器仪表和传感器。在工业互联网中,数据范围不断扩大、数据粒度不断细化、数据量不断增加,以及智能芯片植入设备自动进行数据记录、高端智能仪器仪表需求大增等,使得数据采集的时间、场所、方式等都发生了巨大的变化,对智能仪器提出了更高的要求,促进了智能仪器的全面进步。

9.5.2 第五代移动通信技术(5G)

5G 具有速度快,延迟低,稳定性强,支持多连接设备,实现同频全双工等特性,满足 20Gbps 的接入速率、毫秒级时延的业务体验、千亿设备的连接能力、超高流量密度和连接数密度及百倍网络能效提升等性能指标要求。

国际电信联盟 ITU 定义了 5G 的三大应用场景:eMBB、uRLLC、mMTC。eMBB 即增强移动宽带,指 3D/超高清视频、增强现实等大流量移动宽带业务;uRLLC 即超高可靠超低时延通信,如无人驾驶、远程医疗、工业自动化等业务(3G 响应为 500ms,4G 为 50ms,5G 要求 0.5ms);mMTC 即大连接物联网,针对大规模物联网业务、智慧家庭、智慧城市、智能楼宇等。5G 与工业互联网结合,则可以在远程辅助设计、远程设备维修、自动化控制等方面产生新的应用。例如,在 5G 智能制造生产线上,各式机械手臂来回翻飞,焊接、组装,忙个不停,大大小小的屏幕上光影闪烁,传递着一条条数据、指令,实现信息采集交互和协同生产。通过 5G 网络实时采集,与 5G 架构下的工业互联网平台互通,在工厂信息管理平台的大屏幕上,整条生产线的订单与生产数据、监控视频、设备运行状态等一目了然,管理人员在管理平台甚至手机 APP 上就可以实现智慧管理。

5G 是当前代表性、引领性的网络信息技术,将实现万物泛在互联、人机深度交互,是支撑实体经济高质量发展的关键信息基础设施。5G 的发展不仅仅是单纯的技术竞争,已经成为国家实力的体现,全球主要大国都将 5G 上升到国家战略高度。目前,全球多个国家和地区的众多运营商正在积极推进 5G 商用部署。美国于 2018 年 9 月推出"5G 加速发展计划",在频谱、基础设施政策和面向市场的网络监管方面为 5G 发展铺平道路。韩国的三家电信运营商于 2019 年正式推出 5G 商用服务。日本运营商计划在 2020 年实现 5G 商用。目前,美、中、日、德、韩、英、法等国处于 5G 发展的前沿。

5G 带来的机遇和挑战将远超 3G 和 4G,将给汽车、工业制造、医疗、物联网等各行各业带来巨大的经济效益。目前,5G 正处于商用部署初期,增强移动宽带类的生活娱乐应用会最先得到普及,如高清视频、沉浸式内容、增强/虚拟现实、可穿戴设备、在线游戏等。不久的将来,5G 将会渗透到各行各业,比如,无人驾驶、无人机、远程医疗、智能机器人、智慧城市等。通过 5G、人工智能、物联网和大数据等多种技术的结合,将会给各行各业带来深刻变革。

9.5.3 智能仪器中的信息安全

智能仪器及其检测技术在数据采集、传输和控制中扮演着重要角色,随着数字化、网络化、信息化等的发展和应用,智能仪器中的信息安全问题逐渐突显,应得到足够重视。

信息安全的基本特性有 3 个:机密性、完整性、可用性。机密性是指数据隐私的保护,保证信息为授权者享用而不泄露给未经授权者,通过加密和访问控制等技术及法律来实现保护;完整性指数据没有被篡改或未经授权的改变;可用性指可以如期正常使用,保证合法用户对信息和资源的使用不会被不合理地拒绝,如"勒索病毒"就破坏了可用性。

电力、通信、能源、交通、国防等是国家经济社会的关键信息基础设施,被攻击的破坏影响程度不亚于传统战争。工业互联网打破了工业控制网络边界,工业控制安全、数据安全、平台安全、终端安全等问题突显,日益成为网络信息安全的主战场,针对能源、制造、交通等领域的网络安全事件频发。

美国《纽约时报》2011 年 1 月 16 日发表文章称,"震网"蠕虫病毒于 2010 年 7 月攻击了伊朗核设施,导致其浓缩铀工厂约 1/5 的离心机报废,从而大大延迟了伊朗的核计划。2011 年 2 月,伊朗突然宣布暂时卸载布什尔核电站的核燃料,同年 9 月,宣布该核电站于当天并网发电,但联网功率只有 60MW,仅为核电站装机容量的 6%。

"震网"蠕虫病毒是世界上第一款针对工业控制的木马病毒。相关研究显示,该病毒是通过伊朗科学家的笔记本电脑和 U 盘渗透的,它仅仅使离心机的内部压力发生微小改变,每隔一段时间造成转速超标,使得离心机提炼铀燃料失败并经常磨损,最终彻底损坏。在该病毒攻击伊朗工业网络的一年中,伊朗科学家最初认为是设备故障,而每次检查后更换的设备又被感染。伊朗科学家认为其工业系统是物理隔离的,蠕虫和病毒不会影响工业设备,而事实恰恰相反。

2015 年 12 月和 2016 年 12 月,乌克兰就因网络攻击而发生大规模停电事件。2017 年,一款专门针对工业控制系统的网络武器 CrashOverride/Industroyer 被公开,这是一款可以直接与电网硬件进行交互的公开恶意软件。安全研究人员认为,该软件与 2016 年 12 月发生在乌克兰首都基辅输变电站的网络攻击事件有关。

2017 年 5 月 12 日爆发的"永恒之蓝"勒索病毒事件震惊了全球,该病毒迅速感染了一百多个国家,造成众多关键信息基础设施和大量个人计算机瘫痪。

2017 年 12 月,黑客利用恶意软件攻击了施耐德电气公司的 Triconex 安全仪表系统,导致一家工业电厂的安全系统停止运营。这是第一起针对能源基础设施安全保护系统的攻击事件。

通过以上几个典型案例我们可以看到,关键信息基础设施和工业互联网的安全风险来源较多,发生安全事件的后果严重,即使是物理隔离的设施也可能因某次在线的测试而被植入木马和病毒。

2019 年 6 月,国家工业信息安全发展中心发布的《2019 年工业信息安全态势展望报告》研判了 2019 年工业信息安全威胁四大趋势:一是网络钓鱼等传统网络攻击瞄准工业企业,二是工业数据成为攻击窃密的重点目标,三是针对制造业的勒索病毒攻击呈现增势,四是关键领域工业控制系统成为国家网络安全对抗阵地。报告指出,目前暴露在互联网上可被识别的工业控制系统、智能设备、物联网设备等有万余个,存在较大风险隐患。

很多智能仪器缺乏安全设计,未考虑安全需求,安全意识薄弱,验证、许可、授权和访问控制不严,维护不当,加密算法过时,联网运行机制缺少安全保障,数据面临丢失、泄露、篡改等风险,存在高危漏洞等。上述案例中,攻击者可利用系统漏洞获取账号权限,查看、窃取、篡改监控数据、生产参数等敏感信息,远程控制工业现场的生产设备,威胁正常生产秩序,影响企业的生产安全。面对安全风险,我们需要把握网络信息安全的发展趋势,运用科学系统的安全理念建立相应的安全防护体系,解决数据采集过程的安全、数据自身的安全、应用的安全及管理运维的安全等问题,建立有效的安全管理制度,完善安全服务流程,组建安全服务团队,落实安全应急响应机制,定期进行安全测评和隐患排查,及时发现、研判、预警重大风险隐患,切实保障智能仪器中的信息安全。

9.5.4 发展机遇与前景

智能仪器是信息采集、测量、传输、控制的基础,是奠定工业基础、发展工业信息化、智能化的基石。在重大工程、工业装备和质量保证、基础科研中,智能仪器都是必不可少的基础技术和装备核心,随着信息化的快速发展,新兴的智能制造、离散自动化、生命科学、能源开发、海洋工程、轨道交通等领域也对智能仪器提出了大量需求。

智能仪器涉及的技术领域较多,对新技术敏感度高,其研发通常涉及多种学科尤其是边缘学科的综合交叉,如智能感知技术、与人工智能结合的智能检测、基于物联网的智能仪器、MEMS测试、植入性生物芯片、网络化仪器平台等。

信息技术以及信息化为智能仪器及其相关领域的研究与应用开辟了广阔的前景,我们应把握发展方向、技术趋势和侧重点,加强通用智能仪器关键技术和关键部件研发,增强产品的可靠性和稳定性;推动标准体系建设,加快自主创新能力建设,提高共性基础技术、核心功能部件和主要产品的科技研发能力,加快打造具有自主开发能力、具有自主知识产权、具有国际先进水平产品,提高国际竞争力。

传感器及智能化仪器仪表产业是国民经济的基础性、战略性产业,是信息化和工业化深度融合的源头,对促进工业转型升级、发展战略性新兴产业、推动现代国防建设、保障和提高人民生活水平发挥着重要作用。在国防设施、重大工程和重要工业装备中,传感器、智能化仪器仪表及其所构成的测控系统是必不可少的基础技术和装备核心,直接影响国防安全、经济安全和社会安全。

发达工业国家都把传感器及智能化仪器仪表技术列为国家发展战略。目前产业发展呈现两大趋势。一是创新驱动发展,随着传感器技术、数字技术、互联网技术和现场总线技术的快速发展,采用新材料、新机理、新技术的传感器与仪器仪表实现了高灵敏度、高适应性、高可靠性,并向嵌入式、微型化、模块化、智能化、集成化、网络化方向发展。二是企业形态呈集团化垄断和精细化分工的有机结合,一方面大公司通过兼并重组,逐步形成垄断地位,既占据市场又加速向中低端市场扩张,掌控技术标准和产业发展方向;另一方面,小企业则向"小(中)而精、精而专、专而强"方向发展,技术和产品专一,独占细分市场,服务面向世界。

习　题　9

9.1　什么是虚拟仪器？虚拟仪器由哪几部分组成？

9.2　简述 VXI 仪器系统的总线控制方式。

9.3　简述虚拟仪器系统的构成。

9.4　什么是网络化仪器？

9.5　智能传感器的特点有哪些？

9.6　简述网络化智能传感器的标准。

9.7　什么是物联网？

9.8　什么是多传感器数据融合技术？

9.9　多传感器数据融合的原理是什么？

9.10　什么是工业互联网？

9.11　分析智能仪器可能存在的安全问题。

参 考 文 献

[1] 史健芳. 智能仪器设计基础(第 2 版). 北京:电子工业出版社,2012.

[2] 赵茂泰. 智能仪器原理及应用(第 4 版). 北京:电子工业出版社,2015.

[3] 甘早斌,李开,鲁宏伟. 物联网识别技术与应用. 北京:清华大学出版社,2015.

[4] 马洪莲,丁男. 物联网感知、识别与控制技术(第 2 版). 北京:清华大学出版社,2018.

[5] 董健. 物联网与短距离无线通信技术(第 2 版). 北京:电子工业出版社,2016.

[6] 卢胜利. 智能仪器设计与实现. 重庆:重庆大学出版社,2003.

[7] 王祁. 智能仪器设计基础. 北京:机械工业出版社,2010.

[8] 王选民. 智能仪器原理及设计. 北京:清华大学出版社,2010.

[9] 邹澎,周晓萍. 电磁兼容原理、技术和应用. 北京:清华大学出版社,2007.

[10] 王幸之. 单片机应用系统电磁干扰与抗干扰技术. 北京:北京航空航天大学出版社,2006.

[11] 张发启. 现代测试技术及应用. 西安:西安电子科技大学出版社,2005.

[12] 张易知,肖啸,张喜斌等. 虚拟仪器的设计与实现. 西安:西安电子科技大学出版社,2002.

[13] 周航慈. 单片机应用程序设计技术(修订版). 北京:北京航空航天大学出版社,2003.

[14] 刘君华. 基于 LabVIEW 的虚拟仪器设计. 北京:电子工业出版社,2003.

[15] 韩崇昭,朱洪艳,段战胜等. 多源信息融合. 北京:清华大学出版社,2006.

[16] 胡文金,钟秉翔等. 单片机应用技术实训教程. 重庆:重庆大学出版社,2005.

[17] 孙传友. 测控系统原理与设计. 北京:北京航天航空大学出版社,2007.

[18] 凌志浩. 智能仪表原理与设计技术. 上海:华东理工大学出版社,2003.

[19] 程德福. 智能仪器. 北京:机械工业出版社,2005.

[20] 周航慈,朱兆优,李跃忠. 智能仪器原理与设计. 北京:北京航空航天大学出版社,2005.

[21] 孙宏军,张涛,王超. 智能仪器仪表. 北京:清华大学出版社,2007.

[22] RD 热敏系列微型打印机使用说明书.

[23] 图形液晶显示模块 LCM19264 使用说明书.

[24] KS0108 控制器系列液晶模块使用说明书.

[25] 陈硕,姜晓盼. 红外线触摸屏的专利技术综述. 电子测试,2018.

[26] https://blog.csdn.net/qlexcel/article/details/83687164.

[27] http://www.usb.org.

[28] http://www.50cnnet.com/.

[29] http://www.iotworld.com.cn/.

[30] http://www.maxim-ic.com.

[31] http://pdf.elecfans.com.

[32] http://www.elecfans.com.

反侵权盗版声明

　　电子工业出版社依法对本作品享有专有出版权。任何未经权利人书面许可，复制、销售或通过信息网络传播本作品的行为；歪曲、篡改、剽窃本作品的行为，均违反《中华人民共和国著作权法》，其行为人应承担相应的民事责任和行政责任，构成犯罪的，将被依法追究刑事责任。

　　为了维护市场秩序，保护权利人的合法权益，我社将依法查处和打击侵权盗版的单位和个人。欢迎社会各界人士积极举报侵权盗版行为，本社将奖励举报有功人员，并保证举报人的信息不被泄露。

举报电话：（010）88254396；（010）88258888

传　　真：（010）88254397

E-mail：　dbqq@phei.com.cn

通信地址：北京市万寿路 173 信箱

　　　　　电子工业出版社总编办公室

邮　　编：100036

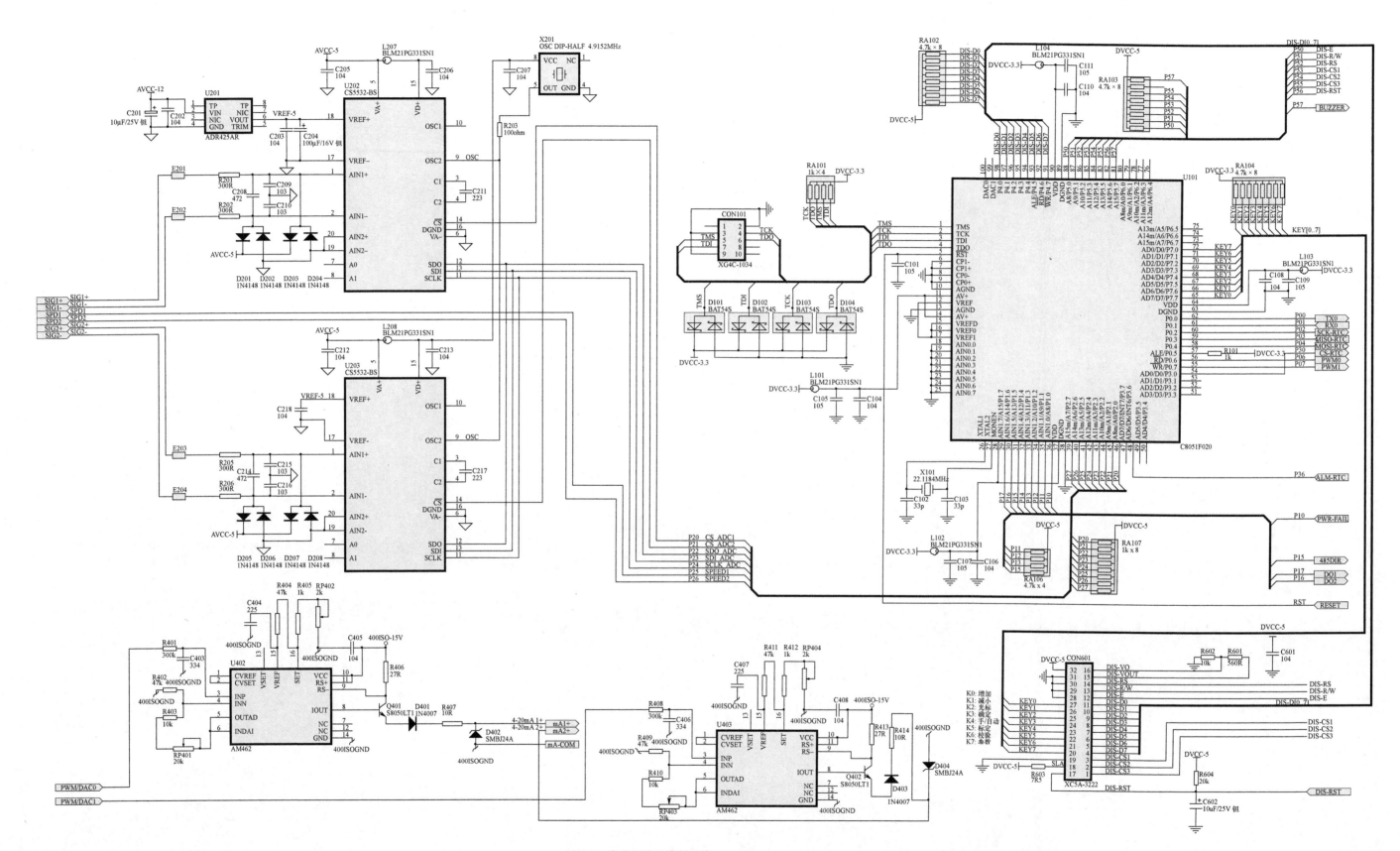

图8.34 皮带秤称重控制系统